高等学校应用型本科电子信息类专业系列教材

微型计算机原理与应用

主　编　龙光利

副主编　侯宝生 刘亚锋 张文丽

西安电子科技大学出版社

内 容 简 介

本书主要以Intel公司生产的8086微处理器家族各成员组成的IBM PC系列微型机为例，介绍了微型计算机组成原理、汇编语言程序设计和输入/输出接口技术等内容。

全书共 11 章，包括绪论、80x86 系统结构、微型计算机指令系统、汇编语言程序设计、存储器、输入/输出接口技术、中断技术、可编程定时器/计数器 8253 及其应用、并行与串行通信接口技术、模/数和数/模转换、总线技术等。每章末均附有习题，便于读者巩固所学内容。

本书可作为高等院校电子信息类专业本科生教材，也可作为工程技术人员和科研人员的参考书。

图书在版编目(CIP)数据

微型计算机原理与应用 / 龙光利主编. — 西安：西安电子科技大学出版社，2021.2
(2022.4 重印)
ISBN 978-7-5606-5956-5

Ⅰ. ①微… Ⅱ. ①龙… Ⅲ. ①微型计算机—高等学校—教材 Ⅳ. ①TP36

中国版本图书馆 CIP 数据核字(2021)第 018290 号

策划编辑 秦志峰
责任编辑 黄 菡 秦志峰
出版发行 西安电子科技大学出版社(西安市太白南路 2 号)
电 话 (029)88202421 88201467 邮 编 710071
网 址 www.xduph.com 电子邮箱 xdupfxb001@163.com
经 销 新华书店
印刷单位 陕西日报社
版 次 2021 年 2 月第 1 版 2022 年 4 月第 3 次印刷
开 本 787 毫米×1092 毫米 1/16 印 张 21.75
字 数 517 千字
印 数 1001～3000 册
定 价 49.00 元
ISBN 978-7-5606-5956-5 / TP

XDUP 6258001-3

前　言

“微型计算机原理与应用”是电子信息类本科专业的一门基础课程。为了提高学生综合运用本课程所学知识的能力，全面掌握微型计算机及其接口的工作原理、编程和使用方法，本书既注重基本概念的讲解，又注重内容的实用性和新颖性。各章中，对重点内容都结合例子予以说明，并进行归纳和总结，有利于学生深入理解、掌握和应用微型计算机技术中最重要和关键的内容，从而为进一步学习和研究计算机科学技术打下基础。

本书内容由浅入深，分析严谨，注重理论联系实际。为了帮助读者掌握基本理论和分析方法，每章都列举了一定数量的例题。每章后还附有习题，便于读者巩固所学内容。

本书共 11 章，各章内容安排如下：

第 1 章为绪论，介绍微型计算机系统，计算机中的数制及编码，微型计算机的主要性能指标和应用，微型计算机的发展。

第 2 章为 80x86 系统结构，主要介绍 8086 CPU 编程结构，8086 CPU 的工作模式和引脚功能，8086 存储器和 I/O 端口，8086 微机系统配置与总线操作，并简要介绍了一些高档微处理器。

第 3 章为微型计算机指令系统，介绍指令、指令系统及指令格式，寻址方式，8086 的指令系统，80x86 和 Pentium CPU 扩充及增加的指令。

第 4 章为汇编语言程序设计，介绍机器语言、汇编语言和汇编语言程序的分段结构，汇编语言的语句格式，伪指令语句，DOS 和 BIOS 功能调用，汇编语言程序设计，宏指令。

第 5 章为存储器，主要介绍存储器的概念、分类、芯片结构和主要技术指标，随机存取存储器(RAM)，只读存储器(ROM)，存储器与 CPU 接口的基本技术，高速缓冲存储器与半导体存储器新技术。

第 6 章为输入/输出接口技术，主要介绍输入/输出系统，I/O 接口的主要功能、分类、组成及指令，I/O 端口的编址方式，输入/输出的基本方式及基本模式，常用芯片的接口技术。

第 7 章为中断技术，介绍 8086/8088 中断系统，可编程中断控制器 8259A，8259A 在 IBM PC 系列机上的应用。

第 8 章为可编程定时器/计数器 8253 及其应用，主要介绍定时与计数，8253 的结构及引脚，8253 的初始化编程步骤及工作方式，8253 的应用举例。

第 9 章为并行与串行通信接口技术，主要介绍可编程并行接口芯片 8255A 及应用举例，串行通信，可编程串行通信接口芯片 8251A。

第 10 章为模/数和数/模转换，主要介绍 D/A 转换器和 A/D 转换器。

第 11 章为总线技术，介绍总线、总线标准及主要性能指标，总线的分类及数据传输等，重点讲解了 IBM PC 总线、ISA 和 EISA 总线、PCI 总线。

龙光利担任本书主编，并编写了第 1、5、10 章，侯宝生编写了第 2、3、4、9 章，刘亚锋编写了第 6、7 章，张文丽编写了第 8、11 章。全书由龙光利修改并定稿。

本书在编写过程中得到了陕西理工大学校级一流专业——通信工程专业建设经费的支持和其他同事的帮助，同时也得到了西安电子科技大学出版社的大力支持，在此一并表示感谢。

由于作者水平有限，书中难免存在不妥之处，恳请读者批评指正。

编　者

2020年8月

目　　录

第 1 章　绪　论

电子计算机无疑是人类历史上最伟大的发明之一。人类从原始社会学会使用工具以来到现代社会经历了 3 次大的产业革命：农业革命、工业革命、信息革命，而信息革命就是以计算机技术和通信技术的发展与普及为代表的。本章主要讨论微型计算机的组成、计算机中的数制及编码、微型计算机的主要性能指标和发展。

1.1　微型计算机系统

1.1.1　计算机的基本结构

1946 年美籍匈牙利数学家冯·诺依曼(John Von Neumann)等人在一篇《关于电子计算仪器逻辑设计的初步探讨》的论文中第一次提出了计算机组成和工作方式的基本构想。其主要构想如下：

(1) 计算机应由运算器、控制器、存储器、输入设备和输出设备这五大部分组成，如图 1.1 所示。

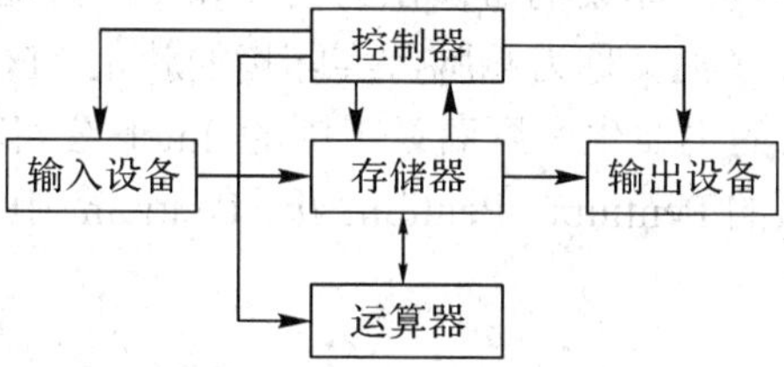

图 1.1　计算机的基本结构

(2) 存储器不但能存放数据，而且能存放程序。数据和指令均以二进制数形式存放，计算机具有区分指令和数据的能力。

(3) 编好的程序事先存入存储器中，在指令计数器控制下自动高速运行(执行程序)。

以上几点可归纳为“程序存储，程序控制”的构思。

数十年来，虽然计算机技术已经取得惊人的进展，相继出现了各种结构形式的计算机，但究其本质，仍属冯·诺依曼结构体系。

所谓微型计算机，是指以微处理器(Micro Processor)为核心再配上半导体存储器、输入/输出(I/O)接口电路、系统总线及其他支持逻辑电路组成的计算机。微型计算机由硬件和软件两大部分组成。硬件是指那些为组成计算机而有机联系的电子、电磁、机械、光学的元件、部件或装置的总和，它是有形的物理实体。软件是相对于硬件而言的。从狭义角度讲，软件包括计算机运行所需的各种程序；从广义角度讲，软件还包括手册、说明书和有关资料等。

1.1.2　微型计算机的硬件系统组成

微型计算机的硬件系统结构如图 1.2 所示。

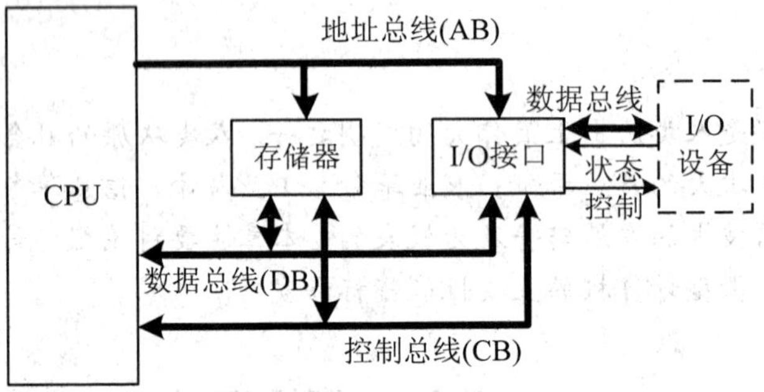

图 1.2　微型计算机的硬件系统结构

1. 中央处理器(CPU)

中央处理器(Central Processing Unit，CPU)也称微处理器，是微型计算机的心脏，它包含了早期计算机中的运算器、控制器和其他功能部件，是用来解释、执行指令并进行运算的部件。

CPU 是一块超大规模集成电路，它集成了成千上万的逻辑门阵列电路，这些逻辑门阵列电路组成了用于运算的加法器、算术逻辑单元、译码器、数据选择器、触发器、寄存器、计数器等基本运算单元。无论多么复杂的工作，都是由计算机程序来完成的，而计算机高级语言程序被一级一级地最终翻译成机器认识的由 0 和 1 组成的二进制机器码，并由 CPU 进行处理。所以，人们把计算机又称为电脑，实际指的就是 CPU 的功能。

目前微型计算机 CPU 的主要生产厂商是美国的 Intel 公司和 AMD 公司。从最初的 8086、80286、80386 到后来的 Pentium、Pentium Ⅱ、Pentium Ⅲ、Pentium 4 等都是由 Intel 公司生产的。

2. 存储器

存储器的主要任务是临时或永久地保存计算机的软件资源。存储器分为内存储器和外存储器。内存储器指内存，用于临时性保存软件资源；而外存储器则包括硬盘、软盘、光驱、磁带机等许多设备，用于永久性保存软件资源。在现代微型计算机中，内存在物理结构上由若干内存条组成。在计算机主板上有很多内存扩展槽，内存条就是插在这些内存扩展槽上的。目前内存条常用的容量有 512 MB、1 GB、2 GB、4 GB、8 GB 等。用户可根据实际需要在内存扩展槽中插入不同容量的内存条来扩充内存。

3. 总线

目前，微型计算机硬件连接都采用总线结构。所谓总线，是指能为多个功能部件服务的一组公用通信线路。借助总线连接，计算机在各系统部件之间实现传送地址、数据和控制信息的操作。

一个微型计算机系统中的总线大致分为内部总线、系统总线和 I/O 总线三类。

(1) 内部总线：CPU 内部连接各寄存器及运算部件之间的总线。

(2) 系统总线：CPU 与计算机系统的其他高速功能部件(如存储器、通道等)互相连接的总线。

系统总线一般由以下三部分组成：

① 数据总线(DB)：一般是三态逻辑控制的若干位(如 8 位、16 位等)数据线宽的双向数据总线，用以实现微处理器、存储器及 I/O 接口间的数据交换。

② 地址总线(AB)：一般是三态逻辑控制的若干位(如 16 位、24 位等)线宽的单向传送地址总线，用于微处理器输出地址，以确定存储器单元地址及 I/O 接口部件地址。

③ 控制总线(CB)：用来传送保证计算机同步和协调的定时、控制信号，使微型计算机各部件协调动作。其中有些控制信号由微处理器向其他部件输出，如读/写信号等；另一些控制信号则由其他部件输入到微处理器中，如中断请求信号、复位信号等。控制总线不需用三态逻辑。

(3) I/O 总线：中、低速 I/O 设备之间互相连接的总线。

4. 接口

接口泛指任何两个系统之间的交接部分，或两个系统间的连接部分。在计算机系统里，接口指中央处理器与外部设备(简称外设)之间的连接通道及有关的控制电路。微型计算机要对性能各异的外设进行操作与控制，实现彼此之间的信息交换，就必须在主机与外设之间设置一组中间部件，该部件将 CPU 发出的控制信号和数字信号转换成外设所能识别的数字符号或能执行的具体命令，或将外设发送给 CPU 的数据和状态信息转换成 CPU 所能接收的数字信息。这组位于主机和外设之间的缓冲电路就是接口。微型计算机接口技术包括接口电路和相关编程技术。

1.1.3 微型计算机的软件系统组成

1. 系统软件

起初，把汇编语言编写的程序翻译成机器码这种翻译工作是由程序员手工完成的，逐渐地，人们就编了一个程序让机器来完成上述的翻译工作，具有这种功能的程序称为汇编程序(Assembler)。由于汇编语言的语句与机器指令是一一对应的，程序的语句数多，编程烦琐，且不能脱离具体的机器，因此汇编语言程序不能在不同的机器上通用。为使用户编程更容易，让程序中所用的语句与实际问题更接近，而且使用户不必了解具体的机器就能编写程序，增强程序的通用性，于是出现了各种高级语言(High Level Language)，例如 BASIC、FORTRAN、PASCAL、COBOL、C 等。高级语言易于理解、学习和掌握，用户用高级语言编程也就方便多了，大大减少了工作量。但计算机在执行时，仍需把用高级语言编写的源程序翻译成用机器指令表示的目标程序才能执行，这样就需要有各种解释程序(Interpreter，针对 BASIC)或编译程序(Compiler，针对 FORTRAN、C、COBOL)等。

2. 应用软件

应用软件是指用户利用计算机以及它所提供的由各种系统软件编制的解决用户实际问题的程序。应用软件也可以逐步标准化、模块化，形成解决各种典型问题的应用程序的组合，即应用软件包(Package)。

3. 支撑(或称为支持)软件

随着计算机硬件和软件的发展，计算机在信息处理、情报检索以及各种管理系统中的应用越来越普及。人们需要计算机处理大量的数据，检索和建立大量的表格，而且这些数据和表格要按一定规律组织起来，使得检索更迅速，处理更方便，也更便于用户使用，于是建立了数据库。为便于用户根据需要建立自己的数据库，查询、显示、修改数据库的内容，输出打印各种表格等，建立了数据库管理系统(Data Base Management System)等支撑软件。

上述存储在不同存储介质(如磁盘、磁带、光盘等)中的各种形式的程序统称为计算机的软件。

总之，计算机的硬件建立了计算机应用基础；而各种软件激活了计算机且扩大了计算机的功能和应用范围，便于用户使用。硬件与软件的结合才是一个完整的计算机系统。

1.1.4　微型计算机的工作过程

微型计算机必须在硬件和软件的相互配合下才能工作。每种型号的 CPU 都有自己的指令系统，每条指令一般都由指令操作码(规定指令的操作类型)和操作数(规定指令的操作对象)两部分组成。用户将要完成的任务预先分解成一系列的基本动作(又称为算法)并且编好程序，再通过输入设备(如键盘)将程序传送至存储器中。微型计算机开始工作后，首先将该程序在存储器中的起始地址传送至微处理器的程序计数器(PC)中，微处理器根据 PC 中的地址值找到对应的存储单元，并取出存放在其中的指令操作码将其传送至微处理器的指令寄存器(IR)中，由指令译码器(ID)对操作码进行译码，并由微操作控制电路发出相应的微操作控制脉冲序列去取出指令的剩余部分(如果指令不止 1 个字节的长度)，同时执行指令赋予的操作功能。在取指令过程中，每取出 1 个单元的指令，PC 就自动加 1，形成下一个存储单元的地址。以上为一条指令的执行过程，如此不断重复上述过程，直至执行完最后一条指令为止。

综上所述，微型计算机的基本工作过程是执行程序的过程，也就是 CPU 自动从程序存放的第一个存储单元起，逐步取出指令、分析指令，并根据指令规定的操作类型和操作对象执行指令规定的相关操作的过程。如此周而复始，直至执行完程序的所有指令，从而实现程序的基本功能，这就是微型计算机的基本工作过程。

1.2　计算机中的数制及编码

1.2.1　数与数制

1. 数制

进位计数制是一种计数的方法。在日常生活中，人们使用各种进位计数制，例如六十进制(1 小时=60 分，1 分=60 秒)、十二进制(1 英尺=12 英寸，1 年有 12 个月)等，但我们最熟悉和最常用的是十进制计数。计算机中使用的是二进制计数。另外，为便于人们阅读及书写，常常还要用到八进制计数及十六进制计数来表示二进制计数。

十进制数的特点是“逢 10 进 1，借 1 当 10”，需要用到的数字符号有 10 个，分别是 0、1、2、3、4、5、6、7、8、9。

二进制数的特点是“逢 2 进 1，借 1 当 2”，需要用到的数字符号有 2 个，分别是 0、1。

八进制数的特点是“逢 8 进 1，借 1 当 8”，需要用到的数字符号有 8 个，分别是 0、1、2、3、4、5、6、7。

十六进制数的特点是“逢 16 进 1，借 1 当 16”，需要用到的数字符号有 16 个，分别是 0、1、2、3、4、5、6、7、8、9、A、B、C、D、E、F。

任意一个十进制数可以用位权表示。位权就是某个固定位置上的计数单位。在十进制数中，个位的位权为 10^0，十位的位权为 10^1，百位的位权为 10^2，千位的位权为 10^3，而在小数点后第一位的位权为 10^{-1}，小数点后第二位的位权为 10^{-2} 等。因此，如果有十进制数 234.13，则百位上的 2 表示 2 个 100，十位上的 3 表示 3 个 10，个位上的 4 表示 4 个 1，小数点后第 1 位上的 1 表示 1 个 0.1，小数点后第二位上的 3 表示 3 个 0.01，234.13 用位权可表示为

$$(234.13)_{10} = 2\times10^2 + 3\times10^1 + 4\times10^0 + 1\times10^{-1} + 3\times10^{-2}$$

同理，任意一个二进制数、八进制数和十六进制数也可用位权表示。例如：

$$(101.11)_2 = 1\times2^2 + 0\times2^1 + 1\times2^0 + 1\times2^{-1} + 1\times2^{-2}$$

$$(124.36)_8 = 1\times8^2 + 2\times8^1 + 4\times8^0 + 3\times8^{-1} + 6\times8^{-2}$$

$$(AC.B5)_{16} = A\times16^1 + C\times16^0 + B\times16^{-1} + 5\times16^{-2}$$

2. 不同数制之间的转换

1) 十进制数与二进制数之间的转换

(1) 十进制整数转换成二进制整数：除 2 取余数，结果倒排列。

具体做法：将十进制数除以 2，得到一个商和一个余数；再将商除以 2，又得到一个商和一个余数；继续这一过程，直到商等于 0 为止。每次得到的余数(必定是 0 或 1)就是对应的二进制数的各位数字。第一次得到的余数为二进制数的最低位，最后得到的余数为二进制数的最高位。

例 1-1　将十进制数 97 转换成二进制数。

解　转换过程如下：

除数	被除数	余数
2	97	余数为1，即 $A_0 = 1$
2	48	余数为0，即 $A_1 = 0$
2	24	余数为0，即 $A_2 = 0$
2	12	余数为0，即 $A_3 = 0$
2	6	余数为0，即 $A_4 = 0$
2	3	余数为1，即 $A_5 = 1$
2	1	余数为1，即 $A_6 = 1$
	商为 0	余数为0，结束

最后结果为

$$(97)_{10} = (A_6\,A_5\,A_4\,A_3\,A_2\,A_1\,A_0)_2 = (1100001)_2$$

(2) 十进制小数转换成二进制小数：乘 2 取整数，结果顺排列。

具体做法：将十进制数乘 2，得到一个整数和一个小数，保存结果的整数部分；再将小数乘 2，得到一个整数和一个小数，保存结果的整数部分；继续这一过程，直到小数部分等于 0 为止。每次得到的整数(必定是 0 或 1)就是对应的二进制数的各位数字。第一次得到的整数为二进制数的最高位，最后得到的整数为二进制数的最低位。

例 1-2　将十进制数 0.6875 转换成二进制数。

解　转换过程如下：

0.6875	
× 2	
1.3750	整数部分为 1，即 $A_{-1}=1$
0.3750	余下的小数部分继续乘 2
× 2	
0.7500	整数部分为 0，即 $A_{-2}=0$
0.7500	余下的小数部分继续乘 2
× 2	
1.5000	整数部分为 1，即 $A_{-3}=1$
0.5000	余下的小数部分继续乘 2
× 2	
1.0000	整数部分为 1，即 $A_{-4}=1$
0.0000	余下的小数部分为 0，结束

最后结果为

$$(0.6875)_{10}=(0.A_{-1}A_{-2}A_{-3}A_{-4})_2=(0.1011)_2$$

为了将一个既有整数部分又有小数部分的十进制数转换成二进制数，可以将其整数部分和小数部分分别进行转换，然后组合起来。例如把 97.6875 转换成二进制数的过程如下：

$$(97)_{10}=(1100001)_2$$

$$(0.6875)_{10}=(0.1011)_2$$

由此可得

$$(97.6875)_{10}=(1100001.1011)_2$$

(3) 二进制数转换成十进制数：按位权展开后相加求和。

例 1-3　将二进制数 111.11 转换成十进制数。

解　转换过程如下：

$$(111.11)_2=1\times2^2+1\times2^1+1\times2^0+1\times2^{-1}+1\times2^{-2}=4+2+1+0.5+0.25=(7.75)_{10}$$

2) 十进制数与八进制数之间的转换

(1) 十进制整数转换成八进制整数：除 8 取余数，结果倒排列。

具体做法：将十进制数除以 8，得到一个商和一个余数；再将商除以 8，又得到一个商和一个余数；继续这一过程，直到商等于 0 为止。每次得到的余数(必定是小于 8 的数)就是对应八进制数的各位数字。第一次得到的余数为八进制数的最低位，最后一次得到的余数为八进制数的最高位。

例 1-4　将十进制数 97 转换成八进制数。

解　转换过程如下：

8 | 97	余数为1，即 $A_0 = 1$
8 | 12	余数为4，即 $A_1 = 4$
8 | 1	余数为1，即 $A_2 = 1$
商为 0	余数为0，结束

最后结果为

$$(97)_{10} = (A_2A_1A_0)_8 = (141)_8$$

(2) 十进制小数转换成八进制小数：乘 8 取整数，结果顺排列。

具体做法：用 8 乘十进制小数，得到一个整数和一个小数；再用 8 乘小数部分，又得到一个整数和一个小数；继续这一过程，直到余下的小数部分为 0 或满足精度要求为止；最后将每次得到的整数部分(必定是小于 8 的数)按先后顺序从左到右排列，即得到所对应的八进制小数。

例 1-5　将十进制数 0.6875 转换成八进制数。

解　转换过程如下：

0.6875	
× 8	
5.5000	整数部分为5，即$A_{-1}=5$
0.5000	余下的小数部分继续乘8
× 8	
4.0000	整数部分为4，即$A_{-2}=4$
0.0000	余下的小数部分为0，结束

最后结果为

$$(0.6875)_{10} = (0.A_{-1}A_{-2})_8 = (0.54)_8$$

同理，一个既有整数部分又有小数部分的十进制数转换成八进制数，可以将其整数部分和小数部分分别进行转换，然后组合起来。

(3) 八进制数转换成十进制数：按位权展开后相加求和。

例 1-6　将八进制数 141.54 转换成十进制数。

解　转换过程如下：

$$\begin{aligned}(141.54)_8 &= 1\times8^2 + 4\times8^1 + 1\times8^0 + 5\times8^{-1} + 4\times8^{-2}\\ &= 64 + 32 + 1 + 0.625 + 0.0625\\ &= (97.6875)_{10}\end{aligned}$$

3) 十进制数与十六进制数之间的转换

(1) 十进制整数转换成十六进制整数：除 16 取余数，结果倒排列。

具体做法：将十进制数除以 16，得到一个商和一个余数；再将商除以 16，又得到一个商和一个余数；继续这一过程，直到商等于 0 为止。每次得到的余数(必定是小于 16 的数)就是对应十六进制数的各位数字。第一次得到的余数为十六进制数的最低位，最后一次得到的余数为十六进制数的最高位。

例 1-7　将十进制数 97 转换成十六进制数。

解　转换过程如下：

16	97	余数为1，即 $A_0 = 1$
16	6	余数为6，即 $A_1 = 6$
商为	0	余数为0，结束

最后结果为

$$(97)_{10} = (A_1A_0)_{16} = (61)_{16}$$

(2) 十进制小数转换成十六进制小数：乘 16 取整数，结果顺排列。

具体做法：用 16 乘十进制小数，得到一个整数和一个小数；再用 16 乘小数部分，又得到一个整数和一个小数；继续这一过程，直到余下的小数部分为 0 或满足精度要求为止；最后将每次得到的整数部分(必定是小于 16 的数)按先后顺序从左到右排列，即得到所对应的十六进制小数。

例 1-8　将十进制数 0.6875 转换成十六进制数。

解　转换过程如下：

0.6875	
× 16	
11.0000	整数部分为11，即A_{-1}=B
0.0000	余下的小数部分为0，结束

最后结果为

$$(0.6875)_{10} = (0.A_{-1})_{16} = (0.B)_{16}$$

(3) 十六进制数转换成十进制数：按位权展开后相加求和。

例 1-9　将十六进制数 61.B 转换成十进制数。

解　转换过程如下：

$$(61.B)_{16} = 6 \times 16^1 + 1 \times 16^0 + B \times 16^{-1} = 96 + 1 + 0.6875 = (97.6875)_{10}$$

4) 二进制数与八进制数、十六进制数之间的转换

因为 $2^3=8$，所以每三位二进制数对应一位八进制数；$2^4=16$，所以每四位二进制数对应一位十六进制数。

(1) 二进制数转换成八进制数：从小数点所在位置分别向左、向右每三位一组进行划分。若小数点左侧的位数不是 3 的整数倍，则在数的最左侧补零；若小数点右侧的位数不是 3 的整数倍，则在数的最右侧补零。然后参照表 1.1，将每三位二进制数转换成对应的一位八进制数，排列后即为二进制数对应的八进制数。

表 1.1　十进制、二进制、八进制、十六进制数码的对应关系

十进制	二进制	八进制	十六进制
0	0000	0	0
1	0001	1	1
2	0010	2	2
3	0011	3	3
4	0100	4	4
5	0101	5	5
6	0110	6	6
7	0111	7	7
8	1000	10	8
9	1001	11	9
10	1010	12	A
11	1011	13	B
12	1100	14	C
13	1101	15	D
14	1110	16	E
15	1111	17	F

例 1-10　直接将二进制数 11110.11 转换成八进制数。

解　转换过程如下：

$$\begin{array}{cccc} 011 & 110 & . & 110 \\ 3 & 6 & . & 6 \end{array}$$

所以

$$(11110.11)_2 = (36.6)_8$$

(2) 八进制数转换成二进制数：参照表 1.1，将每一位八进制数转换成对应的三位二进制数，排列后即为八进制数对应的二进制数。

例 1-11　直接将八进制数 35.6 转换成二进制数。

解　转换过程如下：

$$\begin{array}{cccc} 3 & 5 & . & 6 \\ 011 & 101 & . & 110 \end{array}$$

所以

$$(35.6)_8 = (11101.11)_2$$

(3) 二进制数转换成十六进制数：从小数点所在位置分别向左、向右每四位一组进行划分。若小数点左侧的位数不是 4 的整数倍，则在数的最左侧补零；若小数点右侧的位数不是 4 的整数倍，则在数的最右侧补零。然后参照表 1.1，将每四位二进制数转换成对应的一位十六进制数，排列后即为二进制数对应的十六进制数。

例 1-12　直接将二进制数 11110.11 转换成十六进制数。

解　转换过程如下：

0001　1110　.　1100

1　E　.　C

所以

$$(11110.11)_2 = (1E.C)_{16}$$

(4) 十六进制数转换成二进制数：参照表 1.1，将每一位十六进制数转换成对应的四位二进制数，排列后即为十六进制数对应的二进制数。

例 1-13　直接将十六进制数 EF.C 转换成二进制数。

解　转换过程如下：

E　F　.　C

1110　1111　.　1100

所以

$$(EF.C)_{16} = (11101111.11)_2$$

由以上方法可以得出：$(25)_{10}=(11001)_2=(19)_{16}=(31)_8$，$(0.5)_{10}=(0.1)_2=(0.8)_{16}=(0.4)_8$。在计算机里，通常用数字后面跟一个英文字母来表示该数的数制，十进制数用 D(Decimal)、二进制数用 B(Binary)、八进制数用 O(Octal)、十六进制数用 H(Hexadecimal)来表示。由于英文字母 O 容易和数字 0 混淆，因此也可以用 Q 来表示八进制数。

1.2.2　数值数据的编码及运算

1. 二进制数的编码及运算

在二进制数制中，数据的正负号可以用一位二进制的“0”和“1”两个状态来表示，这样，二进制数值数据在计算机中就能方便表示了。为了尽可能简化对二进制数值数据实现算术运算所用到的规则，机器将二进制数值数据用编码表示。常用的编码有原码、反码和补码。由于补码编码有许多优点，因此大多数微型计算机数字与字符采用补码编码。

为方便讨论，引入两个概念：机器数和机器数的真值(简称真值)。机器数指带符号的二进制数值数据在计算机内部的编码。真值指机器数所代表的实际值。一般机器数的最高有效位表示数的正负号，“0”表示正数，“1”表示负数。

1) *二进制数原码编码方法*

设真值为 X，机器字长为 n 位，则当 X≥0 时，$[X]_原$的最高位填 0，其余 n−1 位填 X 的各数值位的位值。例如，n=8 时，$[+0]_原$=0 0000000，$[+1]_原$=0 0000001，$[+127]_原$=0 1111111。当 X≤0 时，$[X]_原$的最高位填 1，其余 n−1 位填 X 的各数值位的位值。例如，n=8 时，$[-0]_原$=1 0000000，$[-1]_原$=1 0000001，$[-127]_原$=1 1111111。

结论：二进制正、负数的原码就是符号化的机器数真值本身。

注意：在原码的表示中，真值 0 的原码可表示为两种不同的形式，即+0 和−0。

8 位二进制原码所能表示的数值范围为−127～+127。原码表示法的优点是简单、易于理解，与真值间的转换较为方便。它的缺点是进行加减运算时较麻烦，既要考虑是做加法还是做减法运算，还要考虑数的符号和绝对值的大小。若二进制数 $X=X_{n-1}X_{n-2}\cdots X_1X_0$，

则原码表示法的定义为

$$[X]_{原}=\begin{cases}X & (0\leqslant X<2^{n-1})\\ 2^{n-1}-X=2^{n-1}+|X| & (-2^{n-1}<X\leqslant 0)\end{cases} \tag{1-1}$$

2) 二进制数反码编码方法

设真值为 X，机器字长为 n 位，则当 X≥0 时，$[X]_{反}$的最高位填 0，其余 n−1 位填 X 的各数值位的位值，即采用符号−绝对值表示。例如，n = 8 时，$[+0]_{反}$ = 0 0000000，$[+1]_{反}$ = 0 0000001，$[+127]_{反}$ = 0 1111111。当 X≤0 时，$[X]_{反} = 2^n - 1 + X\ (MOD\ 2^n)$。例如，n = 8 时，$[-0]_{反}$ = 1 1111111，$[-1]_{反}$ = 1 1111110，$[-127]_{反}$ = 1 0000000。

结论：二进制正数的反码就是其原码；二进制负数的反码就是机器数符号位保持不变，其余位按位取反。

注意：在反码的表示中，真值 0 的反码也可表示为两种不同的形式，即+0 和−0。

若二进制数 $X=X_{n-1}X_{n-2}\cdots X_1X_0$，则反码表示法的定义为

$$[X]_{反}=\begin{cases}X & (0\leqslant X<2^{n-1})\\ 2^n-1+X & (-2^{n-1}<X\leqslant 0)\end{cases} \tag{1-2}$$

3) 二进制数补码编码方法

设真值为 X，机器字长为 n 位，则当 X≥0 时，$[X]_{补}$的最高位填 0，其余 n−1 位填 X 的各数值位的位值，即采用符号−绝对值表示。例如，n = 8 时，$[+0]_{补}$ = 0 0000000，$[+1]_{补}$ = 00000001，$[+127]_{补}$ = 0 1111111。当 X≤0 时，$[X]_{补} = 2^n - |X|\ (MOD\ 2^n)$。例如，n = 8 时，$[-0]_{补}$ = 0 0000000，$[-1]_{补}$ = 1 1111111，$[-127]_{补}$ = 1 0000001。

结论：二进制正数的补码就是其原码；二进制负数的补码就是机器数符号位保持不变，其余位取反码后末位加 1。

注意：在补码表示法中，0 只有一种表示，即 000…000；对于 10000000 这个补码编码，其真值被定义为−128。

例 1-14　已知机器字长 n=8 位，X=+48D，求$[X]_{补}$。

解　首先将+48D 转换为二进制数：+110000B。因为机器字长是 8 位，其中符号占了 1 位，所以数值占 7 位。再将+110000B 写成+0110000B。所以$[+48]_{补}$=0 0110000B，写成十六进制数为 30H，即$[+48]_{补}$=30H。

例 1-15　已知机器字长 n=8 位，X=−48D，求$[X]_{补}$。

解　首先将−48D 转换为二进制数：−110000B。因为机器字长是 8 位，其中符号占了 1 位，所以数值占 7 位。将−110000B 写成−0110000B。再将数值位 0110000B 按位求反，得 1001111B，末位加 1 后为 1010000B。所以，$[-48]_{补}$=1 1010000B，写成十六进制数为 0D0H，即$[-48]_{补}$=0D0H。

注意：在汇编语言中，为了区别指令码和数据，规定以 A～F 开始的数据前面加零，如 0D0H。

例 1-16　已知机器字长 n=16 位，X=+48D，求$[X]_{补}$。

解　首先将+48D 转换为二进制数：+110000B。因为机器字长是 16 位，其中符号占了 1 位，所以数值占 15 位。再将+110000B 写成+000 0000 0011 0000B。所以，$[+48]_{补}$=

0 000 0000 0011 0000B，写成十六进制数为 0030H，即$[+48]_{补}$=0030H。

例 1-17　已知机器字长 n=16 位，X=−48D，求$[X]_{补}$。

解　首先将−48D 转换为二进制数：−110000B。因为机器字长是 16 位，其中符号占了 1 位，所以数值占 15 位。将−110000B 写成−000 0000 0011 0000B。再将数值位 000 0000 0011 0000B 按位求反，得 111 1111 1100 1111B，末位加 1 后为 111 1111 1101 0000B。所以，$[-48]_{补}$=1 111 1111 1101 0000B，写成十六进制数为 0FFD0H，即$[-48]_{补}$=0FFD0H。

由此可看出，补码数要扩展时，正数是在符号的前面补 0，负数是在符号的前面补 1。也就是说，补码数扩展实际上是符号扩展。

已知补码求真值的方法是：当机器数的最高位(符号位)为 0 时，表示真值是正数，其值等于其余 n−1 位的值；当机器数的最高位(符号位)为 1 时，表示真值是负数，其值等于其余 n−1 位按位取反后末位加 1 的值。

例如：若$[X]_{补}$=0 1111111，则 $X=(+1111111)_2=(+127)_{10}$；若$[X]_{补}$=1 1111111，则 $X=(-0000001)_2=(-1)_{10}$。

补码表示数的范围：如果机器字长为 n 位，则补码能表示的整数范围是 $-2^{n-1}\leq N\leq 2^{n-1}-1$。例如，当 n=8 时，$-128\leq N\leq +127$。

4) 二进制数补码的运算

补码的运算规则如下：

$$[X+Y]_{补} = [X]_{补} + [Y]_{补}$$

$$[X-Y]_{补} = [X]_{补} + [-Y]_{补}$$

已知 $[Y]_{补}$，求 $[-Y]_{补}$ 的方法是将 $[Y]_{补}$ 各位按位取反(包括符号位在内)后末位加 1。

现举例说明以上两个公式的正确性。

例 1-18　设

$$X1 = +0001100,\quad X2 = -0001100$$

$$Y1 = +0000101,\quad Y2 = -0000101$$

计算以下四种情况的补码：① X1 + Y1；② X1 − Y1；③ X2 + Y2；④ X2 − Y2。

解　$[X1]_{补}$=00001100，$[X2]_{补}$=11110100，$[Y1]_{补}$=00000101，$[Y2]_{补}$=11111011。

① 计算 X1+Y1：

	+ 0001100	X1		0 0001100	$[X1]_{补}$
+)	+ 0000101	Y1	+)	0 0000101	$[Y1]_{补}$
	+ 0010001	X1+Y1		0 0010001	$[X1]_{补}+[Y1]_{补}$

因为

$$[X1 + Y1]_{补} = [+0010001]_{补} = 0\ 0010001 = [X1]_{补} + [Y1]_{补}$$

所以

$$[X1+Y1]_{补} = [X1]_{补} + [Y1]_{补}$$

② 计算 X1−Y1：

	+ 0001100	X1		0 0001100	$[X1]_{补}$
−)	+ 0000101	Y1	+)	1 1111011	$[-Y1]_{补}$
	+ 0000111	X1−Y1		1 0 0000111	$[X1]_{补}+[-Y1]_{补}$

自然丢失 ↑（最高位 1）

因为

$$[X1-Y1]_{补}=[+0000111]_{补}=0\ 0000111=[X1]_{补}+[-Y1]_{补}$$

所以

$$[X1-Y1]_{补}=[X1]_{补}+[-Y1]_{补}$$

③ 计算 X2+Y2：

$$\begin{array}{rrl} & -0001100 & X2 \\ +) & -0000101 & Y2 \\ \hline & -0010001 & X2+Y2 \end{array} \qquad \begin{array}{rrl} & 11110100 & [X2]_{补} \\ +) & 11111011 & [Y2]_{补} \\ \hline & 1\,11101111 & [X2]_{补}+[Y2]_{补} \end{array}$$

自然丢失（最高位进位 1）

因为

$$[X2+Y2]_{补}=[-0010001]_{补}=1\ 1101111=[X2]_{补}+[Y2]_{补}$$

所以

$$[X2+Y2]_{补}=[X2]_{补}+[Y2]_{补}$$

④ 计算 X2－Y2：

$$\begin{array}{rrl} & -0001100 & X2 \\ -) & -0000101 & Y2 \\ \hline & -0000111 & X2-Y2 \end{array} \qquad \begin{array}{rrl} & 1\ 1110100 & [X2]_{补} \\ +) & 0\ 0000101 & [-Y2]_{补} \\ \hline & 1\ 1111001 & [X2]_{补}+[-Y2]_{补} \end{array}$$

因为

$$[X2-Y2]_{补}=[-0000111]_{补}=1\ 1111001=[X2]_{补}+[-Y2]_{补}$$

所以

$$[X2-Y2]_{补}=[X2]_{补}+[-Y2]_{补}$$

由此可看出，计算机引入了补码编码后，带来了以下几个优点：① 减法转化成了加法，这样大大简化了运算器硬件电路的设计，加减法可用同一硬件电路进行处理；② 运算时，符号位与数值位同等对待，都按二进制数参加运算，符号位产生的进位丢掉不管，其结果是正确的，这大大简化了运算规则。

运用以上两个公式时，要注意以下两点：

(1) 公式成立有个前提条件，就是运算结果不能超出机器数所能表示的范围，否则运算结果不正确，按“溢出”处理。

例如，设机器字长为 8 位，则 $-128\leqslant N\leqslant+127$，计算(+64)+(+65)：

$$\begin{array}{rr} & +64 \\ +) & +65 \\ \hline & +129 \end{array} \qquad \begin{array}{rr} & 0\ 1000000 \\ +) & 0\ 1000001 \\ \hline & 1\ 0000001 \rightarrow -127 \end{array}$$

显然，这个结果是错误的。其原因是：(+64)+(+65)=+129＞+127，超出了字长为 8 位所能表示的最大值，产生了“溢出”，所以结果出错。

再如，计算(−125)+(−10)：

$$\begin{array}{rr} & -125 \\ +) & -10 \\ \hline & -135 \end{array} \qquad \begin{array}{rr} & 1\ 0000011 \\ +) & 1\ 1110110 \\ \hline & 10\ 1111001 \rightarrow +121 \end{array}$$

显然，计算结果也是错误的。其原因是：(−125) + (−10) = −135 < −128，超出了字长为 8 位所能表示的最小值，产生了“溢出”，所以结果出错。

(2) 采用补码运算后，结果也是补码，欲得运算结果的真值，还需进行转换。

2. 无符号整数的编码及运算规则

在某些情况下，计算机要处理的数据全是正数，此时机器数再保留符号位就没有意义了。这时，将机器数最高有效位作为数值位处理，也就是说，假设机器字长为 n 位，则有符号整数的编码可表示为

符号位	数值位
1 位	n−1 位

无符号整数的编码可表示为

数值位
n 位

无符号整数的表示范围是 $0 \leqslant N \leqslant 2^n - 1$。例如，当 n=8 位时，表示范围是 $0 \leqslant N \leqslant 255$；当 n=16 位时，表示范围是 $0 \leqslant N \leqslant 65\,535$。

计算机中最常见的无符号整数是地址，另外，双字长数据的低位字也是无符号整数。

要注意的是，计算机本身不论是对有符号数还是无符号数，总是按照补码的运算规则做运算。例如，机器做如下这样一个运算：

$$\begin{array}{r} 10001010 \\ +)\ 00000111 \\ \hline 10010001 \end{array}$$

可以把它看作是两个无符号数相加：

$$\begin{array}{r} 138 \\ +)\quad 7 \\ \hline 0145 \end{array}$$

也以把它看作是两个有符号整数相加：

$$\begin{array}{r} -118 \\ +)\quad 7 \\ \hline -111 \end{array}$$

也就是说，不论把二进制数解释成有符号数还是无符号数，其结果都是正确的。因此，机器采用补码编码以后，不必针对无符号数和有符号数设计两套不同的电路，无符号数和有符号数的运算是兼容的。这也是采用补码后带来的一大优点。

3. 十进制数的编码及运算

人们在日常生活中习惯使用十进制数，而计算机采用二进制表示和处理数据更方便。因此，在计算机输入和输出数据时，要进行十→二和二→十的进制数转换。为提高计算机的运行效率，可采用在计算机内部直接用十进制表示和处理数据的方法。十进制数的每一个数位的基为 10，但计算机内部必须用基 2 码对每个十进制数位进行编码，所需要的最少

的基码的位数为 lb 10(即 $\log_2 10$)，取整数为 4。4 位基 2 码有 16 种不同的组合，从中选出 10 个组合来表示十进制数位的 0～9，方案非常多，最常见的是 8421 码。8421 码是指 4 个基 2 码的位权从高到低分别为 8、4、2、1，选择的是 0000，0001，0010，…，1001 这 10 种组合，用来表示 0～9 这 10 个数位。8421 码如表 1.2 所示。

表 1.2　8421 码

十进制数码	0	1	2	3	4	5	6	7	8	9
8421 码	0000	0001	0010	0011	0100	0101	0110	0111	1000	1001

8421 码的特点是这 4 个基 2 码之间满足二进制规则，而十进制数位之间是十进制计数规则。这种编码实质上是二进制编码的十进制数(Binary Coded Decimal)，因此，8421 码简称 BCD 码或二-十进制码。

BCD 码的运算规则：BCD 码是十进制数，而运算器对数据做加减运算时，都是按二进制运算规则进行的。当将 BCD 码传送给运算器进行运算时，其结果需要修正。

加法运算修正规则：当两个 BCD 码相加时，如果相加之和等于或小于 1001(即 9H)，则不需要修正；如果相加之和在 1010～1111(即 0AH～0FH)之间，则需加 6H 进行修正；如果相加时本位产生了进位，则需加 6H 进行修正。原因是：机器按二进制相加，所以 4 位二进制数相加时是按“逢 16 进 1”的原则进行运算的，而实质上是两个十进制数相加，应该按“逢 10 进 1”的原则相加，16 与 10 相差 6，因此当和超过 9 或有进位时，都要加 6 进行修正。

减法运算修正规则：当两个 BCD 码相减时，如果差等于或小于 1001，则不需要修正；如果相减时本位产生了借位，则需减 6H 加以修正。原因是：如果有借位，机器将这个借位当 16 处理，而实际上应该当 10 处理，因此，应该将差值再减 6H 才是 BCD 码的正确结果。

例 1-19　需要修正 BCD 码运算值的举例。

① 计算 5 + 7 的值；② 计算 9 + 9 的值；③ 计算 9 − 7 的值；④ 计算 7 − 9 的值。

解　① 计算 5+7 的值：

```
       0 1 0 1
    +) 0 1 1 1
   ----------------
       1 1 0 0   结果大于9
    +) 0 1 1 0   加6修正
   -----------------------
     1 0 0 1 0
```

结果是 0010，即十进制数 2，还产生了进位。5+7=12，结论正确。

② 计算 9 + 9 的值：

```
          1 0 0 1
    +)    1 0 0 1
   ----------------
        1 0 0 1 0
    +)    0 1 1 0   加6修正
   -----------------------
        1 1 0 0 0
```

结果是 1000，即十进制数 8，还产生了进位。9+9=18，结论正确。

③ 计算 9−7 的值：

```
       1 0 0 1
  −)   0 1 1 1
  ─────────────
       0 0 1 0
```

结果是 0010，即十进制数 2。9 − 7 = 2，结论正确。

④ 计算 7−9 的值：

```
   1 0 1 1 1   发生借位
 −)  1 0 0 1
 ─────────────
     1 1 1 0
 −)  0 1 1 0   减6修正
 ─────────────
     1 0 0 0
```

结果是 1000，即十进制数 8，有借位。7 − 9 = 8，结论正确(8 是−2 以 10 为模的补码，在机器中，负数都以补码形式表示)。

在计算机中 BCD 码有两种格式：压缩 BCD 码和非压缩 BCD 码。

(1) 非压缩 BCD 码：1 字节(8 位二进制)中仅表示一位 BCD 数。例如：$(00000110)_{BCD}=6$。

(2) 压缩 BCD 码：1 字节中仅表示两位 BCD 数。例如：$(01100110)_{BCD}=66$。

另外，BCD 码除了采用上述方法调整以外，也可以在进行计算机运算之前，先将 BCD 码转换为二进制数，然后进行计算机运算，运算以后再将二进制结果转换为 BCD 码。

4. 浮点数

计算机对小数点的表示有定点和浮点两种。定点的小数点固定在最高位的最右边或最低位的最右边。32 位定点数的表示如图 1.3 所示。图 1.3(a)所示小数点在最低位的右边，表示此数是一个整数；图 1.3(b)所示小数点在最高位的右边，表示此数为纯小数，S 表示符号位。

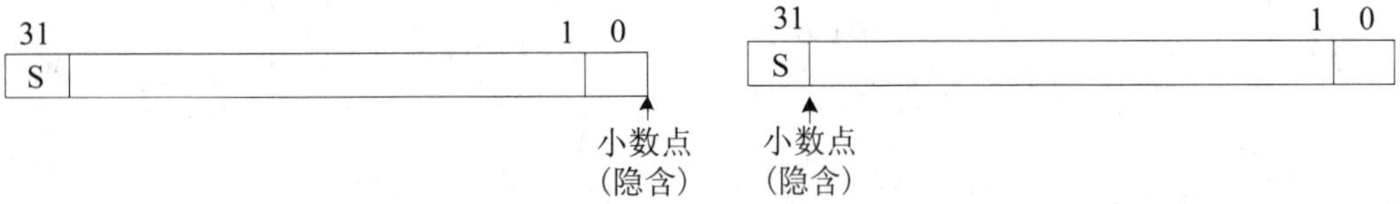

(a) 整数　　　　(b) 小数

图 1.3　32 位定点数的表示

在 32 位字长的计算机中，若用定点补码表示数值，其范围为 $-2^{31}\sim2^{31}-1$，因此要用浮点数来表示。浮点数包括符号位 S、指数(阶)和尾数(有效小数)。4 字节的浮点数为单精度，8 字节的浮点数为双精度。浮点数表示法如图 1.4 所示。

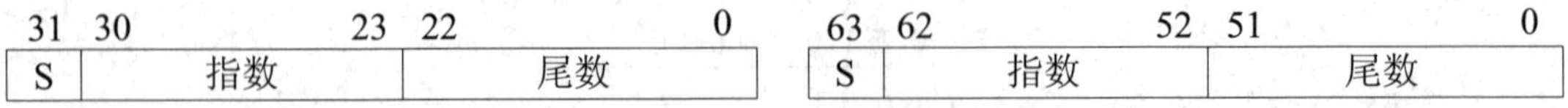

(a) 单精度浮点数　　　　(b) 双精度浮点数

图 1.4　浮点数表示法

单精度浮点数包括 1 位符号位、8 位阶(指数)、24 位小数(尾数)。尾数可用原码、补码或反码表示。为了让数有统一的表示，规定尾数的最高位为 1，称为规格化数，事实上 24 位尾数包括 1 个默认位(隐藏)，存储 23 位即可表示 24 位，默认的 1 位是规格化实数的第 1 位。规格化一个数时，调整它使其值大于等于 1 而小于 2。例如，12 转化为二进制数为 1100B，规格化后结果为 1.1×2^3，其中整数 1 不存储在 23 位尾数部分内，为默认位。阶(指数)码以移码表示，单精度浮点数的偏移量为 7FH(127)，双精度浮点数的偏移量为 3FFH(1023)。存储浮点数阶码前，要将偏移量加到阶码上。对上例中 12 来说，在单精度格式中移码后的阶表示为 127+3，即 130(82H)。几个浮点数表示的实例——单精度浮点数如表 1.3 所示。

表 1.3　单精度浮点数

十进制	二进制	非规格化	符号	移码阶	尾数
12	1100	1.1×2^3	0	10000010(82H)	1000000 00000000 00000000
−12	1100	-1.1×2^3	1	10000010(82H)	1000000 00000000 00000000
+100	1100100	1.1001×2^6	0	10000101(85H)	1001000 00000000 00000000
−1.75	1.11	-1.1×2^0	1	01111111(7FH)	1100000 00000000 00000000

例 1-20　将数 224 转换成单精度浮点数。

解　224＝1110 0000B，非规格化数为 1.11×2^7，符号位为 0；移码阶为

$$127+7=134=86H=10000110B$$

尾数为 11000000000000000000000，因此 224 的单精度浮点数表示为

0	10000110	11000000000000000000000
符号位	阶(8位)	尾数(23位)

汇编程序中分别用伪指令 DD、REAL4 及 DQ、REAL8 定义单精度浮点数和双精度浮点数。例如：

```
NUM1 DD        1.234      ；定义 1.234
NUM2 DD        -23.4      ；定义 -23.4
NUM3 REAL4     4.2E2      ；定义 420
NUM4 REAL4     1.234      ；定义 4 字节实数
```

1.2.3　非数值数据的二进制编码

计算机不仅要处理数值数据，而且要处理大量的非数值数据，如英文字母、标点符号、专用符号、汉字等。不论什么数据，都必须用基 2 码编码后才能存储、传送及处理。

1. 字符编码

使用最多、最普遍的字符编码是 ASCII 字符编码，即美国标准信息交换代码(American Standard Code for Information Interchange)。ASCII 字符编码如表 1.4 所示。

表 1.4　ASCII 字符编码

$B_3B_2B_1B_0$	$B_6B_5B_4$							
	0 0 0 (0)	0 0 1 (1)	0 1 0 (2)	0 1 1 (3)	1 0 0 (4)	1 0 1 (5)	1 1 0 (6)	1 1 1 (7)
0 0 0 0(0)	NUL	DLE	SP	0	@	P	、	p
0 0 0 1(1)	SOH	DC1	!	1	A	Q	a	q
0 0 1 0(2)	STX	DC2	"	2	B	R	b	r
0 0 1 1(3)	ETX	DC3	#	3	C	S	c	s
0 1 0 0(4)	EOT	DC4	$	4	D	T	d	t
0 1 0 1(5)	ENQ	NAK	%	5	E	U	e	u
0 1 1 0(6)	ACK	SYN	&	6	F	V	f	v
0 1 1 1(7)	BEL	ETB	'	7	G	W	g	w
1 0 0 0(8)	BS	CAN	(	8	H	X	h	x
1 0 0 1(9)	HT	EM	)	9	I	Y	i	y
1 0 1 0(A)	LF	SUB	*	:	J	Z	j	z
1 0 1 1(B)	VT	ESC	+	;	K	[	k	{
1 1 0 0(C)	FF	FS	,	<	L	\	l	|
1 1 0 1(D)	CR	GS	–	=	M	]	m	}
1 1 1 0(E)	SO	RS	.	>	N	^	n	～
1 1 1 1(F)	SI	US	/	?	O	-	o	DEL

ASCII 码表有以下几个特点：

(1) 每个字符用 7 位基 2 码表示，其排列次序为 B_6 B_5 B_4 B_3 B_2 B_1 B_0。实际上，在计算机内部，每个字符是用 8 位(即 1 个字节)表示的。一般情况下，将最高位置为 0，即 B_7 为 0。需要奇偶校验时，最高位用作校验位。

(2) ASCII 码主要用于西文字符的编码，它采用 7 位二进制代码对字符进行编码。ASCII 码共编码了 128 个字符，包括 32 个控制字符、1 个间隔字符、1 个删除控制码和 94 个可印刷字符(或称有形字符)。并非所有的 ASCII 码字符都是可显示或打印的，有些 ASCII 码作为控制字符用来完成一个规定的动作(如回车、换行、响铃等)。在计算机内部，每个 ASCII 码字符占用 1 个字节(8 位二进制数)来存储，通常最高位为 0，低 7 位为字符的二进制编码。

在许多实际应用中，最高位 B_7 常常用来作为 ASCII 码的奇/偶校验位。奇校验时，该位的取值应使得 8 位 ASCII 码中 1 的个数为奇数；偶校验时，该位的取值应使得 8 位 ASCII 码中 1 的个数为偶数。例如：8 的奇校验 ASCII 码为 00111000B，偶校验 ASCII 码为 10111000B；B 的奇校验 ASCII 码为 11000010B，偶校验 ASCII 码为 01000010B。奇偶校验的主要目的是在数据传送中，检测接收方的数据是否正确。收发双方先预约为何种校验，接收方收到数据后检验 1 的个数，判断是否与预约的校验相符，倘若不符，则说明传送出错，可请求重新发送。

32 个控制字符主要用于通信中的通信控制或对计算机设备的功能控制，编码值为 0～31(十进制)。

间隔字符(也称空格字符)SP，编码值为 20H。

删除控制码 DEL，编码值为 7FH。

94 个可印刷字符编码有如下两个规律：

① 字符 0～9 这 10 个数字符的 ASCII 码分别为 30H～39H(H 表示十六进制)，其高 3 位编码都为 011，低 4 位为 0000～1001，屏蔽掉高 3 位的值，低 4 位正好是数据 0～9 的二进制形式。这样编码的好处是既满足正常的数值排序关系，又有利于 ASCII 码与二进制码之间的转换。

② 英文大写字母 A～Z 的 ASCII 码是从 41H 开始依次往后编码的，英文小写字母 a～z 的 ASCII 码是从 61H 开始依次往后编码的。另外，大、小写英文字母编码仅是 B_5 位值不相同，B_5 为 1 是小写字母，这样编码有利于大、小写字母之间的编码转换。

在汇编语言程序设计中，经常要用到字符的 ASCII 编码，常用的符号有：数字 0～9，英文字母 A～Z 和 a～z，空格 SP，回车 CR，换行 LF，换码 ESC 等，这些符号的 ASCII 码必须牢牢记住。

2. 汉字的编码

西文是拼音文字，用有限的几个字母(如英文用 26 个字母，俄文用 32 个字母)可以拼写出全部西文信息，因此，西文仅需对有限个数的字母进行编码，就可以将全部西文信息输入计算机。而汉字信息则不一样，汉字是象形文字，1 个汉字就是 1 个方块图形。计算机要对汉字信息进行处理，就必须对数目繁多的汉字进行编码，建立一个有几千个汉字的编码表。西文编码是几十个字符的小字符集，汉字编码是成千上万个汉字的大字符集。因此，汉字的编码远比西文字母的编码要复杂得多。

目前我国公布的汉字编码有上百种。汉字编码有内码和外码之分。外码(又称汉字的输入编码)是指汉字的输入方式，其编码方法可以按照汉字的字形、字音和音形结合分为 3 类。常用的输入方式有区位码、国标码、首尾码、拼音码、双拼双音码、五笔字型码、自然码、ABC 码、郑码等。内码是计算机系统内部进行汉字信息存储、交换、检索等操作的编码。汉字内码采用 2 字节表示，没有重码，要求与国标码有简单的对应关系。

国标码(又称交换码)是《国家标准信息交换用汉字编码基本字符集》的简称，这是我国国家标准总局于 1981 年为适应计算机对汉字信息交换和处理而颁布的国家标准，编号为 GB 2312—1980。该标准按 94 × 94 的二维代码表形式收集了 6763 个汉字和 682 个一般字符、序号、数字，22 个拉丁字母、希腊字母、汉语拼音符号等，共 7467 个图形字符。该标准最多可包含 8836 个图形字符，适应于一般汉字处理、汉字通信等系统之间的信息交换。

应该指出，汉字的输入编码和内码是两个不同的概念。用每个汉字在二维代码表中行、列位置(行号称为区号，列号称为位号)来表示的代码，称为该汉字的区位码。区位码是汉字的输入编码。国标码＝区位码＋32，即国标码是区号和位号各增加 32 以后所得到的双 7 位二进制编码。国标码用于不同汉字系统之间汉字的传送和交换，可用作汉字的输入编码。英文 DOS 的机内码是 ASCII 码，国标码是双 7 位二进制编码，用作内码将会与 ASCII 码相混淆，为此利用 ASCII 码最高位为“0”这一特点，将 2 字节国标码的每个字节的最高位置“1”，以示区别。这样，形成了汉字的另外一种编码方法，即汉字的机内码，机内码＝国标码+128 或机内码＝区位码+160。

3. 逻辑数据的编码

逻辑数据是用来表示“是”与“否”或“真”与“假”两个状态的数据。在计算机中，用“1”表示“真”或“是”，用“0”表示“假”或“否”。需要注意的是，这里的“1”和“0”没有数值和大小的概念，只有逻辑意义。对逻辑数据只能进行逻辑运算，例如，逻辑非、逻辑加、逻辑乘等基本逻辑运算和由基本逻辑运算构成的各种组合逻辑运算，运算结果仍是逻辑数据。下面介绍基本逻辑运算的运算规则。

1) “与”运算(AND)

“与”运算又称逻辑乘，用符号 · 或∧表示。其运算规则为

$$0 \cdot 0 = 0,\quad 0 \cdot 1 = 0,\quad 1 \cdot 0 = 0,\quad 1 \cdot 1 = 1$$

即当两个逻辑变量取值均为 1 时，它们“与”的结果才为 1。

2) “或”运算(OR)

“或”运算又称逻辑加，用符号＋或∨表示。其运算规则为

$$0 + 0 = 0,\quad 0 + 1 = 1,\quad 1 + 0 = 1,\quad 1 + 1 = 1$$

即当两个逻辑变量的取值中有一个为 1 时，它们“或”的结果就为 1。

3) “非”运算(NOT)

“非”运算用符号 $\bar{}$ 来表示。其运算规则为

$$\overline{1} = 0,\quad \overline{0} = 1$$

4) “异或”运算(XOR)

“异或”运算用符号 ⊕ 或 $\overline{\vee}$ 来表示。其运算规则为

$$0 \oplus 0 = 0,\quad 0 \oplus 1 = 1,\quad 1 \oplus 0 = 1,\quad 1 \oplus 1 = 0$$

即当两个逻辑变量取值不相同时，它们“异或”的结果才为 1。

要注意的是，1 个逻辑数据用 1 位基 2 码表示，这样，8 个逻辑数据用 8 位基 2 码表示，这 8 位基 2 码可存放在 1 个字节中。反过来说，1 个 32 位的字可以表示 32 个逻辑数据。例如，设 X=00F0H，Y=7777H，则

$$X \wedge Y = 0070H,\quad X \vee Y = 77F7H,\quad X \oplus Y = 7787H$$

1.3 微型计算机的主要性能指标和应用

1.3.1 微型计算机的主要性能指标

微型计算机性能的优劣，主要是由它的系统结构、硬件组成、系统总线、外设以及软件配置等因素来决定的，具体表现在以下几个主要性能指标上。

(1) 位(bit)、字节(Byte)和字长(Word)。

① 位(bit)是计算机内部数据存储的最小单位，表示数据 1 或 0，音译为“比特”，习惯上用小写字母 b 表示。

② 字节(Byte)是计算机进行数据处理的基本单位，习惯上用大写字母 B 表示。计算机以字节为单位存储和解释信息，规定 1 个字节由 8 个二进制位构成，即 1 个字节等于 8 比特(1 Byte＝8 bit)。8 位二进制数最小为 00000000，最大为 11111111；通常 1 个字节可存入 1 个 ASCII 码，2 个字节可存放 1 个汉字国标码。

③ 字长(Word)是指微处理器内部一次可并行处理二进制代码的位数。它与微处理器内部寄存器及 CPU 内部数据总线宽度一致，字长越长，表示数据精度越高。在完成同样精度的运算时，字长较长的微处理器比字长较短的微处理器运算速度快。大多数微处理器内部数据总线与微处理器外部数据引脚宽度相同。字长是微型计算机重要的性能指标，也是微型计算机分类的主要依据之一。如将微型计算机分为 8 位机、16 位机、32 位机、64 位机等。

(2) 主频。主频是指微型计算机中 CPU 的时钟频率。微型计算机运行的速度与主频有关，一般来说，相同架构的处理器主频越高，则速度越快。

(3) 存储容量。存储容量是衡量微型计算机内部存储器能够存储二进制信息量大小的一个技术指标。它由若干个存储单元组成，每个单元分配一个固定的地址并且存放 1 个字节的数据，存储单元的地址数由 CPU 的地址总线数决定，同时也确定了内存容量。存储器容量一般以字节为最基本的计量单位。1 个字节记为 1B，1024 B 记为 1 KB(千字节，KiloByte)，1024 KB 记为 1 MB(兆字节，MegaByte)，1024 MB 记为 1 GB(吉字节，GigaByte)，而 1024 GB 记为 1 TB(太字节，TeraByte)。主存储器完成一次读/写所需的时间，定义为存取周期。存取时间越短，即存取速度越快，则整机运算速度越高。存取周期与主存储器指标有关。

(4) 指令系统。让计算机完成某种基本操作的命令称作指令。CPU 所固有的基本指令集合称为该计算机的指令系统。计算机指令系统一般有几十到几百条指令。一般来说，计算机能够完成的基本操作种类越多，即指令系统的指令数越多，说明其功能越强。

(5) 运算速度。运算速度是指计算机执行一条指令所需的平均时间(也称指令执行时间)，用于反映计算机运行速度的快慢。它一方面决定于微处理器工作时钟频率，另一方面又取决于计算机指令系统的设计、CPU 的体系结构等。目前，人们用微处理器工作时钟频率来表示运算速度，以兆赫兹(MHz)为单位，主频越高，表明运算速度越快。微处理器指令执行速度指标一般以每秒运行多少百万条指令(Millions of Instructions Per Second，MIPS)来描述。

(6) 内核数目。内核数目是指封装在一个处理器内的处理器内核数目。内核越多，则 CPU 处理并行计算的能力越强。目前处理器中的内核数目有 1、2、4 甚至 8 个。

(7) 高速缓存。高速缓存又称 Cache，其目的是让数据存取的速度适应 CPU 的处理速度。当前 CPU 的高速缓存一般又分为一级高速缓存(L1 Cache)和二级高速缓存(L2 Cache)。对于同类 CPU 来说，高速缓存的容量越大，则 CPU 的执行效率越高，速度越快。

(8) 系统总线。系统总线是连接微型计算机系统各功能部件的公共数据通道。其性能直接关系到微型计算机系统的整体性能，主要表现为它所支持的数据传送位数和总线工作时钟频率。数据传送位数越宽，总线工作时钟频率越高，则系统总线的信息吞吐率就越高，微型计算机系统的性能就越强。微型计算机系统采用了多种系统总线标准，如 ISA、EISA、VESA、PCI 和 USB 总线等。

(9) 外部设备配置。外部设备是完成计算机信息输入、输出、存储等功能的设备(外设)，包括键盘、鼠标、显示器、打印机、网卡等。微型计算机系统所配置的外设，其速度快慢、容量大小、分辨率高低等技术指标都影响着微型计算机系统的整体性能。

(10) 系统软件配置。系统软件配置是计算机系统不可缺少的组成部分。微型计算机硬件本身并不能运行，必须有系统软件支持，如 Windows、Linux 等操作系统。系统软件配置是否齐全，软件功能是否强大，是否支持多任务、多用户操作等都影响微型计算机硬件系统的性能。

1.3.2 微型计算机的应用

当前，微型计算机已广泛应用于工业、农业、国防、科研、教育、交通、通信、商业乃至家庭日常生活等各个领域。从航天技术到海洋开发，从天气预报到地震勘测，从医疗诊断到生物工程，从电子购物到儿童玩具，从远程教育到情报检索，从产品设计到生产过程控制等，到处都有微型计算机的踪迹。

微型计算机的应用归纳起来，主要有以下几个方面：

(1) 办公自动化(Office Automation，OA)：计算机、通信与自动化技术相结合的产物。其主要包括：电子数据处理系统(Electronic Data Process，EDP)，如公文的编辑打印、报表的填写与统计、文档检索、活动安排及其他数据处理等；管理信息系统(Management Information System，MIS)，如人事管理、财务管理、计划管理、统计管理等；决策支持系统(Decision Supporting System，DSS)，如数据库、知识库、模型库和方法库等。

(2) 数据库应用：借助数据库管理系统(Data Base Management System，DBMS)，可对其中的数据实施控制、管理和使用，如科技情报检索系统、银行储户管理系统、飞机票订票系统等。根据数据存放的差异，可以将数据库分为集中式和分布式两类。集中式数据库将数据集中在一台计算机上，分布式数据库则将数据分散在多台计算机内。

(3) 计算机网络应用：利用通信设备和线路等，把不同的计算机系统互连起来，并在网络软件的支持下，实现资源共享和信息传递。根据计算机之间距离的远近、覆盖范围的多少，网络分为局域网(Local Area Network，LAN)、广域网(Wide Area Network，WAN)、城域网(City Area Network，CAN)和因特网(Internet)。

(4) 生产过程自动化：包括计算机辅助设计(Computer Aided Design，CAD)、计算机辅助制造(Computer Aided Manufacturing，CAM)、计算机集成制造系统(Computer Integrated Manufacturing System，CIMS)，是计算机在现代生产领域，特别是在制造业中的典型应用，它不仅提高了自动化水平，而且使传统的生产技术发生了革命性的变化。

(5) 智能模拟：又称人工智能(Artificial Intelligence，AI)，是用计算机软硬件系统模拟人类某些智能行为，如感知、思维、推理、学习、理解等的理论和技术。人工智能的另一个重要应用是机器人。目前，国际上已有许多机器人用于各种恶劣环境的生产和试验领域。

1.4 微型计算机的发展

1.4.1 计算机的发展概况

自 1946 年世界上第一台计算机 ENIAC(Electronic Numerical Integrator and Calculator)在美国宾夕法尼亚大学研制成功以来，计算机经历了几次重大的技术革命，得到了突飞猛进的发展。通常按照计算机采用的电子器件，可将计算机的发展分为 4 个阶段，习惯上称为四代。

第一代：电子管计算机(1946 年第一台计算机问世—1957 年)。这一时期的计算机采用电子管作为基本器件，以延迟线或磁芯为内存，以纸带、卡片或磁带为外存，软件只有机器语言或汇编语言，主要用于科学计算。代表机型是 ENIAC。

第二代：晶体管计算机(1958—1964 年)。这一时期的计算机采用晶体管作为基本器件，以磁芯为内存，以磁带或磁盘为外存，运算速度为几十万次/秒，软件开始采用如 BASIC、FORTRAN、COBOL 等高级语言。代表机型是 IBM7000 系列计算机。

第三代：集成电路计算机(1964—1972 年)。这一时期的计算机采用中、小规模集成电路作为基本器件，开始采用半导体存储器作为内存，以磁带或磁盘为外存，运算速度从几十万次/秒到几百万次/秒。软件除了能运行多种高级语言外，还配置了操作系统，除用于数值计算外，也开始用于管理和控制领域。功耗、体积、价格进一步下降，而速度和可靠性进一步提高，寿命更长。代表机型是 IBM System/360。

第四代：大规模集成电路和超大规模集成电路计算机(1972 年至今)。这一时期的计算机采用大规模和超大规模集成电路作为基本器件，芯片集成度和微处理器的工作速度以摩尔定律发展，大体上每 2～3 年翻两番；半导体存储器取代磁芯存储器。20 世纪 70 年代初期，已经能把原来体积很大的中央处理机电路集成在一片面积仅十几平方毫米的微处理器(Microprocessor，μP)电路芯片上。

当前，计算机的发展仍然处在超大规模集成电路(VLSI)时代，其发展趋势为“巨—微—网—智”。

巨——巨型化功能：运算速度达千万亿次/秒的巨型计算机，用于天气预报、天文探索、地震研究、石油和地质勘探、卫星图像处理、集成电路(IC)设计、军事等高科技领域。

微——微型化体积：体积越来越小，特别是便携式和掌上电脑等新产品的不断出现，价格也越来越便宜，智能手机和各种新型电器直接应用微型化计算机。

网——网络化资源：随着通信和网络技术的快速发展及云计算概念的引入，可以通过网络使用远程资源，共享程序、数据和信息资源，开展科技合作。

智——智能化处理：计算机引入智能计算，使其具有人的听、说、读、写和思维推理能力，这是当前科技人员的主攻目标。

1.4.2 微型计算机的发展概况

1. 微型计算机的诞生

1971 年 11 月 15 日，美国 Intel 公司首先研制成功世界上第一块微处理器芯片——Intel

4004，它集成了 2300 只晶体管，字长 4 位，包含 45 条指令，每秒执行 5 万条指令，被用于 Busicom 计算器的设计。1972 年、1974 年和 1976 年，Intel 公司陆续推出 8 位微处理器 8008、8080 和 8085，Zilog 公司设计出 Z80，Motorola 公司推出 MC6800，MOS 科技公司推出 MOS6502，RCA 公司推出 CDP1802 等 CPU。其中 Intel 8080 微处理器，封装 40 引脚，含有 6000 只晶体管、16 根地址线、8 根数据线，采用了复杂的指令集，运行频率为 2 MHz，每秒可执行 29 万条指令。1974 年，罗伯茨采用 Intel 8080 微处理器设计了一台计算机 Altair 8800，专供业余爱好者试验用。1977 年，沃茨尼克设计出世界上第一台真正的个人计算机 APPLE Ⅱ，采用了 6502 微处理器，次年又增加了磁盘驱动器，由 Apple(苹果)公司推出了 8 位微型计算机。

2. 视窗操作系统

早期的 8 位微型机配置的是 CP/M 操作系统，16 位 PC 使用 MS-DOS 或 PC-DOS 操作系统。20 世纪 90 年代初，苹果电脑 Machintoch 配置了黑白视窗操作系统，颇受欢迎，但因机器太贵，未能得以发展。1983 年底，比尔·盖茨领导的微软公司购买了 Apple 的视窗操作系统。1985 年，16 位 PC 提供图形用户界面的 Windows 1.0 问世。1985 年，微软公司和 IBM 公司联合为 PS/2 微型机开发 OS/2 操作系统。1990 年，微软公司推出 Windows 3.0，1992 年推出 Windows 3.1，1995 年 8 月推出 Windows 95，1998 年推出 Windows 98，1999 年推出 Windows 2000，2000 年推出 Windows Me，2001 年推出 Windows XP，2003 年推出 Windows 2003，2007 年推出 Windows Vista，2009 年推出 Windows 7。目前，普遍使用的是支持触摸操控功能的 Windows 10。

3. 个人计算机发展简况

"个人计算机"PC(Personal Computer)一词源自 1981 年 IBM 的第一部桌上型计算机型号 PC，在此之前有 Apple Ⅱ 的个人用计算机。个人计算机由硬件系统和软件系统组成。微处理器是微型计算机的核心部件，它的性能在很大程度上决定了微型计算机的性能，因此，微型计算机的发展是随微处理器的发展而更新换代的。

第一代：4 位和 8 位低档微处理器时代(1971—1973 年)。其典型产品是 Intel 4004 和 Intel 8008 微处理器以及分别由它们组成的 MCS-4 和 MCS-8 微型计算机。Intel 4004 是 4 位微处理器，可进行 4 位二进制的并行运算，有 45 条指令，速度为 0.05MIPS。Intel 8008 是 8 位微处理器，采用 PMOS 工艺，4000 只晶体管/片，系统结构和指令系统都比较简单，采用机器语言或简单的汇编语言，指令数目较少(20 多条指令)，指令周期为 20μs～50μs，用于简单的控制场合。

第二代：中高档 8 位微处理器时代(1973—1978 年)。1973 年 Intel 公司推出 Intel 8080 及其改进型 8085；1974 年 Motorola 公司推出 MC6809；1975 年 Zilog 公司推出 Z80，它是单板微型机 TP801 的微处理器；MOS 公司推出的 MOS 6502，是 IBM PC 问世之前 Apple Ⅱ(苹果机)的微处理器。第二代微处理器芯片采用 NMOS 工艺，集成度达到 5000 管/片～9000 管/片，时钟频率为 2 MHz～4 MHz，平均指令执行时间为 1 μs～2 μs。第二代微型计算机具有多种寻址方式，并具有典型计算机的体系结构以及中断、DMA(Direct Memory Access，直接存储器存取)等控制功能，设计考虑了机器间的兼容性、端口的标准化和通用性，配套外围电路的功能和种类齐全。在软件方面，除可使用汇编语言外，还可使用高级语言(BASIC、FORTRAN 等)和操作系统(单用户操作系统)。

第三代：16 位微处理器时代(1978—1984 年)。Intel 公司 1978 年推出 16 位微处理器 8086 以及外部总线只有 8 位的准 16 位微处理器 8088。除 8086/8088 外，还有 Zilog 公司的 Z8000，Motorola 公司的 MC68000。它们在工艺上采用 HMOS 高密度集成工艺技术，集成度为 2 万管/片～7 万管/片，时钟频率为 4 MHz～8 MHz，数据总线宽度为 16 位，地址总线为 20 位，可寻址内存空间达 1 MB，运算速度比 8 位机提高了 2～5 倍。1981 年，IBM 公司推出的以 8088 为微处理器的个人计算机 IBM PC/XT 投入市场。1982 年，Intel 公司又推出 80286 微处理器，它是 16 位微处理器，其集成度达到 10 万管/片，时钟频率为 10 MHz，平均指令执行时间为 0.2 μs。1984 年，IBM 公司推出了以 80286 处理器为核心的 16 位增强型个人计算机 IBM PC/AT，其运行速度为 6 MHz～8 MHz，最高可达 20 MHz。微处理器(80286)含有多任务系统必需的任务转换功能、存储器管理功能和多种保护机构，以支持虚拟存储体系结构。

第四代：32 位高档微处理器时代(1984—1993 年)。1984 年 Motorola 公司推出 MC68020；1985—1989 年 Intel 公司分别推出 Intel 80386 和 Intel 80486；NEC 公司推出 V70 等。此时的微处理器采用先进的高速 CHMOS(HCMOS)工艺，集成度为 1 万管/片～120 万管/片。其具有 32 位数据总线和 32 位地址总线，直接寻址能力达 4 GB，同时具有存储保护和虚拟存储功能，虚拟空间可达 64 TB(264)，时钟频率达 16 MHz～33 MHz，平均指令执行时间约 0.1 μs，运算速度为每秒 300 万条指令～400 万条指令，即 3 MIPS～4 MIPS。

第五代：奔腾(Pentium)系列微处理器时代(1993—2005 年)。1993 年，Intel 公司推出微处理器 Pentium，即拉丁文 5，习惯称 586，其频率最高为 200 MHz，集成度为 310 万管/片，内置 16 KB 的一级缓存，并首次引入了超频(Over Clock)技术，使系统能运行在更高的频率上，每秒能执行 1 亿条指令。1995 年 IBM 公司、Motorola 公司、Apple 公司联合推出 Power PC；AMD 公司推出 K5。早期的奔腾处理器频率为 75 MHz～120 MHz，使用 0.5 μm 的制造工艺，后期 120 MHz 频率以上的奔腾处理器则改用 0.35 μm 工艺。1996 年底发布多能奔腾(Pentium MMX)，正式名称是“带有 MMX 技术的 Pentium”。1997 年 Intel 公司推出的 Pentium Ⅱ处理器结合了 Intel MMX 技术，晶体管数目为 750 万颗。1999 年 Intel 公司推出 Pentium Ⅲ处理器，首次导入 0.25 μm 技术，Intel Pentium Ⅲ晶体管数目约为 950 万颗；同年，Intel 公司还发布了 Pentium Ⅲ Xeon 处理器。2000 年 Intel 公司推出的 Pentium 4 处理器，内建了 4200 万个晶体管，采用 0.18 μm 的电路，初期版本速度高达 1.5 GHz；翌年 8 月，Pentium 4 处理器速度达到 2 GHz 的里程碑。2002 年 Intel 公司推出新款 Intel Pentium 4 处理器，内含创新的 Hyper - Threading(HT，超线程)技术，运作频率达 3.06 GHz，采用 0.13 μm 制程技术。2003 年 3 月 Intel 公司推出 x86 架构微处理器 Pentium M，其主频有 1.6 GHz、1.5 GHz、1.4 GHz、1.3 GHz，低电压为 1.1 GHz，超低电压为 900 MHz。2005 年 Intel 公司推出双核处理器 Pentium D 和 Pentium Extreme Edition，同时推出 945/955/965/975 芯片组来支持新推出的双核处理器，采用 90 nm 工艺，使用没有针脚的 LGA 775 接口。Pentium D 支持 EM64T 技术、XD bit 安全技术，但 Pentium D 处理器不支持超线程(Hyper-Threading)技术，而 Pentium Extreme Edition 则没有这方面的限制。在打开超线程技术的情况下，Pentium Extreme Edition 双核处理器能够模拟出另外两个逻辑处理器，可以被认成四核心系统。

第六代：酷睿(Core)系列微处理器时代(2005 年后)。早期的酷睿是基于笔记本处理器的。酷睿 2(英文名称为 Core 2 Duo)是 Intel 公司在 2006 年 7 月 27 日推出的新一代基于 Core 微架构的产品体系的统称。酷睿 2 是一个跨平台的构架体系，包括服务器版、桌面版、移动版三大领域。Core i5 是一款基于 Nehalem 架构的四核处理器，采用整合内存控制器，三级缓存模式，L3 达到 8 MB，支持 Turbo Boost 等技术的新处理器电脑配置。它和 Core i7(Bloomfield)的主要区别在于总线不采用 QPI，而采用的是成熟的 DMI(Direct Media Interface)，并且只支持双通道的 DDR3 内存。结构上，Core i5 用的是 LGA1156 接口，Core i7 用的是 LGA1366 接口。Core i5 有睿频技术，可以在一定情况下超频。Core i3 可看作是 Core i5 的进一步精简版(或阉割版)，有 32 nm 工艺版本(基于 Westmere 架构)。Core i3 与 i5 的最大区别之处是 Core i3 没有睿频技术。2010 年 6 月，Intel 公司再次发布第二代 Core i3/i5/i7。第二代 Core i3/i5/i7 隶属于第二代智能酷睿家族，全部基于全新的 Sandy Bridge 微架构。Intel 公司在 2011 年初发布的新一代处理器微架构 SNB(Sandy Bridge)，与处理器无缝融合的“核芯显卡”终结了“集成显卡”的时代。这一创举得益于全新的 32 nm 制造工艺。2012 年 4 月 24 日，Intel 公司正式发布了 Ivy bridge(IVB)处理器。22 nm IVB 将执行单元数量翻了一番，最多达到 24 个。

以 Intel 微处理器为代表，微处理器性能演进过程如表 1.5 所示。

表 1.5　微处理器性能演进过程

芯片	地址总线	数据总线	存储器寻址空间	一级缓存	二级缓存	工作频率/MHz	集成度/(管/片)
8080	16	8	64 KB	—	—	2	4500
8088	20	8	1 MB	—	—	5	29 000
8086	20	16	1 MB	—	—	5, 8, 10	29 000
80286	24	16	16 MB	—	—	12, 20, 25	13.4 万
80386SX	24	16	16 MB	—	—	16, 25, 33	27.5 万
80386DX	32	32	4 GB	—	—	16, 33, 40	27.5 万
80486DX	32	32	4 GB	8 KB	—	25～100	120 万
Pentium	32	64	4 GB	16 KB	—	66～200	310 万
Pentium MMX	32(36)	64	64 GB	16 KB	—	200～300	450 万
Pentium Pro	36	64	64 GB	16 KB	256 KB	150～200	550 万
Pentium II	36	64	64 GB	32 KB	512 KB	233～450	750 万
Pentium II Xeon	36	64	64 GB	32 KB	512 KB	350～450	750 万
Pentium III	36	64	64 GB	32 KB	512 KB	450～1400	950 万
Pentium 4	36	64	64 GB	32 KB	256 KB～2 MB	1300～3800	1.25 亿
Core	36	64	64 GB	64 KB	2 MB～8.MB	1800～3000	2.91 亿
Core Xeon	40	64	1024 GB	64 KB	2 MB～12 MB	1600～3000	8.2 亿

1.4.3　微型计算机的发展特点与分类

1. 微型计算机的发展特点

由于微型计算机是采用大规模和超大规模集成电路组成的，因此在其发展过程中除了具有一般计算机的运算速度快、计算精度高、记忆功能和逻辑判断力强、自动工作等常规特点外，还表现出自身的特点。

(1) 体积小、质量小、功耗低。由于微型计算机采用了大规模和超大规模集成电路，因此构成微型计算机所需的器件数目大为减少，体积大为缩小。

(2) 可靠性高、使用环境要求低。微型计算机采用大规模集成电路，系统内芯片数大大减少，从而使印刷电路板上的连线减少，接插件数目大幅度减少，加之 MOS 电路芯片本身功耗低、发热量小，这使微型计算机的可靠性大大提高，因而也降低了对使用环境的要求。

(3) 结构简单灵活、系统设计方便、适应性强。微型计算机多采用模块化的硬件结构，特别是在采用总线结构后，微型计算机系统成为了一个开放的体系结构，系统中各功能部件通过标准化的插槽和端口相连，用户只要选择不同的功能部件(板卡)和相应外设就可构成不同要求和规模的微型计算机系统。

(4) 性能价格比高。随着大规模和超大规模集成电路技术的不断成熟，集成电路芯片的价格越来越低，使得微型计算机的成本不断下降，同时也使许多过去只在大、中型计算机中采用的技术(如流水线技术、RISC 技术、虚拟存储技术等)也在微型计算机中被采用，许多高性能的微型计算机(如 80486、Pentium Pro、Pentium Ⅱ～Pentium 4 等)的性能实际上已经超过了中、小型计算机(甚至是大型机)的水平，但其价格要比中、小型机低几个数量级。

2. 微型计算机的分类

微型计算机种类繁多，型号各异，因此人们可以从不同角度对其进行分类。

(1) 按微处理器(CPU)字长分类：一般分为 4 位机、8 位机、16 位机、32 位机和 64 位机等。

(2) 按微型计算机的组装形式分类：可分为单片机、单板机和多板微型计算机等。

① 单片机：如果将构成微型计算机的各功能部件(CPU、RAM、ROM 及 I/O 接口电路)集成在同一块大规模集成电路芯片上，一个芯片就是一台微型计算机，则该微型计算机称为单片微型计算机，简称单片机。典型产品有 Intel 公司的 MCS8051、8096(16 位单片机)，Motorola 公司的 MC68HC05、MC68HC11 等。

② 单板机：如果将 CPU 芯片、存储器芯片、I/O 接口芯片及简单的 I/O 设备(如小键盘、数码显示器(Light Emitting Diode，LED，发光二极管))装配在同一块印刷电路板上，则这块印刷电路板就是一台完整的微型计算机，称为单板微型计算机，简称单板机。国内曾经最流行的单板机是 TP801(CPU 为 Z80)。

③ 多板微型计算机：把微处理器芯片、存储器芯片、各种 I/O 接口芯片和驱动电路、电源等装配在不同的印刷电路板上，各印刷电路板插在主机箱内标准的总线插槽上，通过系统总线相互连接起来，就构成了一个多插件板的微型计算机(也称系统机)。如 IBM

PC/XT、PC/AT、PC386、PC486、PC586 等就是采用这种方式构成的。个人计算机也就是人们常说的 PC，它是将一块主机板(包括微处理器、内存储器、输入/输出接口等芯片)和若干接口卡、外部存储器、电源等部件组装在一个机箱内，并配置显示器、键盘、鼠标等外设和系统软件而构成的微型计算机系统。PC 具有功能强、配置灵活、软件丰富、使用方便等特点，是最普及、应用最广泛的微型计算机。

(3) 按微型计算机的用途分类：可分为通用机和专用机两类。通用机一般指微型计算机系统，而专用机则指工业控制机、单板机和单片机等。

(4) 按微型计算机的档次分类：可分为低档机、中档机和高档机。

小　结

本章首先对微型计算机的基本概念、硬件结构、工作原理、系统组成、应用特点等知识作了相应概述；然后介绍了计算机中数据的表示方法，重点介绍了二进制数、八进制数、十进制数、十六进制数的相关概念及各类数制之间相互转换的方法，无符号数和带符号数的机器内部表示、字符编码和汉字编码等；最后介绍了计算机的发展概况、微型计算机的发展概况和微型计算机的发展特点与分类，为后续内容的学习打下良好的基础。

习　题

1-1　简述冯•诺依曼计算机的基本特点。

1-2　如何划分计算机发展的几个阶段？当前广泛使用的计算机主要采用哪一代的技术？

1-3　微型计算机硬件结构由哪些部分组成？各部分的主要功能是什么？

1-4　衡量微型计算机系统性能的主要技术指标有哪些？

1-5　如何确定一个微处理器是 8 位、16 位还是 32 位？

1-6　把下列十进制数分别转换为二进制数、八进制数和十六进制数。

(1) 24.25；　(2) 421.15；　(3) 0.875；　(4) 100。

1-7　把下列二进制数分别转换为十进制数、八进制数和十六进制数。

(1) 101100.101；　(2) 1110010.1011；　(3) 1011.1011；　(4) 1101011.0101。

1-8　把下列十六进制数分别转换为二进制数、八进制数和十进制数。

(1) 8C.29；　(2) 132.2B；　(3) 65C.54；　(4) 2DE6.A。

1-9　写出下列十进制数的原码、反码、补码(采用 8 位二进制数表示)。

(1) 87；　(2) 34；　(3) −48；　(4) −100。

1-10　已知下列补码，求出其真值。

(1) 93H；　(2) 88H；　(3) B5H；　(4) 3C21H。

1-11　按照字符所对应的 ASCII 码表示，查表写出下列字符的 ASCII 码。

(1) E；　(2) d；　(3) 6；　(4) CR(回车)；　(5) $。

1-12　把下列十进制数转换为单精度浮点数。

(1) +1.5；　　(2) −10.625；

(3) +100.25；　　(4) −1200。

1-13　把下列单精度浮点数转换为十进制数。

(1) 0 10000000 11000000000000000000000；

(2) 1 01111111 00000000000000000000000；

(3) 0 10000000 10010000000000000000000。

第 2 章　80x86 系统结构

微处理器(Micro Processor)也称中央处理器(Central Processing Unit，CPU)，它是由超大规模集成电路构成的具有运算功能的逻辑部件。以 CPU 为核心可以构成计算机系统。Intel 公司的 8086/8088、80286、80386、80486、Pentium 等新一代微处理器统称为 80x86 微处理器。本章重点讨论 8086/8088 CPU 编程结构、工作模式、引脚功能、存储器和 I/O 端口等内容。在此基础上，介绍 Intel 80x86 系列高档微处理器的基本结构、内部寄存器、工作模式等内容。

2.1　8086 CPU 编程结构

Intel 8086 CPU 是美国 Intel 公司于 1978 年推出的一种高性能的 16 位微处理器。8086 CPU 的数据总线为 16 位，地址总线为 20 位，可寻址空间为 2^{20} B 即 1 MB 内存。为了与当时已有的外围设备接口芯片相兼容，Intel 公司随后又推出准 16 位微处理器 8088。8088 CPU 的内部寄存器、内部运算部件以及内部操作与 8086 基本相同，但是对外数据总线为 8 位。

2.1.1　8086 CPU 的编程结构

8086 CPU 的编程结构由两个独立的工作单元组成，即执行单元 EU(Execution Unit)和总线接口单元 BIU(Bus Interface Unit)组成。8086 CPU 内部结构框图如图 2.1 所示。总线接口单元 BIU 主要在 CPU 与存储器及 I/O 设备之间传递数据、地址、控制和状态信息。执行单元 EU 从 BIU 的指令队列中取出指令并执行指令，不必访问存储器或 I/O 端口。下面分别介绍 EU 和 BIU。

1. 执行单元 EU

执行单元 EU 主要负责从指令队列寄存器中获取指令，并对指令加以译码，完成指令所规定的操作(执行)，暂存中间运算结果并保留结果的特征。它由以下几个部分组成：

(1) 算术逻辑运算单元 ALU：完成 8 位或 16 位的二进制运算，16 位暂存寄存器可暂存参加运算的操作数。

(2) 标志寄存器：存放 ALU 运算结果特征。

(3) 暂存寄存器：协助 ALU 完成运算，暂存参加运算的数据。

(4) 通用寄存器组：4 个通用 16 位寄存器 AX、BX、CX、DX，其中 AX 又称累加器；4 个专用 16 位寄存器包括源变址寄存器 SI(Source Index)、目的变址寄存器 DI(Destination Index)、堆栈指针寄存器 SP(Stack Pointer)、基址指针寄存器 BP(Base Pointer)。

(5) EU 控制电路：负责从 BIU 的指令队列缓冲器中取指令并对指令译码，根据指令要求向 EU 内部各部件发出控制命令，以实现各条指令规定的功能。

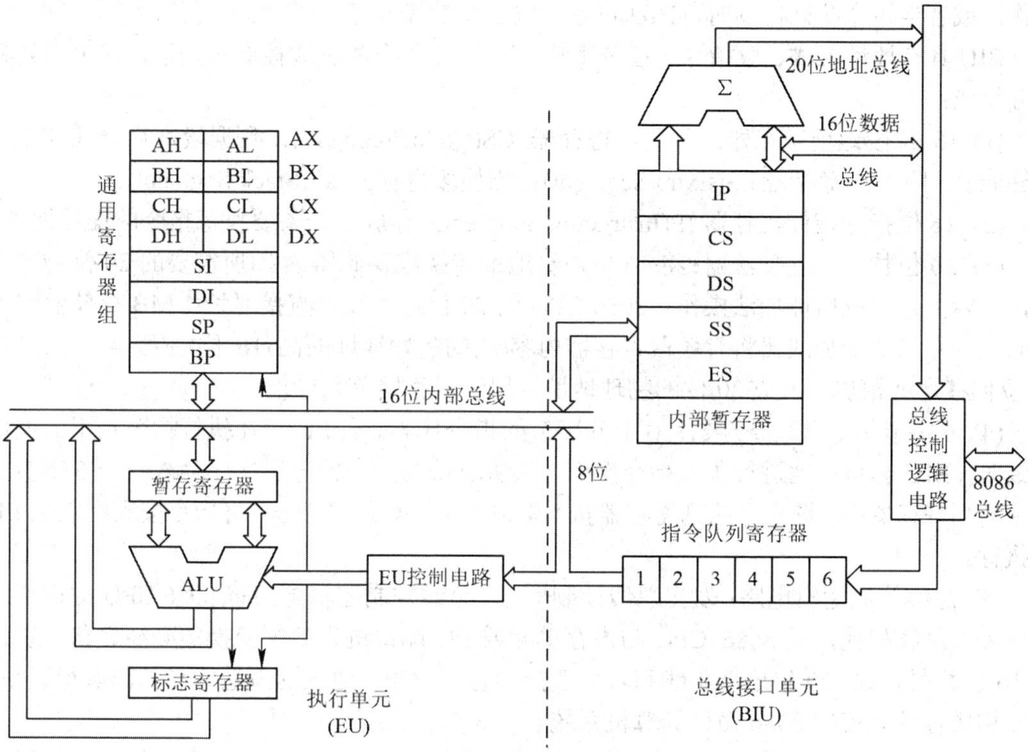

图 2.1　8086 CPU 内部结构框图

执行单元工作过程如下：首先 EU 从 BIU 的指令队列中取出指令操作码，通过译码电路分析要完成什么操作，然后发出相应的控制指令并要求执行指令。如果执行指令需要访问存储器或 I/O 端口去取操作数，则 EU 将操作数的偏移地址通过内部 16 位数据总线发送给 BIU，与段地址一起在 BIU 的地址加法器中形成 20 位物理地址，并申请访问存储器或 I/O 端口，取得操作数发送给 EU 控制电路；EU 控制电路根据指令要求向 EU 内部各部件发出控制指令，各部件执行指令要求的操作。如果执行运算操作，则操作数经暂存寄存器被传送到 ALU，运算结果由内部总线传送到 EU 的寄存器组或传送到 BIU 的内部寄存器，由 BIU 写入存储器或 I/O 端口；同时标志寄存器 FLAGS 根据运算结果而改变某些标志位，供测试、判断及转移指令使用。

一般情况下，按顺序执行指令，EU 从指令队列中取指令而不是访问存储器取指令，所以取指令与执行指令可以并行操作。但是若遇到转移指令、调用指令和返回指令时，则要将指令队列中的内容作废，由 BIU 重新取转移目标地址中新的指令代码，EU 才能继续执行指令，此时并行操作可能受到影响。不过，这种情况相对较少发生，因此，采用 EU 与 BIU 之间既相互配合又相互独立的非同步并行工作方式提高了 CPU 的工作效率。

2．总线接口单元 BIU

总线接口单元 BIU 是 8086 CPU 与外部设备(存储器和 I/O 端口)的接口，它提供了 16 位双向数据总线和 20 位地址总线，完成所有外部总线操作。BIU 主要负责从存储器指定区域取指令并将取出的指令传送至指令队列中进行排队，当 EU 执行的指令需要和外部存储器或者 I/O 端口之间进行数据传输时，BIU 就停止取指令，为 EU 服务，完成这次总线操作；或者当指令队列排满时，BIU 也停止取指令的操作。

BIU 具有地址形成、取指令、指令排队、读/写操作数和总线控制等功能。它由下列各部分组成：

(1) 16 位段地址寄存器：代码段寄存器 CS(Code Segment)；数据段寄存器 DS(Data Segment)；附加段寄存器 ES(Extra Segment)；堆栈段寄存器 SS(Stack Segment)。

(2) 16 位指令指针寄存器 IP(Instruction Pointer)：存放下一条要执行指令的偏移地址。

(3) 20 位物理地址加法器：将 16 位逻辑地址转换成存储器读/写所需要的 20 位物理地址，实际上是完成地址加法操作。8086 CPU 的 20 位地址线可直接寻址 1 MB 存储器物理空间，由专门地址加法器将有关段寄存器内容(段的起始地址的高 16 位)左移 4 位后，与 16 位偏移地址相加，形成 20 位的物理地址，用于对存储单元寻址。

(4) 6 字节指令队列寄存器：存放 6 字节的指令代码。当 EU 正在执行指令且不需占用总线时，BIU 会自动地进行预取指令操作，将所取得的指令按先后次序存入一个 6 字节的指令队列寄存器中，该指令队列寄存器按“先进先出”的方式工作，将指令按顺序取到 EU 中执行。

(5) 总线控制逻辑电路：发出总线控制信号。总线控制逻辑电路将 8086 CPU 的内部总线和外部总线相连，是 8086 CPU 与内存单元或 I/O 端口进行数据交换的必经之路。它包括 16 位数据总线、20 位地址总线和若干条控制总线，CPU 通过这些总线与外部取得联系，从而构成各种规模的 8086 微型计算机系统。

总线接口单元的工作过程如下：首先在代码段寄存器 CS 中的 16 位段基地址的最低位后面补 4 个 0，加上指令指针寄存器 IP 中的 16 位偏移地址，在地址加法器内形成 20 位物理地址，将这 20 位地址直接传送至地址总线；然后通过总线控制逻辑电路发出存储器读信号 $\overline{RD}$，启动存储器，按给定的地址从存储器中取出指令，传送到指令队列中等待执行。

BIU 的指令队列寄存器可以存储 6 个字节指令代码，它是“先进先出”的队列寄存器，允许预取 6 个字节指令代码。在一般情况下，指令队列中填满指令，EU 可从指令队列中取出指令执行。指令代码装入指令队列输入端后，BIU 自动调整指令队列输入端指针。EU 从指令队列输出端取指令，并且在 EU 取走 1 个字节的指令代码后，BIU 自动调整指令队列输出端指针。当指令队列有 2 个或 2 个以上的字节空余时，BIU 自动将指令取到指令队列中。当指令队列已满，并且执行部件 EU 未向 BIU 申请读/写存储器操作数时，BIU 不执行任何总线周期，处于空闲状态。

EU 从指令队列中取走指令，经指令译码后，向 BIU 申请从存储器或 I/O 端口读/写操作数。如果收到 EU 送来的逻辑地址，BIU 则通过地址加法器将现行数据段及收到的逻辑地址组成 20 位物理地址，在当前取指令总线周期完成后，在读/写总线周期访问存储器或 I/O 端口完成读/写操作。最后 EU 执行指令，由 BIU 传送运算结果。

指令指针寄存器 IP 由 BIU 自动修改，指向下一条指令在现行代码段内的偏移地址。当进行 IP 入栈操作时，BIU 先是将 IP 入栈，再自动调整 IP 到下一条要执行指令的地址。当 EU 执行转移指令时，BIU 清除指令队列，从转移指令的新地址取得指令，并立即传送至 EU 执行，然后再从后续地址存放的指令序列中取指令填满队列。

总线控制部件发出总线控制信号，实现存储器读/写控制和 I/O 读/写控制。它将 8086

CPU 的内部总线与外部总线相连，是 8086 CPU 与外部沟通不可缺少的部件。

BIU 与 EU 的并行工作方式改变了以往计算机取指令—译码—执行指令的串行工作方式，大大提高了工作效率，这正是 8086 获得成功的原因之一。

2.1.2　寄存器结构

寄存器可以用来存放运算过程中所需要的操作数地址、操作数及中间结果。8086 微处理器内部包含有 4 组 16 位寄存器，它们分别是通用寄存器组、指针和变址寄存器组、段寄存器、指令指针和标志寄存器，如图 2.2 所示。

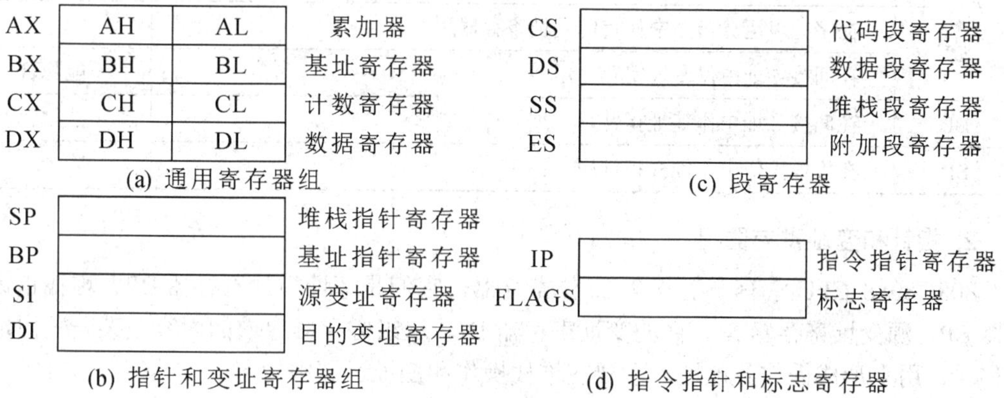

图 2.2　8086 CPU 寄存器组

1. 通用寄存器组

8086/8088 CPU 在执行单元 EU 中有 4 个 16 位通用寄存器，它们是 AX、BX、CX 和 DX，用于存放 16 位数据或地址；也可分为 8 个 8 位寄存器来使用，低 8 位是 AL、BL、CL 和 DL，高 8 位为 AH、BH、CH 和 DH，它们只能存放 8 位数据，不能存放地址。为了缩短指令代码的长度，在 8086 CPU 中，某些通用寄存器用于专门用途。例如，串指令中必须用 CX 寄存器作为计数寄存器，存放串的长度，这种寻址方式也称为隐含寻址。同样，寄存器 AX、BX、DX 又分别称为累加器、基址寄存器及数据寄存器。表 2.1 列出了 8086 通用寄存器的特殊用途。

表 2.1　8086 通用寄存器的特殊用途

寄存器名	特 殊 用 途	隐含性质
AX，AL	在输入/输出指令中作数据寄存器用	不能隐含
	在乘法指令中存放被乘数或乘积，在除法指令中存放被除数或商	隐含
AH	在 LAHF 指令中，作目标寄存器用	隐含
AL	在十进制运算指令中作累加器用	隐含
	在 XLAT 指令中作累加器用	隐含
BX	在间接寻址中作基址寄存器用	不能隐含
	在 XLAT 指令中作基址寄存器用	隐含

续表

寄存器名	特殊用途	隐含性质
CX	在串操作指令和 LOOP 指令中作计数器用	隐含
CL	在移位/循环移位指令中作移位次数计数器用	不能隐含
DX	在字乘法/除法指令中存放乘积高位或被除数高位或余数	隐含
	在间接寻址的输入/输出指令中作地址寄存器用	不能隐含
SI	在字符串运算指令中作源变址寄存器用	隐含
	在间接寻址中作变址寄存器用	不能隐含
DI	在字符串运算指令中作目的变址寄存器用	隐含
	在间接寻址中作变址寄存器用	不能隐含
BP	在间接寻址中作基址指针用	不能隐含
SP	在堆栈操作中作堆栈指针用	隐含

2. 指针和变址寄存器组

8086/8088 CPU 中有一组 4 个 16 位寄存器，它们是基址指针寄存器 BP、堆栈指针寄存器 SP、源变址寄存器 SI、目的变址寄存器 DI。这组寄存器存放的内容是某一段内地址偏移量，用来形成操作数地址，主要在堆栈操作和变址运算中使用。

BP 和 SP 寄存器称为指针寄存器，与堆栈段寄存器 SS 联用，为访问现行堆栈段提供方便。通常寄存器 BP 在间接寻址中使用，操作数在堆栈段中，由寄存器 SS 与寄存器 BP 组合形成操作数地址，即 BP 中存放现行堆栈段中一个数据区的基址的偏移量，所以称寄存器 BP 为基址指针寄存器。

寄存器 SP 在堆栈操作中使用，PUSH 和 POP 指令是从寄存器 SP 得到现行堆栈段的段内地址偏移量，所以称寄存器 SP 为堆栈指针寄存器，寄存器 SP 始终指向栈顶。

寄存器 SI 和 DI 称为变址寄存器，通常与数据段寄存器 DS 一起使用，为访问现行数据段提供段内地址偏移量。在串指令中，源操作数的偏移量存放在 SI 中，目的操作数的偏移量存放在 DI 中，SI 与 DI 的作用不能互换，否则传送地址相反。在串指令中，SI 和 DI 均为隐含寻址，此时，SI 和 DS 联用，DI 和 ES 联用。

3. 段寄存器

8086/8088 CPU 可直接寻址 1 MB 的存储器空间，直接寻址需要 20 位地址码，而所有内部寄存器都是 16 位的，只能直接寻址 64 KB，因此采用分段技术来解决。将 1 MB 的存储空间分成若干逻辑段，每段最长 64 KB，这些逻辑段在整个存储空间中可浮动。

8086/8088 CPU 内部设置了 4 个 16 位段寄存器，它们分别是代码段寄存器 CS、数据段寄存器 DS、堆栈段寄存器 SS、附加段寄存器 ES，由它们给出相应逻辑段的首地址，称为段基址。段基址与段内偏移地址组合形成 20 位物理地址，段内偏移地址可以存放在寄存器中，也可以存放在存储器中。

代码段寄存器 CS 存放当前代码段基地址，IP 指令指针寄存器存放下一条要执行指令的段内偏移地址。假设其中 CS=2000H，IP=003AH，则通过组合，形成 20 位存储单元的寻址地址为 2003AH。代码段内存放可执行的指令代码，数据段和附加段内存放操作的数据，通常操作数在现行数据段中，而在串指令中，目的操作数指明必须在现行附加段中。堆栈段开辟为程序执行中所要用的堆栈区，采用“先进后出”的方式访问它。各个段寄存器指明了一个规定的现行段，各段寄存器不可互换使用。程序较小时，代码段、数据段、堆栈段可放在一个段内，即包含在 64 KB 之内，而当程序或数据量较大，超过了 64 KB 时，可以定义多个代码段或数据段、堆栈段、附加段。

4. 指令指针寄存器

8086/8088 CPU 中设置了一个 16 位指令指针寄存器 IP，用来存放将要执行的下一条指令在现行代码段中的偏移地址。它只有与 CS 寄存器相结合，才能形成指向指令存放单元的物理地址。在程序运行中，它由 BIU 自动修改，使 IP 始终指向下一条将要执行的指令的地址，因此，它是用来控制指令序列的执行流程的，是一个重要的寄存器。用户不能更改 IP 的值，只有当 CPU 执行转移指令、子程序调用指令和子程序返回指令以及中断处理时，IP 才做相应的改变。例如，当遇到中断指令或调用子程序指令时，8086 CPU 自动调整 IP 的内容，将 IP 中下一条将要执行的指令地址偏移量入栈保护，待中断程序执行完毕或子程序返回时，才将保护的内容从堆栈中弹出到 IP，使主程序继续运行。例如，转移指令可将转移目标的偏移地址发送至 IP，来实现程序的转移。

5. 标志寄存器

8086 CPU 的标志寄存器用于存放运算结果的状态信息或控制指令的执行，其具体格式如图 2.3 所示，它是 16 位寄存器，但只使用了其中的 9 位，这 9 位包括 6 个状态标志和 3 个控制标志位。

15	14	13	12	11	10	9	8	7	6	5	4	3	2	1	0
				OF	DF	IF	TF	SF	ZF		AF		PF		CF

图 2.3　8086 CPU 的标志寄存器

1) 状态标志位

状态标志位是在一些指令执行后，表征所产生数据的一些特征。状态标志有以下 6 个：CF、PF、AF、ZF、SF 和 OF。6 个状态标志位的含义如下：

(1) CF(Carry Flag)——进位标志位。本次运算中最高位(对字节操作是 D_7 位，对字操作是 D_{15} 位)有进位或借位时，CF=1。STC 指令使 CF 标志置位，CLC 指令使之复位，CMC 指令使之取反。

(2) PF(Parity Flag)——奇偶校验标志位。本次运算结果的低 8 位中含 1 的个数为偶数时，PF=1；为奇数时，PF=0。此标志一般用来检测数据传送中是否发生错误。

(3) AF(Auxiliary Carry Flag)——辅助进位标志位。本次运算结果的低 4 位向高 4 位有进位或借位时，AF=1，否则 AF=0。此标志用于校正 BCD 编码的十进制算术指令操作。

(4) ZF(Zero Flag)——零标志位。本次运算结果为 0 时，ZF=1，否则 ZF=0。

(5) SF(Sign Flag)——符号标志位。对于有符号数，用最高位表示数的符号。若运算结果最高位(对字节操作是 D_7 位，对字操作是 D_{15} 位)为 1，表示结果为负数，则 SF=1，否则 SF=0。

(6) OF(Overflow Flag)——溢出标志位。在本次运算过程中产生溢出时，OF=1。对有符号数，字节运算结果的范围为 -128～+127，字运算结果的范围为 -32768～+32767，超过此范围为溢出。当计算机进行加法运算时，若判断出低位向最高有效位产生进位，而最高有效位向前无进位，便置 OF=1；或者相反，若判断出低位向最高位无进位，而最高位向前却有进位，亦置 OF=1。在计算机进行减法运算时，若最高位需要借位，而低位并不向最高位借位，则 OF 置 1；或者相反，若最高位不需要借位，而低位从最高位有借位，同样，OF 置 1。

2) 控制标志位

控制标志位可以由程序写入，以实现控制处理器状态或程序执行方式的表征。控制标志有 3 个，即 TF、IF 和 DF。3 个控制标志位的含义如下：

(1) IF(Interrupt Flag)——中断允许标志。该标志用于允许或禁止 CPU 响应外部可屏蔽中断，由程序控制。若 IF=1，则允许 CPU 响应外部可屏蔽中断请求；若 IF=0，则禁止 CPU 响应外部可屏蔽中断请求。STI 指令使 IF 标志置位，CLI 指令使 IF 标志清零。

(2) DF(Ditection Flag)——方向标志。该标志用于控制串操作指令中地址指针的变化方向，由程序控制。执行串操作指令时，DF=0，表示从低地址向高地址逐个处理，即串地址指针自动增量(字节操作加 1，字操作加 2)；DF=1，表示从高地址向低地址逐个处理，即串地址指针自动减量。STD 指令使 DF 标志置位，CLD 指令使 DF 标志清零。

(3) TF(Trap Flag)——单步标志。用户调试程序时，可设置单步工作方式，当 TF=1 时，CPU 每执行完一条指令，就会自动产生一次内部中断，使用户能够逐条跟踪程序进行调试；当 TF=0 时，表示 CPU 正常执行程序。

2.2 8086 CPU 的工作模式和引脚功能

2.2.1 8086 CPU 的工作模式

为了便于组成不同规模的系统，在 8086/8088 芯片中设计了两种工作模式，即最小模式和最大模式。8086/8088 CPU 的 $MN/\overline{MX}$ (Minimum/Maximum Mode Control)是最大/最小模式控制信号，它决定了 8086/8088 工作在哪种工作模式。

当 $MN/\overline{MX}$ 引脚接至 +5 V 时，表明系统工作于最小模式。在这种工作模式下，系统中只能有一个 8086/8088 的微处理器，系统所需要的全部控制信号都是由 8086/8088 直接产生的，它适合于较小规模的应用。

当 $MN/\overline{MX}$ 引脚接地时，表明系统工作于最大模式。在这种工作模式下，8086/8088 CPU 不直接提供用于存储器或 I/O 读/写的读/写命令等控制信号，而是将当前要执行的传送操作类型编码为 3 个状态位输出，由总线控制器 8288 对状态信号进行译码产生相应的控制信号。和 8086/8088 CPU 配套使用的协处理器有两个：一个是专用于数值计算的协处理器 8087，另一个是专用于输入/输出操作的协处理器 8089。

2.2.2　8086 CPU 的引脚功能

8086 CPU 是具有 40 条引脚的集成电路芯片，采用 40 条引脚的双列直插式封装，图 2.4 给出了 8086 CPU 外部引脚图(8088 CPU 外部引脚如图 2.5 所示)。根据 8086 CPU 的基本性能，它应包括 20 根地址线、16 根数据线、控制信号、电源和地线等，芯片所需的引脚比较多，所以部分引脚采用了分时复用的方式来区分其功能。

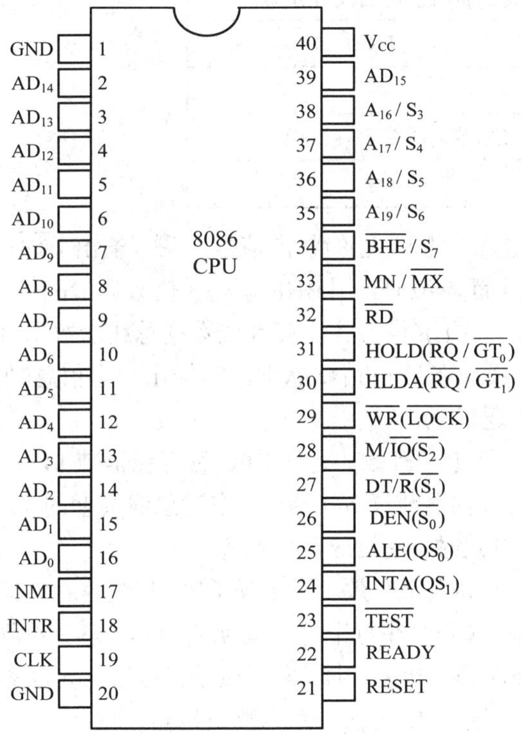

图 2.4　8086 CPU 外部引脚图

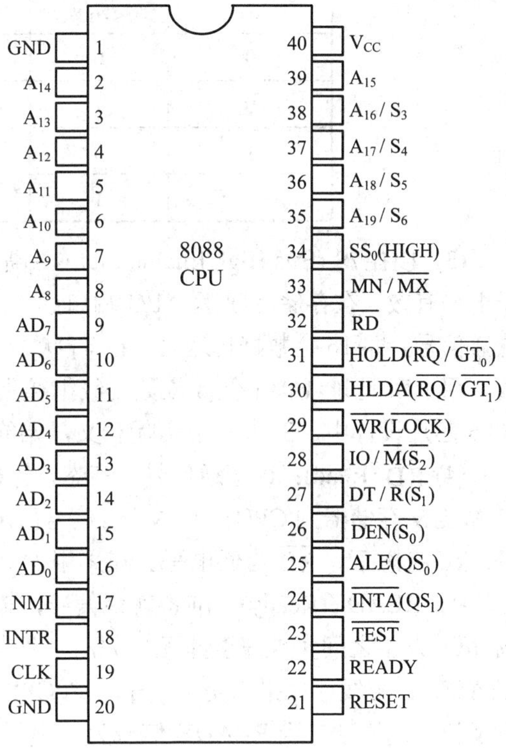

图 2.5　8088 CPU 外部引脚

8086 CPU 的 40 条引脚信号按功能可分为四部分——地址总线、数据总线、控制总线以及其他(时钟与电源)。8086 CPU 可以工作在两种工作模式(最小模式和最大模式)，图 2.4 所示 24～31 的 8 条引脚在两种工作模式中具有不同的功能，其中括号内的引脚名称为最大模式下的引脚定义。

1. 8086 CPU 两种模式共用引脚的功能

8086 CPU 引脚的功能如下：

(1) AD_{15}～AD_0(Address Data Bus)：16 根地址/数据总线，三态，分时复用。传送地址时输出，传送数据时双向输入/输出。在总线周期 T_1 状态下，CPU 在这些引脚上输出存储器或者 I/O 端口的地址；在 T_2～T_4 状态下，用来传输数据。在采用 DMA 方式时，AD_{15}～AD_0 被置成浮空状态。

(2) A_{19}/S_6～A_{16}/S_3(Address/Status)：地址/状态线，三态，输出，分时复用。在 T_1 状态下作地址线用，A_{19}～A_{16} 与 AD_{15}～AD_0 一起构成 20 位物理地址，可以访问存储器 1 M 地址空间。当 CPU 访问 I/O 端口时，A_{19}～A_{16} 为低电平。在 T_2～T_4 状态下作状态线用，S_6～

S_3输出状态信息，S_6保持低电平，表明 8086 CPU 当前连在总线上。S_5为中断允许标志的状态，如果当前允许可屏蔽中断请求，则 S_5=1；如果 S_5=0，则禁止一切可屏蔽中断。S_4、S_3用来指示当前正在使用哪一个段寄存器，其编码含义如表 2.2 所示。当 S_4S_3=10 时，表示当前正在使用 CS 段寄存器对存储器寻址，或者当前正在对 I/O 端口或中断向量寻址，不需要使用段寄存器。当系统总线处于 DMA 方式时，这些引脚被置成浮空状态。

表 2.2　S_4S_3状态编码含义

S_4	S_3	特性(所使用的段寄存器)
0	0	ES
0	1	SS
1	0	CS(或者不是寄存器操作)
1	1	DS

(3) $\overline{BHE}$ /S_7(Bus High Enable/Status)：高 8 位数据总线允许/状态信号，三态，输出，$\overline{BHE}$ 低电平有效。在存储器读/写、I/O 端口读/写及中断响应时，用$\overline{BHE}$作高 8 位数据 D_{15}～D_8 选通信号，即 16 位数据传送时，在 T_1状态下，用$\overline{BHE}$信号指出高 8 位数据总线上数据有效，用 AD_0地址线指出低 8 位数据线上数据有效。在 T_2～T_4状态下，S_7输出状态信息(在 8086 芯片设计中，S_7未赋予实际意义，始终为逻辑 1)。

(4) $\overline{RD}$ (Read)：读选通信号，三态，输出，低电平有效。允许 CPU 读存储器或 I/O 端口(数据从存储器到 CPU)。由 M/$\overline{IO}$信号区分读存储器或读 I/O 端口，在读总线周期的 T_2、T_3、T_W状态下，$\overline{RD}$ 为低电平。在采用 DMA 方式时，它处于浮空状态。

(5) READY(Ready)：准备就绪信号，输入，高电平有效。用来使 CPU 与慢速存储器或 I/O 设备之间实现速度匹配，完成数据传输。CPU 在每个总线周期的 T_3 状态下检测 READY 信号线，如果它是低电平，则 CPU 进入等待状态，插入一个或几个 T_W等待状态来延长总线周期。当 READY 信号为高电平时，进入 T_4状态，完成数据传输过程。

(6) INTR(Interrupt Request)：可屏蔽中断请求信号，输入，高电平有效。当外设接口向 CPU 发出中断申请时，INTR 信号变成高电平。CPU 在每条指令周期的最后一个时钟周期对 INTR 信号进行采样，若 INTR 信号为高电平，且 CPU 内部的中断允许标志 IF=1 时，则 CPU 暂停正在执行的主程序，进入中断响应周期，寻找中断源并从数据总线读取中断类型码，并根据中断类型码从存储器的中断向量表中找到相应的中断服务程序的入口地址，转入执行中断服务程序。在中断服务程序结束后，再返回主程序的断点处继续执行主程序。若中断允许标志 IF=0，即使 INTR 信号为高电平，CPU 对此中断请求信号也可不予理睬。这样可以用软件方法使 IF=0，实现屏蔽 INTR 的中断请求。

(7) NMI(Non-Maskable Interrupt Request)：非屏蔽中断请求信号，输入，上升沿有效。CPU 对该中断请求信号的响应不受标志寄存器中断允许标志 IF 状态的影响。当 NMI 引脚输入一个由低变高的信号时，CPU 在执行现行指令后，立即进行中断处理，自动引起类型 2 中断，转入执行类型 2 中断处理程序。NMI 信号常用于处理电源掉电等紧急情况。

(8) $\overline{TEST}$ (Test)：测试信号，输入，低电平有效。在 CPU 执行 WAIT 指令期间，CPU 每隔 5 个时钟周期对$\overline{TEST}$引脚进行一次测试。若测试到$\overline{TEST}$为高电平，则 CPU 处于空转等待状态；若测试到$\overline{TEST}$有效，则CPU结束空转等待状态，继续执行被暂停的指令。WAIT指令是用来使处理器与外部硬件同步用的。

(9) RESET(Reset)：复位信号，输入，高电平有效。当RESET为高电平时，CPU停止现行操作，并将段寄存器DS、SS、ES、标志寄存器FLAGS和指令指针IP置0，使指令队列清空，从而使CS=FFFFH。RESET信号至少保持4个时钟周期以上的高电平；当RESET变为低电平时，CPU执行重启动过程，8086/8088将从地址FFFF0H开始执行指令。通常在FFFF0H单元开始的几个单元中存放一条无条件转移指令，将入口转到引导和装配程序中，实现对系统的初始化，引导监控程序或操作系统程序。

(10) MN/$\overline{MX}$(Minimun/Maximun)：最小/最大工作模式选择信号，输入。当MN/$\overline{MX}$接+5 V时，CPU工作在最小模式，CPU组成一个单处理器系统，由CPU提供所有总线控制信号。当MN/$\overline{MX}$接地时，CPU工作在最大模式，CPU的$\overline{S_2}$～$\overline{S_0}$提供给总线控制器8288，由8288产生总线控制信号，以支持构成多处理器系统。

(11) CLK(Clock)：时钟信号，输入。时钟信号占空比为33%时是最佳状态。Intel公司为8086/8088 CPU专门设计了8284时钟发生器，以产生所需的时钟信号。8086 CPU使用的时钟频率，因芯片型号不同，故时钟频率不同。8086为5 MHz，8086-1为10 MHz，8086-2为8 MHz。8086/8088的CLK信号必须由8284A时钟发生器产生。

(12) V_{CC}(+5 V)：CPU工作所需电源，V_{CC}接单一+5 V电源。

(13) GND(地)：地线。

2. 8086 CPU在最小模式时使用的引脚功能

当MN/$\overline{MX}$接+5 V时，CPU工作在最小模式，24～31引脚的功能如下：

(1) $\overline{INTA}$(Interrupt Acknowledge)：中断响应信号，输出，三态，低电平有效，是CPU对外部发来的中断请求信号INTR的应答信号。在中断响应总线周期，8086/8088 CPU连续发出两个$\overline{INTA}$负脉冲，第一个负脉冲通知外设接口已响应它的中断请求。在收到第二个负脉冲后，接收中断响应的接口把中断类型号放到AD_7～AD_0上，而在这两个总线周期的其余时间里，AD_7～AD_0处于浮空状态。CPU读入中断类型码后，则可以在中断向量表中找到该外设的服务程序入口地址，转入中断服务。

(2) ALE(Address Latch Enable)：地址锁存允许信号，输出，高电平有效。当地址/数据总线分时传送地址信息时，ALE信号用作把地址信息锁存到8282/8283或74LS373锁存器的控制信号。在总线周期的T_1状态下，ALE出现高电平，表示地址/数据总线上传输的是地址信息，而ALE信号的下降沿将地址信息锁存到地址锁存器中。在采用DMA方式时，ALE信号不能浮空。

(3) $\overline{DEN}$(Data Enable)：数据允许信号，三态，输出，低电平有效，表示CPU准备好接收和发送数据。为提高CPU总线带负载能力，有时利用数据收发器来增加数据驱动能力，$\overline{DEN}$用作数据收发器8286/8287的输出允许信号。在采用DMA方式时，它处于浮空状态。

(4) DT/$\overline{R}$ (Data Transmit/Receive)：数据发送/接收控制信号，三态，输出，表示CPU是接收数据(低电平)，或是发送数据(高电平)。DT/$\overline{R}$信号用来控制数据收发器8286/8287的数据传输方向。当DT/$\overline{R}$ =1时，CPU发送数据，完成写操作；当DT/$\overline{R}$ =0时，CPU

从外部接收数据，完成读操作。在采用 DMA 方式时，DT/$\overline{R}$ 置成浮空状态。

(5) M/$\overline{IO}$ (Memory/Input and Output)：存储器或 I/O 端口控制信号，三态，输出。当 M/$\overline{IO}$信号为高电平时，表示 CPU 正在访问存储器；当 M/$\overline{IO}$信号为低电平时，表示 CPU 正在访问 I/O 端口。一般在前一个总线周期的 T_4 状态下，M/$\overline{IO}$有效，直到本周期的 T_4 状态为止。在采用 DMA 方式时，M/$\overline{IO}$置为高阻状态。

(6) $\overline{WR}$ (Write)：写选通信号，三态，输出，低电平有效。当$\overline{WR}$信号有效时，表示 CPU 在写存储器或 I/O 端口(数据从 CPU 到存储器)。由 M/$\overline{IO}$信号区分写存储器或写 I/O 端口，在写总线周期 T_2、T_3、T_W 状态下，$\overline{WR}$ 为低电平。在采用 DMA 方式时，它处于浮空状态。

(7) HOLD(Hold Request)：总线保持请求信号，输入，高电平有效。当 DMA 操作或外部处理器要求通过执行传输数据时，HOLD 信号置成高电平，表示外界请主 CPU 让出对总线的控制权。

(8) HLDA(Hold Acknowledge)：总线保持响应信号，输出，高电平有效。CPU 一旦测试到 HOLD 总线请求信号有效，如果 CPU 允许让出总线，那么在当前总线周期结束时，于 T_4 状态发出 HLDA 信号，表示响应这一总线请求，并立即让出总线使用权，将三条总线置成高阻状态。总线请求部件获得总线控制权后，可进行总线操作，如在存储器与外设间直接进行数据传输(DMA)。总线请求部件在总线使用完毕后，撤销 HOLD 请求，CPU 将 HLDA 置成低电平，CPU 再次获得三条总线的使用权。

3. 8086 CPU 在最大模式时使用的引脚功能

当 MN/$\overline{MX}$ 接地时，CPU 工作在最大模式，24～31 引脚的功能如下：

(1) QS_1、QS_0(Instruction Queue Status)：指令队列状态信号，输出，高电平有效。用来指示 CPU 中指令队列当前的状态，以便外部对 8086/8088 CPU 内部指令队列的动作的跟踪。由 QS_1、QS_0 信号指示的指令队列含义如表 2.3 所示。

表 2.3　QS_1、QS_0 指令队列含义

QS_1	QS_0	指令队列状态
0	0	无操作，队列中指令未被取出
0	1	从队列中取出当前指令的第一个字节
1	0	队列空
1	1	从队列中取出指令的后续字节

(2) $\overline{LOCK}$ (Lock)：总线封锁信号，三态，输出，低电平有效。$\overline{LOCK}$ 信号有效时，CPU 不允许外部其他总线主控者获得对总线的控制权。$\overline{LOCK}$ 信号可由指令前缀 $\overline{LOCK}$ 来设置，即在 $\overline{LOCK}$ 前缀后面的一条指令执行期间，保持 $\overline{LOCK}$ 信号有效，封锁其他主控者使用总线，此条指令执行完毕，$\overline{LOCK}$ 信号撤销。另外，在 CPU 发出 2 个中断响应脉冲 $\overline{INTA}$ 之间，$\overline{LOCK}$ 信号也自动变为有效，以防止其他总线部件在此过程中占有总线，影响一个完整的中断响应过程。在采用 DMA 方式期间，$\overline{LOCK}$ 置于高阻状态。

(3) $\overline{S_2}$ ～ $\overline{S_0}$ (Bus Cycle Status)：总线周期状态信号，三态，输出。在最大模式时，由

CPU 传送给总线控制器 8288，8288 译码后产生相应的控制信号代替 CPU 输出，$\overline{S_2}\sim\overline{S_0}$ 信号的编码作用如表 2.4 所示。

表 2.4　$\overline{S_2}$、$\overline{S_1}$、$\overline{S_0}$ 的编码作用

$\overline{S_2}$	$\overline{S_1}$	$\overline{S_0}$	性　能
0	0	0	发中断响应信号
0	0	1	读 I/O 端口
0	1	0	写 I/O 端口
0	1	1	暂停
1	0	0	取指
1	0	1	读存储器
1	1	0	写存储器
1	1	1	无作用

对 $\overline{S_2}\sim\overline{S_0}$ 来说，在前一个总线周期的 T_4 状态和本总线周期的 T_1、T_2 状态下，至少有一个信号为低电平，每种情况都对应了某种总线操作，称为有源状态。在总线周期的 T_3、T_W 状态下，并且 READY 信号为高电平时，$\overline{S_2}\sim\overline{S_0}$ 全为高电平，此时一个总线操作过程要结束，而新的总线周期还未开始，称为无源状态。

(4) $\overline{RQ}/\overline{GT_0}$、$\overline{RQ}/\overline{GT_1}$ (Request/Grant)：总线请求信号输入/总线请求允许信号输出，双向，低电平有效。输入时表示其他主控者向 CPU 请求使用总线，输出时表示 CPU 对总线请求的响应信号，两条引脚可以同时与两个主控者相连，其中，$\overline{RQ}/\overline{GT_0}$ 信号比 $\overline{RQ}/\overline{GT_1}$ 信号有较高的优先权。

2.2.3　8088 与 8086 CPU 的区别

8088 CPU 的内部数据总线宽度是 16 位，外部数据总线宽度是 8 位，所以 8088 CPU 称为准 16 位微处理器。8088 CPU 的内部结构及外部引脚功能与 8086 CPU 大部分相同，8088 CPU 外部引脚见图 2.5。8088 与 8086 CPU 的主要不同之处如下：

(1) 8088 CPU 的指令队列长度是 4 个字节，指令队列中只要出现一个空闲字节时，BIU 就会自动访问存储器，取指令来补充指令队列。而 8086 CPU 要在指令队列中至少出现 2 个空闲字节时，才预取后续指令。

(2) 8088 CPU 中，BIU 的总线控制电路与外部交换数据的总线宽度是 8 位，总线控制电路与专用寄存器组之间的数据总线宽度也是 8 位，而 EU 的内部总线是 16 位，这样，对 16 位数的存储器读/写操作需要两个读/写周期才可以完成。

(3) 8088 CPU 外部数据总线只有 8 条，所以分时复用的地址/数据总线为 $AD_7\sim AD_0$；而 8086 的 $AD_{15}\sim AD_8$ 在 8088 中成为仅传递地址信息的 $A_{15}\sim A_8$。

(4) 8088 CPU 用 $IO/\overline{M}$ 信号代替 $M/\overline{IO}$ 信号，$IO/\overline{M}$ 为低电平时选通存储器，为高电平时选通 I/O 端口，此举是为了与 8086 总线结构兼容。

(5) 8088 CPU 只能进行 8 位数据传送，$\overline{BHE}$ 信号改为 $\overline{SS_0}$ (输出)，仅用于最小模式时与 $DT/\overline{R}$ 和 $IO/\overline{M}$ 确定总线周期操作，而最大模式中始终为高电平。

2.3　8086 存储器和 I/O 端口

2.3.1　8086 存储器地址的分段

1. 存储器地址的分段

在存储器中是以字节为单位存储信息的，每个存储单元由唯一的地址来确定。8086/8088 CPU 有 20 根地址线，可寻址的最大物理内存容量为 1 MB，其中任何一个内存单元都有一个唯一的 20 位地址，称为内存单元的物理地址。8086/8088 CPU 采用了存储器分段管理方法，即把 1 MB 的存储空间分成若干个 64 KB 逻辑段，然后用“段基地址：段内偏移地址”组成的逻辑地址来访问。段和段之间可以是连续的，也可以是分开的或重叠的。存储器分段示意图如图 2.6 所示。

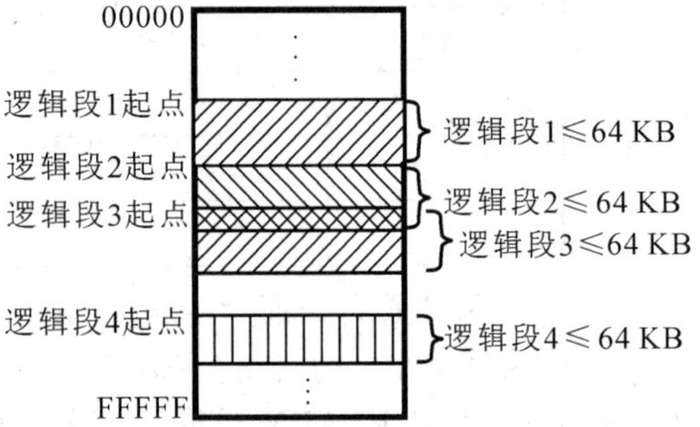

图 2.6　存储器分段示意图

2. 物理地址形成

8086/8088 系统中段基地址为各逻辑段的起始地址，简称段基址。为了能用 16 位的寄存器表示段基地址，8086/8088 系统规定段基地址必须为能被 16 整除的地址，即段基地址的低 4 位必须为 0。这样，省略二进制的低 4 位，段基地址就可以保存在段寄存器中。8086/8088 CPU 有 4 个段寄存器，分别为代码段寄存器 CS、数据段寄存器 DS、附加段寄存器 ES 和堆栈段寄存器 SS。段内偏移地址为段基地址到变量所在单元的偏移量，简称偏移地址。

采用存储器分段管理后，存储器的地址有物理地址和逻辑地址之分。物理地址是 1 MB 存储器空间中的某一单元地址，用 20 位地址码表示，其编码范围为 00000H～FFFFFH。CPU 访问存储器时，地址总线 AB 上发送的是物理地址，但用户在程序设计时不能使用物理地址，而必须采用逻辑地址形式。逻辑地址由“段基址：偏移地址”组成。CPU 访问存储器时，BIU 的物理地址加法器将程序中的逻辑地址转换为物理地址，转换关系为

$$物理地址 = 段基址 \times 16 + 偏移地址$$

其转换过程如图 2.7 所示。从段寄存器中取出段基址，将其左移 4 位，再与 16 位偏移地址相加，就得到了物理地址。

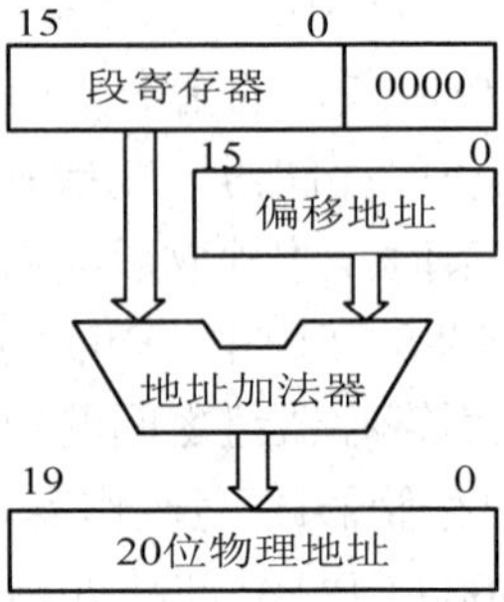

图 2.7　存储器物理地址转换图

3. 逻辑地址来源

逻辑地址来源如表 2.5 所示。由于访问存储器的操作类型不同，BIU 所使用的逻辑地址来源也不同。取指令时，自动选择 CS 寄存器值作段基址，偏移地址由 IP 来指定，计算出取指令的物理地址。当堆栈操作时，段基址自动选择 SS 寄存器值，偏移地址由 SP 来指

定。当进行读/写存储器操作数或访问变量时，则自动选择 DS 或 ES 寄存器值作为段基址(必要时修改为 CS 或 SS)，此时，偏移地址要由指令所给定的寻址方式来决定，可以是指令中包含的直接地址，也可以是地址寄存器中的值，还可以是地址寄存器的值加上指令中的偏移量。

注意：当用寄存器 BP 作为基地址寻址时，段基址由堆栈寄存器 SS 提供，偏移地址从寄存器 BP 中取得。

图 2.8 为段寄存器与其他寄存器组合寻址存储单元的示意图。

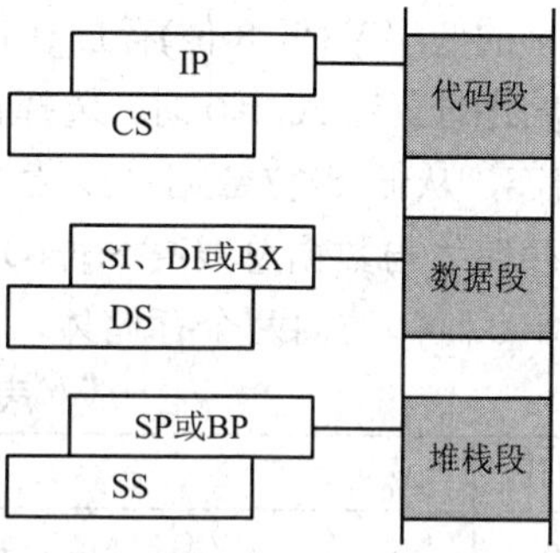

图 2.8　存储单元寻址示意图

表 2.5　逻辑地址来源

内存访问类型	默认段寄存器	可指定段寄存器	段内偏移地址来源
取指令	CS	无	IP
堆栈操作	SS	无	SP
源串	DS	CS、ES、SS	SI
目的串	ES	无	DI
BP 用作基址寻址	SS	CS、ES、DS	按寻址方式计算得到的有效地址
一般数据存取	DS	CS、ES、SS	按寻址方式计算得到的有效地址

在字符串寻址时，源操作数放在现行数据段中，段基址由寄存器 DS 提供，偏移地址由源变址寄存器 SI 取得，而目标操作数通常放在当前附加段中，段基址由寄存器 ES 提供，偏移地址从目的变址寄存器 DI 取得。在存储器地址的低端和高端，有一些专门用途的存储单元，用于中断和系统复位，除非专门指定，否则用户不能占用。

2.3.2　8086 存储器的分体结构

在 8086 系统中，1 MB 的存储空间被分成两个 512 KB 的存储体，其中偶地址的 512 K 个存储单元固定与 8086 CPU 的数据总线的低 8 位 D_7～D_0 相连，称为偶地址存储体；奇地址的 512 K 个存储单元固定与 8086 CPU 的数据总线的高 8 位 D_{15}～D_8 相连，称为奇地址存储体。两个存储体之间采用字节交叉编址方式，存储器分体结构如图 2.9 所示。

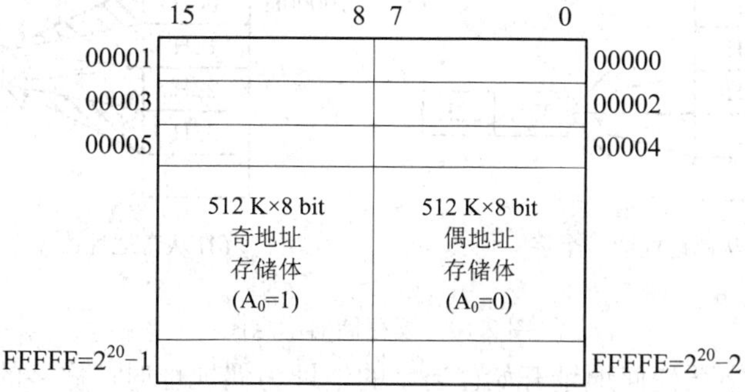

图 2.9　存储器分体结构示意图

存储器内两个连续的字节，定义为一个字。一个字中的每个字节都有一个字节地址，每个字的低字节(低 8 位)存放在低地址中，高字节(高 8 位)存放在高地址中。字的地址指低字节的地址。当 $A_0 = 0$ 时，选择访问偶地址存储体，偶地址存储体与数据总线低 8 位 D_7～D_0 相连，从低 8 位数据总线读/写一个字节。当 $\overline{BHE} = 0$ 时，选择访问奇地址存储体，奇地址存储体与数据总线高 8 位 D_{15}～D_8 相连，由高 8 位数据总线读/写一个字节。当 $A_0 = 0$，$\overline{BHE} = 0$ 时，访问两个存储体，读/写一个字。$\overline{BHE}$ 和 A_0 编码含义见表 2.6。

表 2.6　$\overline{BHE}$ 和 A_0 编码含义

$\overline{BHE}$	A_0	操　作	所用数据引脚
0	0	从偶地址单元开始读/写一个字	AD_{15}～AD_0
0	1	从奇地址单元或端口读/写一个字节	AD_{15}～AD_8
1	0	从偶地址单元或端口读/写一个字节	AD_7～AD_0
1	1	无效	—
0	1	从奇地址开始读/写一个字(在第一个总线周期将低 8 位数据发送到 AD_{15}～AD_0，下一个周期将高 8 位数据发送到 AD_7～AD_0)	AD_{15}～AD_8
1	0		AD_7～AD_0

8086 CPU 数据总线 16 位，对于访问(读或写)字节的指令，需要一个总线周期；对于访问一个偶地址的字的指令，也只需要一个总线周期；而对于访问一个奇地址的字的指令，则需要两个总线周期(CPU 自动完成)。如果读/写一个字节，那么只启动某个存储体，只有相应的 8 位数据在数据总线上有效，即启动偶地址存储体，低 8 位数据线有效，或者启动奇地址存储体，高 8 位数据线有效，另外 8 位数据被忽略了。图 2.10(a)、(b)为读存储器示意图。

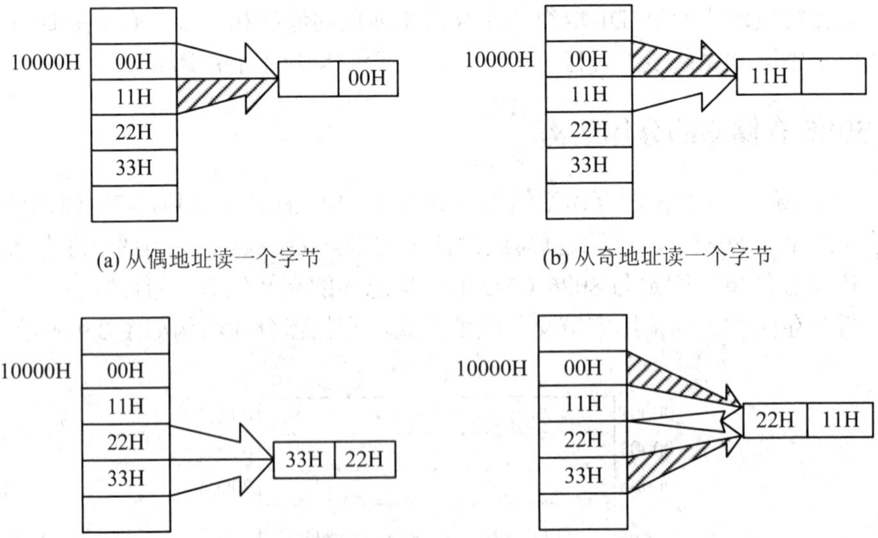

(a) 从偶地址读一个字节　(b) 从奇地址读一个字节

(c) 从偶地址读一个字　(d) 从奇地址读一个字

图 2.10　读存储器示意图

8086 系统允许字从任何地址开始。当字的地址为偶地址时，称字的存储是对准的；当字的地址为奇地址时，称字的存储是未对准的。当 8086 CPU 读/写一个字时，如果字单元地址从偶地址开始，那么只需要访问一次存储器，低位字节在偶地址单元，高位字节在奇地址单元；如果字单元地址从奇地址开始，那么 CPU 需要两次访问存储器，第一次取奇地址上数据(偶地址 8 位数据被忽略)，第二次取偶地址上数据(奇地址 8 位数据被忽略)，如图 2.10(c)、(d)所示。在 8088 CPU 系统中，外部数据线为 8 位，CPU 每次访问存储器只读/写一个字节，读/写一个字要两次访问存储器，把整个存储器 1 MB 看作是一个存储体，由 A_{19}～A_0 直接寻址，无须由 $\overline{BHE}$ 和 A_0 来选择高 8 位与低 8 位数据，整个系统的运行速度也慢一些。图 2.11 所示为 8086 系统和 8088 系统中存储器与总线的连接。

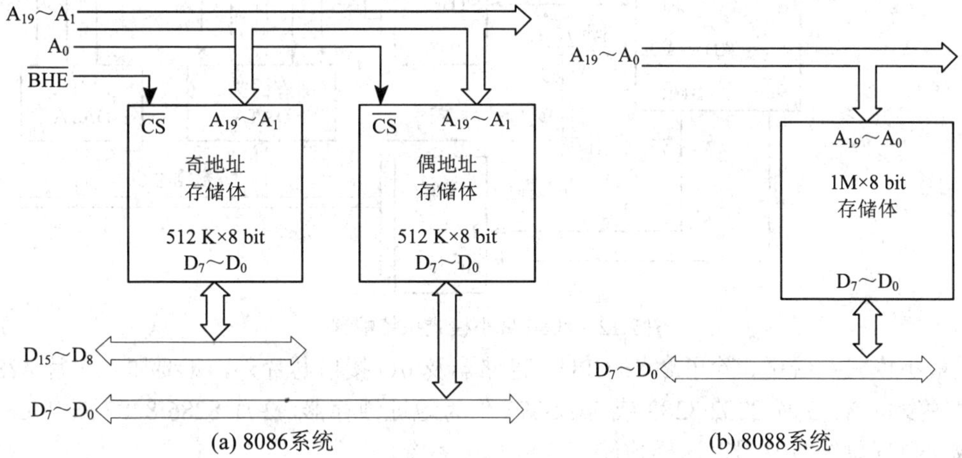

图 2.11　8086/8088 系统中存储器与总线的连接图

2.3.3　8086 的 I/O 端口

8086 系统对存储器和 I/O 端口的寻址采用独立编址的方式。8086 系统的 I/O 端口与存储器是独立编址的。8086 CPU 利用地址总线的低 16 位作为对 8 位 I/O 端口的寻址线，8086 系统访问的 8 位 I/O 端口最多有 65 536(64 KB)个。两个编号相邻的 8 位端口可以组合成一个 16 位的端口。一个 8 位的 I/O 设备既可以连接在数据总线的高 8 位上，也可以连接在数据总线的低 8 位上，为便于数据总线的负载相平衡，接在高 8 位和低 8 位上的设备数目最好相等。

2.4　8086 微型计算机系统配置与总线操作

8086/8088 系统有最小模式和最大模式两种系统配置方式，两种方式的选择是由硬件设定的。当 CPU 的引脚 MN/$\overline{MX}$ 端接高电平+5 V 时，构成最小模式；当 MN/$\overline{MX}$ 接低电平时，构成最大模式。

2.4.1　最小模式系统

8086 CPU 构成的最小模式系统的典型配置如图 2.12 所示。

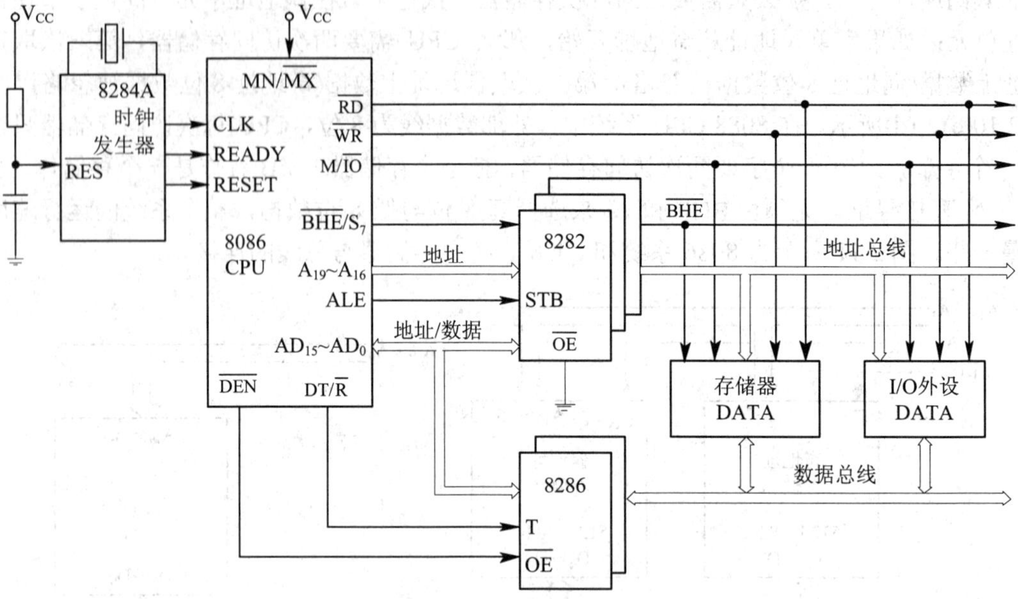

图 2.12　8086 最小模式系统配置

在最小模式系统中，除了 8086 CPU、存储器及 I/O 接口芯片外，还要加入 1 片 8284A 作为时钟发生器，3 片 8282/8283 或 74LS373 作为地址锁存器，2 片 8286/8287 或 74LS245 作为双向数据总线收发器，这样才能配置成一个系统。

1．地址锁存器 8282/8283

CPU 与存储器(或 I/O 端口)进行数据交换时，CPU 首先要发送地址信号，然后再发出控制信号及传输数据。由于 8086 芯片引脚限制，地址和数据分时复用一组总线，所以要加入地址锁存器，先锁存地址，使在读/写总线周期内地址稳定。8282/8283 在最小模式系统中作地址锁存器用，20 位物理地址需要用 3 片。CPU 在读/写总线周期的 T_1 状态下将 20 位地址和 $\overline{BHE}$ 信号传送到总线上，在地址锁存允许信号 ALE 有效时，将地址和 $\overline{BHE}$ 信号锁存到 8282/8283 锁存器中，由于 $\overline{OE}$ 引脚接地，从而使 CPU 输出的地址码(锁存在 8282 中)和 $\overline{BHE}$ 信号稳定地输出到地址总线及控制总线上。74LS373 的功能与 8282 相同，在 IBMPC/XT 的系统板中作为地址锁存器。

2．双向数据总线收发器 8286/8287

8086 CPU 驱动数据的负载能力有限，当挂在数据总线上的部件增加时，可以利用双向数据总线收发器 8286/8287 来增加驱动能力。8286/8287 是三态 8 位双向数据收发器，8286 的数据输入与输出同相，8287 的数据输入与输出反相。

3．时钟发生器 8284A

8086 CPU 的内部和外部的时间基准信号由时钟输入信号 CLK 提供，CLK 信号由外部时钟发生器 8284A 产生，并由驱动门电路进行功率放大。8284A 时钟发生器包括以下三部分电路：

(1) 时钟信号发生器。时钟信号输入：$F/\overline{C}=0$ 时，由 X_1、X_2 端接晶体，由晶体振荡产生时钟信号；$F/\overline{C}=1$ 时，由 EFI 端接入外加振荡信号产生时钟信号。时钟信号输出：IBM

PC/XT 机中，F/$\overline{\text{C}}$ 接低电平，X_1、X_2 端接晶体，晶体振荡器工作频率为 14.318 MHz，并产生三组时钟信号供 CPU 及外设使用。

(2) 复位生成电路。复位生成电路由一个施密特触发器和一个同步触发器组成，由 $\overline{\text{RES}}$ 输入的信号来触发同步触发器，由此产生复位信号 RESET 并将其传送到 CPU 的 RESET 端，复位信号由 CLK 的下降沿同步。在 PC/XT 机中，$\overline{\text{RES}}$ 端接“复位按钮”信号，使系统上电后自动复位。

(3) 就绪控制电路。就绪控制电路由两个 D 触发器和一些门电路组成，就绪控制信号有 RDY_1、RDY_2 两组输入信号，分别由地址允许信号 AEN_1、AEN_2 来控制，$\overline{\text{ASYNC}}$ 输入端规定了就绪信号同步操作的两种方式。外界的“准备好”信号 RDY 输入 8284A，经就绪控制电路同步，输出“准备好”信号 READY，在 CLK 下降沿处使 READY 信号有效。

2.4.2　最大模式系统

最大模式是相对于最小模式而言的，将 8086/8088 CPU 的引脚 MN/$\overline{\text{MX}}$ 接地，就使 CPU 工作于最大模式。在最大模式下，系统中至少包含两个微处理器，其中一个为主处理器，即 8086 CPU，其他的微处理器称之为协处理器，是协助主处理器工作的。

图 2.13 所示是 8086 最大模式下的基本系统配置，与图 2.12 的最小模式系统配置相比，图 2.13 中增加了一个总线控制器 8288。总线控制器 8288 用来产生具有适当定时的总线命令信号和总线控制信号。也就是说，在最大模式下，CPU 不直接产生系统所需的总线控制信号，所有的总线控制信号均由总线控制器 8288 产生。

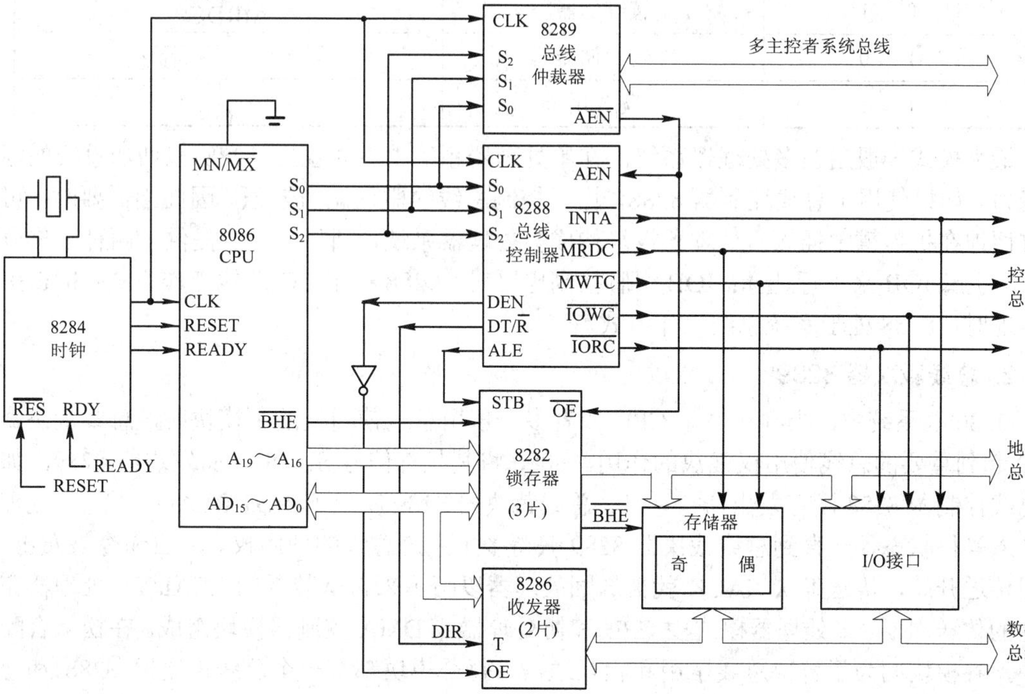

图 2.13　8086 最大模式基本系统配置

CPU 的引脚 MN/MX 接地时，8086 为最大模式系统。在最大模式系统中需要增加总线控制器 8288 和仲裁逻辑，如总线裁决器 8289，来完成以 8086 CPU 为中心的多处理器系统的协调工作。此时 CPU 输出的状态信号$\overline{S_2}$～$\overline{S_0}$同时发送给 8288 和 8289，由 8288 输出原 CPU 所有的控制信号，如存储器读/写控制、I/O 端口读/写控制、中断响应信号等，由 8289 来裁决总线使用权赋给哪个处理器，以实现多主控者对总线资源的共享。

1. 总线控制器 8288

总线控制器 8288 是有 20 条引脚的双极型器件。8086 CPU 的总线状态信号$\overline{S_2}$、$\overline{S_1}$、$\overline{S_0}$输入总线控制器 8288 后，由 8288 译码，并与输入控制信号$\overline{AEN}$、CEN、IOB 相配合，输出一系列的总线命令和控制信号。总线控制器的跨接线使它能适应多主机系统总线及局部总线。$\overline{S_2}$～$\overline{S_0}$是总线状态信号，由 CPU 输入，经内部状态译码器译码后，通过命令信号发生器产生总线命令信号。状态译码表见表 2.7，其中，$\overline{S_2}$用来区分是存储器传送还是 I/O 传送，$\overline{S_1}$用来区分执行的操作是输入还是输出。

表 2.7　$\overline{S_2}$、$\overline{S_1}$、$\overline{S_0}$的功能组合对应 8288 产生的控制信号

$\overline{S_2}$ $\overline{S_1}$ $\overline{S_0}$	8086 总线周期	8288 产生的控制信号
0　0　0	发中断响应信号	$\overline{INTA}$
0　0　1	读 I/O 端口	$\overline{IORC}$
0　1　0	写 I/O 端口	$\overline{IOWC}$，$\overline{AIOWC}$
0　1　1	暂停	无
1　0　0	取指	$\overline{MRDC}$
1　0　1	读存储器	$\overline{MRDC}$
1　1　0	写存储器	$\overline{MWTC}$，$\overline{AMWC}$
1　1　1	无作用	无

最大模式一般用在多处理器系统。在单处理器系统中有时也用 8288 来增加总线的驱动能力。如果使用了总线控制器 8288，由于控制总线的驱动能力较强，因此当需要时，可以方便地在扩展槽中插入协处理器板，构成多处理器系统，所以 8288 提供了两种工作方式，由引脚 IOB 来进行选择：IOB 引脚接高电平时，8288 处于 I/O 总线工作方式；IOB 引脚接地时，8288 处于系统总线工作方式。

2. 总线裁决器 8289

在 8086 系统中，当存在多个 CPU 或者多个争用总线使用权的主模块时，总线裁决器 8289 起到重要的总线使用权裁决的作用。8086 将其状态信号 S_1、S_2、S_0发送给 8289，如果总线控制器 8288 没有发出命令，那么总线裁决器 8289 就处于 NOT READY 状态，处理器进入等待状态，一直到总线裁决器 8289 获得多主系统总线的使用权。一旦命令被发出，数据传送开始，传送确认 XACK 就被送回处理器以暗示来自从装置的 READY，处理器完成它的传送周期。多处理器模式由 CPU 和协处理器或 DMA 控制器模块组成。在松耦合配置中，各模块间为了解决总线争用和相互通信，每个模块都有一个总线控制器 8288 和一个总线裁决器 8289。8288 产生全部总线控制信号，8289 完成总线使用权的分配，通过总线仲裁电路把总线使用权转让给具有最高优先级的模块或处理器。

2.4.3　8086 CPU 时序

计算机的工作过程是执行指令的过程，8086 CPU 的操作是在时钟脉冲 CLK 的统一控制下进行的，8086 的时钟频率为 5 MHz，时钟周期或 T 状态为 200 ns。

指令周期(Instruction Cycle)：执行一条指令所需的时间。不同指令的指令周期不同，一个指令周期由几个总线周期组成。

总线周期(Bus Cycle)：8086 CPU 中，BIU 完成一次访问存储器或 I/O 端口操作所需要的时间。一个总线周期由几个 T 状态组成。

时钟周期(Clock Cycle)：CPU 的时钟频率的倒数，也称 T 状态。

在 8086/8088 CPU 中，每个总线周期至少包含 4 个时钟周期(T_1～T_4)，典型总线周期的波形如图 2.14 所示。一般情况下，在总线周期的 T_1 状态传送地址，T_2～T_4 状态传送数据。

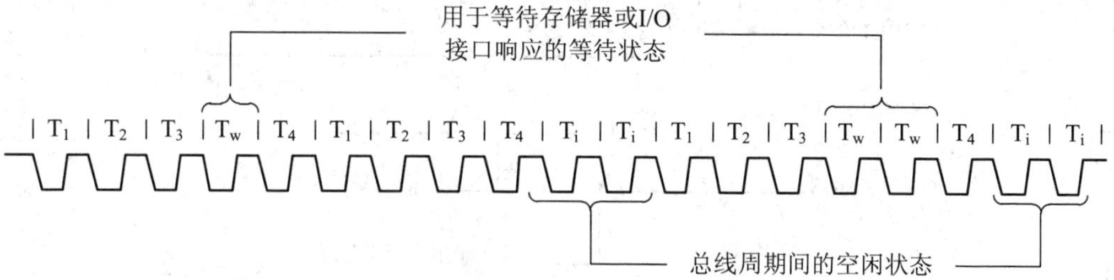

图 2.14　8086 的总线周期波形

下面介绍一下 8086 CPU 在最小模式下的总线操作过程。最大模式的时序除有些信号是由总线控制器 8288 产生以外，其基本时序与最小模式大致相同。

1．系统的复位和启动

8086/8088 CPU 通过 RESET 引脚上的触发信号来引起 8086 系统的复位和启动，复位信号RESET至少维持4个时钟周期的高电平。当RESET信号变成高电平时，8086/8088 CPU 结束现行操作，各个内部寄存器复位成初值，如表 2.8 所示。其中，代码段寄存器 CS 为 FFFFH，指令指针 IP 清零，所以 8086/8088 在复位之后重新启动时，从内存的 FFFF0H 处开始执行指令。因此，在 FFFF0H 处存放了一条无条件转移指令，转移到系统引导程序的入口处，这样系统启动后便自动进入系统程序。

表 2.8　复位时各内部寄存器的值

标志寄存器	清零
指令指针(IP)	0000H
CS 寄存器	FFFFH
DS 寄存器	0000H
SS 寄存器	0000H
ES 寄存器	0000H
指令队列	空
其他寄存器	0000H

在复位时，由于标志寄存器被清零，所有标志位均为 0，这样从 INTR 引脚进入的可屏蔽中断就被屏蔽了，因此在系统程序中要用开中断指令 STI 来设置中断允许标志。图 2.15 所示为 8086 复位操作的时序。在 RESET 信号变成高电平后，经过一个时钟周期，所有三态输出线被设置成高阻，并一直维持高阻状态(浮空)，直到 RESET 信号回到低电平为止。但在高阻状态的前半个时钟周期，三态输出线被置成不作用状态，当时钟信号又变成高电平时，才置成高阻状态。置成高阻状态的三态输出线包括：AD_{15}～AD_0、A_{19}/S_6～A_{16}/S_3、$\overline{BHE}/S_7$、$M/\overline{IO}$、$DT/\overline{R}$、$\overline{DEN}$、$\overline{WR}$、$\overline{RD}$和$\overline{INTA}$。此外，有几条控制线在复位之后处于无效状态，但不浮空，它们是 ALE、HLDA、$\overline{RQ}/\overline{GT_0}$、$\overline{RQ}/\overline{GT_1}$、$QS_0$、$QS_1$。

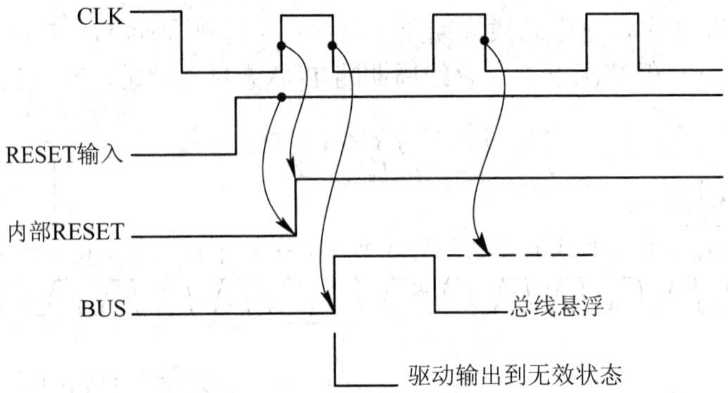

图 2.15　8086 复位操作的时序

2. 最小模式下的读总线操作

图 2.16 所示为 8086 CPU 从存储器或外设端口读取数据的时序。一个最基本的读总线周期包含 4 个 T 状态，即 T_1、T_2、T_3、T_4，在存储器和外设速度较慢时，在 T_3 后可插入一个或几个等待状态 T_W。

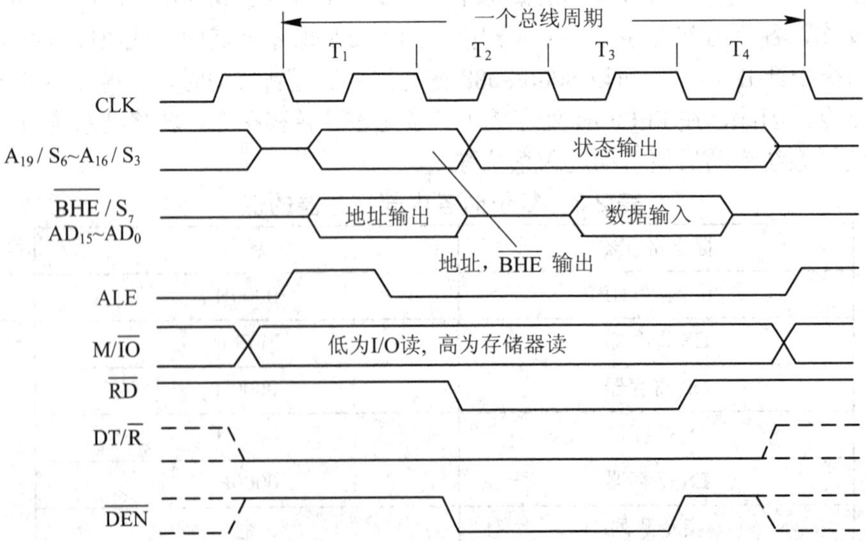

图 2.16　8086 读总线周期的时序(基本)

T_1 状态：

(1) $M/\overline{IO}$ 信号在 T_1 状态有效，$M/\overline{IO}$ 为高电平，从存储器读，$M/\overline{IO}$ 为低电平，从 I/O 端口读。$M/\overline{IO}$ 信号的有效电平一直保持到总线周期结束的 T_4 状态；

(2) T_1 状态开始，20 位地址信号通过多路复用总线输出，指出要读取的存储器或 I/O 端口的地址。

(3) ALE 引脚上输出一个正脉冲作为地址锁存信号。在 T_1 状态结束时，$M/\overline{IO}$ 信号、地址信号均已有效，ALE 的下降沿用作锁存器 8282 的锁存控制信号，使地址锁存，这样在总线周期的其他状态才可分时复用这些引脚传输数据或状态信息。

(4) $\overline{BHE}$ 信号有效，作为奇地址存储体的选体信号，配合地址信号可实现存储单元的寻址，它表示高 8 位数据线上的数据有效(偶地址存储体的选体信号为 A_0)。

T_2 状态：

(5) 地址信号消失，A_{19}/S_6～A_{16}/S_3 引脚上输出状态信息 S_6～S_3，指出当前正在使用的段寄存器及中断允许情况。

(6) 低位地址线 AD_{15}～AD_0 进入高阻状态，为读取数据做准备。

(7) $\overline{BHE}/S_7$ 变成高电平，输出状态信息 S_7，S_7 在设计中未赋予实际意义。

(8) $\overline{RD}$ 信号有效，传送到所有的存储器和 I/O 端口，但只选通地址有效的存储单元和 I/O 端口，使之能读出数据。

(9) 若系统中接有 8286，则 $\overline{DEN}$ 信号在 T_2 状态有效，作为 8286 的选通信号，使数据通过 8286 传送。

T_3 状态：

(10) 在 T_3 的上升沿，CPU 采样 READY 信号，若此信号为低电平，表示系统中所连接的存储器或外设工作速度较慢，数据没有准备好，要求 CPU 在 T_3 和 T_4 状态之间再插入一个 T_W 状态；READY 信号是通过时钟发生器 8284 传递给 CPU 的。

(11) 当 READY 信号有效时，CPU 读取数据；在 $\overline{DEN}=0$、$DT/\overline{R}=0$ 时，内存单元或 I/O 端口的数据通过数据收发器 8286 传送到数据总线 AD_{15}～AD_0 上；CPU 在 T_3 周期结束时，读取数据。

T_W 状态：

(12) CPU 在每个 T_W 状态的上升沿对 READY 信号采样，若为低电平则继续插入 T_W 状态；当在 T_W 状态采样到 READY 信号为高电平时，在当前 T_W 状态执行完毕进入 T_4 状态；在最后一个 T_W 状态，数据肯定已出现在数据总线上，此时 T_W 状态的动作与 T_3 状态一样。

T_4 状态：

(13) CPU 在 T_3 与 T_4 状态的交界处采样数据，然后在 T_4 状态的后半周期，从数据总线上撤除数据，各个控制信号和状态信号线进入无效状态，$\overline{DEN}$ 无效，总线收发器不工作，一个读总线周期结束。

3. 最小模式下的写总线操作

图 2.17 所示为 8086 CPU 写总线周期的时序。8086 CPU 写总线周期时序与读总线周期时序有许多相同之处。

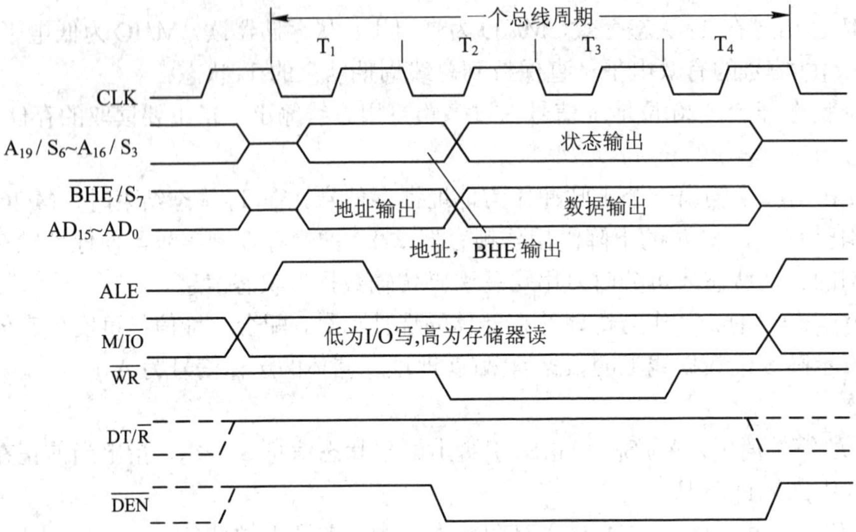

图 2.17　8086 CPU 写总线周期的时序

在 T_1 状态：$M/\overline{IO}$ 信号有效，指出 CPU 将数据写入内存还是 I/O 端口，CPU 给出写入存储单元或 I/O 端口的 20 位物理地址；地址锁存信号 ALE 有效，选存储体信号 $\overline{BHE}$，A_0 有效，$DT/\overline{R}$ 变高平，表示本总线周期为写周期。

在 T_2 状态：地址撤销，S_6～S_3 状态信号输出；数据从 CPU 传送到数据总线 AD_{15}～AD_0 上，$\overline{WR}$ 写信号有效；$\overline{DEN}$ 信号有效，作为数据总线收发器 8286 的选通信号。

在 T_3 状态：CPU 采样 READY 信号，若 READY 信号无效，插入一个至几个 T_W 状态，直到 READY 信号有效，存储器或 I/O 设备从数据总线上取走数据。

在 T_4 状态：从数据总线上撤销数据，各控制信号和状态信号线变成无效；$\overline{DEN}$ 信号变成高电平，总线收发器不工作。

4. 总线空操作

只有在 CPU 和存储器或 I/O 端口之间传送数据时，CPU 才执行总线周期。当 CPU 不执行总线周期时(指令队列 6 字节已装满，EU 未申请访问存储器)，总线接口单元不和总线打交道，就进入了总线空闲周期 T_i。此时状态信息 S_6～S_3 和前一个总线周期一样，数据总线上信号不同。若前一个总线周期是读周期，则 AD_{15}～AD_0 在 T_i 状态处于高阻状态；若前一个总线周期是写周期，则 AD_{15}～AD_0 在 T_i 状态继续保持数据有效。总线空操作是总线接口单元 BIU 对总线执行部件 EU 的等待。

5. 总线保持与响应

当系统中有其他的总线主设备请求总线时，向 8086 CPU 发出请求信号 HOLD，CPU 接收到 HOLD 且为有效的信息后，在当前总线周期的 T_4 或下一个总线周期的 T_1 的后沿，输出保持响应信号 HLDA，紧接着从下一个时钟开始，8086 CPU 就让出总线控制权。当外设的 DMA 传送结束时，使 HOLD 信号变成低电平，则在下一个时钟的下降沿 HLDA 信号变为无效(低电平)。8086 的总线保持/响应时序图见图 2.18。

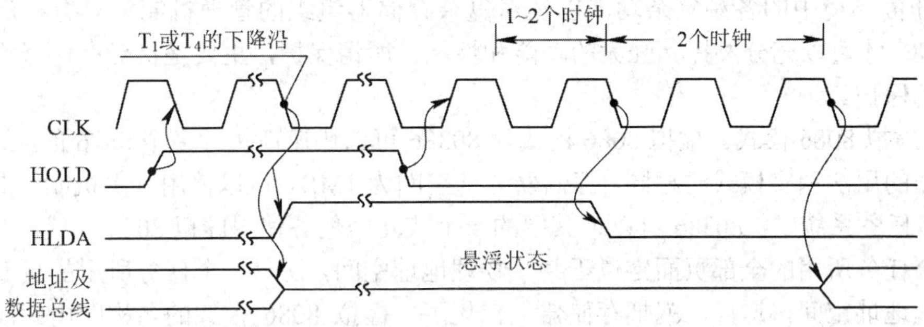

图 2.18　8086 的总线保持/响应时序图

2.5　高档微处理器

1985 年 10 月，Intel 公司推出高性能的 32 位微处理器 80386，标志着微处理器自此由 16 位迈入 32 位时代。4 年后，Intel 公司又推出了新一代 32 位微处理器 80486，之后推出了 Pentium 系列微处理器。

2.5.1　80386 微处理器

80386 是 Intel 公司首次推出的 32 位微处理器。80386 是一种与 80286 相兼容的高性能的全 32 位微处理器，它是为需要高性能的应用领域和多用户、多任务操作系统而设计的。在 80386 芯片内部集成了存储器管理部件和硬件保护机构，内部寄存器的结构及操作系统均为 32 位。

1. 基本功能结构

80386 CPU 内部和外部数据总线均为 32 位，但段寄存器仍为 16 位，地址总线是 32 位，可寻址 2^{32} 字节(4 GB)地址空间。80386 CPU 由总线接口单元 BIU、指令译码单元 IDU(Instruction Decode Unit)、指令代码预取单元 IPU(Instruction Prefetch Unit)、执行单元 EU、段管理单元 SU(Segment Unit)和页管理单元 PU(Paging Unit)6 个能并行操作的功能部件组成。6 个部件按流水线结构设计，指令的预取、译码、执行等步骤由各自的处理部件并行操作，这样可同时处理多条指令，提高微处理器的运行速度。

2. 80386 CPU 的工作模式

80386 CPU 有三种工作模式：实地址模式(Real Address Mode)，简称为实模式；保护虚拟地址模式(Protected Virtual Address Mode)，也叫保护模式；虚拟 8086 模式(Virtual Address 8086 Mode)，简称为 V86 模式。

(1) 实地址模式。当 80386 在刚加电启动或复位时，便由操作系统自动控制进入实模式。实模式主要用于 80386 进行初始化，为 80386 保护模式所需要的数据结构做好各种配置和准备。在实模式下，80386 类似于 8086 的体系结构，与 8086 兼容。

(2) 保护虚拟地址模式。保护模式是 80386 最常用也是最具特色的工作模式。通常在开机或复位后，机器先进入实模式完成初始化，然后就立即转换到保护模式。保护模式提供了多任务环境中的各种复杂功能以及对复杂存储器组织的管理机制。只有在保护模式下，80386 才可以充分发挥其强大的功能和性能。所谓保护，主要是指对存储器程序和数据结构的保护。

(3) 虚拟 8086 模式。虚拟 8086 模式使 80386 可以快速地执行多个 8086 的应用程序，段寄存器的用法和实模式时相同，存储器寻址空间为 1MB，可以使用分页机制，支持多任务。在多任务系统中，80386 可以使其中的一个或几个任务使用虚拟 8086 模式。此时，可以使一个任务所用的全部页面定位于某个物理地址空间，而另一个任务所用的页面定位于其他物理地址空间，这样，就把存储器虚拟化了，虚拟 8086 模式的名称即由此而来。在虚拟 8086 模式中，程序是在最低特权级(3 级)上运行的，因此，80386 指令系统中的一些特权指令是不能使用的。

2.5.2　80486 微处理器

80486 是 Intel 公司于 1989 年推出的新一代 32 位微处理器，80486 的内外数据总线都是 32 位，地址总线为 32 位。80486 相当于以 80386 的 CPU 为核心，内含 FPU 和 Cache 的微处理器，再加上 80486 局部采用了精简指令集计算机 RISC(Reduced Instruction Set Computer)技术、时钟倍频技术和新的内部总线结构，所以 80486 的综合性能指标有了极大的提高。

1. 80486 CPU 的基本结构

80486 CPU 内部结构由总线接口、高速缓存、指令预取、指令译码、控制和保护测试、算术逻辑运算、浮点运算、分段和分页九大部件组成，如图 2.19 所示。这些部件可重叠工作，并构成五级流水线的指令处理，比 80386 新增加了相当于 80387 功能的 FPU 和 Cache 两个单元。

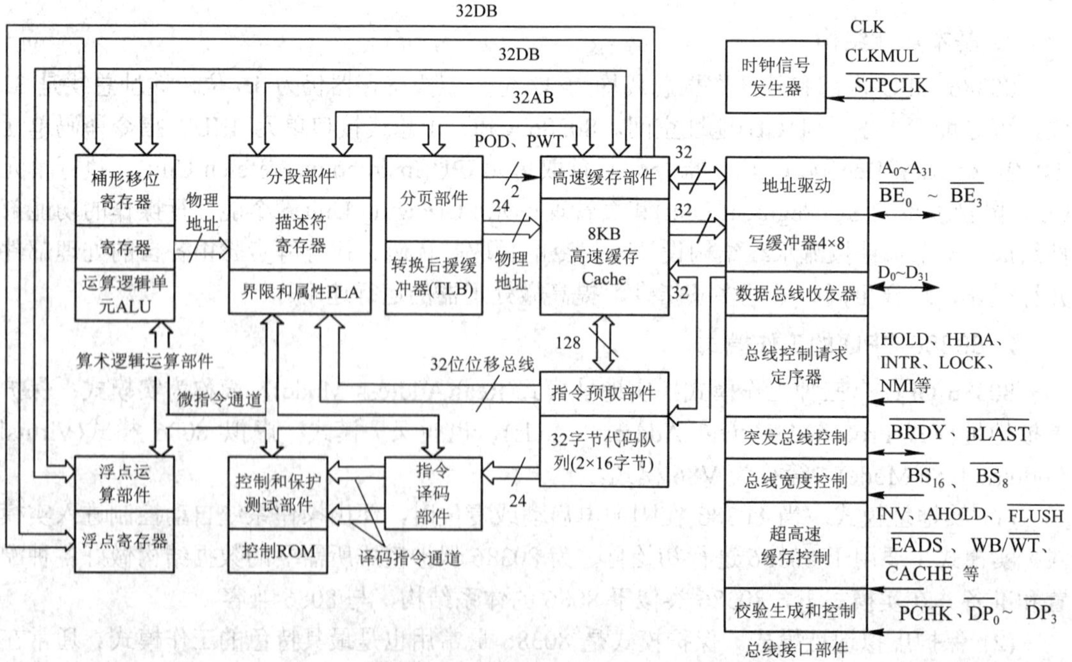

图 2.19　80486 的内部结构

(1) 总线接口部件。总线接口部件负责微处理器的内部单元与外部数据总线之间的信息交换(如取指令、数据传送)，并产生相应的总线周期控制信号。

(2) 高速缓存部件。80486 微处理器芯片内部集成了一个 8 KB 容量的高速缓存(Cache)，它用来存放 CPU 最近要使用的指令和数据，其结构为四路组相联 Cache。

(3) 指令预取部件。指令预取部件负责从高速缓存中取出指令并放入指令队列，使微处理器的其他部件无须等待即可从队列中取出指令进行处理。

(4) 指令译码部件。指令译码部件负责从指令预取队列中取出指令进行译码，并转换成指令的微码入口地址和指令寻址信息，存放在译码器的队列中，直到控制部件将其取走为止。译码器队列可同时存放 3 条指令的译码信息。

(5) 控制和保护测试部件。控制和保护测试部件负责从指令译码器队列中取出指令微码地址，并解释执行该指令微码。控制器内的控制 ROM 包含微处理器指令的微码，它们是一组常驻在微处理器内部 ROM 的低级命令，用来产生对各部件实际操作所需的一系列控制信号。微处理器的每一条指令都有一组相应的微码，译码器产生的微码入口地址即为指向该组命令的地址。

(6) 算术逻辑运算部件。算术逻辑运算部件负责执行控制器所规定的算术与逻辑运算，它包括运算逻辑单元 ALU、8 个通用寄存器、若干个专用寄存器和一个桶形移位寄存器。算术逻辑运算部件可以通过内部的 64 位数据总线与高速缓存部件、浮点运算部件、分段部件进行信息交换。桶形移位寄存器单元可加快移位指令、乘除运算指令的执行。

(7) 浮点运算部件。浮点运算部件是专门用来完成实数和复杂运算的处理单元。它不但能处理一般的实数运算，还能完成对数、指数、三角几何等复杂函数运算。浮点运算部件集成在芯片内部，可以与其他单元部件互相通信，而且还能与算术逻辑运算部件并行操作。

(8) 分段部件与分页部件。在 80486 微处理器芯片内设有一个存储器管理部件 MMU，它由分段部件与分页部件组成。分段部件把指令给出的逻辑地址转换成线性地址，并对逻辑地址空间进行管理，实现多任务之间存储器空间的隔离和保护，同时也实现了指令和数据区的再定位。分页部件用来将线性地址转换成物理地址，并对物理地址空间进行管理，实现虚拟存储器。

2. 80486 CPU 的内部寄存器

80486 CPU 的寄存器总体上可分为程序可见和不可见两类。在程序设计期间要使用的并可由指令来修改其内容的寄存器，称为程序可见寄存器。在程序设计期间不能直接寻址的寄存器，称为程序不可见寄存器，但是在程序设计期间可以被间接引用。程序不可见寄存器用于保护模式下控制和操作存储器系统。

80486 微处理器的寄存器按功能可分为四类：基本寄存器、系统寄存器、调试和测试寄存器以及浮点寄存器。

1) 基本寄存器

基本寄存器包括 8 个通用寄存器 EAX、EBX、ECX、EDX、EBP、ESP、EDI、ESI，1 个指令指针寄存器 EIP，6 个段寄存器 CS、DS、ES、SS、FS 和 GS，1 个标志寄存器 EFLAGS。80486 CPU 的基本寄存器组如图 2.20 所示，它们都是程序可见寄存器。

图 2.20　80486 CPU 的基本寄存器组

(1) 通用寄存器。通用寄存器包括 EAX、EBX、ECX、EDX、EBP、ESP、EDI 和 ESI。EAX、EBX、ECX、EDX 都可以作为 32 位寄存器、16 位寄存器或者 8 位寄存器使用。EAX 可作为累加器用于乘法、除法及一些调整指令，对于这些指令，累加器常表现为隐含形式，EAX 寄存器也可以保存被访问存储器单元的偏移地址。EBX 常用于地址指针，保存被访问存储器单元的偏移地址。ECX 经常用作计数器，保存指令的计数值，ECX 寄存器也可以保存访问数据所在存储器单元的偏移地址。用于计数的指令包括重复的串指令、移位指令和循环指令。移位指令用 CL 计数，重复的串指令用 CX 计数，循环指令用 CX 或 ECX 计数。EDX 常与 EAX 配合，用于保存乘法形成的部分结果，或者除法操作前的被除数，它还可以保存寻址存储器数据。EBP 和 ESP 是 32 位寄存器，也可作为 16 位寄存器 BP、SP 使用，常用于堆栈操作。EDI 和 ESI 常用于串操作，EDI 用于寻址目标数据串，ESI 用于寻址源数据串。

(2) 指令指针寄存器。指令指针寄存器 EIP(Extra Instruction Pointer)用于存放指令的偏移地址。当微处理器工作于实模式时，EIP 是 IP(16 位)寄存器。当 80486 CPU 工作于保护模式时，EIP 为 32 位寄存器。EIP 总是指向程序的下一条指令(即 EIP 的内容自动加 1，指向下一个存储单元)。EIP 用于微处理器在程序中顺序地寻址代码段内的下一条指令。当遇到跳转指令或调用指令时，指令指针寄存器的内容需要修改。

(3) 标志寄存器。标志寄存器 EFLAGS 包括状态位、控制位和系统标志位，用于指示微处理器的状态并控制微处理器的操作。80486 CPU 标志寄存器如图 2.21 所示。

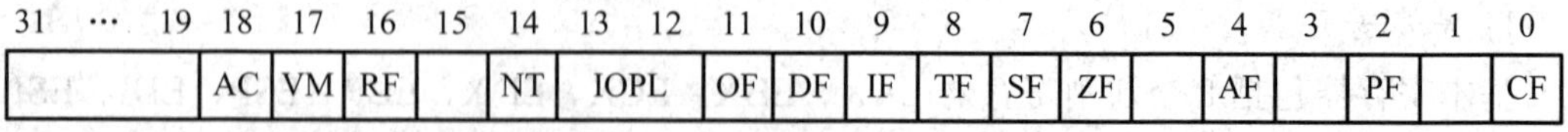

图 2.21　80486 CPU 标志寄存器

① 状态标志位：包括进位标志 CF、奇偶标志 PF、辅助进位标志 AF、零标志 ZF、符

号标志 SF 和溢出标志 OF 等。

② 控制标志位：包括陷阱标志(单步操作标志)TF、中断标志 IF 和方向标志 DF。80486 CPU 标志寄存器中的状态标志位和控制标志位与 8086 CPU 标志寄存器中的状态标志位和控制标志位的功能完全一样，这里不再赘述。

③ 系统标志位和 IOPL 字段：在标志寄存器中的系统标志和 IOPL 字段，用于控制操作系统或执行某种操作。它们不能被应用程序修改。

④ IOPL(I/O Privilege Level Field)：输入/输出特权级标志位。它规定了能使用 I/O 敏感指令的特权级。在保护模式下，利用这两位编码可以分别表示 0、1、2、3 这四种特权级，0 级特权最高，3 级特权最低。在 80286 以上的处理器中有一些 I/O 敏感指令，如 CLI(关中断指令)、STI(开中断指令)、IN(输入)、OUT(输出)。IOPL 的值规定了能执行这些指令的特权级。只有特权高于 IOPL 的程序才能执行 I/O 敏感指令，而特权低于 IOPL 的程序，若企图执行敏感指令，则会引起异常中断。

⑤ NT(Nested Task Flag)：任务嵌套标志。在保护模式下，指示当前执行的任务嵌套于另一任务中。当任务被嵌套时，NT=1，否则 NT=0。

⑥ RF(Resume Flag)：恢复标志。与调试寄存器一起使用，以保证不重复处理断点。当 RF=1 时，即使遇到断点或故障，也不产生异常中断。

⑦ VM(Virtual 8086 Mode Flag)：虚拟 8086 模式标志。用于在保护模式系统中选择虚拟操作模式。VM=1，启用虚拟 8086 模式；VM=0，返回保护模式。

⑧ AC(Alignment Check Flag)：队列检查标志。如果在不是字或双字的边界上寻址一个字或双字，队列检查标志将被激活。

(4) 段寄存器。80486 微处理器包括 6 个段寄存器，分别存放段基址(实地址模式)或选择符(保护模式)，用于与微处理器中的其他寄存器联合生成存储器单元的物理地址。

① 代码段寄存器 CS。代码段是一个用于保存微处理器程序代码(程序和过程)的存储区域。CS 存放代码段的起始地址。在实模式下，它定义一个 64 KB 存储器段的起点；在保护模式下，它选择一个描述符，这个描述符描述程序代码所在存储器单元的起始地址和长度。在保护模式下，代码段的长度为 4 GB。

② 数据段寄存器 DS。数据段是一个存储数据的存储区域，程序中使用的大部分数据都在数据段中。DS 用于存放数据段的起始地址。可以通过偏移地址或者其他含有偏移地址的寄存器，寻址数据段内的数据。在实模式下，它定义一个 64 KB 数据存储器段的起点。在保护模式下，数据段的长度为 4 GB。

③ 堆栈段寄存器 SS。堆栈段寄存器 SS 用于存放堆栈段的起始地址。堆栈指针寄存器 ESP 确定堆栈段内当前的入口地址。EBP 寄存器也可以寻址堆栈段内的数据。

④ 附加数据段寄存器 ES。ES 存放附加数据段的起始地址，常用于存放数据段的段基址或者在串操作中作为目标数据段的段基址。FS 和 GS 也是附加的数据段寄存器，作用与 ES 相同，以便允许程序访问两个附加的数据段。

在保护模式下，每个段寄存器都含有一个程序不可见区域。这些寄存器的程序不可见区域通常称为描述符高速缓冲存储器，它也是存储信息的小存储器。这些描述符高速缓冲存储器与微处理器中的一级或二级高速缓冲存储器不能混淆。当段寄存器中的内容改变时，基地址、段限和访问权限即装入段寄存器的程序不可见区域。例如，当一个新的段基址存入段寄存器时，微处理器就访问一个描述符表，并把描述符表装入段寄存器的程序不可见的描述符高速缓冲存储器区域内。这个描述符一直保存在此处，在访问存储器时可使用，直到段号再次改变。这就允许微处理器在重复访问一个内存段时，不必每次都去查询描述符表，因此将其称为描述符高速缓冲存储器。

2) 系统寄存器

在保护模式下操作时，存储器系统中增加了全局描述符表、局部描述符表和中断描述符表。为了访问和指定这些表的地址，80486 CPU 系统寄存器包括 4 个系统地址寄存器和 1 个控制寄存器。

(1) 系统地址寄存器。80486 有 4 个系统地址寄存器，包括全局描述符表寄存器 GDTR(Global Descriptor Table Register)、局部描述符表寄存器 LDTR(Local Descriptor Table Register)、中断描述符表寄存器 IDTR(Interrupt Descriptor Table Register)和任务寄存器 TR(Task Register)。这些寄存器都是程序不可见寄存器，它们用来保存系统描述符表所在存储段的基址、段限和段属性信息。80486 CPU 系统地址寄存器如图 2.22 所示。系统地址寄存器和段寄存器共同为操作系统完成内存管理、多任务环境、任务保护提供硬件支持。

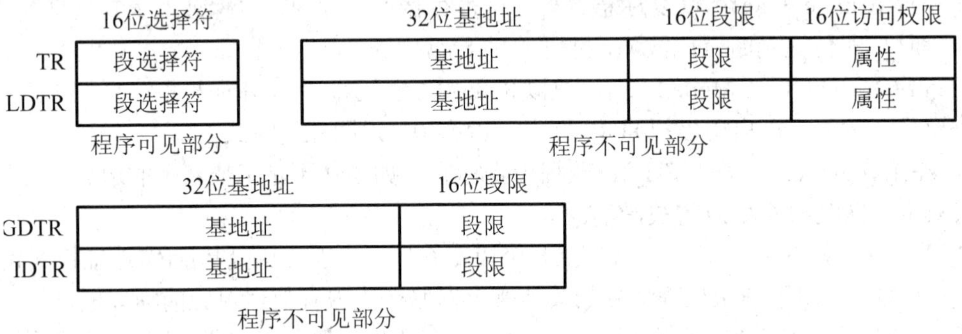

图 2.22 80486 CPU 系统地址寄存器

GDTR 和 IDTR 这两个寄存器分别用来保存 GDT 和 IDT 所在段的 32 位基地址以及 16 位的段限值。GDT 和 IDT 的段限都是 16 位，即表长度最大为 64 KB，每个描述符为 8 个字节，故每个表可以存放 8 K 个描述符。由于 80486 只有 256 个中断，故 IDT 表中最多为 256 个中断描述符。

LDTR 寄存器用来存放当前任务的 LDT 所在存储段的选择符及其段描述符。寄存器 TR 用来存放当前任务的 TSS 所在存储段的选择符及其段描述符。局部描述符表 LDT 和任务状态段 TSS 是面向任务的，它们所在的段不是由这些表本身决定，而是由任务来决定的，即由任务给出的选择符来决定。当 LDTR 的选择器加载选择符时，以此为索引从 GDT 表中选取一个 LDT 描述符(描述要访问的 LDT 表所在段的基地址、段限和属性)，并将其自动加载到 LDTR 的描述符寄存器。当 TR 的选择器加载选择符时，以此为索引从 GDT 表中选取一个 TSS 描述符(描述要访问的任务状态段 TSS 所在段的基地址、段限和属性)，并将其自动加载到 TR 的描述符寄存器。

(2) 控制寄存器 CR。80486 微处理器中有 4 个 32 位控制寄存器 CR_0～CR_3(Control Registers)，用来保存全局性与任务无关的机器状态。其中，控制寄存器 CR_1 保留给将来的 Intel 微处理器使用；控制寄存器 CR_2 为页故障线性地址寄存器，它保存的是最后出现页故障的 32 位线性地址。下面对 CR_0、CR_3 的格式及功能进行说明。

① 寄存器 CR_0：包含系统操作模式控制位和系统状态控制位，有 11 位，如图 2.23 所示。

31	30	29	28 … 19	18	17	16	15 … 6	5	4	3	2	1	0
PG	CD	NW	保留	AM		WP	保留	NE	ET	TS	EM	MP	PE

图 2.23　80486 CPU 控制寄存器 CR_0

PE(Protection Enable)：保护模式允许位。当 PE=1 时，系统在保护模式下运行；当 PE=0 时，系统在实地址模式下运行。

MP(Monitor Coprocessor)：监视协处理器位。当 MP=1 时，表示系统中有一个协处理器，否则 MP=0。

EM(Emulation)：仿真协处理器位。当 EM=1 时，表示微处理器中没有仿真协处理器，否则 EM=0。

TS(Task Switched)：任务转换位。每次任务转换操作完成时，主处理器都自动将 TS 位置 1。在执行浮点运算指令时，需要对该位进行测试。

ET(Extension Type)：协处理器类型标志。用于指示系统中协处理器的类型。当 ET=1 时，表示系统使用与 80387 兼容的 32 位协处理器。

NE(Numeric Error)：数值异常位。控制浮点运算中未被屏蔽的异常事故。当 NE=1 时，允许报告浮点数值异常；当 NE=0 且输入引脚的信号有效时，忽略数值异常；当 NE=0 且输入引脚的信号无效时，处理器停止工作，产生系统外部中断。

WP(Write Protect)：写保护。当 WP=1 时，表示禁止系统对用户级只读页的访问，实行写保护；当 WP=0 时，允许系统对用户级只读页进行访问。

AM(Alignment Mask)：对齐标志位。当 AM=1 时，允许自动对齐检查；当 AM=0 时，不允许自动对齐检查。

NW(Not Write-Through)：不通写位。当 NW=0 且 CD=0 时，允许对命中的 Cache 进行通写，这是 Cache 工作的必要条件；当 NW=1 且 CD=1 时，则不允许通写。

CD(Cache Disable)：允许 Cache 位。当 CD=0 时，系统内部的 Cache 允许使用；当 CD=1 时，若访问 Cache“脱靶”，则不填充 Cache，但是，如果访问 Cache“命中”，则 Cache 仍可正常工作。若要完全使 Cache 停止工作，则必须刷新 Cache。

PG(Paging)：允许分页位。PG 位用来指示分页管理机构是否工作。当 PG=1 时，分页管理机构工作，允许分页；当 PG=0 时，分页管理机构不工作。

② 寄存器 CR_3：为处理器提供当前任务的页目录表地址。当 CR_0 中的 PG=1 时，才能使用 CR_3，其中高 20 位存放页目录表的物理基地址，CR_3 中的 PCD 和 PWT 位仅对 80486 有效。控制寄存器 CR_3 如图 2.24 所示。

31 … 12	11 … 5	4	3	2 1 0
页目录基地址	保留	PCD	PWT	保留

图 2.24　80486 CPU 控制寄存器 CR_3

PWT(Page-level Writes Transparent)：页级通写位。对内部 Cache 而言，PWT 控制现行

页目录下某些 Cache 页回写，某些 Cache 页通写。当 PWT=1 时，Cache 页进行通写；当 PWT=0 时，Cache 页进行回写。PWT 位驱动 PWT 引脚，以控制内部 Cache 通写或回写。

PCD(Page-level Cache Disable)：禁止页高速缓冲位。当 PCD=1 时，对页目录不进行高速缓存；当 PCD=0 时，则进行高速缓存。PCD 位驱动 PCD 引脚控制外部 Cache 是否工作。

3) 调试和测试寄存器

80486 微处理器提供了 8 个 32 位可编程调试寄存器 DR_0～DR_7 和 8 个 32 位可编程测试寄存器 TR_0～TR_7，用于支持系统的调试功能。

(1) 调试寄存器 DR。80486 有 8 个 32 位的可编程调试寄存器 DR_0～DR_7(Debug Registers)，用于支持系统的 Debug 调试功能。DR_0～DR_3 为断点寄存器，用于存放断点的线性地址，各个断点的发生条件可由调试寄存器 DR_7 分别设定；DR_4、DR_5 保留未用；DR_6 是断点状态寄存器，用于说明是哪一种性质的断点及断点异常是否发生；DR_7 为断点控制寄存器，指明断点发生的条件及断点的类型。

(2) 测试寄存器 TR。80486 微处理器提供了 5 个 32 位测试寄存器 TR_3～TR_7(Test Registers)，用于存放测试控制命令。其中，TR_3、TR_4 和 TR_5 用于高速缓存 Cache 的测试，TR_6 和 TR_7 用于转换后援缓冲器 TLB 的测试。

4) 浮点寄存器

80486 微处理器包括 8 个 80 位通用寄存器，2 个 48 位寄存器(指令指针寄存器和数据指针寄存器)，3 个 16 位寄存器(控制寄存器、状态寄存器和标志寄存器)。这些寄存器主要用于浮点运算。

3．80486 微处理器的工作模式

从操作系统的角度看，Intel 80486 微处理器有三种工作模式：实地址模式、保护模式和虚拟 8086 模式。当 CPU 复位后，系统自动进入实地址模式。通过设置控制寄存器 CR0 中的保护模式允许位 PE，可以进行实地址模式和保护模式之间的转换。执行 IRET 指令或进行任务切换，可由保护模式转移到虚拟 8086 模式。虚拟 8086 模式是一种既有保护功能又能运行 16 位微处理器软件的工作方式，其工作原理与保护模式相同，但程序指定的逻辑地址与 8086 微处理器相同。虚拟 8086 模式可以看作是保护模式的一种子方式。

(1) 实地址模式(Real Mode)。实地址模式是最基本的工作方式。80486 微处理器实地址模式与 16 位微处理器 8086/8088 的实地址模式保持兼容，原有 16 位微处理器的程序不加任何修改即可在 80486 微处理器实地址模式下运行。80486 微处理器的实地址模式具有更强的功能，增加了寄存器，扩充了指令，可进行 32 位操作。而 8086/8088 只能工作于实地址模式，80286 及其以上的微处理器可工作于实地址模式、保护模式和虚拟 8086 模式。

实地址模式操作方式只允许微处理器寻址第一个 1 MB 存储器空间，存储器中第一个 1 MB 存储单元称为实地址模式存储器或常规内存，DOS 操作系统要求微处理器工作于实地址模式。当 80486 微处理器工作于实地址模式时，存储器的管理方式与 8086 微处理器存储器的管理方式完全相同，这里不再赘述。

(2) 保护模式。通常在程序运行过程中应防止以下情况的发生：① 应用程序破坏系统程序；② 某一应用程序破坏了其他应用程序；③ 错误地把数据当作程序运行。为了避免

出现以上情形所采取的措施称作“保护”。

保护模式(Protected Virtual Address Mode)的特点是引入了虚拟存储器的概念，同时可使用附加的指令集，所以 80486 支持多任务操作。在保护模式下，80486 微处理器可访问的物理存储空间为 4 GB(2^{32})，程序可用的虚拟存储空间为 64 TB(2^{46})。保护模式下存储器寻址(80286 及其以上的微处理器)允许访问第一个 1 MB 及其以上的存储器内的数据和程序。寻址这个扩展的存储器段，需要更改用于实地址模式存储器寻址的段基址加偏移地址的机制。

在保护模式下，当寻址扩展内存数据和程序时，仍然使用偏移地址访问位于存储器段内的信息。区别是实地址模式下的段基址由段寄存器提供，而保护模式下段寄存器里存放着一个选择符(Selector)，用于选择描述表内的一个描述符。描述符(Descriptor)描述存储器段的位置、长度和访问权限。由于段基址加偏移地址仍然用于访问第一个 1 MB 存储器内的数据，所以保护模式下的指令和实地址模式下的指令完全相同。保护模式和实地址模式的不同之处在于存储器地址空间的扩大(由 1 MB 扩展到 4 GB)以及存储器管理机制的不同。

(3) 虚拟 8086 工作模式。80486 微处理器允许在实地址模式和虚拟 8086(Virtual 8086 Mode)模式下执行 8086 的应用程序，虚拟 8086 模式为系统设计人员提供了 80486 微处理器保护模式的全部功能，因而具有更大的灵活性。有了虚拟 8086 模式，80486 微处理器可以同时执行 8086 操作系统和 8086 应用程序，以及 80486 微处理器操作系统和 80486 微处理器应用程序，因此，在一台多用户的 80486 微处理器的计算机里，多个用户可以同时使用计算机。在虚拟 8086 模式下，还可以用与实地址模式相同的形式应用段寄存器，以形成现行基地址。通过使用分页功能，可以将虚拟 8086 模式下的 1 MB 地址空间映像到 80486 微处理器的 4 GB 物理空间中的任何位置。

2.5.3　Pentium 系列微处理器

Intel 公司在 1993 年推出了全新一代的高性能微处理器 Pentium。Pentium 微处理器与 80486 微处理器相比有很多优点和独特之处，它的超标量结构使得在每个时钟周期内可以同时执行两条整型指令，它将芯片内的 8 KB 数据 Cache 与 8 KB 指令 Cache 分开，还有分支预测和流水线浮点单元等设计都大大提升了系统性能，从而使全球的微处理器技术步入了一个崭新的 Pentium 时代。Pentium 还支持双处理器系统，芯片中具有本地多处理器、中断控制器以及电源管理特性等。继 Pentium 之后推出的高能 Pentium、多能 Pentium、Pentium Ⅱ、Pentium Ⅲ、Pentium 4 等都是以 Pentium 为基础逐代开发出来的微处理器。

1. Pentium 32 位微处理器内部结构

Pentium 微处理器由总线部件、指令高速缓存、数据高速缓存、分支转移目标缓冲器、控制 ROM 部件、控制部件、预取缓冲部件、指令译码部件、U 流水线和 V 流水线、整数寄存器组及浮点运算部件等 11 个功能部件组成，如图 2.25 所示。

Pentium 微处理器同 80486 CPU 一样是 32 位微处理器，与 80486 相比，Pentium 的性能指数提高了两倍以上。下面介绍它最突出的特点。

(1) 超标量流水线：Pentium 有 U、V 两条指令流水线，故称之为超标量流水线。超标量流水线技术的应用，使得 Pentium CPU 的速度较 80486 有很大的提高。因此，超标量流水线是 Pentium 系统结构的核心。Pentium 微处理器把生成地址的硬件和算术逻辑运算部件配置成两个各自独立的整数流水线，一个称作 U 流水线，另一个称作 V 流水线。U 流水线(主流水线)可以执 Intel 体系结构的全部整型与浮点指令，包括微代码构成的复杂指令；而 V 流水线则只能执行简单的整型指令和浮点部件的 FXCHG 指令。

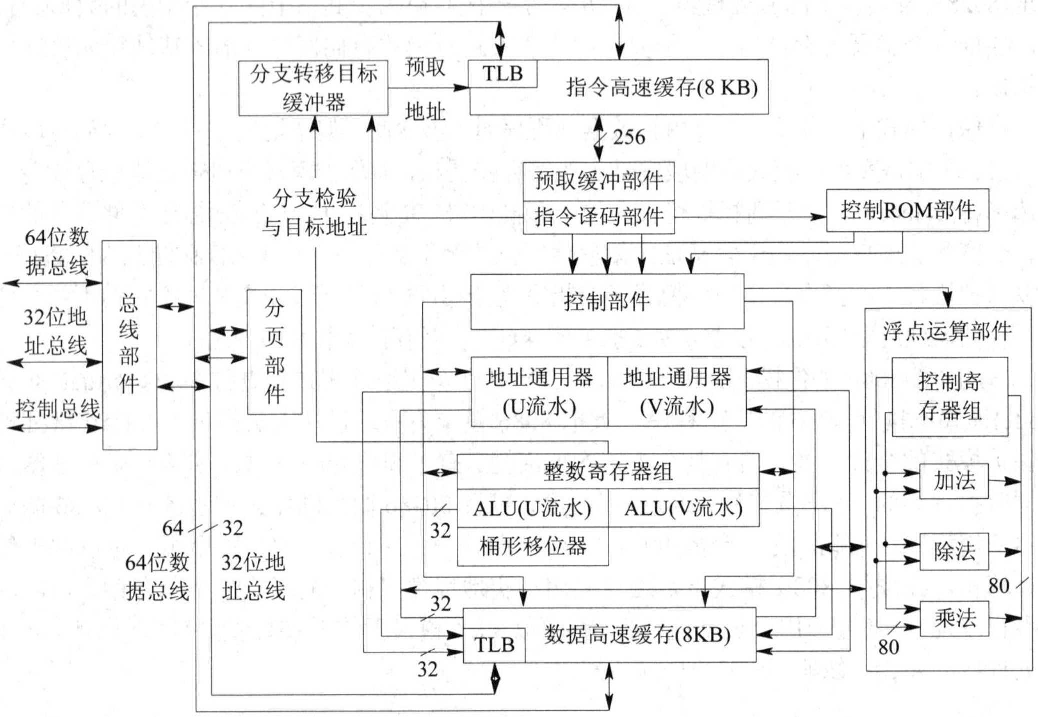

图 2.25 Pentium 的内部结构

Pentium 的 U 和 V 两条整型流水线都由五级组成，分别是指令预取 PF(Pre-Fetch)、译码 D1(Decode Stage 1)、译码 D2(Decode Stage 2)、累加器中执行 EX(Execute)和寄存器或存储器回写 WB/X1(Write Back/Execute 1)。主流水线 U 执行浮点指令时增加了执行级 X2(Execute 2)，浮点寄存器写入级 WF(Write Floating Point Register)和出错级 ER(Error)，所以 U 流水线共有八级。

在 U 流水线的第一级(即 PF 级)预取指令队列，将其传送至第二级译码 D1，检查是否有分支转移；第三级译码 D2 则产生存储器操作数地址；在第四级执行级 EX 中，读取数据 Cache 或寄存器操作数，或者像 NOP 空操作整型指令一样处于等待状态，并不执行其他操作；U 流水线的第五级，即 WB 级是写寄存器，包括写状态寄存器以及更新它们的内容。对于浮点流水线，该级也有类似的功能，它作为浮点执行级 X1，为实际执行级 X2 做好准备。X1 级可以实现对 FP_7～FP_0 这 8 个 80 位浮点寄存器的写操作，将从数据 Cache 或存储器中读取的数据转换成暂存的实型格式，写入其中的某一个寄存器中。由 X1 级出来后再进入浮点执行级 X2，这是浮点指令的实际执行级；然后进入浮点寄存器写入级 WF，将结果写回 80 位浮点寄存器中。最后一级是出错级 ER，用于浮点处理中可能出现的错误。浮点部件中加法器、乘法器和除法器都是用硬件来实现的。

(2) 独立的指令 Cache 和数据 Cache。80486 微处理器片内只有 8 KB Cache，Pentium

微处理器则有 16 KB Cache，并在 80486 CPU 超高速缓存结构的基础上增加了一些功能，以满足其性能指标的要求。Cache 单元为处理器提供快速访问指令和数据刷新途径，这两个超高速缓存可以同时被访问，不必花费很长时间。指令 Cache 可以提供多达 32 B 的原始操作码，数据 Cache 在每个时钟内可以提供两次数据访问的数据。每种 Cache 都使用物理地址进行访问，并且都有自己的转换后援缓冲器 TLB，将线性地址转换成所用的物理地址。Pentium 中分离的代码 Cache 使预取单元操作更有效，它采用 256 位数据宽度的二路组相联设计，它的填充是通过使用突发的存储传送周期来完成的。

指令 Cache、转换目标缓冲器 BPU 和预取缓冲器 PU 负责将原始指令传送至 Pentium 的执行部件。指令取自指令 Cache 或外部总线,转移地址由转移目标缓冲器记录。指令 Cache 的 TLB 将线性地址转换成指令 Cache 所用的物理地址。指令译码器将预取的指令译码成 Pentium 可以执行的指令，使 ROM 含有控制实现 Pentium 体系结构必须执行的运算顺序的微指令，让 ROM 部件直接控制两条流水线。

由于 Pentium 采用超标量技术，因而需要提高指令和数据的供给能力，外部数据总线(像 RISC 那样)为 64 位，地址总线也扩充为 32 位。目前 4 GB 的物理地址已不能满足要求，为了高速处理转移，Pentium 片上内置 256 个条目的转移目标缓存。Pentium 为支持 Cache 的一致性提供了专用结构。数据 Cache 遵循 MESI(M 表示修改，E 表示互斥，S 表示共存和 I 表示无效)协议的超高速缓存一致性协议。这是一种给超高速缓存赋予各种状态的规则集。数据超高速缓存中的每一行都根据 Pentium 产生的动作及其他总线主控产生的动作而赋予一种状态，以确保多机环境下的数据一致性。这些规则只适用于存储器的读/写周期，I/O 和特定周期不通过数据超高速缓存。

(3) 全新的浮点部件。Pentium 微处理器的浮点部件相对 80486 微处理器有了彻底的改进，它的浮点流水线有八级，前五级与 V 流水线共享，后三级则有自己独立的浮点流水线，每个时钟周期可以执行一条浮点指令。浮点运算部件内有专门用于浮点运算的加法器、乘法器和除法器，还有 8 个 80 位寄存器构成了寄存器堆，内部的数据通路为 80 位。浮点运算部件支持 IEEE754 标准的单、双精度格式的浮点数，还可以使用一种临时实数的 80 位浮点数。

(4) 分支转移的动态预测。所谓分支转移预测，是指当 CPU 遇到无条件或有条件转移指令、CALL 调用指令、RET 返回指令、INT n 中断调用以及 IRET 中断返回指令等跳转指令时，指令预取单元能够较准确地判断是发生转移取指，还是依据 EIP 指针顺序往下取指。

80486 微处理器的指令流水线没有分支预取功能，它不能将转移指令与其他指令区别开来，预取单元只能依据 IP/EIP 指针顺序地取出下一条指令的代码传送至预取队列，因此取出跳转指令后也总是继续读取下一条指令。当轮到执行阶段时，如果不发生跳转，则流水线上不会发生任何问题，继续操作下去即可。倘若发生跳转，那么预取队列中已经装入的指令以及前几个流水线阶段的工作都要作废，必须清除并重新装入转移地址处的指令，这样就使流水线操作出现了一次返工，影响了整机操作的效率。

Pentium 微处理器借助跳转目标缓冲器 BTB(Branch Target Buffer)等逻辑部件实现了分支转移的动态预测。BTB 是一个具有 256 行的四路组合相关映射高速 Cache，以跳转的 32 位目标地址、2 位历史状态及 1 位有效状态作为一个 Cache 存储的内容。被预取的指令传送至 U 和 V 两条流水线，同时将指令所在的 EIP 地址传送至 BTB 中进行查找并比较。如果在 BTB 中没有这个地址，就不进行预测；倘若在 BTB 中找到了该地址，即为命中，那么微处理器将根据 BTB 中对应记录的历史状态来预测当前是否发生跳转，这样分支预测逻辑就能比较可靠地预测分支走向，指令预测队列就可以预取较多的指令。当执行调转指令时，其跳转的目标地址将用于更新 BTB 中相应的地址记录。Pentium 微处理器的分支转移动态预测功能，使得主流水线不会空闲而且大大加速了程序的执行。

(5) 64 位外部数据总线。80486 微处理器的外部数据总线只有 32 位，而 Pentium 微处理器的外部数据总线经总线接口单元扩展到了 64 位。该接口电路与内部高速缓冲存储器 Cache 连接，因而外部数据与指令的传输速率比 80486 微处理器要高很多，能有效地解决外部总线上的瓶颈问题。

2. Pentium 微处理器寄存器结构

Pentium 微处理器与 80486 微处理器的寄存器一样，都包括整数部件中的基本寄存器、系统寄存器、调试和测试寄存器以及浮点寄存器，而且功能基本相同。只是系统寄存器中增加了 CR_4 控制寄存器和 TR_1、TR_2 测试寄存器。另外在 Pentium 微处理器的标志寄存器中又增加了三个新的功能位。下面只对新增加的寄存器和功能位加以简单介绍。

(1) EFLAGS 寄存器。EFLAGS 寄存器如图 2.26 所示，它对 80486 作了一些扩充，增加了两位用来控制 Pentium 虚拟 8086 模式扩充部分的虚拟中断。标志位 1、3、5、15、31 和 22 是 Intel 公司保留的。当用 SAHF 或 PUSHF 存储时或在中断处理期间，在第 1 位存储 1，第 3、5、15、31 和 22 位存储 0。EFLAGS 增加了一个附加位 ID，以允许软件测试 CPUID 指令是否存在而不产生异常。

31	30	29	28	27	26	25	24	23	22	21	20	19	18	17	16	15	14	13	12	11	10	9	8	7	6	5	4	3	2	1	0
0	0	0	0	0	0	0	0	0	0	ID	VIP	VIF	AC	VM	RF	0	NT	IOPL		OF	DF	IF	TF	SF	ZF	0	AF	0	PF	1	CF

图 2.26　Pentium 的 EFLAGS 寄存器

EFLAGS 寄存器功能位简介如下：

① VIF：当允许虚拟 8086 模式扩充(CR_4，VME1)或允许保护模式虚拟中断(CR_4,VME1)时，虚拟中断标志是所用中断标志的虚拟映像；当禁止虚拟 8086 模式扩充(CR_4，VME0)或禁止保护方式虚拟中断(CR_4，PVI0)时，该位被强制为 0。

② VIP：当允许虚拟 8086 模式扩充(CR_4，VME1)或允许保护模式虚拟中断(CR_4，PVI1)时，虚拟中断挂起标志指示虚拟中断是否挂起；当禁止虚拟 8086 模式扩充(CR_4，VME0)或禁止保护模式虚拟中断(CR_4，PVI0)时，该位被强制为 0。

③ ID：置位和清除标志的功能处理器，支持 CPUID 指令。

④ RF：恢复标志。

⑤ AC：当 CPU 在特权级 3 上操作时，AC 标志与 CR_0 中的 AM 位联用，以允许检测和产生对准检查异常；当 CPU 不在特权级 3 上时，虽然 AC 标志可能被置位，但绝不产生对准检查异常。在实地址模式下，不会产生对准检查异常，而且 EFLAGS 中 AC 位的内容不可预测。复位后 EFLAGS 的内容为 00000002H。

(2) 控制寄存器。CR_0 中的 CD 位和 NW 位(Intel 80486)的含义已被重新定义，以控制

Pentium 的高速缓冲存储器。Pentium 定义了一个新的控制寄存器(CR_4)，它包含一些允许对 Intel 486 结构作某些扩充的位。CR_4控制寄存器结构如图 2.27 所示。

31	30	29	28	27	26	25	24	23	22	21	20	19	18	17	16	15	14	13	12	11	10	9	8	7	6	5	4	3	2	1	0
0	0	0	0	0	0	0	0	0	0	0	0	0	0	0	0	0	0	0	0	0	0	0	0	0	MCE	0	PSE	DE	TSD	PVI	VME

图 2.27　CR_4控制寄存器结构

CR_4中第 31～7 位留用。当读出CR_4的内容时，这些位均为 0；当写入CR_4的内容时，这些位必须全为 0，否则，若对其中的任意一位写 1，则产生一般保护异常。

控制寄存器功能位简介如下：

① VME：当该位为 1 时，允许虚拟 8086 模式扩充；当该位为 0 时，禁止虚拟 8086 模式扩充。

② PVI：当该位为 1 时，允许保护模式虚拟中断；当该位为 0 时，禁止保护模式虚拟中断。

③ TSD：当该位为 1 且当前特权级不为 0 时，执行 RDTSC(读时间标志计数器)指令，而执行这一指令时将产生＃GP(0)故障；当该位为 0 时，RDTSC 将在所有特权级上执行。

④ DE：当该位为 1 时，允许调试扩充；当该位为 0 时，禁止调试扩充。实际上，该位控制是否支持 I/O 断点。

⑤ PSE：当该位为 1 时，允许页面大小扩充；当该位为 0 时，禁止页面大小扩充。

⑥ MCE：当该位为 1 时，允许机器检查异常；当该位为 0 时，禁止机器检查异常。

复位后CR_4的内容为 0。

(3) 模型专用寄存器。Pentium 定义了几种模型专用寄存器，用于控制可测试性，执行跟踪、性能监测和机器错误检测。Pentium 使用新指令 RDMSR 和 WRMSR 读/写这些寄存器。Pentium 可实现探针式调试方式，用这种方式可以检验和修改 Pentium 的内部状态和系统的外部状态，可读/写处理器、寄存器，也可以读/写系统存储器和 I/O 空间。

Pentium 有 4 个调试寄存器，用于检查编程时设置的断点是否匹配。这些断点通过 4 个断点引脚 BP_3～BP_0 在外部表示是否匹配，其中两条引脚 BP_0(PM_0/BP_0)和 BP_1(PM_1/BP_1)供性能监测多路选择使用。PM_0 和 PM_1 引脚用于外部表示与监测所选择事件相关的计数已增 1 或溢出。探针方式控制寄存器中的 PB_1 和 PB_0(性能监测/断点)位，决定是否为性能监测或断点指示配置了多路选用引脚。

3. Pentium 的工作模式简介

Pentium 的虚拟存储器(Vivtual Storage)技术、高速缓存(Cache)技术以及超标量流水线技术是微型计算机系统的三大支柱，虚拟存储器的目标是如何允许多个软件进程高速共享主存储器这一容量有限的存储资源。虚拟存储器的实现不仅体现在计算机硬件系统上的完美无缺，而且虚拟存储器技术是操作系统的核心技术，操作系统中存储器管理程序的主要任务就是将有限的主存储器不断地动态分配给各活动进程。

Pentium 的工作模式分为：实模式、保护模式、虚拟 86 模式、平展模式、线性空间以及系统管理模式。有关 Pentium 工作模式的具体内容，请参阅有关文献。

小　结

本章针对 8086 微处理器及其编程结构作了详细介绍。8086 微处理器从功能结构上可以划分为执行单元和总线接口单元两大部分。这种并行工作方式，减少了 CPU 等待取指令的时间，充分利用了总线，有力地提高了 CPU 的工作效率，不仅加快了整机的运行速度，而且降低了 CPU 对存储器存取速度的要求，成为 8086 的突出优点。8086 微处理器的寄存器使用非常灵活，8086 CPU 可供编程使用的有 14 个 16 位寄存器，按其用途可分为四类：通用寄存器组、段寄存器、指针和变址寄存器组、指令指针和标志寄存器。8086 微处理器的存储器和 I/O 端口是本章的重点内容，应掌握存储器的分段管理、物理地址和逻辑地址的换算及 I/O 端口的编址方式等。

本章最后对 80x86 的系列产品 80386、80486、Pentium 等高档微处理器的特点及基本结构作了介绍，以便大家了解更高档的微处理器，加深对它们的认识。Pentium 系列微型计算机不仅增加了数据总线和地址总线的位数，而且采用了许多新技术，如指令高速缓存与数据高速缓存分离、分支预测、超标量流水线技术、RISC 结构等，增加了支持多媒体的指令集，使微处理器的性能大大增强。

习　题

2-1　8086 CPU 由哪两部分组成？其各自的主要功能是什么？

2-2　8086 CPU 中有哪些寄存器？各有什么用途？

2-3　8086 CPU 与 8088 CPU 的主要区别是什么？

2-4　状态标志和控制标志有何不同？8086/8088 的状态标志和控制标志有哪些？标志位寄存器中用户直接可以改变其值的有哪几个？

2-5　什么是逻辑地址？什么是物理地址？在 8086 系统中，如何通过逻辑地址计算物理地址？

2-6　下列存储器地址为 8086 系统中的逻辑地址，写出其段地址、偏移地址和物理地址。

(1) 2306H:1226H；　　(2) 0B28H:439AH；　　(3) 2CB0H:9DC4H。

2-7　8086 系统中存储器采用什么结构？用什么信号来选中存储体？

2-8　在 8086 微型计算机系统中，为什么常用 AD_0 作为低 8 位数据的选通信号？

2-9　已知段寄存器 CS=2800H，指令指针寄存器 IP=FE00H。此时，指令的物理地址为多少？指向这一物理地址的 CS 值和 IP 值是唯一的吗？

2-10　某程序数据段中存放了 3FB7H 和 2A8CH 两个字，已知 DS=8520H，数据存放的偏移地址为 1201H 及 654AH，试画图说明它们在存储器中的存放情况。若要读取这两个字，需要对存储器进行几次操作？

2-11　8086/8088 系统中，什么是最大模式？什么是最小模式？用什么方法将

8086/8088 置为最大模式和最小模式？

2-12　什么是地址锁存器？8086/8088 系统中为什么要用地址锁存器？锁存的是什么信息？8282 地址锁存器与 CPU 如何连接？

2-13　什么是总线周期？在 CPU 读/写总线周期中，数据在哪个机器状态出现在数据总线上？8086 CPU 的一个总线周期包括多少时钟周期？什么情况下要插入 T_W 等待周期？插入多少个 T_W 取决于什么因素？

2-14　8086 CPU 重新启动后，从何处开始执行指令？

2-15　80386 内部结构和功能特点是什么？它有多少根数据线？有多少根地址线？其寻址范围为多少？

2-16　80486 内部结构主要由哪几个部件组成？相对 80386 有哪些主要的增强功能？

2-17　什么是实地址模式？什么是保护模式？它们的特点是什么？

第 3 章　微型计算机指令系统

指令系统是指计算机能执行的全部指令的集合，它描述了计算机内全部的控制信息和逻辑判断能力。不同计算机的指令系统包含的指令种类和数目是不同的，一般均包含算术运算型、逻辑运算型、数据传送型、判定和控制型、输入和输出型等指令。本章主要以 8086/8088 为例，介绍微型计算机的指令系统、指令格式和基本的寻址方式及有效地址的计算。用 8086/8088 指令系统编写的程序可以在 80386、80486、Pentium 等 CPU 上运行。

3.1　概　　述

3.1.1　指令与指令系统

指令是指示计算机执行某种操作的命令。指令系统是指计算机能执行的全部指令的集合，它实现对机器硬件直接操作和控制的功能。不同处理器的指令系统在指令的种类、指令格式及寻址方式等方面各有不同，只有深入了解和掌握处理器的指令系统，才能完成基于处理器的指令系统的汇编语言程序设计。不同计算机的指令系统包含的指令种类和数目是不同的，一般均包含算术运算型、逻辑运算型、数据传送型、判定和控制型、移位操作型、位(位串)操作型、输入和输出型等指令。

计算机能够直接执行的指令是用二进制编码表示的，称为机器指令，这种语言称为机器语言。机器语言不便于编程，在编程时，一般用助记符来代表机器指令，这将大大提高指令系统的有效性。

3.1.2　指令格式

计算机的指令格式与机器的字长、存储器的容量及指令的功能都有很大的关系。为了指出数据的来源、操作结果的去向及所执行的操作，一条指令必须包含下列信息：

(1) 操作码。它具体说明操作的性质及功能。一台计算机可能有几十条至几百条指令，每一条指令都有一个相应的操作码，计算机通过识别操作码来完成不同的操作。

(2) 操作数的地址。CPU 通过该地址就可以取得所需的操作数。

(3) 操作结果的存储地址。把对操作数进行处理所产生的结果保存在该地址中，以便再次使用。

(4) 下一条指令的地址。执行程序时，大多数指令是按顺序依次从内存中取出执行的，只有在遇到转移指令时，程序的执行顺序才会改变。为了压缩指令的长度，可以用一个程序计数器(Program Counter，PC)存放指令地址。每执行一条指令，PC 的指令地址就自动加

1(设该指令只占一个内存单元)，并指出将要执行的下一条指令的地址。当遇到执行转移指令时，则用转移地址修改 PC 的内容。由于使用了 PC，指令中就不必明显地给出下一条将要执行指令的地址。

1. 指令的格式

指令通常由操作码和操作数两部分组成，如图 3.1 所示。第一部分为操作码(Operation Code)，用来表示该指令所要完成的操作(如加、减、乘、除、数据传送等)类型，由一组二进制代码表示，在汇编语言中又用助记符(Mnemonic)代表。8086 执行指令时，首先将操作码从指令队列中取出并送入执行部件 EU 中的控制单元，经指令译码器识别后，产生执行本指令操作所需的时序性控制信号，控制计算机完成规定的操作。第二部分为操作数，用来描述该指令的操作对象。在操作数字段中，它可以是操作数本身，也可以是操作数地址或操作数地址的计算方法。

操作码	操作数

图 3.1　指令格式

指令的长度(所占字节数)会影响指令的执行时间。8086/8088 的指令长度在 1～7 个字节之间变化。操作码一般占用 1 个字节或 2 个字节。指令的长度主要取决于操作数的数量及其寻址方式。指令中只有一个操作数，称为单操作数指令；指令中有两个操作数，称为双操作数指令。双操作数又分别称为源操作数(Source，SRC)和目的操作数(Destination，DST)。在执行指令之前，SRC 和 DST 均为参加运算处理的两个操作数，执行指令之后，在 DST 中则存放运算处理的结果。

2. 操作数的类型

8086/8088 指令中操作数可分为三种类型：立即数、寄存器操作数和存储器操作数。

(1) 立即数：具有固定数值的操作数。在 8086/8088 系统中，立即数可以是 1 个字节或 2 个字节，也可以是无符号数或有符号数。设计汇编程序时，立即数的取值范围必须符合字长的要求，如果取值不当就会发生错误。立即数只能作为源操作数，不可作为目的操作数。

(2) 寄存器操作数：8086/8088 CPU 的 8 个通用寄存器和 4 个段寄存器可作为指令寄存器存放寄存器操作数。通用寄存器通常用来存放参与运算的数据，段寄存器用来存放操作数的段基址。

(3) 存储器操作数：存放在内存中的数据，通常是由指令中操作数给出其地址的计算方法。存储器操作数字长一般是 8 位或 16 位，有个别指令中存储器操作数是 32 位字长。存储器操作数在指令中既可以作为源操作数，也可以作为目的操作数。前面已经讲过了，存储器单元访问是通过物理地址来确定的，而物理地址是由段基址和段内偏移地址两部分组成的。要寻找一个存储器操作数，首先要确定操作数所在的逻辑段；若指令中没有明确指出操作数所在段，则 CPU 采用默认的段寄存器作为操作数的段基址。存储器操作数的段内偏移地址(也称为有效地址)可以通过不同的寻址方式由指令给出。

3.2 寻 址 方 式

对于一条指令来说：第一，要指出进行什么操作，这是由指令操作码来表明的；第二，要指出指令涉及的操作数和操作结果传送到哪里去。指令中用于说明操作数所在地址的方法，或者说按什么方法寻找操作数所在地址，这就是寻址方式。在 8086/8088 指令系统中，操作数可以放在寄存器、存储器或 I/O 端口中，也可以用常量数据方式存放在指令代码中。指令系统有一类是操作数的寻址方式，还有一类涉及转移地址或者调用地址的寻址方式，一般也称为指令的转移地址的寻址方式。关于转移地址的寻址方式放在后续章节中讲解。下面主要以 MOV 指令为例来说明 8086/8088 操作数的七种寻址方式。

1. 立即寻址

所提供的操作数直接包含在指令中，这种寻址方式称作立即寻址，这个操作数称作立即数。所谓立即数是指具有固定数值的操作数，即常数。它紧跟在操作码的后面，与操作码一起放在代码段区域中。例如：

```
MOV   CL, 12H               ; CL←12H
MOV   AX, 5762H             ; AX←5762H
```

第一条指令是将立即数 12H 传送至 CL，第二条指令是将立即数 5762H 传送至寄存器 AX；执行后，AH 中为 57H，AL 中为 62H。执行过程如图 3.2 所示。

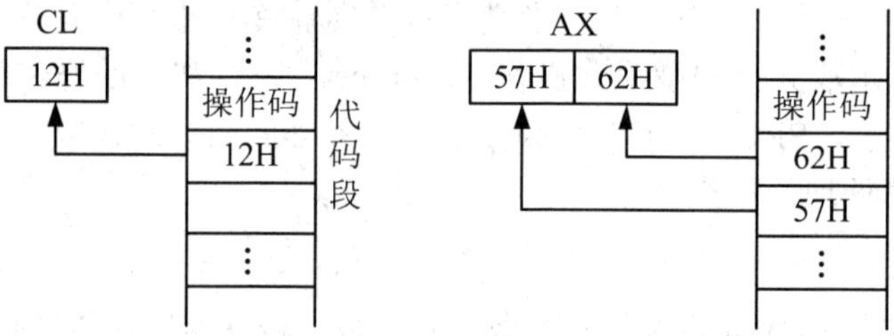

图 3.2　立即寻址方式

立即数若是 8 位的，则可以是无符号数，取值范围是 00H～0FFH，也可以是带符号数，取值范围是 80H～7FH。立即数若是 16 位的，则可以是无符号数，取值范围是 0000H～FFFFH，也可以是带符号数，取值范围是 8000H～7FFFH。若是 16 位的，则存储时低 8 位在前，高 8 位在后。在指令中，立即数是无类型的，立即数操作数只能作为源操作数，而不能作为目的操作数。立即寻址主要用作给寄存器或存储单元赋初值。

2. 寄存器寻址

操作数包含在 CPU 的内部寄存器中，这种寻址方式称作寄存器寻址。它们可以是数据寄存器(8 位或 16 位)，对于 16 位数据，寄存器可以是 AX、BX、CX、DX、SI、DI、SP、BP 以及段寄存器(段寄存器仅用于部分传送指令)；而对于 8 位数据，寄存器可以是 AH、AL、BH、BL、CH、CL、DH、DL。例如：

```
MOV   AL, BH            ; AL←BH
MOV   DS, AX            ; DS←AX
```

该指令是将寄存器 AX 的内容传送给数据段寄存器 DS。

由于采用寄存器寻址方式的指令在执行时，操作是在 CPU 内部进行，不需要使用总线周期，因此执行速度很快。汇编这种寻址方式时，汇编程序将寄存器的地址编号写入指令的地址码字段。当机器执行含有这种寻址方式的指令时，根据地址码字段的编号访问到寄存器，继而访问到操作数。寄存器寻址操作数既可以作为目的操作数，也可以作为源操作数。

3. 直接寻址

操作数地址的 16 位偏移地址直接包含在指令中，这种寻址方式称作直接寻址。通常，将 16 位的偏移地址称为有效地址 EA(Effective Adress)。在使用直接寻址方式的机器码中，有效地址存放在代码段中指令的操作码之后。

在直接寻址方式中，操作数总是存放在存储器中，所以必须先求出操作数的物理地址，然后才能访问存储器，获得操作数。操作数一般在数据段区域中，它的地址为数据段寄存器 DS 左移 4 位后再加上 16 位地址偏移量。在汇编语言中，用带方括号"[ ]"的操作数表示存储器操作数，括号中的内容作为存储单元的有效地址 EA。存储器操作数本身并不能表明地址的类型，而是通过另一个寄存器操作数的类型或伪指令来确定。例如：

```
MOV    AX, [3000H]                ; AX←(DS:3000H)
```

这条指令直接给出了操作数的有效地址 EA=3000H，设(DS)=2100H，则操作数的物理地址=2100H×10H+3000H=24000H。由于目的操作数是 16 位寄存器 AX，所以该指令是将物理地址为 24000H 处的一个字传送到 AX。若地址 24000H 中的内容为 76H，24001H 中的内容为 35H，则物理地址 24000H 处的字为 3576H，可表示为(24000H)=3576H。指令执行过程如图 3.3 所示。

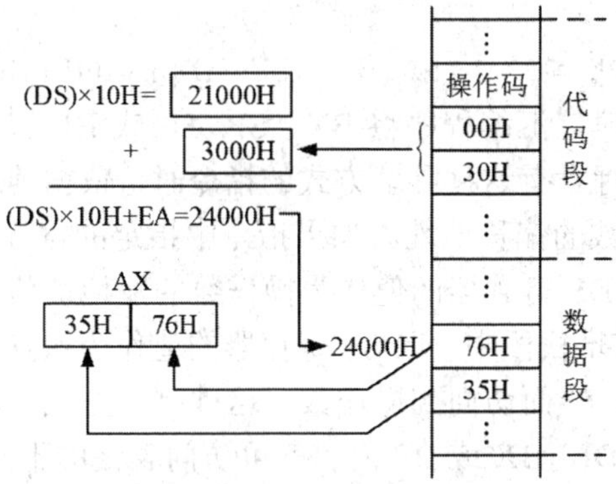

图 3.3　直接寻址方式

直接寻址方式是以数据段的地址为基础，可在多达 64 KB 的范围内寻找操作数。这种寻址方式允许段超越，即允许操作数在以代码段、堆栈段或附加段为基准的区域中。此时只要在指令中指明是段超越的，则 16 位地址偏移量可以与 CS 或 SS 或 ES 相加，作为操作数的地址。例如：

```
MOV   AX, [2000H]            ;数据段
MOV   BX, ES:[3000H]         ;段超越，操作数在附加段，即物理地址 = (ES) × 16 + 3000H
```

4. 寄存器间接寻址

操作数在存储器中，但是操作数的有效地址 EA 存在于寄存器 SI、DI、BP、BX 这 4 个中的一个，所以这种寻址方式称作寄存器间接寻址。它可以分成以下两种情况：

(1) 以 SI、DI、BX 间接寻址，通常操作数在现行数据段区域中，即数据段寄存器(DS)×16(或 10H)加上 SI、DI、BX 中的 16 位有效地址，即为操作数的物理地址。例如：

```
MOV   CX, [DI]               ;操作数地址是：(DS) × 10H + (DI)
```

设(DS)＝3000H，(DI)＝1000H，(31000H)＝2E80H，则操作数的有效地址 EA＝1000H，操作数的物理地址＝(DS)×10H＋(DI)＝31000H。指令执行过程如图 3.4 所示。

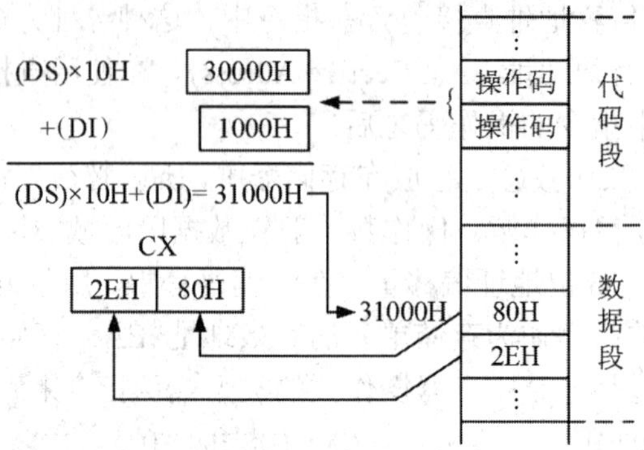

图 3.4　寄存器间接寻址方式

(2) 以寄存器 BP 间接寻址，则操作数在堆栈段区域中，即堆栈段寄存器(SS)×10H 与 BP 的内容相加作为操作数的物理地址。例如：

```
MOV   AX, [BP]            ;操作数地址是：(SS) × 10H + (BP)
```

若在指令中规定是段超越的，则 BP 的内容也可以与其他的段寄存器相加，形成操作数地址。例如：

```
MOV   AX, DS:[BP]         ;操作数地址是：(DS) × 10H + (BP)
```

在汇编这种寻址方式时，汇编程序将 BX、SI、DI 或 BP 寄存器的地址编号写入指令的地址码字段，当机器执行含有这种寻址方式的指令时，依据地址码字段的值访问到寄存器的值，将该值作为操作数的偏移地址。如果指令中指定的寄存器是 BX、SI、DI，则操作数默认在数据段中，取 DS 寄存器的值作为操作数的段地址值；如果指令中指定的寄存器是 BP，则操作数默认在堆栈段中，取 SS 寄存器的值作为操作数的段地址值；从而算得操作数的 20 位物理地址，继而访问到操作数。这种寻址方式一般用于访问表格，执行一条指令后，通过修改 SI、DI、BX 或 BP 内容就可访问表格的下一数据项的存储单元。

5. 寄存器相对寻址

由指定的寄存器内容加上指令中给出 8 位或 16 位的偏移量(当然要由一个段寄存器作为基地址)作为操作数的偏移地址，称为寄存器相对寻址。可以作为寄存器相对寻址的 4 个寄存器是 SI、DI、BX、BP。

(1) 若用 SI、DI 和 BX 作为变址，则与数据段寄存器相加，形成操作数的地址默认在数据段。

(2) 若用 BP 作为变址，则与堆栈段寄存器相加，形成操作数的地址默认在堆栈段。

例如：

```
MOV   AX, VAL[BX]         ;操作数地址是：(DS) × 10H + (BX) + VAL
```

设(DS) = 4000H，(BX) = 2000H，VAL = 0110H，(42110H) = 6279H，则操作数的有效地址 EA = (BX) + VAL = 2110H，操作数的物理地址 = (DS) × 10H + (BX) + VAL = 42110H。指令的执行过程如图 3.5 所示。但是，只要在指令中指定是段超越的，就可以用别的段寄存器作为基地址。

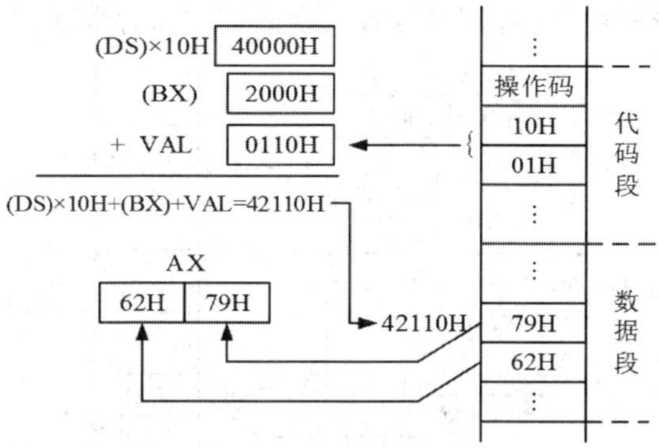

图 3.5　寄存器相对寻址方式

在汇编语言中，变址寻址指令的书写格式允许有几种不同的形式。以下几种写法实质上是完全等价的：

```
MOV   AH, DATA[BX]
MOV   AH, DATA+[BX]
MOV   AH, [BX]+DATA
MOV   AH, [DATA+BX]
```

在汇编这种寻址方式时，汇编程序将 BX、SI、DI 或 BP 寄存器的地址编号写入指令的地址码字段，并且将变量名的偏移地址、符号名的数值或数字表达式的计算结果值作为位移量也写入指令的地址码字段。当机器执行含有寄存器相对寻址方式的指令时，依据地址码字段的编号访问到寄存器的值，将其与位移量相加(或相减)，和(或差)作为操作数的偏移地址。如果指令中指定的寄存器是 BX、SI、DI，则操作数默认在数据段中，取 DS 寄存器的值作为操作数的段地址值；如果指令中指定的寄存器是 BP，则操作数默认在堆栈段中，取 SS 寄存器的值作为操作数的段地址值；从而算得操作数的 20 位物理地址，继而访问到操作数。这种寻址方式一般用于访问表格，表格首地址可设置为变量名，通过修改 SI、DI、BX 或 BP 的内容来访问表格的任一数据项的存储单元。

6. 基址变址寻址

把 BX(数据段)和 BP(堆栈段)看作是基址寄存器，把 SI、DI 看作是变址寄存器，把一个基址寄存器(BX 或 BP)的内容加上一个变址寄存器(SI 或 DI)的内容，再加上指令中指定的 8 位或 16 位偏移量(当然要以一个段寄存器作为地址基准)作为操作数的偏移地址，称为基址变址寻址。例如：

```
MOV   AX, [BX] [SI]
```

或写为

```
MOV   AX, [BX+SI]
```

其中，[BX][SI]、[BX+SI]都是基址变址寻址方式。

设(DS)=2000H，(BX)=1000H，(SI)=0050H，(21050H)=9372H，则操作数的有效地址 EA=(BX)+(SI)=1050H，操作数的物理地址=(DS)×10H+(BX)+(SI)=21050H。指令的执行过程如图 3.6 所示。这种寻址方式同样用于访问表格或数组。将表格或数组首地址存入基址寄存器，通过修改变址寄存器内容可访问到表格或数组的任一数据项的存储单元。

由于这种寻址方式两个寄存器内容都可修改，因此它比寄存器相对寻址更灵活。

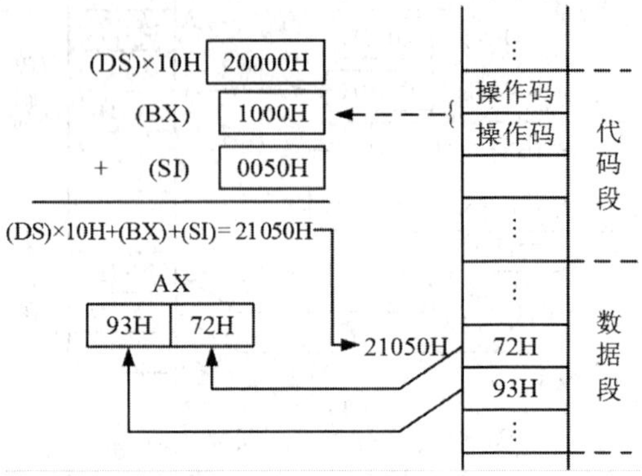

图 3.6　基址变址寻址方式

7. 相对基址变址寻址

相对基址变址寻址是指操作数在存储器中，其偏移地址由(基址寄存器) + (变址寄存器) + 相对偏移量形成。例如：

```
        MOV  AX, [BX][SI]DATA   ;操作数地址是：(DS) × 16 + (BX) + (SI) + DATA
或      MOV  AX, [BX+SI]DATA
```

汇编这种寻址方式时，汇编程序将基址寄存器的地址编号和变址寄存器的地址编号分别写入指令的地址码字段，并且将变量名的偏移地址、符号名的数值或数字表达式的计算结果值作为偏移量也写入指令的地址码字段。当机器执行含有这种寻址方式的指令时，依据地址码字段的值访问到基址寄存器和变址寄存器的值以及偏移量，将三者相加，和作为操作数的偏移地址。如果指令中指定的基址寄存器是 BX，则操作数默认在数据段中，取 DS 寄存器的值作为操作数的段地址值；如果指令中指定的基址寄存器是 BP，则操作数默认在堆栈段中，取 SS 寄存器的值作为操作数的段地址值；从而算得操作数的 20 位物理地址，访问到操作数。

设(DS) = 3000H，(BX) = 2000H，(SI) = 1000H，DATA = 0150H，(33150H) = 2345H，则操作数的有效地址 EA = (BX) + (SI) + DATA = 3150H，操作数的物理地址 = (DS) × 10H + (BX) + (SI) + DATA = 33150H。指令的执行过程如图 3.7 所示。

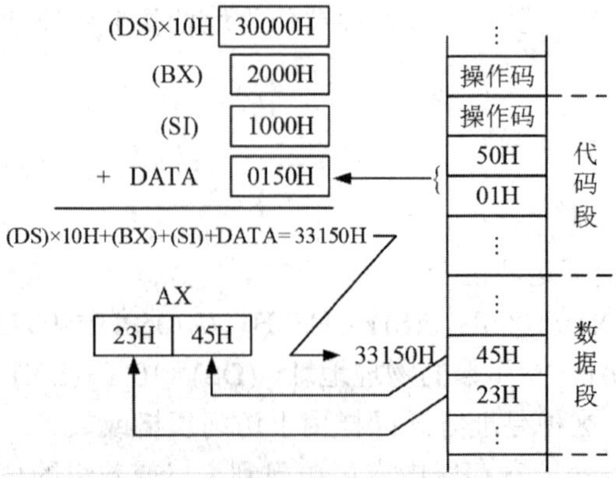

图 3.7　相对基址变址寻址方式

与变址寻址方式类似，基址加变址寻址指令同样也可以表示成多种形式，例如，以下几种写法实质上是完全等价的：

```
MOV   AX, DATA[BX][SI]
MOV   AX, [BX+DATA][SI]
MOV   AX, [DATA+BX+SI]
MOV   AX, DATA[SI+BX]
```

使用基址加变址寻址时要注意，指令中不允许同时出现两个基址寄存器或两个变址寄存器。例如，以下指令是非法的：

```
MOV   AX, DATA[SI][DI]
MOV   AX, [BX+DATA][BP]
```

3.3　8086 的指令系统

8086 的指令系统包含 133 条基本指令，按功能分类，8086 的指令共有六大类：数据传送指令、算术运算指令、逻辑运算和移位指令、字符串处理指令、控制转移指令以及处理器控制指令。8086 的所有指令也都适用于 8088。下面分别介绍各类指令的格式、功能和应用实例。

3.3.1　数据传送指令

数据传送指令的功能是将数据从一个位置传送到另一个位置，发送数据的位置称为源地址，接收数据的位置称为目的地址。传送指令共 14 条，它们可完成寄存器与寄存器之间、寄存器与存储器之间、累加器 AX 或 AL 与 I/O 端口之间的字或字节的传送，堆栈操作指令也归入这一类，此外还包括一组标志传送指令和一组地址传送指令。这类指令中，除 SAHF 和 POPF 指令外，对标志位均没有影响。

1. 通用数据传送指令

通用数据传送指令包括 MOV(传送)、PUSH 和 POP(堆栈操作)、XCHG(交换)、XLAT(查表转换)指令。

1) 传送指令 MOV

指令格式：MOV　DST, SRC　　　　; (DST)←(SRC)

指令功能：将源操作数 SRC(一个字节或一个字)传送到目的操作数 DST，结果是目的操作数 DST 的内容等于源操作数 SRC 的内容，源操作数 SRC 的内容不变。MOV 指令允许数据传送的途径如图 3.8 所示。

由图 3.8 可知，MOV 指令允许在 CPU 的寄存器之间、存储器和寄存器之间传送字节和字数据，也可将立即数传送到寄存器或存储器中，指令中至少要有一项明确说明传送的是字节还是字。但是要注意：① 目的操作数不能是立即寻址方式；② 立即数不能直接传送段寄存器，即段寄存器只能通过寄存器或存储单元传送数据；③ 两个段寄存器之间不允许直接传送数据；④ 源操作数与目的操作数不能同时为存储器寻址方式，即两个内存单元之间不能直接传送数据；⑤ 不允许给 CS、IP、PSW 这 3 个寄存器传送数据，即这 3 个寄存器的值用户无权改变；⑥ 源操作数和目的操作数必须字长相等；⑦ MOV 指令不影响标志位。

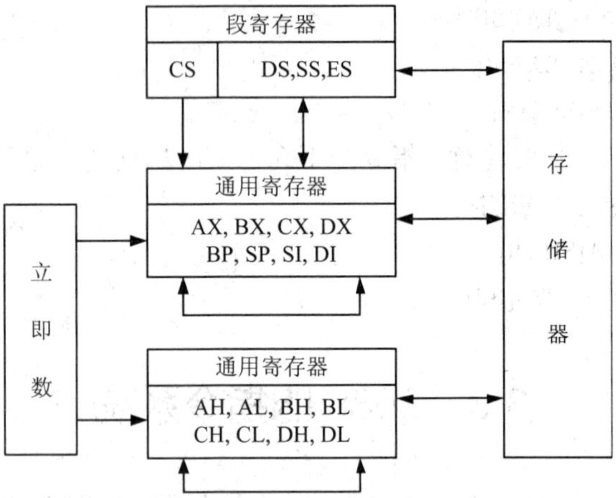

图 3.8　MOV 指令允许数据传送的途径

例如：

```
MOV   AL, 6             ; AL←06H，字节传送
MOV   AL, '$'           ; $的 ASCII 码(24H)传送到 AL，即 AL←24H，字节传送
MOV   SI, 2FE8H         ; SI←2FE8H，字传送
MOV   DH, CL            ; DH←CL，字节传送
MOV   AX, BX            ; AX←BX，字传送
MOV   DL, VAL           ; DL←内存单元 VAL 中的字节内容
MOV   BX, [DI]          ; BX←(DS:DI)
MOV   [SI], DX          ; (DS:SI)←DX，(DS:SI)指定内存单元的字地址
MOV   [1200H], DS       ; (DS:1200H)←DS，(DS:1200H)指定内存单元的字地址
MOV   ES, AX            ; ES←AX，字传送
```

上述传送指令都是合法的，指令中传送的是一个字节还是一个字，通常由操作数的类型确定。当操作数是寄存器时，8 位寄存器表示指令中传送的是一个字节，16 位寄存器表示指令中传送的是一个字。若将一个立即数传送到存储器单元，那么相应的操作数类型有时是明确的，有时可能是不明确的。当操作数的类型不明确时，必须用伪指令 PTR 说明存储器单元的操作类型，即

```
MOV   BYTE PTR [20H+SI], 25H        ;字节操作类型
MOV   WORD PTR [20H+SI], 25H        ;字传送，字操作类型
```

还应注意，CS 和 IP 这两个寄存器不能作为目的操作数，即表明，这两个寄存器的值是不能用 MOV 指令来修改的。另外，当操作数采用 BX、SI、DI 来间接寻址时，默认的段寄存器为 DS，访问数据段；当采用 BP 来间接寻址时，默认的段寄存器为 SS，访问堆栈段。

2) 堆栈操作指令 PUSH 和 POP

堆栈段是指由若干个连续存储单元组成的“后进先出”的存储区。堆栈段可以在存储

器 1 MB 空间内任意浮动，堆栈段容量小于等于 64 KB。对堆栈的操作遵循“后进先出”的原则，数据只能从堆栈的一端进行存取，这一端称为栈顶；而另一端则是固定不变的，这端称为栈底。在 8086/8088 系统中，堆栈段的段基址由 SS 提供，SP 指针总是指向栈顶，即 SP 的内容为当前栈顶的偏移地址。向堆栈中存放数据时，堆栈的地址由高地址向低地址方向增长，而从堆栈中取出数据时，则方向正好相反。将一个数压入堆栈称为进栈，进栈时堆栈指针 SP 将自动减 2 并将信息存入堆栈指针所指的存储单元。将一个数从堆栈弹出称为出栈，出栈时将信息从堆栈指针 SP 所指的字存储单元取出，堆栈指针 SP 自动加 2。由于堆栈操作都是以字为单位进行的，所以 SP 总是指向偶地址单元。SS 和 SP 的值可由指令设定。在过程调用或中断处理时，堆栈用于保存当前断点地址及现场数据，以确保程序正确返回。这两条指令不影响标志位。

(1) 入栈指令 PUSH。

指令格式：PUSH　SRC

指令功能：首先修改 SP 的值，使 SP←SP－2，然后把源操作数(字)压入堆栈中 SP 指示的位置上，低位字节放在较低地址单元(真正的栈顶单元)，高位字节放在较高地址单元。

源操作数可以是 16 位通用寄存器、段寄存器或存储器中的数据字，但不能是立即数。

(2) 出栈指令 POP。

指令格式：POP　DST

指令功能：首先将 SP 所指向的堆栈顶部的一个字数据取出来传送到目的操作数 DST 中，然后修改堆栈指针 SP←SP+2，即 SP 向高地址方向移动，指向新的栈顶。

目的操作数 DST 可以是 16 位通用寄存器、段寄存器或存储单元，但 CS 不能作为目的操作数。

堆栈主要用于中断及子程序调用，也可用于数据暂时保存。在进入中断服务子程序和子程序调用前，原来 CPU 中现行信息(指令指针 IP 及寄存器中有关内容)都必须保存，在中断服务子程序和子程序调用结束返回主程序时，又必须恢复原来保存的信息，这些均由堆栈操作来完成。其中指令指针的入栈和出栈由 CPU 自动管理，而一些寄存器中内容的保存及返回，需要用户利用指令 PUSH、POP 来完成。此时，要遵循堆栈操作“后进先出”的原则，特别注意有关内容的入栈及出栈顺序，防止造成数据的交叉或混乱。其程序形式如下：

```
PUSH  AX
PUSH  BX
PUSH  CX
   ⋮
POP  CX
POP  BX
POP  AX
```

3) 交换指令 XCHG

指令格式：XCHG　DST, SRC　　; (DST)←→(SRC)

指令功能：将一个字或字节的源操作数 SRC 和目的操作数 DST 相交换。

交换可以在寄存器之间或寄存器与存储器之间进行，但段寄存器不能作为操作数，也不能直接交换两个存储单元中的内容。例如：

```
XCHG   AL, AH           ; (AL)←→(AH)
XCHG   BX, CX           ; (AX)←→(CX)
XCHG   [2000H], AX      ; (AX)和(DS:2000H)字单元的内容交换
```

4) 查表转换指令 XLAT

指令格式：XLAT　转换表

或　　　　XLAT

指令功能：将 BX 的内容和 AL 的内容相加作为有效地址 EA，在一个表格中找出此单元中的内容并传送至 AL 中。

使用 XLAT 指令之前必须先建立一个表格，并将转换表的起始地址装入 BX 寄存器中。AL 中事先也要发送一个初值，这个值等于表头地址与所要查找的某一项之间的位移量。使用查表转换指令时，要求 BX 寄存器指向表的首地址，AL 中的值为表中某一项与表格首地址之间的偏移量。执行指令时，会将 BX 和 AL 中的值相加，把得到的值作为地址，然后将此地址所对应的单元中的值取到 AL 中。图 3.9 所示为查表转换指令的功能。表格中的内容则是所需要转换的代码，表格最多包含 256 个字节。此指令的执行结果不影响标志位。

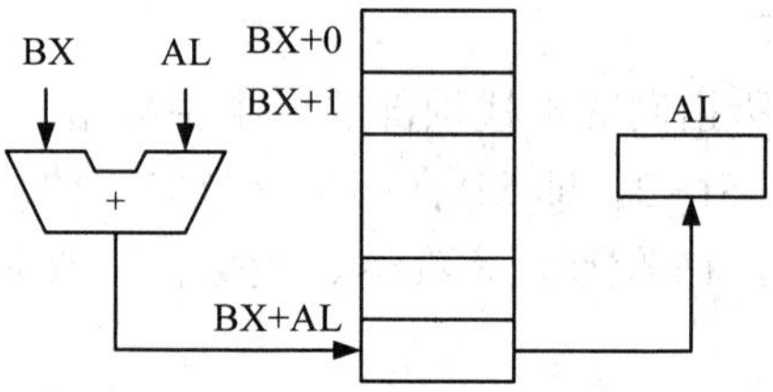

图 3.9　查表转换指令的功能

XLAT 指令有两种格式，其中第一种格式中的转换表为表格的首地址，一般用符号表示，它只是为提高程序的可读性而设置的，执行指令时只使用预先存入 BX 中的代码表首地址，而不用汇编格式中指定的地址标号。但它也可以省略，即用第二种格式。

2. 输入/输出指令

输入/输出指令专门用于 I/O 端口与 CPU 之间的数据传送，共有两条：IN 和 OUT。在输入/输出指令中，I/O 端口有两种寻址方式。当端口地址在 00H～FFH 之间时，可采用直接寻址方式，可用 8 位二进制数直接给出；当端口地址号大于 FFH 时，必须用间接寻址方式，需先将端口地址发送 DX 寄存器，再执行输入/输出操作。

1) 输入指令 IN

指令格式：

```
IN   AL, PORT       ; AL←(端口 PORT)
IN   AX, PORT       ; AH←(端口 PORT+1), AL←(端口 PORT)
IN   AL, DX         ; AL←(端口(DX))
IN   AX,   DX       ; AH←(端口(DX)+1), AL←(端口(DX))
```

当执行输入指令 IN 时，CPU 可以从 8 位端口中读入一个字节到 AL 中，也可以从两

个连续的 8 位端口中读入一个字到 AX 中。

2) 输出指令 OUT

指令格式：

```
OUT   PORT, AL        ; (端口 PORT)←AL
OUT   PORT, AX        ; (端口 PORT+1)←AH, (端口 PORT)←AL
OUT   DX, AL          ; (端口(DX))←AL
OUT   DX, AX          ; (端口(DX)+1)←AH, (端口(DX))←AL
```

当执行输出指令 OUT 时，CPU 可以将 AL 中的一个字节写到 8 位端口中，或者将 AX 中的一个字写到两个连续的 8 位端口中。

输入/输出指令举例如下：

```
IN     AL, 0F1H       ; AL←从 F1H 端口读入一个字节
IN     AX, 80H        ; AL←80H 口的内容，发送至 AH←81H 口的内容
MOV    DX, 310H       ; 端口地址 310H 先发送至 DX 中
IN     AL, DX         ; AL←310H 端口的内容
OUT    85H, AL        ; 85H 端口←AL 内容
MOV    DX, 0FF4H
OUT    DX, AL         ; FF4H 端口←AL 内容
MOV    DX, 300H
OUT    DX, AX         ; 300H 端口←AL 内容，301H 端口←AH 内容
```

在使用输入/输出指令时，要注意以下两点：

(1) 只能用累加器作为执行输入/输出过程的寄存器，即 8 位操作采用 AL，16 位操作采用 AX；

(2) 当 I/O 端口采用直接寻址方式时，寻址端口范围为 00H～FFH，一般适用于较小规模的微型计算机系统；当需要寻址地址大于 FFH 的端口时，必须使用 DX 间接寻址。

3. 地址传送指令

地址传送指令是一类专用于传送地址码的指令，专门用来传送操作数的段地址和偏移地址。地址传送指令共有 3 条：LEA、LDS 和 LES。

1) 取有效地址指令 LEA

指令格式：LEA　DST, SRC　　　;DST←SRC 偏移地址

指令功能：取源操作数 SRC 的 16 位偏移地址传送到目的操作数 DST。

LEA 指令要求源操作数 SRC 必须是存储单元，而且目的操作数 DST 必须是一个除段寄存器之外的 16 位寄存器。使用时要注意它与 MOV 指令的区别，MOV 指令传送的一般是源操作数中的内容而不是地址。

例 3-1　假设(SI)=1000H，(DS)=3000H，(31000H)=2816H。

解　执行指令“LEA　BX, [SI]”后，BX=1000H；执行指令“MOV　BX, [SI]”后，BX=2816H。

有时，LEA 指令也可以用取偏移地址的 MOV 指令代替。

下面两条指令就是等价的，它们都取 TABLE 的偏移地址，然后传送到 BX 中，即

```
LEA    BX, TABLE
MOV    BX, OFFSET  TABLE
```

其中，OFFSET　TABLE 表示取变量 TABLE 的偏移地址，OFFSET 是伪指令。有些时候，必须使用 LEA 指令来完成某些功能，不能用 MOV 指令取代 LEA 指令。

2) 取地址指针到寄存器和 DS 指令 LDS

指令格式：LDS　DST, SRC　　; (DST)←(SRC), DS←(SRC+2)

指令功能：从源操作数 SRC 指定的存储单元开始，从连续 4 个存储单元取出某变量的地址指针(共 4 字节)，将其中前两个字节(表示变量的偏移地址)传送到指令中指定的目的寄存器 DST 中，后两个字节(表示变量的段地址)送入 DS 寄存器。指令中源操作数 SRC 必须是存储单元，从该单元开始的连续 4 个字节单元中，存放着一个变量的地址指针。目的操作数 DST 必须是 16 位寄存器，常使用 SI 寄存器，但不能用段寄存器。

3) 取地址指针到寄存器和 ES 指令 LES

指令格式：LES　DST，SRC　　; (DST)←(SRC)，ES←(SRC + 2)

指令功能：与 LDS 指令基本相同，不同的是要将源操作数所指向的地址指针中的段地址部分传送到 ES 寄存器而不是 DS 寄存器中，目的操作数常用 DI 寄存器。

4. 标志传送指令

可完成标志位传送的指令共有以下 4 条。

1) 标志送到 AH 指令 LAHF

指令格式：LAHF　　　　; AH←FLAGS 低 8 位

指令功能：把标志寄存器的 SF、ZF、AF、PF 和 CF 位分别传送到 AH 寄存器的 7、6、4、2、0 位，5、3、1 位的内容未定义，可以是任意值。执行这条指令后，标志位本身并不受影响。图 3.10 是 LAHF 操作示意图。

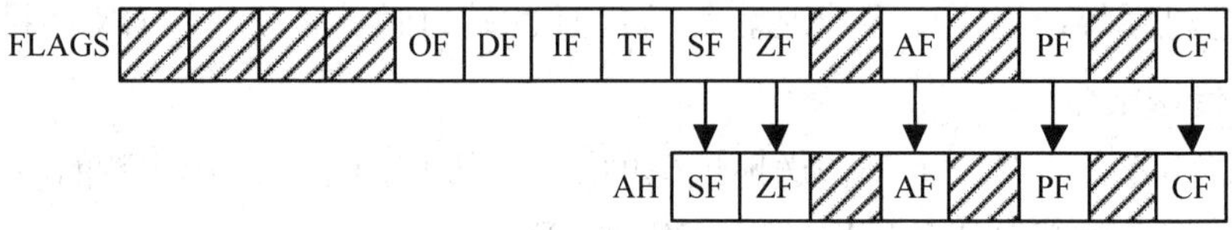

图 3.10　LAHF 操作示意图

2) 送标志寄存器指令 SAHF

指令格式：SAHF　　　　; FLAGS 低 8 位←AH

指令功能：把 AH 内容送入标志寄存器。这条指令与 LAHF 的操作相反，它把寄存器 AH 中的 7、6、4、2、0 位传送到标志寄存器的 SF、ZF、AF、PF 和 CF 位，高位标志 OF、DF、IF 和 TF 不受影响。图 3.11 是 SAHF 操作示意图。

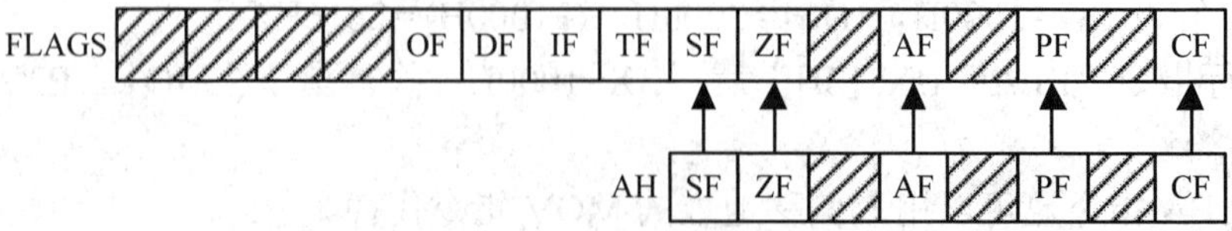

图 3.11　SAHF 操作示意图

3) 标志入栈指令 PUSHF

指令格式：PUSHF

指令功能：把整个标志寄存器的内容推入堆栈，同时修改堆栈指针，使 SP←SP－2。这条指令执行后对标志位无影响。

4) 标志出栈指令 POPF

指令格式：POPF

指令功能：把当前堆栈指针 SP 所指的一个字传送给标志寄存器 FLAGS，并修改堆栈指针，使 SP←SP+2。

成对地使用 PUSHF 和 POPF 这两条指令，可对标志寄存器进行保存和恢复，常用在过程(子程序)调用和中断服务程序的开头与结尾处，对进行过程调用或发生中断时主程序的状态(即标志位)进行保护。

另外，这两条指令也可用来改变追踪标志 TF。若要改变 TF，可先用 PUSHF 指令将标志推入堆栈，然后设法改变栈顶字存储单元的 D_8 位；再用 POPF 指令把堆栈中修改过的内容传送回标志寄存器。这样，只有 TF 标志按需要改变了，而其余标志未受影响。

3.3.2　算术运算指令

算术运算指令包括二进制数的运算指令及十进制数的运算指令。8086/8088 指令系统提供了加、减、乘、除四种基本运算指令，可处理字节或字运算、无符号或带符号数的算术运算；还提供了 BCD 码和 ASCII 码的调整操作指令，故可进行 BCD 码或 ASCII 码的算术运算。算术运算指令大部分是双操作数指令，也有单操作数指令，单操作数指令不允许使用立即寻址方式。乘法和除法指令的目的操作数采用隐含寻址方式，汇编指令只指定源操作数，源操作数不允许使用立即寻址方式。双操作数指令不允许目的操作数为立即寻址，不允许两个操作数同时为存储器寻址。另外，不论是双操作数还是单操作数，都不允许使用段寄存器。算术运算指令大多对状态标志位有影响，不同的指令影响不同，详见有关指令的介绍。

1. 加法指令

1) 加法指令 ADD

指令格式：ADD　DST, SRC　　　; DST←DST+SRC

指令功能：将源操作数 SRC 和目的操作数 DST 相加，结果传送回目的操作数 DST。

该指令完成两个二进制数据的按位相加运算，是否为有符号运算，由程序设计者决定，做有符号运算时，运算结果的正确与否由程序设计者根据有关标志位的状态来进行判断。

2) 带进位的加法指令 ADC

指令格式：ADC　DST, SRC　　　; DST←DST+SRC+CF

指令功能：功能与 ADD 类似，只是在源操作数 SRC 和目的操作数 DST 相加的同时，还要将进位标志 CF 的当前值加进去，再把结果传送回目的操作数 DST。

带进位的加法指令主要用于多字节数据的加法运算。如果低字节相加时产生进位，则在下一次高字节相加时应将这个进位加进去。

这两条指令的源操作数 SRC 可以是寄存器、存储器或立即数，目的操作数 DST 只能是寄存器和存储单元。要注意源操作数和目的操作数不能同时为存储器，而且它们的类型必须一致，即都是字节或字。这两条指令影响的标志位为 CF、OF、PF、SF、ZF 和 AF。例如：

```
ADD   AL,18H                  ;寄存器与立即数相加
ADD   AL, [BX]                ;寄存器与存储器相加
ADD   WORD PTR 2[SI], 200     ;存储器与立即数带进位相加
ADC   BL, CL                  ;寄存器与寄存器带进位相加
ADC   AX, DX                  ;寄存器与寄存器带进位相加
```

例 3-2　计算带符号数 63H 与 3FH 相加的和。

解　可用指令实现：

```
MOV   AL, 63H        ; AL←63H,即十进制数 99
MOV   BL, 3FH        ; AL←3FH,即十进制数 63
ADD   AL, BL
```

执行指令后，相加的结果(AL)=A2H，各标志位的状态为 SF=1，ZF=0，AF=1，PF=0，CF=0，OF=1。这是因为运算结果非 0，故零标志 ZF=0；低 4 位向高 4 位有进位，所以辅助进位标志 AF=1；D_7 位没有产生进位，故进位标志 CF=0；因 D_7=1，故符号标志 SF=1；结果中有奇数个 1，使奇偶标志 PF=0。对于溢出标志，OF=1 表示发生了溢出，显然相加的结果 162 超过了 127，这样的结果是错误的，因为 63H、3FH 均为正数，而相加的结果 A2H 却为负数。

如何对这些标志进行解释，取决于程序的设计，或者说是人为决定的。例如，若编程人员将上述两个加数都看成无符号数，则 D_7 位也代表数据位，而不是符号位，运算结果为 A2H，即十进制数 162。如果两数之和超过 FFH，进位标志 CF 将置 1。在这种情况下，SF 标志和 OF 标志都没有意义。因此对于无符号数，编程人员通常关心的只是 ZF 和 CF 标志；只有在进行 BCD 码运算或需要进行奇偶校验时，才考虑 AF 或 PF 标志。

要是将这两个加数都当作带符号数，符号标志 SF 和溢出标志 OF 就很重要了，而进位标志 CF 却没有意义。本例中，表示两个正数 100 和 62 相加，其和为 162，由于 162 超过了带符号数所能表示的范围 −128～+127，即产生了溢出，故 OF 标志置 1。这时虽然符号标志 SF=1，但由于 OF=1，运算出错，结果无效。如果没有产生溢出(即 OF=0)，SF=1 表示结果为负数。

3) 增量指令 INC

指令格式：INC　　DST　　; DST←DST+1

指令功能：对目的操作数 DST 加 1，结果传送回目的操作数。

目的操作数可以在通用寄存器或内存中。这条指令主要用于循环程序中对地址指针和循环计数器等进行修改。指令执行后影响 AF、OF、PF、SF 和 ZF，但进位标志 CF 不受影响。由于该指令只有一个操作数，如果要使内存单元的内容增 1，则程序中必须有说明该存储单元是字还是字节的符号或说明语句。例如：

```
INC   SI                     ;SI 寄存器中内容增 1
```

```
INC   BYTE PTR [BX]     ;内存字节单元内容增1
INC   WORD PTR [DI]     ;内存字单元内容增1
```

这里 BYTE PTR 为类型说明符，说明随后的存储器操作数为字节类型；WORD PTR 则说明随后的存储器操作数为字类型。对于操作数类型不清楚的指令，可用 PTR 操作符进行说明。

2. 减法指令

1) 减法指令 SUB

指令格式：SUB DST, SRC ; DST←DST－SRC

指令功能：将目的操作数 DST 减去源操作数 SRC，结果传送回目的操作数 DST。操作数的类型与加法指令相同，即目的操作数可以是寄存器或存储器，源操作数可以是立即数、寄存器或存储器，但是目的操作数和源操作数不能同时为存储器，另外，同样不能对段寄存器进行减法运算。减法既可以是字节相减，也可以是字相减。

减法指令将会影响标志寄存器 FLAGS 中的 CF、PF、AF、ZF、SF 和 OF。当无符号的小数减大数时，会产生借位，则进位标志位 CF=1；带符号的同号数相减，当被减数小于减数时，得到一个负数，则符号标志位 SF=1；带符号的异号数相减，当结果超出表示范围时，则溢出标志位 OF=1。例如：

```
SUB   AL, 7FH                   ;寄存器操作数减立即数
SUB   BX, SI                    ;寄存器操作数减寄存器操作数
SUB   AX, [1200H]               ;寄存器操作数减存储器操作数
SUB   [SI], BL                  ;存储器操作数减寄存器操作数
SUB   WORD PTR [BX], 2736H      ;存储器与立即数相减
```

2) 带借位的减法指令 SBB

指令格式：SBB DST, SRC ; DST←DST－SRC－CF

指令功能：将目的操作数 DST 减去源操作数 SRC，再减去借位标志 CF 的内容，然后将结果传送回目的操作数 DST。目的操作数与源操作数的规定与 SUB 指令相同，可以进行 8 位或 16 位的操作。例如：

```
SBB   AL, CH                 ;寄存器操作数与寄存器操作数带借位相减
SBB   AX, 4028H              ;寄存器操作数与立即数带借位相减
SBB   [0200H], SI            ;存储器操作数与寄存器操作数带借位相减
SBB   BX, [DI]               ;寄存器操作数与存储器操作数带借位相减
SBB   WORD PTR [SI], 28H     ;存储器操作数与立即数带借位相减
```

在实际应用中，SBB 主要用于多字节减法中。

3) 减量指令 DEC

指令格式：DEC DST ; DST←DST－1

指令功能：对指定的目的操作数 DST 减 1，结果传送回此操作数 DST。

DEC 与 INC 指令一样，操作数不能为立即数，指令执行后影响 AF、OF、PF、SF 和 ZF，但进位标志 CF 不受影响。DEC 指令可以进行字节操作或字操作。例如：

```
DEC   AH                     ;8位寄存器加1
```

```
DEC   BX                        ;16 位寄存器加 1
DEC   BYTE PTR [BP]             ;存储器加 1，字节操作
DEC   WORD PTR [SI]             ;存储器加 1，字操作
```

与 INC 指令一样，DEC 指令常用于在循环程序中地址指针和循环次数的修改。

4) 求补指令 NEG

指令格式：NEG　DST　　　; DST←0－DST

指令功能：对目的操作数 DST 取负，即用零减去操作数 DST，再把结果传送回目的操作数 DST。

求补指令是一类特殊的减法运算，若 DST 为正数，取负后可得该数的负数的补码；若 DST 为负数(补码)，取负后可得该数所对应的正数，即可以得到负数的绝对值。当操作数为－128 或－32768 时，执行 NEG 指令后，结果不变，但会产生溢出，OF＝1。操作数的类型可以是寄存器或存储器，可以对 8 位或 16 位数取负。例如：

```
NEG   CL                        ; 8 位寄存器求补
NEG   AX                        ; 16 位寄存器求补
NEG   BYTE PTR [BX][SI]         ; 8 位存储器求补
NEG   WORD PTR [DI+0100H]       ; 16 位存储器求补
```

求补指令对标志位 SF、ZF、AF、PF、CF 和 OF 有影响，且一般总使 CF＝1。

5) 比较指令 CMP

指令格式：CMP　DST, SRC　　　; DST－SRC

指令功能：将目的操作数减去源操作数，但结果不送回目的操作数中，仅将结果反映在标志位上，接着可用条件跳转指令决定程序的去向。目的操作数 DST 可以是寄存器或存储器，源操作数 SRC 可以是立即数、寄存器或存储器，既可以进行字节比较，也可以进行字比较。比较指令对标志位 SF、ZF、AF、PF、CF 和 OF 有影响。例如：

```
CMP   CL, 09H                   ;寄存器操作数与立即数比较,影响状态标志
CMP   BX, SI                    ;寄存器操作数与寄存器操作数比较,影响状态标志
CMP   DI, [0200H]               ;寄存器操作数与存储器操作数比较,影响状态标志
CMP   [SI+10], BL               ;存储器操作数与寄存器操作数比较,影响状态标志
CMP   BYTE PTR [BP], 8FH        ;存储器操作数与立即数比较,影响状态标志
```

比较指令与减法指令的不同之处在于执行时产生的两数之差并不保存，仅仅影响状态标志，为后面的具有判断功能的指令提供条件。

利用零标志位 ZF 可以判断两个数是否相等，若两个数相等，则 ZF＝1，否则 ZF＝0。

若两个数不等，则可以进一步利用其他标志位来判断两者的大小，这还与数据的类型有关。

当两个无符号数相减时，可以用进位(借位)标志 CF 来判断数的大小。若 CF=0，则被减数大，减数小；相反，若 CF＝1，则被减数小，减数大。

当两个数均为有符号数时，判断大小的条件要相对麻烦一些，不能只测试某一个标志位的状态，而要分以下两种情况：

(1) 当两个正数或两个负数比较时，可以用符号标志位 SF 来判断数的大小。若 SF=0，

则表示被减数大；相反，若 SF=1，则减数大。

(2) 当两个数异号时，可能会产生溢出，因此不能只用标志位 SF 来判断数的大小，而必须同时考虑溢出标志 OF 的状态。当 OF=0 时，若 SF=0，则 DST＞SRC，若 SF=1，则 DST＜SRC；当 OF=1 时，若 SF=0，则 DST＜SRC，若 SF=1，则 DST＞SRC。

所以，当两个带符号数相比较时，要把标志位 SF 和 OF 结合起来，才能判断数的大小。当 SF ⊕ OF=0 时，DST＞SRC；当 SF ⊕ OF=1 时，DST＜SRC。

3. 乘法指令

1) 无符号数乘法指令 MUL

指令格式：

```
MUL   SRC                  ;字节乘法, AX←AL × SRC
                           ;字乘法, (DX，AX)←AX × SRC
```

指令功能：把源操作数和累加器中的数都当作无符号数，然后将两数相乘，源操作数可以是字节或字。如果源操作数是一个字节，它与累加器 AL 中的内容相乘，乘积为双倍长的 16 位数，高 8 位传送 AH 中，低 8 位传送 AL 中；如果源操作数是一个字，则它与累加器 AX 的内容相乘，结果为 32 位数，高位字放在 DX 寄存器中，低位字放在 AX 寄存器中。

乘法指令中，源操作数可以是寄存器，也可以是存储单元，但不能是立即数。当源操作数是存储单元时，必须在操作数前加 BYTE PTR 或 WORD PTR 说明是字节还是字。例如：

```
MUL   DL                   ; AL × DL，乘积送 AX
MUL   CX                   ; AX × CX，乘积送(DX, AX)
MUL   BYTE PTR [SI]        ; AL × 8 位存储器操作数，乘积送 AX
MUL   WORD PTR [BX]        ; AL × 16 位存储器操作数，乘积送(DX, AX)
```

MUL 指令执行后影响 CF 和 OF 标志，如果结果的高半部分(字节操作为 AH，字操作为 DX)不为零，表明其内容是结果的有效位，则 CF 和 OF 均置 1；否则，CF 和 OF 均为 0。通过测试这两个标志，可检测并去除结果中的无效前导零。乘法指令使 AF、PF 和 ZF 的状态不确定。

2) 有符号数乘法指令 IMUL

指令格式：

```
IMUL   SRC                 ;字节乘法，AX ←AL × SRC
                           ;字乘法，(DX，AX)←AX × SRC
```

指令功能：把源操作数和累加器中的数都作为带符号数，进行相乘。

存放结果的方式与 MUL 相同。如果源操作数为字节，则与 AL 相乘，双倍长结果传送到 AX 中；如源操作数为字，则与 AX 相乘，双倍长结果传送到 DX 和 AX 中，最后给乘积赋予正确的符号。例如：

```
IMUL   BL                      ; AL × BL，乘积送 AX
IMUL   CX                      ; AX × CX，乘积送(DX,AX)
IMUL   BYTE PTR [DI+2]         ; AL × 8 位存储器操作数，乘积送 AX
IMUL   WORD PTR [BX][SI]       ; AX × 16 位存储器操作数，乘积送(DX,AX)
```

IMUL 指令执行后，若运算结果的高半部分仅仅是低半部分符号位的扩展，则标志位 CF=OF=0，否则 CF=OF=1，因此标志位 CF=OF=1，同样表示 AH 或 DX 中包含着乘积的有效数字，而非发生进位或溢出。IMUL 指令执行后，AF、PF、SF 和 ZF 的状态不确定。

4. 除法指令

1) 无符号数除法指令 DIV

指令格式：

```
DIV  SRC          ;字节除法，AL←AX/SRC  (商)
                  ;        AH←AX  MOD  SRC  (余数)
                  ;字除法，AX←(DX,AX)/SRC  (商)
                  ;        DX←(DX,AX)  MOD  SRC  (余数)
```

指令功能：指令中的一个操作数(被除数)隐含在累加器 AX 或寄存器对(DX,AX)中。另一个操作数 SRC，必须是寄存器或存储器操作数，可以是字或字节。如果源操作数 SRC 为字节，16 位被除数必须放在 AX 中，8 位除数为源操作数 SRC，相除之后，8 位商在 AL 中，余数在 AH 中。要是被除数只有 8 位，必须把它放在 AL 中，并将 AH 清零，然后相除。如果源操作数 SRC 为字，32 位被除数在 DX、AX 中，其中，DX 为高位字，16 位除数作为源操作数，相除之后，AX 存 16 位商，DX 存 16 位余数。要是被除数只有 16 位，除数也是 16 位，则必须将 16 位被除数传送到 AX 中，再将 DX 寄存器清零，然后相除。与被除数和除数一样，商和余数也都为无符号数。DIV 指令执行后，所有标志均无定义。

例如：

```
DIV  CL                    ; AX/CL
DIV  BX                    ; (DX,AX)/BX
DIV  BYTE  PTR [SI]        ; AX/8 位存储器操作数
DIV  WORD PTR [BX][DI]     ; (DX,AX)/16 位存储器操作数
```

DIV 指令使标志位如 SF、ZF、AF、PF、CF 和 OF 的值不确定。执行 DIV 指令时，如果除数为 0，或进行字节除法时，AL 中的商大于 FFH，又或者进行字除法时，AX 中的商大于 FFFFH，CPU 都会产生一个类型号为 0 的内部中断，即除法出错中断。

2) 有符号数除法指令 IDIV

指令格式：

```
IDIV  SRC         ;字节除法,AL←AX/SRC(字节)
                  ;        AH←AX  MOD  SRC
                  ;字除法，AX←(DX,AX)/SRC
                  ;        DX←(DX,AX)  MOD  SRC
```

指令功能：该指令执行的操作与 DIV 相同，但操作数都必须是带符号数，商和余数也都是带符号数，而且规定余数的符号和被除数的相同，因此 IDIV 指令也称为带符号数除法指令。指令执行后，所有标志位均无定义。

进行有符号数相除(IDIV)时，如果除数为 0，或进行字节除法时，AL 中的商超出 −128～

+127，又或者进行字除法时，AX 中的商超出−32 768～+32 767，CPU 都会产生一个类型号为 0 的内部中断。

例如：

```
IDIV   DL                        ; AX/DL
IDIV   CX                        ; (DX,AX)/BX
IDIV   BYTE PTR [SI]             ; AX/8 位存储器操作数
IDIV   WORD PTR [BX][DI]         ; (DX,AX)/16 位存储器操作数
```

对于有符号数除法指令，字节操作时要求被除数为 16 位，字操作时要求被除数为 32 位。如果被除数不满足这个条件，不能简单地将高位置 0，而应该先用下面的符号扩展指令(Sign Extension)将被除数转换成除法指令所要求的格式，再执行除法指令。

3) 把字节转换为字指令 CBW

指令格式：CBW

指令功能：把寄存器 AL 中字节的符号位扩充到 AH 的所有位，这时 AH 被称为 AL 的符号扩充。

若 AL 中的 $D_7=0$，则可将这个 0 扩展到 AH 中，使 AH=00H；若 AL 中的 $D_7=1$，则可将这个 1 扩展到 AH 中，使 AH=FFH。例如：

```
MOV   AL, 4FH
CBW                  ; (AH) = 00000000B
MOV   AL, 0F4H
CBW                  ; (AH) = 11111111B
```

CBW 指令执行后，不影响标志位。

4) 把字转换成双字指令 CWD

指令格式：CWD

指令功能：把 AX 中字的符号位扩充到 DX 寄存器的所有位。

若 AX 的 $D_{15}=0$，则 DX←0000H；若 AX 的 $D_{15}=1$，则 DX←FFFFH。

CWD 指令执行后，不影响标志位。

5. BCD 码调整指令

计算机不但能进行二进制运算，还能进行十进制运算。进行十进制运算时，首先要将十进制数据编码为 BCD 码，然后用前面介绍的二进制算术运算指令进行运算，之后再进行十进制调整，即可得到正确的十进制结果。

BCD 码有压缩和非压缩两种存储格式。压缩 BCD 码指每个字节存储两个 BCD 码；非压缩 BCD 码指每个字节存储一个 BCD 码，其中低 4 位存储数字的 BCD 码，高 4 位为 0。数字 0～9 的 ASCII 码是一种准非压缩 BCD 码，即低 4 位为 BCD 值，高 4 位有数值，处理掉高 4 位的数值即为非压缩 BCD 码。

1) 压缩 BCD 码的加法调整指令 DAA

指令格式：DAA

指令功能：将两个压缩 BCD 数相加后的结果调整为正确的压缩 BCD 数。相加后的结果必须在 AL 中，才能使用 DAA 指令。DAA 指令执行时，调整过程如下：

如果 AL 中的低半字节>9 或 AF=1，则 AL←AL+6，并使 AF←1；如果 AL 中的高半字节>9 或 CF=l，则 AL←AL+60H，并使 CF←1。

2) 压缩 BCD 码的减法调整指令 DAS

指令格式：DAS

指令功能：在两个压缩十进制数用 SUB 或 SBB 相减后结果已存在 AL 中的情况下，对所得结果进行调整，在 AL 中得到正确的压缩十进制数。同样，它也要对 AL 中的高半字节和低半字节分别进行调整。DAS 指令执行时，调整过程如下：

如果 AL 寄存器的低 4 位>9 或 AF=1，则 AL←AL−6，AF←1；如果此时 AL 中的高半字节>9 或标志位 CF=l，则 AL←AL−60H，CF←1。

3) 非压缩 BCD 码的加法调整指令 AAA

指令格式：AAA

指令功能：用 ADD 或 ADC 指令对两个非压缩十进制数或 ASCII 码表示的十进制数做加法后，在运算结果已存在 AL 中的情况下，用此指令将 AL 寄存器中的运算结果调整为 1 位非压缩十进制数，仍保留在 AL 中。如果 AF=1，表示向高位有进位，则进到 AH 寄存器中。AAA 指令执行时，将对 AL 中的运算结果进行如下调整：

若 AL 的低 4 位>9 或 AF=1，则 AL←AL+6，AH←AH+1，AL 的高 4 位清零，AF←1，CF←AF；否则 AF←0，CF←0，将 AL 的高 4 位清零。

用 ASCII 码表示的十进制数，高半字节均为 3，在运算中是多余的，需先用 AND 指令将它屏蔽掉(即清为 0)，然后再进行运算。使用 AAA 指令，可以不必屏蔽高半字节，只要在相加后立即执行 AAA 指令，即可在 AX 中得到一个正确的非压缩十进制数。

4) 非压缩 BCD 码的减法调整指令 AAS

指令格式：AAS

指令功能：在用 SUB 或 SBB 指令对两个非压缩十进制数或以 ASCII 码表示的十进制数进行相减后，对 AL 中所得结果进行调整，在 AL 中得到一个正确的非压缩十进制数之差。如果有借位，则 CF 置 1。AAS 指令必须紧跟在 SUB 或 SBB 指令之后。AAS 指令执行时，调整过程如下：

若 AL 寄存器的低 4 位>9 或 AF=1，则 AL←AL−6，AF←1，将 AL 的高 4 位清零，AH←AH−1，CF←1；否则，AF 清零，CF 清零，AL 的高 4 位清零。

5) 非压缩 BCD 码的乘法调整指令 AAM

指令格式：AAM

指令功能：对已经存在 AL 中的两个非压缩十进制数相乘的乘积进行十进制数的调整，在 AX 中得到正确的非压缩十进制数的乘积，高位放在 AH 中，低位放在 AL 中。两个 ASCII 码数相乘之前，必须先屏蔽掉每个数字的高半字节，从而使每个字节包含一个非压缩十进制(BCD 数)，再用 MUL 指令相乘，乘积放到 AL 寄存器中，然后用 AAM 指令进行调整。调整过程如下：

把 AL 寄存器的内容除以 10，商放在 AH 中，余数在 AL 中，即

AH←AL/10 所得的商

AL←AL/10 所得的余数

指令执行后，将影响 ZF、SF 和 PF，但 AF、CF 和 OF 无定义。

由于 8086/8088 指令系统中，十进制乘法运算不允许采用压缩十进制数，所以乘法的调整指令仅此一条。

6) 非压缩 BCD 码的除法调整指令 AAD

指令格式：AAD

指令功能：在做除法前，把 BCD 码转换成二进制数。

在把 AX 中的两位非压缩格式的 BCD 数除以一个非压缩的 BCD 数之前，要先用 AAD 指令把 AX 中的被除数调整成二进制数，并存到 AL 中，才能用 DIV 指令进行运算。调整的过程如下：

AL←AH × 10 + AL，AH←00H

本指令根据 AL 寄存器的结果影响 SF、ZF 和 PF，对 OF、CF 和 AF 无定义。

前面介绍的 ASCII 调整指令都是在用加法、减法和乘法指令对两个非压缩的 BCD 码进行运算之后，紧跟着用一条 AAA、AAS 或 AAM 指令，对运算结果进行调整。而除法的 ASCII 调整指令则不同，它是在除法之前进行的。

3.3.3　逻辑运算和移位指令

逻辑运算和移位指令对字节或字操作数进行按位操作，这类指令可分成逻辑运算指令、算术逻辑移位指令和循环移位指令三类。

1. 逻辑运算指令(Logical Operations)

1) 取反指令 NOT

指令格式：NOT　DST　　; DST←$\overline{\text{DST}}$

指令功能：将目的操作数按位取反，结果传送回目的操作数。

目的操作数可以是 8 位或 16 位寄存器或存储器。对于存储器操作数，要说明其类型是字节还是字。指令执行后，对标志位无影响。例如：

```
NOT   AX                  ; AX←AX 取反
NOT   BL                  ; BL←BL 取反
NOT   BYTE  PTR [BX]      ; 对存储单元内容取反后送回该单元
```

NOT 指令只有一个操作数。以下几种逻辑运算指令均为双操作数指令，对操作数的规定与算术运算指令一样，即源操作数可以是 8 位或 1 位立即数、寄存器或存储器，目的操作数只能是寄存器或存储器，两个操作数不能同时为存储器。

2) 逻辑“与”指令 AND

指令格式：AND　DST，SRC　; DST←DST∧SRC

指令功能：对两个操作数进行按位相“与”，结果传送回目的操作数。

它主要用于使操作数的某些位保留(和 1 相“与”)，从而使某些位清除(和 0 相“与”)。例如，将 AL 的第 7、2 位清零，其余位不变，可用以下指令实现：

```
AND   AL, 01111011B
```

例如，使 AL 中有字符‘a’～‘z’，可用以下指令实现：

```
AND    AL, 01011111B
```

例如，假设 AX 中存有数字 5 和 8 的 ASCII 码，即 AX=3538H，要将它们转换成 BCD 码，并把结果仍放回 AX 中，可用如下指令实现：

```
AND    AX, 0F0FH            ; AX←0508H
```

它将 AH 和 AL 中的高 4 位用全 0 屏蔽掉，截取低 4 位，最后在 AX 中得到 5 和 8 的 BCD 码 0508H。

3) 逻辑“或”指令 OR

指令格式：OR　DST, SRC　　; DST←DST∨SRC

指令功能：对两个操作数进行按位相“或”，结果传送回目的操作数。

它主要用于使操作数的某些位保留(和 0 相“或”)，从而使某些位置 1(和 1 相“或”)。

例如，假设 AX 中存有两个 BCD 数 0508H，要将它们分别转换成 ASCII 码，结果仍在 AX 中，则可用如下指令实现：

```
OR    AX, 3030H            ; AX←3538H
```

4) “异或”操作指令 XOR

指令格式：XOR　DST, SRC　　; DST←DST∀SRC

指令功能：对两个操作数进行按位“异或”，结果传送回目的操作数。

它主要用于使操作数的某些位保留(和 0 相“异或”)，而使某些位取反(和 1 相“异或”)。

例如，若 AL 中存有某外设端口的状态信息，其中 D_1 位控制扬声器发声，要求该位在 0 和 1 之间来回变化，若原来是 1，则变成 0，若原来是 0，则变成 1，其余各位保留不变，可以用以下指令实现：

```
XOR    AL, 00000010B
```

XOR 指令的一个重要特性是，一个寄存器操作数自身与自身进行逻辑“异或”操作，从而使寄存器的内容清零，例如：

```
XOR    AX,    AX        ; AX 清零
XOR    BL,    BL        ; BL 清零
```

上述指令和 AND、OR 等指令一样，也将进位标志 CF 清零。

XOR 指令的这种特性在多字节的累加程序中十分有用，它可以在循环程序开始前的初始化过程中使用。

5) 测试指令 TEST

指令格式：TEST　DST, SRC　　; DST∧SRC

指令功能：对两个操作数进行按位相“与”，并修改标志位，但不回送结果，即指令执行后，两个操作数都不变。

它常用在要检测某些条件是否满足，但又不希望改变原有操作数的情况下。紧跟在这条指令后面的往往是一条条件转移指令，根据测试结果产生分支，转向不同的处理程序。

6) 逻辑运算指令对标志位的影响

由于逻辑运算操作是按位进行的，所以对标志位的影响不同于算术运算操作，对标志位的具体影响见表 3.1。

表 3.1　逻辑运算指令对标志位的影响

指令	OF	CF	SF	PF	ZF	AF
AND	= 0	= 0	0 或 1	0 或 1	0 或 1	无定义
OR	= 0	= 0	0 或 1	0 或 1	0 或 1	无定义
XOR	= 0	= 0	0 或 1	0 或 1	0 或 1	无定义
TEST	= 0	= 0	0 或 1	0 或 1	0 或 1	无定义
NOT	不影响	不影响	不影响	不影响	不影响	不影响

2. 算术逻辑移位指令(Shift Arithmetic and Shift Logical)

算术逻辑移位指令可对寄存器或存储器中的字或字节的各位进行算术移位或逻辑移位，移动的次数由指令中的计数值决定。图 3.12 是移位指令的操作示意图。

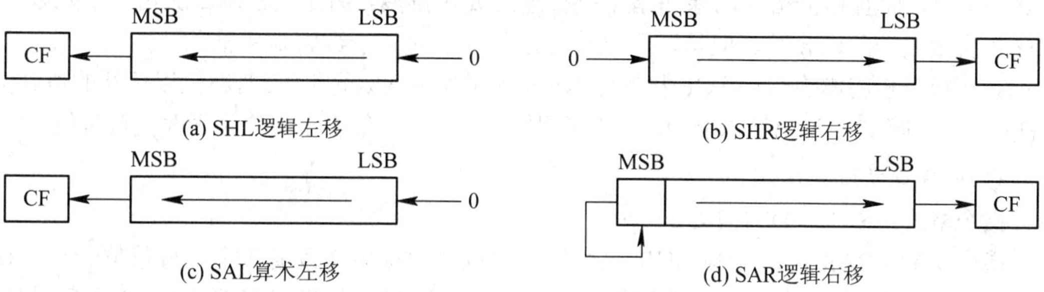

图 3.12　移位指令操作示意图

1) 算术左移指令 SAL

指令格式：SAL　DST,1/CL

2) 逻辑左移指令 SHL

指令格式：SHL　DST,1/CL

以上两条指令的功能完全相同，均将寄存器或存储器中的目的操作数的各位左移。每移一次，将目的操作数顺序向左移，最高有效位 MSB 进入标志位 CF，而最低有效位 LSB 补 0。移动一次，相当于将目的操作数乘 2。指令中的计数值决定所要移位的次数。若只需要移位一次，可直接将指令中的计数值置 1。要是移位次数大于 1，应先将移位次数传送至 CL 寄存器，再将 CL 放在指令的计数值位置上。

在移位次数为 1 的情况下，如果移位后的最高位(符号位)的值被改变，则 OF 标志置 1，否则 OF 清零。但在多次移位的情况下，OF 的值不确定。不论移一次或多次，CF 总是等于目的操作数最后被移出去的那一位的值。SF 和 ZF 将根据指令执行后目的操作数的状态来决定，PF 只有当目的操作数在 AL 中时才有效，AF 的值不确定。例如：

```
SAL   DX, 1                 ;寄存器左移 1 位
SAL   SI, CL                ;寄存器左移(CL)位
SAL   WORD PTR [BX+5], 1    ;存储器左移 1 位
SHL   DATA, CL              ;存储器左移寄存器(CL)中指定的位数
SHL   DI, CL                ;将 DI 内容左移 3 次
```

```
SHL    BYTE PTR [BX], 1        ;将内存单元的字节左移 1 位
```

3) *逻辑右移指令 SHR*

指令格式：SHR　DST, 1/CL

指令功能：对目的操作数 DST 中各位进行右移，每执行一次移位操作，操作数右移 1 位，最高有效位 MSB 补 0，而最低有效位 LSB 进入标志位 CF。右移次数由计数值决定，同 SAL/SHL 指令一样。例如：

```
SHR   AL, 1                    ; 寄存器逻辑右移 1 位
SHR   BX, CL                   ; 寄存器逻辑右移(CL)位
SHR   BYTE PTR [SI+BP], 1      ; 存储器逻辑右移 1 位
SHR   WORD PTR [2000H], CL     ; 存储器逻辑右移(CL)位
```

一个无符号的二进制数逻辑右移 1 位，相当于该数除以 2，因而可以利用右移指令完成除法运算，而且移位指令比除法指令执行速度要快得多。例如，右移 2 次相当于除以 4，右移 3 次相当于除以 8 等。但是，用这种方法做除法时，余数将被丢掉。

SHR 指令也将影响 CF 和 OF 状态标志位。如果移位次数等于 1，且移位以后新的最高位与次高位不相等，则溢出标志位 OF = 1，否则 OF = 0。OF 值表示移位是否改变符号位。

4) *算术右移指令 SAR*

指令格式：SAL　DST, 1/CL

指令功能：SAR 的功能与 SHR 很相似，移位次数也由计数值决定。每移位一次，目的操作数各位右移 1 位，最低有效位 LSB 进入标志位 CF，但最高有效位 MSB(即符号位)保持不变，而不是补 0。每移一次，相当于对带符号数进行除 2 操作。

算术右移指令对状态标志位 CF、OF、PF、SF 和 ZF 有影响，但 AF 的值不确定。

3. 循环移位指令(Rotate)

8086/8088 指令系统有 4 条循环移位指令，即不带进位标志 CF 的循环左移指令 ROL 和循环右移指令 ROR，带进位循环左移指令 RCL 和循环右移指令 RCR。

4 条指令都按指令中计数值规定的移位次数进行循环移位，移位后的结果仍送回目的操作数。循环移位指令的操作数类型与移位指令相同，可以是 8 位或 16 位的寄存器或存储器。指令中指定的左移或右移的循环移位次数可以是 1，也可以由 CL 寄存器的值指定。但不能是 1 以外的常数或 CL 以外的寄存器的值。循环移位指令的操作示意图如图 3.13 所示。

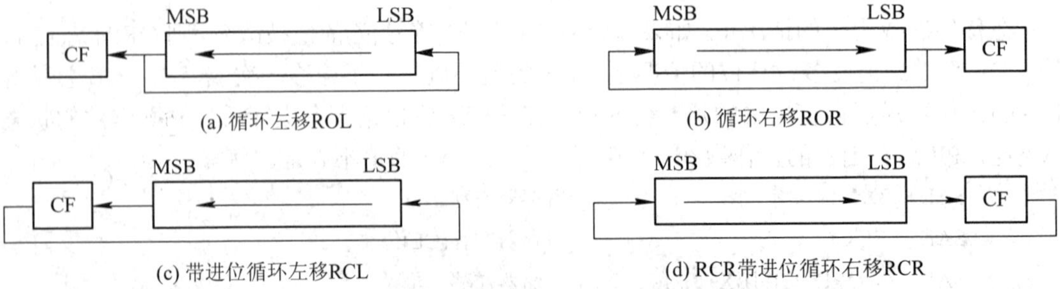

图 3.13　循环移位指令的操作示意图

循环移位指令都只影响进位标志 CF 和溢出标志 OF，但 OF 标志的含义对于循环左移

指令和循环右移指令有所不同。

1) *循环左移指令 ROL*

指令格式：ROL　DST, 1/CL

指令功能：将目的操作数 DST 向左循环移动 1 位或左移由 CL 寄存器指定的位数。最高有效位 MSB 移到进位标志 CF，同时，最高有效位 MSB 移到最低有效位 LSB 形成循环，进位标志 CF 不在循环回路之内。指令的操作如图 3.13(a)所示。

ROL 指令将影响 CF 和 OF 两个状态标志位。如果循环移位次数等于 1，且移位以后目的操作数新的最高位与 CF 不相等，则 OF=1，否则 OF=0。因此，OF 的值表示循环移位前后符号位是否有所变化。如果移位次数不等于1，则 OF 的值不确定。例如：

```
ROL    BH, 1        ;寄存器循环左移 1 位
ROL    DX, CL       ;寄存器循环左移(CL)位
ROL    [DI], 1      ;存储器循环左移 1 位
ROL    HA, CL       ;存储器循环左移(CL)位
```

2) *循环右移指令 ROR*

指令格式：ROR　DST, 1/CL

指令功能：将目的操作数 DST 向右循环移动 1 位或右移由 CL 寄存器指定的位数。最低有效位 LSB 移到进位标志 CF，同时最低有效位 LSB 移到最高有效位 MSB 形成循环，指令的操作如图 3.13(b)所示。

ROR 指令将影响状态标志位 CF 和 OF。如果移位次数等于 1，且移位以后新的最高位与次高位不相等，则溢出标志位 OF=1，否则 OF=0。OF 值表示移位是否改变符号位。

3) *带进位循环左移指令 RCL*

指令格式：RCL　DST, 1/CL

指令功能：将目的操作数连同进位标志 CF 一起向左循环移动 1 位或左移由 CL 寄存器指定的位数。最高有效位 MSB 移入 CF，而 CF 移入最低有效位 LSB。RCL 指令的操作如图 3.13(c)所示。例如：

```
RCL    AL, 1                      ;寄存器带进位标志循环左移 1 位
RCL    BX, CL                     ;寄存器带进位标志循环左移 CL 指定位
RCL    BYTE PTR [SI], 1           ;存储器带进位标志循环左移 1 位
RCL    WORD PTR [DI+BP], CL       ;存储器带进位标志循环左移 CL 指定位
```

RCL 指令对状态标志位的影响与 ROL 指令相同。

4) *带进位循环右移指令 RCR*

指令格式：RCR　DST, 1/CL

指令功能：将目的操作数 DST 连同进位标志 CF 一起向右循环移动 1 位或右移由 CL 寄存器指定的位数。最低有效位 LSB 移到进位标志 CF，同时进位标志 CF 移到最高有效位 MSB，RCR 指令的操作如图 3.13(d)所示。RCR 指令对状态标志位的影响与 ROR 指令相同。例如：

```
RCR    DI, 1                      ;寄存器带进位循环右移 1 位
RCR    SI, CL                     ;寄存器带进位循环右移 CL 指定位
```

```
RCR    BYTE PTR [BX+SI], 1      ;存储器带进位循环右移 1 位
RCR    WORD PTR [BP], CL        ;存储器带进位循环右移 CL 指定位
```

注意循环移位指令与移位指令的不同之处主要在于循环移位之后，操作数中原来各数据位的信息不会丢失，只是移到了操作数中的其他位或进位标志位 CF 上，必要时可以恢复。

3.3.4　字符串处理指令

8086/8088 指令系统中有一组十分有用的串操作指令，这些指令的操作对象不只是单个字节或字，而是内存中地址连续的字符串或数组。8086 提供 5 条 1 字节的字节串操作指令，专门对存储器中的字符串或数组进行传送(MOVS)、比较(CMPS)、检索(SCAS)、存储(STOS)及装入(LODS)等五种操作。

使用字符串操作指令时，有两种方法告诉汇编程序是进行字节操作还是字操作。一种方法是用指令中的源串和目的串名(即操作数)来表明是字节还是字；另一种方法是在指令助记符后加 B 说明是字节操作，加 W 说明是字操作。这样每种指令就都有三种格式。各种字符串操作指令的类型和格式如表 3.2 所示。

表 3.2　字符串操作指令的类型和格式

指令名称	字节/字操作	字节操作	字操作
字符串传送	MOVS　目的串，源串	MOVSB	MOVSW
字符串比较	CMPS　目的串，源串	CMPSB	CMPSW
字符串检索	SCAS　目的串	SCASB	SCASW
字符串装入	LODS　源串	LODSB	LODSW
字符串存储	STOS　目的串	STOSB	STOSW

字符串指令执行时，必须遵守以下的隐含约定。

(1) 源串字符默认在数据段，即段基址在 DS 中，允许段重设；偏移地址用寄存器 SI 指定。目的串默认段为附加段，即段基址在 ES 中，但不允许段重设；偏移地址用寄存器 DI 指定。如果要在同一段内进行串运算，必须使 DS 和 ES 指向同一段。

(2) 每执行一次字符串指令，指针 SI 和 DI 会自动进行修改，以便指向下一个待操作的单元。当 DF=0 时，地址指针自动增量修改，每执行一次串操作，字节串操作时地址指针 SI、DI 分别加 1，字串操作时地址指针 SI 和 DI 分别加 2；当 DF=1 时，地址指针自动减量修改，每执行一次串操作，字节串操作时地址指针 SI、DI 分别减 1，字串操作时地址指针 SI、DI 分别减 2。可用标志操作指令 STD 和 CLD 来改变 DF 的值，STD 使 DF 置 1，CLD 将 DF 清零。

(3) 若在串操作指令前加重复前缀，则可以使串指令重复执行。这时重复操作的次数(字符串的长度)需在串操作前传送到寄存器 CX 中。每重复执行一次，CX 自动递减计数。

(4) 能与串操作指令配合使用的重复前缀如下：

```
REP                    无条件重复
```

REPE/REPZ　　相等/结果为零则重复

REPNE/REPNZ　　不相等/结果非零则重复

无条件重复前缀指令 REP 常与串传送指令(MOVS)连用，连续进行字符串传送操作，直到整个字符串传送完毕，CX=0 为止。重复前缀 REPE 和 REPZ 具有相同的含义，它们常与串比较指令(CMPS)连用，连续进行字符串比较操作。当两个字符串相等(ZF=1)和 CX≠0 时，则重复进行比较，直到 ZF=0 或 CX=0 为止。重复前缀 REPNE 和 REPNZ 也具有相同的意义，它们常与串检索指令(SCAS)连用，当结果非 0(ZF=0)和 CX≠0 时，重复进行扫描，直到 ZF=1 或 CX=0 为止。下面分别介绍这 5 条字符串操作指令。

1. 字符串传送指令 MOVS

指令格式：

MOVS　　目的串，源串

MOVSB

MOVSW

指令功能：将由 SI 作指针的源串中的一个字节或字传送到由 DI 作指针的目的串中，且自动修改指针 SI 和 DI。

实际应用中，经常需要在存储单元之间传送数据。然而，MOV 指令不能直接在存储单元间进行数据传送。如果改用 MOVS 指令，便能很方便地实现这种功能，它不但能将数据从内存的某一地址(源地址)传送到另一个地址(目的地址)，还能自动修改源地址和目的地址。若使用重复前缀，还可以利用一条指令传送一批数据。

2. 字符串比较指令 CMPS

指令格式：

CMPS　　目的串，源串

CMPSB

CMPSW

指令功能：从 SI 作指针的源串中减去由 DI 作指针的目的串数据，相减后的结果反映在标志位上，但不改变两个数据串的原始值。同时，操作后源串和目的串指针会自动修改，指向下一对待比较的串。CMPS 指令对大多数标志位有影响，如 SF、ZF、AF、PF、CF 和 OF。

常用该条指令来比较两个串是否相同，并由加在 CMPS 指令后的一条条件转移指令，根据 CMPS 执行后的标志位值决定程序的转向。如果想在两个字符串中寻找第一个不相等的字符，则应使用重复前缀 REPE 或 REPZ，当遇到第一个不相等的字符时，ZF=0，不再满足重复操作的条件，停止进行比较。同理，如果想要寻找两个字符串中第一个相等的字符，则应使用重复前缀 REPNE 或 REPNZ，但要注意当找到第一个不相等或相等的字符时，地址已被基本操作修改，即源串和目的串的地址指针已经指向下一个字节或字地址，因此应修正地址指针，使其指向所要循环的相等或不相等的字符。

3. 字符串检索指令 SCAS

指令格式：

SCAS　　目的串

SCASB

SCASW

指令功能：从 AL(字节操作)或 AX(字操作)寄存器的内容减去附加段中以 DI 为指针的目的串元素，结果反映在标志位上，但不改变源操作数。同时，操作后目的串指针会自动修改，指向下一个待搜索的串元素。

利用 SCAS 指令，可在内存中搜索所需要的数据，这个被搜索的数据也称为关键字。指令执行前，必须事先将它存在 AL(字节)或 AX(字)中，才能用 SCAS 指令进行搜索。SCAS 指令前也可以加重复前缀。

4. 数据串装入指令 LODS

指令格式：

LODS　　源串

LODSB

LODSW

指令功能：把数据段中以 SI 作为指针的串元素，传送到 AL(字节操作)或 AX(字操作)中，同时修改 SI，使它指向串中的下一个元素，SI 的修改量由方向标志 DF 和源串的类型确定。

为该指令加重复前缀没有意义，因为每重复传送一次数据，累加器中的内容就被改写一次，执行重复传送操作后，只能保留最后写入的那个数据。

5. 数据串存储指令 STOS

指令格式：

STOS　　目的串

STOSB

STOSW

指令功能：将累加器 AL 或 AX 中的一个字节或字，传送到附加段中以 DI 作为目标指针的目的串中，同时修改 DI 以指向串中的下一个单元。

STOS 指令与 REP 重复前缀连用，即执行指令 REP　STOS，它能方便地使用累加器中的一个常数对一个数据串进行初始化，例如初始化为全 0 的串。

3.3.5　控制转移指令

控制转移指令用于控制程序的流程。一般情况下，程序中的指令是按顺序依次执行的，但在实际运行中，程序经常会根据微处理器的状态和一些制约条件，不再按顺序执行，从而实现分支与循环。利用控制转移指令可以改变 CS 和 IP 的值，从而改变程序的执行顺序。

控制转移指令包括无条件转移、条件转移、循环控制、过程调用和返回、中断指令等，其中除了中断指令，其余指令均不影响标志位状态。

1. 无条件转移指令

无条件转移指令就是无条件使程序转移到目标地址去执行的指令。转移有段内转移和段间转移之分。段内转移，又称为近(NEAR)转移，转移指令的目的地址和 IP 指令在同一代码段中，转移时仅改变 IP 寄存器的内容，段地址 CS 的值不变。段间转移，又称为远(FAR)转移，转移指令的目的地址和 JMP 指令不在同一段中，发生转移时，CS 和 IP 的值都要改变，也就是程序要转到另一代码段去执行。根据目标地址的位置与寻址方式的不同，无条件转移指令有五种不同类型和方式：段内直接短转移、段内直接近转移、段内间接转移、段间直接远转移和段间间接转移。

1) 段内直接短转移指令

指令格式：JMP　SHORT　标号

段内直接短转移指令的操作数是一个短标号。此时，相对位移量(DISP)的范围在 –128～+127 之间，只需用 1 个字节表示。段内直接短转移指令共有 2 个字节。

如果向前引用标号(即标号先引用，后定义)，则标号前应写上运算符 SHORT；否则，即使位移量的范围不超过 –128～+127，汇编后仍会生成一个 3 字节的近转移指令。例如：

```
JMP    SHORT   PROG_S          ;段内短转移
```

2) 段内直接近转移指令

指令格式：JMP　NEAR　PTR 标号(或 JMP　标号)

段内直接近转移指令的目的操作数用标号表示，程序转向的有效地址等于当前 IP 寄存器的内容加上 16 位位移量(DISP)。若位移量位是 16 位，表示近转移，说明目的地址与当前 IP 的距离在 –32 768～+32 767 个字节之间；一般情况下，它的范围在 –32 768～+32 767 之间，故需用 2 个字节表示，加上 1 个字节的操作码，这种段内直接转移指令共有 3 个字节。

在汇编指令语句中，目的操作数用符号地址也就是标号表示。对于位移量为 16 位的近转移，则在标号前加说明符 NEAR PTR，该说明符也可以省略不写。例如：

```
JMP    NEAR PTR   PROG_N          ;段内近转移(或写为 JMP   PROG_N )
```

3) 段内间接转移指令

段内间接转移指令的操作是用指定的寄存器或存储器中的内容作为目标的偏移地址取代原来 IP 的内容，以实现程序的转移，由于是段内转移，故 CS 寄存器的内容不变。例如：

```
JMP   BX
```

这是由寄存器间接表示转移的目标地址。设该指令执行前(CS)=2000H，(IP)=1500H，(BX)=4500H，则该指令执行时首先以寄存器 BX 的内容取代 IP 的内容，即(IP)=4500H，然后 CPU 将转移到物理地址=(CS)×10H+(IP)=24500H 单元中去执行后续的指令。

对于用存储器间接寻址的段内转移指令，需要转向的有效地址存放在存储单元中，所以 JMP 指令先要计算出存储单元的物理地址，再从该地址处取一个字传送到 IP。例如：

```
JMP   WORD PTR [DI+20H]
```

设指令执行前，(DS)=3000H，(DI)=0500H，(30520H)=F0H，(30522H)=20H，则该指令执行时首先计算存放有效地址的存储单元的物理地址 = (DS) × 10H + (DI) + 20H = 30520H，然后从该单元读取一个字 20F0H 传送到 IP，即(IP)=20F0H，程序转到代码段内偏移地址为 20F0H 处执行。

4) 段间直接远转移指令

指令中用远标号直接给出了转向的段地址和偏移量，所以只要用指令中的偏移地址取代 IP 寄存器的内容，用指令中指定的段地址取代 CS 寄存器的内容，就可使程序从一个代码段转到另一个代码段去执行。例如：

```
JMP   FAR   PTR   PROG_F ;
```

指令中用说明符“FAR　PTR”说明 PROG_F 为远标号，指令执行的操作为

IP←PROG_F 的段内偏移量

CS←PROG_F 所在段的段地址

设标号 PROG_F 所在段的基地址＝2500H，偏移地址＝1208H；则指令执行后，(IP)＝1208H，(CS)＝2500H，程序转到 2500H:1208H 处执行。

5) 段间间接转移指令

将目的地址的段地址和偏移量事先放在存储器中的 4 个连续地址单元中，其中前两个字节为偏移量，后两个字节为段地址，转移指令中给出存放目标地址的存储单元的首字节地址值。这种指令的目的操作数前要加说明符 DWORD PTR，表示转向地址需取双字。例如：

```
JMP   DWORD   PTR   [BX]
```

设指令执行前，(CS) = 3200H，(IP) = 1500H，(DS) = 1000H，(BX) = 0200H，内存单元(10200H) = 1600H，(10202H) = 6800H。

指令要转向的地址存放在内存中，内存单元的物理地址为 DS：(BX)，即

$$目的操作数地址 = (DS) \times 10 + (BX) = 10000H + 0200H = 10200H$$

从该单元中取出 JMP 指令的转移地址，并赋予 IP 和 CS，即(IP)＝1600H，(CS)＝6800H，所以程序转到 6800H:1600H 处执行。

2. 条件转移指令

条件转移指令是根据上一条指令执行后，CPU 设置的状态标志作为判别测试条件来决定是否转移。所有的条件转移均为段内短转移，也就是说，转移指令与目的地址必须在同一代码段中。目的地址由当前 IP 值与指令中给出的 8 位相对位移量相加而成，它与转移指令之后的那条指令间的距离允许为 –128～+127 字节。8 位偏移量是用符号扩展法扩展到 16 位后才与 IP 相加的。

绝大多数条件转移指令(除 JCXZ 指令外)将状态标志位的状态作为测试的条件。因此，首先应执行影响有关的状态标志位的指令，然后才能用条件转移指令测试这些标志，以确定程序是否转移。CMP 和 TEST 指令常与条件转移指令配合使用，因为这两条指令不改变目的操作数的内容，但可影响状态标志寄存器。在指令中，目的地址均用标号表示，因此指令的格式为

```
JCC   标号
```

条件转移指令共有 18 条，可以分成以下两大类：

(1) 直接标志转移指令：这类转移指令在指令助记符中直接给出标志状态的测试条件，它们以 CF、ZF、SF、OF 和 PF 等 5 个标志的 10 种状态作为判断的条件，共形成 10 条指令。有些指令有两种不同的助记符，如“结果为 0”和“相等则转移”，都用 ZF=1 作为测

试条件，可用助记符 JZ 或 JE 表示。将这类情况记作 JZ/JE，表示这两个助记符代表同样的指令。表 3.3 列出了所有的直接标志转移指令。

表 3.3　直接标志转移指令

指令助记符	条 件 说 明	测试标志
JE/JZ	相等/结果为零	ZF = 1
JNE/JNZ	不相等/结果不为零	ZF = 0
JS	结果为负	SF = 1
JNS	结果为正	SF = 0
JP/JPE	结果低 8 位中 1 的个数为偶数	PF = 1
JNP/JPO	结果低 8 位中 1 的个数为奇数	PF = 0
JO	结果溢出	OF = 1
JNO	结果无溢出	OF = 0
JC	结果有进位	CF = 1
JNC	结果无进位	CF = 0

例 3-3　求 AL 和 BL 寄存器中的两数之和，若有进位，则 AH 置 1，否则 AH 清零。

解　可用如下程序段来实现该操作：

```
ADD     AL, BL                ; 两数相加
JC      NEXT                  ; 若有进位，转 NEXT
MOV     AH, 0                 ; 无进位，AH 清零
JMP     EXIT                  ; 往下执行
NEXT:   MOV     AH, 1         ; 有进位，AL 置 1
          EXIT:  ...              ; 程序继续进行
```

(2) 间接标志转移指令：这类转移指令的助记符中不直接给出标志状态位的测试条件，但仍以某一个标志的状态或几个标志的状态组合作为测试的条件，若条件成立则转移，否则顺序往下执行。间接标志转移指令共有 8 条，见表 3.4。

表 3.4　间接标志转移指令

指令助记符	条 件 说 明	测试标志	备　注
JB/JNAE/JC	结果低于/不高于也不等于(无符号)	CF = 1	无符号数比较
JNB/JAE/JNC	结果不低于/大于或等于(无符号)	CF = 0	
JBE/JNA	结果低于或等于/不高于(无符号)	$CF \vee ZF = 1$	
JNBE/JA	结果不低于也不等于/高于(无符号)	$CF \vee ZF = 0$	
JL/JNGE	小于/不大于也不等于(带符号)	$SF \vee OF = 1$	有符号数比较
JNL/JGE	不小于/大于或等于(带符号)	$SF \vee OF = 0$	
JLE/JNG	小于或等于/不大于(带符号)	$(SF \vee OF) \vee ZF = 1$	
JNLE/JG	不小于也不等于/大于(带符号)	$(SF \vee OF) \vee ZF = 0$	
JCXZ	CX 寄存器为 0	(CX) = 0	

在无符号数比较测试指令中，指令助记符中的 A 是英文 Above 的缩写，表示高于之意，B 是英文 Below 的缩写，表示低于之意。

这些指令通常放在比较指令 CMP 之后，通过测试状态位来比较两个数的大小。对两个无符号数进行比较后，一定要用无符号数比较测试指令决定程序走向；对带符号数进行比较后，则要用带符号数比较测试指令决定程序走向。使用时要严格加以区分，否则会得到错误的结果。

例 3-4　在以 ARRAY 为首地址的数据区中存放 50 个 16 位无符号数，试将其中最大数和最小数找出来，分别存入 MAX 和 MIN 单元。

解　为了寻找最大数和最小数，可选数据区中的第一个数作为标准，分别存入 MAX 和 MIN 单元，然后将数据表中的其他数据逐个与 MAX 和 MIN 中的数进行比较，凡大于 MAX 者，取代原来的 MAX 的内容，凡小于 MIN 者，取代原来的 MIN 的内容，最后即可得到数据区中的最大数和最小数。编程如下：

```
        LEA   SI, ARRAY          ; SI←数据区首地址
        MOV   CX, 50             ; CX←50
        CLD                      ; 清状态标志位 DF
        LODSW                    ; 取一个数据到 AX
        MOV   MAX, AX            ; MAX←AX
        MOV   MIN, AX            ; MIN←AX
        DEC   CX                 ; CX 减 1
NEXT:   LODSW                    ; 取一个数据到 AX
        CMP   AX, MAX            ; AX 与 MAX 比较
        JA    LOP1               ; 大于，转 LOP1
        CMP   AX, MIN            ; AX 与 MIN 比较
        JB    LOP2               ; 小于，转 LOP2
        JMP   NEXT1
LOP1:   MOV   MAX, AX            ; 将大数存放于 MAX
        JMP   NEXT1
LOP2:   MOV   MIN, AX            ; 将大数存放于 MIN
NEXT1:  DEC   CX
        JNZ   NEXT               ; CX 不为零，则转 NEXT
        HLT                      ; 停止
```

对于无符号数进行比较的转移指令比较容易理解，对于带符号数进行比较的情况较复杂，不能仅根据 SF 或 OF 标志来决定两个数的大小，而要将它们组合起来考虑。在指令助记符中，G(Great than)表示大于，L(Less than)表示小于。这几条指令为比较带符号数的大小提供了很大的方便。

3. 循环控制指令

循环控制指令是一组增强型的条件转移指令，用来控制一些程序段反复执行，形成循环程序。8086 中有 3 条循环控制指令，它们都隐含使用 CX 寄存器作为循环次数计数器，

从而控制循环重复过程。

1) 循环指令 LOOP

指令格式：LOOP　短标号

指令功能：这条指令用于控制重复执行一系列指令。指令执行前必须将重复次数放在 CX 寄存器中，每执行一次 LOOP 指令，CX 自动减 1。如果减 1 后 CX≠0，则转移到指令所给定的标号处继续循环；若自动减 1 后 CX=0，则结束循环，转去执行 LOOP 指令之后的那条指令。指令的操作只能是一个短标号，即跳转距离不超过 -128～+127 的范围。LOOP 指令对状态标志位没有影响。

2) 结果相等或结果为零时循环 LOOPE/LOOPZ

指令格式：LOOPE　标号

或　　　　LOOPZ　标号

指令功能：LOOPE 是相等时循环，LOOPZ 是结果为零时循环，这是两条具有相同功能而具有不同助记符的指令，它们用于控制重复执行一组指令。指令执行前，应将重复次数发送到 CX 中，每执行一次指令，CX 自动减 1，若减 1 后 CX≠0 且 ZF=1，则转到指令所指定的标号处重复执行；若减 1 后 CX=0 或 ZF=0，则退出循环，转去执行 LOOPZ/LOOPE 之后的那条指令。同样，LOOPE 指令的跳转距离不超过 -128～+127 的范围。

LOOPE/LOOPZ 指令其实是有条件地形成循环，即当规定的循环次数尚未完成且必须满足相等或等于零的条件时，才能继续循环。

3) 不相等或结果不为零循环 LOOPNE/LOOPNZ

指令格式：LOOPNE　标号

或　　　　LOOPNZ　标号

指令功能：LOOPNE 是不相等时循环，LOOPNZ 是结果不为零循环，它们是一对功能相同但形式不一样的指令。指令执行前，应将重复次数发送至 CX 中，每执行一次指令，CX 自动减 1，若减 1 后 CX≠0 且 ZF=0，则转移到标号所指定的地方重复执行；若减 1 后 CX=0 或 ZF=1，则退出循环，顺序执行下一条指令。

LOOPNE/LOOPNZ 指令也是有条件地形成循环，即当规定的循环次数尚未完成且必须满足不相等或不等于零的条件时，才能继续循环。

4. 过程调用和返回指令

如果有一些程序段需要在不同的地方多次反复地出现，则可以将这些程序段设计成为过程(Procedure)，习惯上也称作子程序(Subroutine)，每次需要时用 CALL 语句调用。过程以语句 PROC 开头，用语句 ENDP 结束。在 ENDP 之前要放一条过程返回指令 RET，它与 CALL 指令相呼应，使过程执行后，能正确返回主程序中且紧跟在 CALL 指令后面的那条指令继续运行。

1) 过程调用指令 CALL

指令格式：CALL　过程名

过程调用有近过程调用和远过程调用两种类型。近过程调用指调用指令 CALL 和被调用的过程在同一代码段中，远过程调用则是指两者不在同一代码段中。

入口地址由 CALL 指令的目的操作数提供，寻找入口地址的方法与 JMP 指令的寻址方法基本相同，也有四种方式：段内直接调用、段内间接调用、段间直接调用和段间间接调用指令，但没有段内短调用指令。

下面举例说明 CALL 指令的四种寻址方式。

(1) 段内直接调用指令。

指令格式：CALL NEAR PTR 过程名(或 CALL 过程名)

指令功能：指令的操作数是一个近过程，指令通过汇编，可以得到其下一条指令与被调用过程的入口地址之间的相对位移量 disp，相对位移量为 16 位的带符号数，其取值范围为 -32768～+32767。指令的操作是先将 IP 压入堆栈，然后将 IP 加上相对位移量 disp，使控制转移到被调用的过程，即

SP←(SP) -2，((SP)+1：(SP)) ←(IP)

IP←(IP)+disp

(2) 段内间接调用指令。

指令格式：CALL WORD PTR SRC

指令功能：指令将 IP 寄存器的内容压入堆栈，然后将寄存器或存储器的内容传送给 IP，指令中的操作数为 16 位的寄存器或存储器，其中的内容是一个近过程的入口地址。指令的操作如下：

SP←(SP) -2,((SP)+1：(SP)) ←(IP)

IP←(SRC)

(3) 段间直接调用指令。

指令格式：CALL FAR PTR 过程名

指令功能：指令先将 CS 中的内容(段地址)压入堆栈，并将远过程所在段的基地址传送至 CS 寄存器；再将 IP 中的内容(偏移地址)压入堆栈，然后将远过程的偏移地址传送至 IP，从而使控制转移到被调用的远过程。指令中的操作数是一个远过程。指令的操作如下：

SP←(SP) -2,((SP)+1：(SP)) ←(CS)

CS←过程的段基址

SP←(SP) -2,((SP)+1：(SP)) ←(IP)

IP←过程的偏移基址

(4) 段间间接调用指令。

指令格式：CALL SRC

指令功能：指令先将 CS 中的内容压入堆栈，并将 4 字节存储器操作数的高 16 位传送至 CS 寄存器；再将 IP 中的内容压入堆栈，然后将 4 字节存储器操作数的低 16 位传送至 IP，实现控制向位于其他代码段的远过程转移。指令中用 DWORD PTR 说明是对存储单元进行双字操作。指令的操作如下：

SP←(SP)-2,((SP)+1：(SP))←(CS)

CS←(SRC)

SP←(SP)-2,((SP)+1：(SP))←(IP)

IP←(SRC+2)

这类调用指令的操作数必须是存储单元，从该单元开始存放的双字表示过程的入口地址，其中前两个字节是偏移量，后两个字节为代码段基地址。

2) 过程返回指令 RET

过程的最后一条可执行指令必须是返回指令，用以返回调用过程的断点处，即从堆栈中弹出由 CALL 指令压入的断点地址，传送至 IP 和 CS 寄存器中，从而在断点处继续执行程序。执行返回指令对标志位的状态无影响。

过程返回指令有以下两种：

(1) 段内返回指令。

指令格式：

```
RET
RET    n
```

指令功能：当从近过程返回时，指令将堆栈顶部两个单元的内容弹出到 IP 寄存器，即 IP←((SP)+1：(SP))，SP←(SP)+2。RET 指令允许带有一个弹出值 n，弹出值为 0～65535 的立即数。在执行指令时，除了从堆栈弹出断点地址外，还要舍弃由 n 指定的若干字节的内容，即用 n 修改堆栈指针 SP 的值，其操作如下：

IP←((SP)+1：(SP))，SP←(SP)+2；SP←(SP)+n

带弹出值返回指令主要用于调用程序通过堆栈向过程传递参数的情况，指令执行时，可以将调用前压入堆栈的一些参数删除。由于堆栈操作是字操作，因此弹出值 n 总是偶数。

(2) 段间返回指令。

指令格式：

```
RET
RET    n
```

指令功能：当从远过程返回时，指令先将堆栈顶部两个单元的内容弹出到 IP 寄存器，然后接着弹出两个单元的内容到 CS 寄存器，即

IP←((SP)+1：(SP)),SP←(SP)+2

CS←((SP)+1：(SP)),SP←(SP)+2

同样，从远过程返回时，RET 指令也允许带有一个弹出值 n，指令的操作如下：

IP←((SP)+1：(SP)),SP←(SP)+2

CS←((SP)+1：(SP)),SP←(SP)+2

SP←(SP)+n

使用 RET 指令应注意，RET 指令的类型是隐含的，自动与过程定义时的类型相匹配。

5. 中断指令

计算机在执行正常程序的过程中，由于某些事件的发生，需要暂时中止当前程序的运行，转到中断服务程序去为临时发生的事件服务，中断服务程序执行完毕，又返回正常程序继续运行，这个过程称为中断。

CPU 每响应一次中断，先要将 CS 和 IP 寄存器的值即断点送到堆栈保护起来，还要将标志寄存器的值入栈保护，以便在执行中断服务程序后，能正确恢复 CPU 的状态；然后找到中断服务程序的入口地址，转到相应的中断服务程序。中断服务程序结束时，通过执行中断返回指令 IRET，从堆栈中恢复中断前 CPU 的状态和断点，返回正常程序继续执行。涉及中断及中断返回的指令有 3 条。

1) 软件中断指令 INT

指令格式：INT　N

指令功能：该指令启动中断类型号 N 规定的中断过程。首先将标志寄存器 FLAGS 压入堆栈；其次清除标志位 TF 和 IF，以禁止追踪方式来屏蔽外部中断；然后将代码段寄存器 CS 的内容压入堆栈，再用中断类型号 N×4 计算中断向量的地址，将中断向量的第二个字(高地址的两个字节)传送至 CS 寄存器；最后将指令指针寄存器 IP 的内容压入堆栈，并将中断向量的第一个字(低地址的两个字节)传送至 IP 寄存器，于是控制就转移到中断服务程序。

指令操作如下：

SP←(SP) − 2, ((SP) + 1：(SP)) ←(FLAGS)

TF←0, IF←0

SP←(SP) − 2, ((SP) + 1：(SP))←(CS)

CS←(N × 4 + 2)

SP←(SP) − 2, ((SP) + 1：(SP))←(IP)

IP←(N × 4)

指令中的操作数为中断类型号，其取值范围为 0～255。INT　N 指令除了将 TF 和 IF 清零外，对其他标志位没有影响。

2) 溢出中断指令 INTO

指令格式：INTO

指令功能：当带符号数进行算术运算时，如果溢出标志 OF 置 1，则可由溢出中断指令 INTO 产生类型为 4 的中断；若 OF 清零，则 INTO 指令不产生中断，CPU 继续执行后续程序。

为此，在带符号数进行加减法运算之后，必须安排一条 INTO 指令，一旦溢出就能及时向 CPU 提出中断请求，CPU 响应后可作出相应的处理，如显示出错信息、使运算结果无效等。如果程序中不加 INTO 指令，即使运算后产生了溢出错误，也不会向 CPU 发出中断请求，从而导致错误的运算结果。

3) 中断返回指令 IRET

指令格式：IRET

指令功能：中断返回指令 IRET 总是被安排在中断服务程序的出口处。指令执行时，首先从堆栈中依次弹出程序断点，传送到 IP 和 CS 寄存器中，接着弹出标志寄存器的内容，送回标志寄存器，然后按 CS:IP 的值使 CPU 返回断点，继续执行原来被中断的程序。

3.3.6 处理器控制指令

1. 标志操作指令

除了有些指令执行后会影响标志外，8086 还提供了一组标志操作指令，它们可直接对 CF、DF 和 IF 标志位进行设置或清除等操作，指令格式及功能如表 3.5 所示。指令执行后不影响其他标志，只影响本指令指定的标志。

表 3.5　标志位操作指令格式及功能

指令名称	指令格式	指令功能
清进位	CLC	进位标志 CF 清 0，即 CF←0
置进位	STC	进位标志 CF 置 1，即 CF←1
进位取反	CMC	进位标志 CF 取反，即 CF←/CF
关中断	CLI	中断允许标志 IF 清 0，即 IF←0
开中断	STI	中断允许标志 IF 置 1，即 IF←1
清方向标志	CLD	方向标志 DF 清 0，即 DF←0
置方向标志	STD	方向标志 DF 置 1，即 DF←1

2. 外部同步指令

8086 CPU 具有多处理机的特征，为了充分发挥硬件的功能，设置了 3 条使 CPU 与其他协处理器同步工作的指令，以便共享系统资源。这几条指令执行后均不影响标志位。

1) 交权指令 ESC

指令格式：ESC　外部操作码，源操作数

指令功能：交权指令用来实现 8086 对 8087 协处理器的控制。

由于 8086 和 8087 的系统总线是互连的，所以两个处理器一直共同监视从存储器中取出的每一条指令。8087 只处理与自己有关的 ESC 指令，而不理睬 8086 的其他指令，8086 也只处理属于它自己的指令。一旦取到一条 ESC 指令，8087 的忙碌(BUSY)引脚就变成高电平，并将它传送到与之相连的 8086 的 TEST 引脚上，8087 协处理器便可以开始工作。

2) 等待指令 WAIT

指令格式：WAIT

指令功能：WAIT 指令使 CPU 处于等待状态，不进行任何操作，一个被允许的外部中断或 TEST 信号有效，可以使 CPU 退出等待状态。

如果 TEST 引脚上为低电平有效信号，则 CPU 结束等待状态，开始执行后续指令。WAIT 指令的用途是使 CPU 本身与外部硬件同步。

3) 封锁总线指令 LOCK

指令格式：LOCK

指令功能：LOCK 指令是一个特殊的可以放在任何指令前面的单字节前缀。该指令可以使 8086 CPU 的总线锁定信号 LOCK 维持低电平(有效)，直到执行完下一条指令。在总线锁定期间，禁止其他处理器对总线访问。这在多处理器系统中是管理共享资源的有效手段。

3. 停机指令和空操作指令

1) 停机指令 HLT

指令格式：HLT

指令功能：执行 HLT 指令后，CPU 进入暂停状态。外部中断(当 IF=1)时的可屏蔽中断请求 INTR、非屏蔽中断请求 NMI 或复位信号 RESET 可使 CPU 退出暂停状态。HLT 指令对状态标志位没有影响。

2) 空操作指令 NOP

指令格式：NOP

指令功能：执行 NOP 指令时不进行任何操作，但占用 3 个时钟周期，然后继续执行下一条指令。NOP 指令对状态标志位没有影响，指令没有操作数。

3.4　80x86 和 Pentium CPU 扩充及增加的指令

3.4.1　32 位的寻址方式

Intel 80x86 系列的微处理器 32 位 CPU 相对于 16 位 CPU 寻址方式的主要区别有以下几点。

(1) 32 位寻址方式的操作数可以是 8 位、16 位或 32 位，包括 32 位的立即数。例如：

```
MOV  EAX, 12345678H    ; 源操作数为 32 位立即数
MOV  EAX, EBX          ; 两个寄存器均为 32 位
MOV  EAX, [2000H]      ; 因为 EAX 为 32 位，从 DS:[2000H]处取 4 字节
```

(2) 在使用寄存器间接寻址、寄存器相对寻址或相对的基址变址寻址时，既可以用 16 位的寄存器，又可以使用 32 位的寄存器。例如：

```
MOV  AX, [BX]
MOV  DX, [EBX]
MOV  EAX, [EBX+80H]
MOV  EAX, [EBX+ESI+0400H]
```

(3) 80386 的所有 32 位通用寄存器都可以作为偏移地址参加寻址，而在 8086/8088、80286 中的 AX、DX、CX 寄存器不能用来存放存储器操作数的偏移地址。例如：

```
MOV  AX, [ECX]         ; 正确
MOV  BX, [EAX]         ; 正确
MOV  BX, [AX]          ; 在 16 位下错误
```

(4) 80386 的所有 32 位通用寄存器都可以作为基地址寄存器使用，除了 ESP 寄存器以外都可以作为变址寄存器使用。

(5) 32 位变址寄存器的值可以乘上一个比例常数(如 1、2、4 或 8)，这种变址方式对于访问数组等数据结构特别有效。例如：

```
MOV  EAX, [ESI*2]
MOV  EAX, [EBX+ESI*8]
MOV  EAX, [EBX+ESI*4+0400H]
```

由此可见，16 位存储器操作数的寻址方式的组成公式为

16 位有效地址 = 基址寄存器(BX/BP) + 变址寄存器(SI/DI) + 8/16 位的偏移量

其中，基址寄存器只能是 BX 或 BP，变址寄存器只能是 SI 或 DI。

32 位存储器操作数的寻址方式的组成公式为

32 位有效地址 = 基址寄存器 + (变址寄存器 × 比例) + 8/32 位的偏移量

其中：基址寄存器为任何 8 个 32 位通用寄存器之一；变址寄存器为除 ESP 之外的任何 32 位通用寄存器之一；比例可以是 1、2、4 或 8，代表操作数的长度是 1 字节、2 字节、4 字节或 8 字节；偏移量可以是 8 位或 32 位的值。

3.4.2　数据传送指令

1. 通用传送类指令

1) 基本传送指令

(1) 在 80386～Pentium 指令系统中，扩充了 MOV 指令功能，允许其传送双字。例如：

```
MOV     EAX, EBX
MOV     EBX, DATA
```

(2) 在 80386～Pentium PRO 指令系统中，增加了两条传送指令：MOVSX 和 MOVZX 指令。

MOVSX：将源操作数进行符号扩展后再传送。

MOVZX：将源操作数进行零扩展后再传送。

所谓对一个数进行符号扩展，是指将其符号位填写到扩展的高位部分。例如，将 8 位数 92H 符号扩展成 16 位数，结果为 FF92H，因为 92H 的符号位为 1，将其填写到 16 位数的高 8 位中，即得 FF92H。MOVSX 指令常用于将 8 位带符号数转换成 16 位带符号数，或将 16 位带符号数转换成 32 位带符号数。

所谓对一个数进行零扩展，是指将 0 填写到扩展的高位部分。例如：将 8 位数 92H 零扩展成 16 位数，结果为 0092H。零扩展指令 MOVZX 常用于将一个 8 位符号数转换成 16 位无符号数，或将 16 位无符号数转换成 32 位无符号数。

例如：

```
MOVSX    CX, BL            ; 将 BL 中的内容带符号扩展为 16 位传送给 CX
MOVZX    DX, DATA          ; 将 DATA 单元中字节内容零扩展为 16 位传送给 DX
MOVZX    EDX, DATA2        ; 将 DATA2 单元中的字内容零扩展成 32 位传送给 EDX
```

(3) CMOV 指令组。在 Pentium PRO 中新增了带条件传送的 CMOV 指令，多种形式 CMOV 指令如表 3.6 所示。

表 3.6　带条件传送的 CMOV 指令

指令助记符	测试条件	操　作
CMOVB	CF = 1	低于则传送
CMOVBE	CF = 1 或 ZF = 1	低于或等于则传送
CMOVA	CF = 0 且 ZF = 0	高于则传送
CMOVAE	CF = 0	高于或等于则传送
CMOVL	SF = 1	小于则传送
CMOVLE	SF = 1 或 ZF = 1	小于或等于则传送
CMOVG	SF = 0 且 ZF = 0	大于则传送

续表

指令助记符	测试条件	操　　作
CMOVGE	SF = 0	大于或等于则传送
CMOVE 或 CMOVZ	ZF = 1	等于或 ZF = 1 则传送
CMOV 或 CMOVNZ	ZF = 0	不等于或 ZF = 0 则传送
CMOVS	SF = 1	结果为负则传送
CMOVNS	SF = 0	结果为正则传送
CMOVC	CF = 1	结果有进位则传送
CMOVNC	CF = 0	结果无进位则传送
CMOVO	OF = 0	结果溢出则传送
CMOVNO	OF = 0	结果无溢出则传送
CMOVP	PF = 1	结果中 1 的个数为偶数则传送
CMOVNP	PF = 0	结果中 1 的个数为奇数则传送

2) 入栈指令及出栈指令

8086～80286 指令系统中的 PUSH 指令及 POP 指令总是以字为单位将数据压入或弹出堆栈，而 80386 及更高档微处理器中的 PUSH 和 POP 指令允许以双字为单位压栈或出栈。另外，PUSH 还允许操作数的寻址方式为立即寻址方式。

80286～Pentinm PRO 指令系统增加了 PUSHA(PUSHALL)入栈指令和 POPA (POPALL)出栈指令。PUSHA 的功能是将 8 个 16 位寄存器 AX、CX、DX、BX、SP、BP、SI 和 DI 依次顺序压入堆栈中，其中被压入堆栈的 SP 值为其在 PUSHA 指令执行前的值。POPA 指令的执行过程与 PUSHA 正好相反，它是将从堆栈移出的 16 个字节数据按下列顺序放入相应的寄存器中：DI、SI、BP、SP、BX、DX、CX 和 AX，这样可使数据返回到原寄存器中。

80386～Pentium PRO 中增加了 PUSHAD 和 POPAD 两条堆栈指令。PUSHAD 指令的功能是将 8 个 32 位寄存器(指 EAX、ECX、EDX、EBX、ESP、EBP、ESI 和 EDI)依次顺序压入堆栈。POPAD 指令的执行过程与 PUSHAD 正好相反，它是将从堆栈移出的 32 个字节数据按下列顺序放入相应的寄存器中：EDI、ESI、EBP、ESP、EBX、EDX、ECX、EAX，这样可将 8 个 32 位寄存器的内容恢复。

3) 交换指令

在 80386～Pentium PRO 中，XCHG 指令允许交换双字数据。例如：

```
XCHG  AX, EBX          ; 将 EAX 寄存器的内容与 EBX 寄存器的内容互换
```

在 80486～Pentium PRO 中，增加了 BSWAP 指令，其功能是将 32 位寄存器中的第一个字节与第四个字节互换，第二个字节与第三个字节互换。本条指令常用于将数据高低位颠倒。

2. 累加器专用传送指令

在比 8086/8088 微处理器更高档的微处理器指令系统中增加了 INS 和 OUTS 两条指令。

(1) 输入类指令：INS 指令(Input String——串输入)可完成将一个字节、一个字或一个双字数据从 I/O 端口传送到附加段由 DI 寻址到的存储单元中。I/O 端口地址包含在 DX 寄存器中，因此 INS 指令源操作数、目的操作数的寻址方式都是隐含寻址方式。本条指令实现了将一个数据从 I/O 设备直接输入内存的目的。INS 指令在具体应用时有三种形式：

INSB：传送字节数据，即将 8 位数据从 I/O 设备读入附加段 DI 寻址到的字节单元。

INSW：传送字数据，即将 16 位数据从 I/O 设备读入附加段 DI 寻址到的字单元。

INSD：传送双字数据，即将 32 位数据从 I/O 设备读入附加段 DI 寻址到的双字单元。

这些指令都可使用 REP 前缀，从而实现了从 I/O 设备输入数据块并存入存储器的目的。

正确执行该程序段的前提条件是假设 I/O 设备的数据在任何时刻都是准备好的。

(2) 输出类指令：OUTS(Output String——串输出)指令可完成将一个字节、一个字或一个双字数据从数据段 SI 寻址到的存储器单元输出到 I/O 端口。I/O 端口地址放在 DX 寄存器中。OUTS 指令跟 INS 指令一样，具体使用时有三种形式：OUTSB、OUTSW、OUTSD，其功能定义与 INS 指令类似。OUTSB 表示输出字节数据，OUTSW 表示输出字数据，OUTSD 表示输出双字数据。

3. 地址传送指令

在 80386～Pentium PRO 指令系统中，扩充了取操作数的 32 位偏移地址送 32 位寄存器以及取 32 位存储单元数据送 32 位寄存器的指令。例如：

```
LEA   EAX, ARRAY      ; 实现将 ARRAY 变量的 32 位偏移地址送入 EAX 寄存器
LDS   EDI, ARRAY      ; 实现将 ARRAY 单元开始的 48 位数据分送 EDI 寄存器及 DS 寄存
                      ; 器。其中 EDI 寄存器送入 32 位，DS 寄存器送入 16 位
LES   EBP，ARRAY      ; 实现将 ARRAY 单元开始的 48 位数据送 EBP 及 ES 寄存器。其中
                      ; EBP 寄存器送入 32 位，ES 寄存器送入 16 位
```

80386～Pentium PRO 中增加了 LFS、LGS、LSS 三条指令，它们分别实现取存储单元的 32 位/48 位数据分别传送到指定寄存器及 FS、GS、SS 寄存器，汇编格式如下：

```
LFS/LGS/LSS    16/32 位寄存名，存储器寻址方式
```

3.4.3　算术运算指令

算术运算指令有加法指令、减法指令、乘法指令、除法指令和符号扩展指令。

1. 加法指令

80386～Pentium PRO 中扩充了允许 32 位的操作数参加加法运算指令。例如：

```
ADC    ECX, [EBX]      ; 32 位的操作数加法运算
```

80486～Pentium PRO 中增加了一条交换并相加指令 XADD，该指令的功能是将源操作数加目的操作数，和存入目的操作数地址中，同时将目的操作数的原始数据复制到源操作数的地址中。XADD 指令与 ADD 指令一样，也可用各种长度的操作数。

2. 减法指令

在 80386～Pentium PRO 中扩充了允许 32 位数作为减法指令的操作数参与运算。

例如：

```
SUB   ECX, ARRAY          ; (ECX)←(ECX)-ARRAR 单元中的双字
SBB   EAX, [EBX+ECX]      ; (EAX)←EAX-CF-由 EBX+ECX 寻址到的双字数据
```

另外，在 80486～Pentium PRO 中，增加了比较并交换指令 CMPXCHG。CMPXCHG 指令的功能是将目的操作数与累加器的内容进行比较，若相等，则将源操作数传送到目的操作数地址中，若不相等，则将目的操作数传送到累加器中。该指令允许使用 8 位、16 位、32 位数据。Pentium、Pentium PRO 中增加了 8 字节比较并交换指令 CMPXCHG8B，此指令的功能是比较两个 8 字节数据。其指令汇编格式如下：

CMPXCHG8B　　存储器寻址方式

执行的操作：将存在 EDX-EAX 中的 64 位数与寻址到的存储器单元中的 64 位数比较，若相等，则将 ECX-EBX 中的数传送到寻址到的存储器单元中，若不相等，则将寻址到的存储器单元中的数传送到 EDX-EAX 中。ZF 标志位受比较结果的影响。

3. 乘法指令

80386～Pentium PRO 中允许两个 32 位数相乘，可以是带符号数乘法(IMUL)或无符号数乘法(MUL)，功能是将 EAX 内容乘以指令中规定的操作数，将 64 位结果值送入 EDX-EAX。例如：

```
IMUL  ECX           ; (EDX-EAX)←(EAX)×(ECX)
MUL   DWORD PTR[EBX]
```

80386～Pentium PRO 增加了一条 16 位立即乘法指令。这条立即乘法指令是带符号的乘法指令，指令格式包含 3 个操作数，第一个操作数是 16 位目的寄存器，用来存放乘积；第二个操作数为一个 16 位的寄存器或存储单元，作为被乘数；第三个操作数是一个 8 位或 16 位的立即数，作为乘数。这条指令的汇编格式如下：

IMUL　16 位寄存器名，16 位寄存器名或 16 位存储器寻址方式，8 位或 16 位立即数

其执行的操作：若立即数为 8 位，则进行符号扩展至 16 位；第一操作数的地址←第二操作数×立即数。

4. 除法指令

与乘法指令一样，除法指令的操作数可以是 8 位、16 位数据。在 80386～Pentium PRO 中，还可以是 32 位数，即可执行 32 位带符号或无符号的除法，其功能是用 EDX-EAX 中的 64 位数除以指令中规定的 32 位数，并将 32 位的商存入 EAX，将 32 位的余数存入 EDX。

5. 符号扩展指令

在编程时，经常会遇到 32 位数除以 32 位数的情况，这就需要将 EAX 扩展。若进行有符号除法运算，则 EAX 进行零扩展；若进行无符号除法运算，则 EAX 用 CDQ 进行符号扩展。CDQ 指令用于将 EAX 内容扩展到 EDX-EAX 中，形成 64 位带符号数。

3.4.4　逻辑运算和移位指令

1. 逻辑运算类指令

80386～Pentium PRO 中允许 32 位的操作数参加逻辑运算，新增了 4 条位测试指令 BT、

BTC、BTR、BTS。

1) BT 指令

汇编格式：BT　目的操作数，立即数

执行的操作：测试目的操作数中由源操作数指定的位，并将测试结果存入 CF 标志位中。

2) BTC 指令

汇编格式：BTC　目的操作数, 立即数

执行的操作：测试目的操作数中由源操作数指定的位，将测试结果存入 CF 标志位中，同时求反被测试位。

3) BTR 指令

BTR 指令与 BTC 指令类似，只是将被测试位复位。

4) BTS 指令

BTS 指令与 BTC 指令类似，只是将被测试位置位。

2. 移位指令

80386～Pentium PRO 允许移位指令的操作数为双字数据。

80386～Pentium PRO 增加了两条双精度移位指令 SHLD(左移)和 SHRD(右移)，这两条指令都包含 3 个操作数，现介绍如下：

1) SHLD 指令——汇编格式

格式 1：SHLD　16/32 位寄存器操作数，16/32 位寄存器操作数，立即数/CL

格式 2：SHLD　16/32 位寄存器操作数，16/32 位存储器操作数，立即数/CL

格式 3：SHLD　16/32 位存储器操作数，16/32 位寄存器操作数，立即数/CL

执行的操作：将第一个操作数及第二个操作数分别左移指定位数，并将第二个操作数左移出的位依次移入第一个操作数的低位部分，第二个操作数内容保持不变。

2) SHRD 指令

SHRD 指令汇编格式与 SHLD 相同。

执行的操作：将第一、第二个操作数右移指定的位数，并将第二个操作数移出的位依次移入第一个操作数的高位部分，第二个操作数内容保持不变。

3. 位扫描指令

在 80386～Pentium PRO 中还增加了两条位扫描指令：BSF(Bit Scan Forward，向前位扫描)和 BSR(Bit Scan Reverse，向后位扫描)，以查找所遇到的第一个值为 1 的位。

3.4.5　串操作指令

80386～Pentium PRO 扩充了 SCAS 指令，允许使用 SCASD 指令，即 EAX 与附加数据段由 DI 寻址的一双字数据进行比较；扩充了 MOVS 指令，允许使用 MOVSD 指令；扩充了 LODS 指令，允许使用 LODSD 指令；扩充了 STOS 指令，允许使用 STOSD 指令；扩充了 CMPS 指令，允许使用 CMPSD 指令。

3.4.6　控制转移指令

1. 无条件转移和条件转移指令

(1) 无条件转移指令。在 80386～Pentium PRO 的保护方式下，段内近转移指令的位移量由原来的 16 位扩大到 32 位，因此转移范围由原来的±32 KB 扩大到±2 GB。指令的机器码长度也相应地增加了 2 个字节。在 80386～Pentium PRO 的保护方式下，段间转移即远转移允许转移到整个 4 GB 地址空间中的任何存储单元。

(2) 条件转移指令。在 8086～80286 中，条件转移指令为短转移指令；在 80386～Pentium PRO 中，条件转移指令既可以是短转移指令，也可以是近转移指令。

2. 循环控制指令

在 80386～Pentium PRO 的保护方式下，LOOP 指令使用 ECX 寄存器计数，在 8086～80286 中及 80386～Pentium PRO 的实方式下，LOOP 指令使用 CX 寄存器计数。这两种情况可用 LOOPW 和 LOOPD 加以区分，LOOPW 用 CX，LOOPD 用 ECX。同理，LOOPEW、LOOPED、LOOPNEW 及 LOOPNED 指令都是用 ECX 寄存器作计数器。

3. 子程序调用和返回指令

(1) 子程序调用指令。与无条件转移指令一样，在 80386～Pentium PRO 的保护方式下，段内调用即近调用指令的范围由原来的±32 KB 扩大到±2 GB，指令的机器码也相应地增加了 2 个字节。段间调用即远调用指令的范围是整个 4 GB 地址空间。

(2) 返回指令。与子程序调用指令相对应，在 80386～Pentium PRO 的保护方式下，近调用对应的返回指令从堆栈弹出 4 个字节传送到 EIP。远调用对应的返回指令从堆栈弹出 6 个字节，分别传送到 EIP 及 CS 寄存器。

4. 中断及中断返回指令

在 80386～Pentium PRO 的保护方式下，所求中断描述符位于 0 段的偏移量为中断类型号乘 8 的存储单元中。保护断点时，将 CS 及 EIP 寄存器内容压栈。另外，在 80386～Pentium PRO 的保护方式下，中断返回指令应使用 IRETD 指令。该指令与 IRET 指令不同之处在于它从堆栈中弹出一个 32 位即 4 字节的指令指针值传送到 EIP 寄存器。

3.4.7　处理器控制指令

1. WAIT 指令

WAIT 指令在 8086/8088 中用于测试 $\overline{\text{TEST}}$ 引脚的电平信号，在 80286 和 80386 中，将 $\overline{\text{TEST}}$ 引脚名称改为 $\overline{\text{BUSY}}$。在 80486～Pentium PRO 中，取消了 $\overline{\text{BUSY}}$ 引脚，原因在于：在实际应用中，常常将 $\overline{\text{BUSY}}$ 引脚与协处理器相连，等待协处理器完成一个任务，以达到 CPU 与协处理器同步的目的。

2. BOUND 指令

在 80386 以上的微处理器中，新增了一条 BOUND 指令。

汇编格式：BOUND　16 位/32 位寄存器名，存储器寻址方式执行的操作：16 位/32 位寄存器的内容与寻址到的存储器中的两个字/双字进行比较，两个字/双字作为比较的上限和下限。若比较后，寄存器的内容不在上下界限内，则产生 5 号中断；若在上下界限内，则继续执行程序中的下一条指令。

3. ENTER 和 LEAVE 指令

在 80386～Pentium PRO 中，增加了 ENTER 和 LEAVE 两条指令。这两条指令与栈帧有关，ENTER 是创建栈帧，LEAVE 是释放栈帧。栈帧是一块堆栈分配给过程来传递参数的内存区域。在多用户环境中，栈帧为各过程提供了动态存储区。下面介绍这两条指令。

1) ENTER 指令

汇编格式：ENTER 常数，常数

说明：第一个常数指定栈帧大小，以字节数表示；第二个常数指定创建的栈帧级别。

2) LEAVE 指令

汇编格式：LEAVE

执行的操作：通过将 SP 和 BP 恢复原值来释放栈帧。

小 结

本章介绍了 8086 的指令系统和寻址方式，以及 80x86 和 Pentium CPU 扩充及增加的指令。指令中寻找操作数的方式称为寻址方式，操作数可能存放在机器中的四个地方，即指令代码、CPU 内部寄存器、存储器或 I/O 端口中，相应的寻址方式有立即寻址、寄存器寻址、寄存器相对寻址、存储器寻址，其中存储器寻址根据操作数有效地址形成的方式不同又可分为直接寻址、寄存器间接寻址、基址变址寻址和相对基址变址寻址四种。指令系统是计算机所能执行的全部指令的集合，指令的基本格式包括助记符、目的操作数和源操作数。8086 的指令按功能可以分为六类：数据传送指令、算术运算指令、逻辑运算和移位指令、字符串处理指令、控制转移指令和处理器控制指令。数据传送指令是应用最频繁、寻址方式最多的一类指令，其中应特别注意堆栈操作指令的使用。算术运算指令可以处理四种类型的数，即无符号二进制数、带符号二进制数、无符号的压缩十进制数和无符号的非压缩十进制数。除了压缩十进制数只有加减法操作外，其余三种都可以进行加、减、乘、除法运算。逻辑运算和移位指令可以对 8 位或 16 位的寄存器或存储单元中的内容按位进行逻辑运算或移位操作，应注意掌握逻辑运算和移位指令的常规用途。字符串处理指令在每次基本操作后，能够自动修改地址，为下一次操作做准备，还可以加上重复前缀，使指令规定的操作重复进行，直到完成预定的循环次数，因此字符串处理指令可以省去程序中的循环操作，大大简化了程序结构。控制转移指令用于控制程序的流程，当程序要实现分支与循环时，控制转移指令应通过改变 CS 和 IP 的值来改变程序执行顺序，应注意掌握过程调用和中断指令及二者之间的区别。处理器控制指令可完成对 CPU 的简单控制，除了标志位操作指令之外，其余指令对标志位均不产生任何影响。80286 和 80386 在保证向上兼容的基础上，对 8086 指令系统进行了功能扩充，并分别增加了新的指令。

习　题

3-1　何谓寻址方式？8086/8088 系统有哪几种寻址方式？

3-2　分别说明下列指令的源操作数和目的操作数各采用什么寻址方式。

(1) MOV　DS, AX

(2) MOV　CX, 2100H

(3) MOV　BX, [1200H]

(4) MOV　5[BX], AL

(5) MOV　[SI+1200H], BX

(6) MOV　AH, '$'

(7) MOV　DX, 4[BX+SI]

(8) MOV　[BP+DI], CX

3-3　已知(DS)=2000H，(BX)=0200H，(SI)=02H，内存 20200H～20205H 单元的内容分别为 35H、2AH、47H、8AH、59H、6BH。在下列每条指令执行完后，AX 寄存器的内容各是什么？

(1) MOV　AX, 0200H

(2) MOV　AX, [200H]

(3) MOV　AX, BX

(4) MOV　AX, 3[BX]

(5) MOV　AX, [BX+SI]

(6) MOV　AX, 2[BX+SI]

3-4　设(DS)=1000H，(ES)=3000H，(SS)=2500H，(SI)=00A0H，(DI)=0030H，(BX)=0010H，(BP)=0200H，数据段中变量名为 VAL 的偏移地址值为 0040H，下列源操作数字段的寻址方式是什么？物理地址值是多少？

(1) MOV　AX, [100H]

(2) MOV　AX, VAL

(3) MOV　AX, [BX]

(4) MOV　AX, ES:[BX]

(5) MOV　AX, VAL[BX+DI]

(6) MOV　AX, [BX+10H]

(7) MOV　AX, [BP]

(8) MOV　AX, VAL[BP+SI]

3-5　说明下列指令错误的原因。

(1) MOV　DX, AL

(2) MOV　3200H, AX

(3) MOV　DS, 1000H

(4) MOV　[BX], [1200H]

(5) MOV　CX, [BX+BP]
(6) MOV　AL, OFFSET　TABLE
(7) POP　AL
(8) XCHG　AL, 50H
(9) IN　BL, 05H
(10) OUT　0FFEH, AL

3-6　有 AL＝9FH，BL＝45H，指出下列指令执行后标志 OF、SF、ZF、PF、CF 的状态。

(1) SUB　BL, AL
(2) NEG　BL
(3) CMP　BL, AL
(4) ADD　BL, AL
(5) INC　BL
(6) AND　BL, AL
(7) OR　BL, AL
(8) XOR　BL, AL
(9) SAR　AL, 1
(10) SHL　AL, 1

3-7　说明下列指令完成的功能。

(1) ADD　AL, DH
(2) ADC　BX, CX
(3) SUB　AX, 2710H
(4) DEC　BX
(5) NEG　CX
(6) INC　BL
(7) AND　AH, CL
(8) OR　BL, 30H
(9) NOT　AX
(10) XOR　CX, 0F0F0H
(11) TEST　DH, 0FH
(12) CMP　CX, 0200H
(13) SHR　DX, CL
(14) SAR　AL, 1
(15) RCL　BX, 1
(16) ROR　DX, CL

3-8　分别说明下列各组指令中两条指令的区别。

(1) LEA　SI, VAL
　　MOV　SI, OFFSET　VAL
(2) SUB　DX, AX
　　CMP　DX, AX

(3) AND　AX, 01H
　TEST　AX, 01H

(4) INC　SI
　DEC　SI

3-9　试根据以下要求，分别写出相应的指令或指令序列。

(1) 将 C028H 传送给 AX 寄存器。

(2) 将 BX 寄存器清零。

(3) 将 BX 寄存器和 SI 寄存器内容相加，结果存入 BX 寄存器中。

(4) 将 AX 寄存器中的内容减去 0210H，结果存入 AX 中。

(5) 将 AL 寄存器的内容乘 2。

(6) 使 AX 中的有符号数除以 2。

(7) 将寄存器 AL 中的高、低 4 位交换。

(8) 置 DX 寄存器的高 4 位为 1，其余位不变。

(9) 置 AL 寄存器的低 4 位为 0，其余位不变。

(10) 将 CL 寄存器的高 4 位变反，其余位不变。

3-10　要求用 XLAT 指令实现将十六进制数 0～F 转换成相应的 ASCII 码，求十六进制数 A 对应的 ASCII 码并存到 CL 中，试写出相应的程序段。

3-11　为什么用增量指令或减量指令设计程序时，不能用进位标志 CF 作为判断依据？

3-12　已知当前(SS)=1080H，(SP)=0100H，(AX)=2460H，(BX)=3768H，试用示意图表示执行下列指令过程中，堆栈中的内容和堆栈指针 SP 是怎样变化的。

```
PUSH    AX
PUSH    BX
POP     AX
POP     BX
```

3-13　分析下列程序段执行后的结果。

(1)
```
MOV     CL, 4
MOV     AX, 0306H
SHL     AL, CL
SHR     AX, CL
```

执行结果：AX=____________________。

(2)
```
MOV     BX, -1
AND     BX, 0FFFH
OR      BX, 0F0FH
XOR     BX, 00FFH
```

执行结果：BX=____________________。

(3)
```
MOV     AX, 50
MOV     CX, 5
LOP:SUB AX, CX
LOOP    LOP
```

```
    HLT
```

执行结果：AX=____________________。

```
(4) MOV     AL, 89
    XOR     AH, AH
    MOV     BL, 16
    DIV     BL
```

(5) 执行结果：AX=____________________。

```
    MOV     AX, 1245H
    MOV     BX, 5689H
    ADD     AL, BL
    DAA
    MOV     CL, AL
    MOV     AL, AH
    ADC     AL, BH
    DAA
    MOV     CH,AL
    MOV     AX,CX
```

执行结果：AX=____________________。

3-14　执行软件中断指令时，堆栈的内容有什么变化？如何得到中断处理程序的入口地址？

3-15　简述中断返回指令 IRET 与过程返回指令 RET 的区别。

3-16　要求将数据段中以 SOUR 为偏移地址的 100 字数据，传送到附加段中以 DEST 开始的单元中，写出相应程序。

3-17　在以 DATA1 为首地址的数据区中存放 100 个 16 位有符号数，试将其中的最大数和最小数找出来，并分别存入 MAX 和 MIN 单元，写出相应程。

第 4 章 汇编语言程序设计

汇编语言(Assembly Language)是一种面向 CPU 指令系统的程序设计语言，它采用指令系统的助记符来表示操作码和操作数，用符号地址表示操作数地址，易记、易读、易修改，给编程带来很大方便。用汇编语言编写的程序能够直接利用硬件系统的特性，直接对位、字节、字寄存器、存储单元、I/O 接口等进行处理，同时也能直接使用 CPU 指令系统和指令系统提供的各种寻址方式编制出高质量的程序，这种程序不但占用内存空间少，而且执行速度快。用汇编语言编写的源程序在输入计算机后，需要将其翻译成目标程序，计算机才能执行相应指令，这个翻译过程称为汇编，完成汇编任务的程序称为汇编程序。8086 系统中常用的汇编程序是标准汇编程序(ASM)和宏汇编程序(MASM)，因此除了指令系统外，还要了解 MASM 中的标号、表达式、伪指令，按 MASM 中规定的格式编写源程序，才能正确汇编成可执行程序。

4.1 概 述

4.1.1 机器语言和汇编语言

1. 机器语言

机器语言是用二进制代码表示的计算机能直接识别和执行的一种机器指令。要使计算机按人的要求工作，就必须使机器懂得人的意图，接收人向它发出的命令和信息，这样便要解决语言问题，而机器不能识别人类的语言，它只能识别 0 和 1 两种状态。在计算机发展初期，人要和计算机联系，就要编出由 0 和 1 组成的数字代码，这种计算机能接收的代码称为机器指令。机器语言具有灵活、可直接执行和运行速度快等特点。

用机器语言编写程序，编程人员首先要熟记所用计算机的全部指令代码和代码的含义。编写程序时，程序员要处理每条指令和每一个数据的存储分配和输入/输出，还要记住编程过程中每一步所使用的工作单元处在何种状态。这是一件十分烦琐的工作，编写程序花费的时间往往是实际运行时间的几十倍甚至几百倍。而且，编出的程序全是些 0 和 1 的指令代码，直观性差，还容易出错，因而现在，除了计算机生产厂家的专业人员外，绝大多数的程序员已经不再学习机器语言了。

2. 汇编语言

用与指令代码实际含义相近的英文缩写词、字母和数字等符号来取代指令代码(如用 ADD 表示运算符号“+”的机器代码)，就产生了汇编语言(Assembly Language)。汇编语言是直接面向处理器的程序设计语言。在用汇编语言编程时，允许编程人员直接使用存储器、寄存器、I/O 接口，对位、字节、字、寄存器、存储单元和 I/O 接口进行处理，同时也能直接使用 CPU 的指令系统和各种寻址方式，所以，汇编语言源程序比高级语言源程序生成的目标代码要精练，占内存少，执行速度快。但用汇编语言编写和调试程序的周期较长，程序设计的技巧性强，程序员既要熟悉计算机的硬件结构，又要熟悉计算机的指令系统，才能编写出高质量的汇编语言程序。由于汇编语言的这些特点，它主要用于系统软件、实时控制软件、I/O 接口驱动等程序的设计中。

利用汇编语言编写的程序称为源程序，指令系统中的每条指令都是构成源程序的基本语句。汇编语言中由于使用了助记符号，用汇编语言编写的程序输入计算机，计算机不能直接识别和执行，必须通过预先输入计算机的汇编程序来加工和翻译，才能变成能够被计算机识别和处理的二进制代码程序。

支持 PC 系列微机的汇编程序有 ASM、MASM、TASM 等多种，现在广泛使用的 MASM 是美国 Microsoft 公司开发的宏汇编程序，它不仅包含了 ASM 的功能，还增加了宏指令等高级宏汇编语言功能，使得采用汇编语言进行程序设计更为方便灵活。

4.1.2　汇编语言程序的分段结构

8086 系统中常用的汇编程序是 MASM6.X 版本，因此除了指令系统外，还要了解 MASM 中的标号、表达式、伪指令，必须按 MASM 中规定的格式来编写源程序，才能正确汇编成可执行程序。下面先看一个完整的汇编语言程序的实例，以便对汇编语言程序的整体结构和格式有一个基本的了解。

例 4-1　在屏幕上显示字符串“This is a sample program.”。

程序如下：

```
        DATA    SEGMENT                          ; 定义数据段
        MESSAGE   DB   'This is a sample program. '
                    DB   0DH, 0AH, '$'
        DATA      ENDS
        STACK     SEGMENT   STACK   'STACK'      ; 定义堆栈段
        STAPN     DB   100   DUP(?)              ; 定义堆栈段的 100 个字节连续存储区
        TOP       EQU   LENGTH   STAPN           ; 定义符号 TOP，其值为堆栈区的长度
        STACK     ENDS
        CODE      SEGMENT                        ; 定义代码段
        ASSUME    CS:CODE, DS:DATA, SS:STACK
START:  MOV       AX, STACK                      ; 送堆栈段地址
        MOV       SS, AX
        MOV       SP, TOP                        ; 堆栈区指针赋值
        MOV       AX, DATA                       ; 送数据段段地址
        MOV       DS, AX
        MOV       AH, 9                          ;9 号功能调用，显示字符串
```

```
        MOV   DX, OFFSET  MESSAGE
        INT   21H
        MOV   AH, 4CH                 ; 程序结束，返回 DOS
        INT   21H
CODE    ENDS
END     START
```

从上面的例子可以看到，一个完整的汇编程序，其编写格式要包括以下几部分：段定义、段分配、设置段地址、返回 DOS 语句及程序结束。

(l) 段定义：用汇编语言编写的源程序是分段的，要定义代码段、数据段、堆栈段，每段由段定义伪指令 SEGMENT 开始，ENDS 结束，并赋予段名区分不同段。

(2) 段分配：在代码段的开始位置需要使用段分配伪指令 ASSUME 来指定各段寄存器与逻辑段的关系。

(3) 设置段地址：若程序已经分别定义了数据段、堆栈段和附加段，主程序的开始要设置这些段的地址。代码段的地址不能人为设置，需由计算机分配。

(4) 返回 DOS 语句：程序执行完毕要返回 DOS 操作系统，在程序结束前使用 DOS 功能调用指令，例如：

```
MOV   AH, 4CH
INT   21H
```

(5) 程序结束：全部源程序用 END 语句结尾，END 后面可以加上程序执行起始的名称 START，汇编程序遇见 END 语句就结束。

4.2　汇编语言的语句格式

4.2.1　指令性语句和伪指令性语句

1. 指令性语句

指令性语句是由指令组成的，与机器指令相对应，汇编程序可将其翻译成目标代码(机器指令代码)。

语句格式：　[标号:] 指令助记符 [操作数, 操作数]　　[; 注释]

其中：[ ]表示可选部分。

标号表示本指令语句的符号地址，标号后面必须紧跟冒号，标号可使用的字符为字母(A～Z，a～z)、数字(0～9)或某些特殊字符(@、_、?)等。第一个字符必须为字母或某些特殊字符，最大有效字符长度为 1 个字符。标号可以省略，它经常作为转移指令的一个操作数，用以表示转移的地址。

指令助记符是该语句的指令名称的代表符号，它指出指令的操作类型，汇编程序将其翻译成机器指令。它是语句中的关键字，因此不可省略。

操作数表示参加本指令运算的数据，根据指令要求可以有一个或多个操作数，有的指令不需要操作数，多个操作数之间用逗号隔开，操作数与指令助记符之间用空格隔开。操作数可以是常数、变量、标号、寄存器名或表达式。

注释用来说明一条指令或一段程序的功能，它可以省略。注释前必须加上分号，汇编程序对；后面的内容不汇编，加注释使程序容易读懂。

2. 伪指令语句

伪指令语句没有对应的机器指令，汇编程序汇编源程序时对伪指令进行处理，它可完成数据定义、存储区分配、段定义、段分配、指示程序结束等功能。

语句格式：[名字] 伪指令指示符 [操作数, 操作数] [; 注释]

其中：[ ]表示可选部分。

名字是给伪指令取的名称，它用符号地址表示，名字后不允许带冒号，名字可以省略。伪指令中的名字通常是变量名、段名、过程名、符号名等。

伪指令指示符是汇编程序 MASM 规定的符号，常用的有变量定义语句(DB，DW)、符号定义语句(EQU，=)、段定义语句(SEGMENT)、段分配语句(ASSUME)、结构定义语句(STURC…ENDS)、过程定义语句(PROC…ENDP)等类型，后面将详细说明。

操作数是由伪指令具体要求的，有的伪指令不允许带操作数，有的伪指令要求带多个操作数，多个操作数之间必须用逗号分开。操作数可以是常数、变量、字符串、表达式等。

注释的功能和使用与指令性语句相同。

4.2.2 汇编语言数据

汇编语言中使用的操作数，可以是常数、寄存器、存储器、变量、标号或表达式，其中常数、变量和标号是三种基本数据项。

1. 常数

汇编语言中的数值常数可以是二进制、八进制、十进制或十六进制数，是确定的数据，但没有属性。用二进制表示时，以字母 B 结尾，例如 1011 0001B。用八进制表示时，以字母 Q 或 O 结尾，例如 1703Q、23760。用十进制表示时，以字母 D 结尾或省略，也可用科学表示法，例如 1234D、5678、3.1415E-2。用十六进制表示时，以字母 H 结尾，对于十六进制数，当以 A～F 开头时，前面必须加 0，以避免和名字混淆，例如 68H、0E5F6H。

字符串常数是由单引号括起来的若干个字符形成的，在计算机中存储的是相应字符的 ASCII 码。例如：'hello'、'ABC'、'37*15$@'等。

用符号名来代替的常数就是符号常数。如 COUNT EQU 3 或 COUNT=3 定义后，COUNT 就是一个符号常数，与数值常数 3 等价。

2. 变量

变量通常是存放在数据段、附加数据段或堆栈段中定义，后面不跟冒号，在程序运行中是可以修改的。所有的变量都具有以下三种属性：

(1) 段值(SEGMENT)：变量所在段的段基址。

(2) 段内偏移地址(OFFSET)：变量地址与所在段首地址之间的地址偏移字节数。在当前段内给出变量的偏移值等于当前地址计数器的值，当前地址计数器的值可以用$来表示。

(3) 类型(TYPE)：变量的类型属性指变量中每个元素所包含的字节数，类型有字节变量(BYTE)、字变量(WORD)及双字变量(DWORD)等。

3. 标号

标号是可执行指令语句的地址的符号表示，它可作为转移指令的目标操作数，以确定程序转向的目标地址。此外，它还可以作为子程序名定义，由于子程序由伪指令定义，故子程序名不需冒号说明。标号经常在转移指令或 CALL 指令的操作数字段出现，用以表示转向地址。它具有以下三种属性：

(1) 段值(SEGMENT)：标号所在段的段基址。

(2) 段内偏移地址(OFFSET)：标号地址与所在段的段首地址之间的偏移地址字节数。

(3) 类型(TYPE)：标号的类型属性指在转移指令中标号可转移的距离，也称距离属性。类型 NEAR，表示此标号为近标号，只能实现本代码段内转移或调用；类型 FAR，表示此标号为远标号，可以作为其他代码段中的目标地址，实现段间转移或调用。若标号后面紧跟冒号，表示隐含此标号距离属性为 NEAR，也可用伪指令将此属性改为 FAR。

4.2.3　运算符与表达式

汇编语言中的表达式由运算对象及运算符组成，在汇编时由汇编程序对它进行相应的运算，运算结果作为一个语句中的操作数去使用。运算对象可以是常数、变量或标号，运算结果是一个有确定值的常量，可以是普通的常数，也可以是一个存储器的地址。

MASM 中使用了六类运算符：算术运算符(Arithmetic Operators)、逻辑运算符(Logical Operators)、关系运算符(Relational Operators)、数值返回运算符(Value-Returning Operators)、修改属性运算符(Modifing Attribute Operators)和其他运算符(Other Operators)。

1. 算术运算符

算术运算符包括+(加)、−(减)、*(乘)、/(除)、MOD(取模)、SHL(左移)、SHR(右移)。其中，+、−、*、/ 是常用的运算符，参与运算的对象和结果均为整数。MOD 运算符只取除法运算的余数部分。SHL 和 SHR 运算符对二进制数左移或右移若干位，相当于对二进制数进行乘法或除法运算。若对地址运算，通常是在标号上加/减某一个数字量，对地址乘是没有意义的。例如：

```
DAT     EQU     300H+2000H
        MOV     AX, DAT-500H
        MOV     BX, DAT   MOD   100H
        MOV     CX, 20*6
        MOV     DH, 01010100B   SHR   2
```

汇编后，计算表达式形成指令如下：

```
DAT     EQU     2300H
        MOV     AX, 1E00H
        MOV     BX, 0
        MOV     CX, 0078H
        MOV     DH, 15H
```

2. 逻辑运算符

逻辑运算符包括 AND(与)、OR(或)、NOT(非)、XOR(异或)，逻辑运算符只适用于按位运算的常数，得到的结果也是常数。例如：

```
MOV    BL, 99H   AND   0FH
MOV    DL, 99H   OR    0FH
MOV    CH, 99H   XOR   0FH
MOV    AL, NOT   0FH
```

汇编后，计算表达式形成指令如下：

```
MOV    BL, 09H
MOV    DL, 9FH
MOV    CH, 96H
MOV    AL, 0F0H
```

逻辑运算符与 8086 指令系统中的指令助记符 AND、OR、NOT、XOR 符号完全相同，但二者是不会混淆的。

3. 关系运算符

关系运算符包括 EQ(相等)、NE(不等)、LT(小于)、GT(大于)、LE(小于或等于)、GE(大于或等于)。关系运算符的两个操作数必须是数据，或是同一段内的两个存储单元的地址。进行关系运算的比较操作后，结果是一个数值，若结果为真，输出全是 1，即 FFH 或 FFFFH；若结果为假，输出全是 0。关系运算符一般与逻辑运算符组合起来使用。例如：

```
MOV    AL, 38H GT 100
MOV    BX, 9 EQ 1001B
MOV    CX, ((PORT LT 100) AND 200) OR ((PORT GE 100) AND 300)
```

汇编后，计算表达式形成指令如下：

```
MOV    AL, 0
MOV    BX, 0FFFFH
MOV    CX, 200                  ; 当 PORT <100 时
```

4. 数值返回运算符

数值返回运算符也经常称作分析运算符(Analytic Operators)。

数值返回运算符包括 OFFSET、SEG、TYPE、LENGTH、SIZE，它们加在变量或标号前，返回运算对象的某个参数值，例如偏移地址值、段地址值、类型属性、变量包含的单元数等。

1) 取段内偏移地址

格式：OFFSET　变量名或标号

功能：取变量或标号所在段的段内偏移地址，为程序设计中常用的运算符。

例如：若 VAR 为数据段中一个变量名，汇编程序将变量 VAR 的偏移地址传送到 SI 中，那么指令：

```
MOV    SI, OFFSET   VAR
```

相当于指令：

```
LEA    SI, VAR
```

2) 取段基址

格式：SEG　变量名或标号

功能：取变量或标号所在段的段基址。

例如：若 DATA 是从存储器的 1800H 地址开始的一个数据段的段名，VAR 是其中的一个变量，则

```
MOV    AX, SEG   VAR
```

上述指令将把 VAR 所在段的段基址 1800H 作为立即数传送到 AX，汇编后生成“MOV AX，1800H(因为段地址是由连接程序分配的)”，执行程序时，AX 的内容变成 1800H。

3) 求变量或标号的类型值

格式：TYPE　变量名或标号

功能：返回变量类型属性，若 TYPE 加在标号前，则返回标号距离属性。如果是变量，则汇编程序将回送该变量以字节数表示的类型，DB 为 1，DW 为 2，DD 为 4，DQ 为 8，DT 为 10；如果是标号，则汇编程序将回送代表该标号类型的数值，NEAR 为 –1，FAR 为–2。例如：

```
    K1   DB    11H, 22H
    K2   DW    5193H
    K3   DD    ?
L1: MOV   AL, TYPE  K1
    MOV   BL, TYPE  K2
    ADD   AH, TYPE  K3
    MOV   DL, TYPE  L1
```

汇编时形成指令：

```
MOV    AL, 1
MOV    BL, 2
ADD    AH, 4
MOV    DL, 0FFH
```

4) 求变量的单元数

格式：LENGTH　变量名

功能：返回变量所占的存储单元数量。当变量中使用 DUP 时，LENGTH 返回此变量所占的存储单元数，对其他变量则返回 1。例如：

```
M1   DB     10  DUP(?)
M2   DW     50  DUP(?)
M3   DW     1, 2, 3
M4   DB     'ABCD'
MOV   BL, LENGTH  M1
MOV   CX, LENGTH  M2
MOV   AL, LENGTH  M3
MOV   DH, LENGTH  M4
```

汇编时形成指令：

```
MOV    BL, 10          ; 返回此变量包含 10 个字单元
MOV    CX, 50
MOV    AL, 1
MOV    DH, 1
```

5) 求变量所占存储器的字节数

格式：SIZE　变量名

功能：返回该变量包含的总字节数，数值上等于变量的 LENGTH 和 TYPE 的乘积。

例如：

```
VAR1   DB   20   DUP(0)
VAR2   DW   50   DUP(?)
VAR3   DW   1, 2, 3
MOV    CX, SIZE   VAR1
MOV    BL, SIZE   VAR2
MOV    AL, SIZE   VAR3
```

汇编时形成指令：

```
MOV    CX, 20          ; 返回此变量包含 20 个字节单元
MOV    BL, 100
MOV    AL, 2
```

5. 修改属性运算符

修改属性运算符也经常称作综合运算符(Synthetic Operators)。

修改属性运算符有段操作符、PTR、THIS、HIGH、LOW、SHORT，可以在程序运行过程中，通过修改属性运算符来修改变量或标号的属性，包括段属性、偏移地址属性、类型属性等。

1) 段操作符

格式：段前缀：变量或地址表达式

功能：段前缀有段寄存器 CS、DS、ES、SS，后跟冒号，用来表示某个变量或地址被修改到哪个段寄存器提供的段基址中。例如：

```
MOV    CX, ES:[BP]          ; 段超越到 ES 段
```

或

```
ES: MOV    CX, [BP]
```

2) PTR

格式：类型/距离　PTR 变量或标号

功能：是将 PTR 左边的类型属性赋给右边的变量或标号。PTR 本身并不分配存储单元，仅给已分配的存储单元赋予新的属性，以保证运算时操作数类型的匹配，常与类型 BYTE、WORD、NEAR、FAR 等连用。例如：

```
N1     DB        27H, 52H
```

```
        N2   DW        1122H, 3344H
LOP:    MOV  AX, WORD PTR N1    ; 使N1类型转换成字与AX类型匹配
        MOV  BL, BYTE PTR N2    ; 使N2类型转换成字节与BL类型匹配
```

也可用 PTR 来改变距离属性，例如：

```
JMP  FAR  PTR  LOP
```

在 JMP 语句中将标号 LOP 改为 FAR，使 JMP 指令安排在其他代码段中也可以使用，以实现段间转移。

3) THIS

格式：变量/标号　EQU　THIS　类型/距离

功能：将 EQU THIS 右边的类型/距离属性，赋给左边的变量/标号，该变量或标号的段地址和偏移地址与下一个存储单元的地址相同。例如：

```
FIRST   EQU  THIS  BYTE
TABLE   DW   200   DUP(?)
```

FIRST 的偏移地址值与 TABLE 的偏移地址值相同，区别在于 FIRST 变量为字节类型，TABLE 为字类型。例如：

```
BB      EQU  THIS  FAR
MOV     AX, 100
```

此时“MOV　AX, 100”前有标号 BB，并赋予 FAR 属性，允许其他段的 JMP 指令跳到本段 BB 标号地址上。

4) SHORT

格式：SHORT　标号

功能：用来说明转移类指令中转向地址的属性，指出转向的目标地址与本指令之间的距离在 −128～+127 之间，即限制在短转移范围内。例如：

```
L1:   JMP  SHORT  L2
        ⋮
L2:   MOV     AX, 0
```

5) HIGH 和 LOW

格式：HIGH/LOW　变量或标号

功能：HIGH 和 LOW 称为字节分离运算符，对一个数或地址表达式，HIGH 从中分离出高位字节，LOW 分离出低位字节。例如：

```
K1      EQU  0FC2BH
K2      EQU  1258H
MOV     AH, HIGH  K1
MOV     BL, LOW   K2
```

汇编时形成指令：

```
MOV     AH, 0FCH
MOV     BL, 58H
```

6. 其他运算符

其他运算符有( )、[]、<　>、·、MASK 和 WIDTH 六种。

(1) 圆括号( )：用来改变运算符的优先级别，( )中的运算符具有最高优先权。

(2) 方括号[ ]：主要用来表示地址表达式或多重变量的下标值。例如：

```
M1     DB   10H, 20H, 30H, 40H
M2     DW   1234H, 5678H, 9ABCH
M3     DW   5  DUP(?)
MOV    DX, OFFSET  M1      ; 变量 M1 的偏移地址→BX
MOV    CL, [BX]            ; M1 变量中第一个单元的值 10H→CL
MOV    BX, OFFSET  M2      ; 变量 M2 的偏移地址→BX
MOV    DX, [BX+2]          ; 将 M2 变量中第三个单元的值 5678H→DX
MOV    AL, M1[3]           ; M1 变量中第三个元素 40H→AL
MOV    CX, M2[0]           ; M2 变量中第 0 个元素 1234H→CX
MOV    M3[1], CX           ; 1234H→M3 的第一个单元
```

(3) 尖括号< >及圆点·。运算符< >在结构中专用，表示结构中的变量在预置结构副本时是否修改，修改成什么数值。运算符·在结构中专用，表示结构副本名与变量名连接在一起，作为预置的结构副本中的各个变量。运算符< >和运算符·的具体说明在结构中解释。

(4) MASK 和 WIDTH：MASK 和 WIDTH 运算符在记录中专用。WIDTH 为记录名/字段名，运算后返回数值表示指定记录或字段的位的长度。MASK 为字段名，返回数值为 8 位/1 位二进制数，对应指定字段的各位置 1，其他位置 0。

7. 优先级

若表达式是常数、变量、标号和运算符的组合，在计算表达式值时，应按优先级高低进行，同时遵循同级运算符从左到右的原则。圆括号( )可改变优先级次序，表 4.1 给出了运算符的优先级次序，其中优先级 1 为最高级，优先级 10 为最低级。实际上表达式的值由汇编程序计算，编写程序时要正确掌握次序，以免程序出错。

表 4.1　运算符优先级次序

优先级	运 算 符
1	LENGTH，SIZE，WIDTH，MASK,( )，[ ]，< >，·
2	PTR，OFFSET，SEG，TYPE，THIS
3	HIGH，LOW
4	*，/，MOD，SHL，SHR
5	+，–
6	EQ，NE，LT，LE，GT，GE
7	NOT
8	AND
9	OR，XOR
10	SHORT

4.3 伪指令语句

指示性语句又称为伪指令语句。伪指令语句没有对应的机器指令，不由 CPU 执行，用于完成如处理器选择、定义程序模式、定义数据、分配存储区、指示程序结束等功能。MASM 提供了丰富的伪指令，本节仅介绍 MASM 宏汇编程序中常用的伪指令。

4.3.1 数据定义伪指令

1. 格式

格式：变量名　助记符　操作数[，操作数…]

功能：将操作数存入变量名指定的存储单元中，或者只分配存储空间不存入数据。

变量名用符号表示，可以省略，作用与指令语句中的标号相同，但后面不跟冒号。程序汇编时将此变量的助记符后的第一个字节的偏移地址作为它的符号地址。常用的数据定义伪指令有以下五种。

DB：用来定义字节，表示每个操作数占用 1 个字节。

DW：用来定义字，表示每个操作数占用 1 个字(2 个字节)。

DD：用来定义双字，表示每个操作数占用 2 个字(4 个字节)。

DQ：用来定义 4 个字，表示每个操作数占用 4 个字(8 个字节)。

DT：用来定义 10 个字节，表示每个操作数占用 10 个字节。

2. 操作数

操作数可以是常数、字符串、变量、标号、表达式等，多个操作数之间必须用逗号分开，但每个数据元素的值不能超出由伪指令所定义的数据类型的范围。例如，DB 伪指令定义的数据类型为字节，则无符号数的范围为 0～255，有符号数的范围为-128～+127。字符串必须用单引号引起来，其中字符的个数可以是一个，也可以是多个。

例 4-2　操作数是常数或表达式，指令如下：

```
DAT1    DB    25H, 45/6, -1        ; 变量 DA1 中装入 25H，07H，FFH
DAT2    DW    12H                  ; 变量 DA2 中装入 0012H
DAT3    DD    0FEEEH, 8*50H        ; 变量 DA3 中装入 0000FEEEH,0000280H
```

汇编后数据在存储器中的存放结果如图 4.1 所示。

例 4-3　操作数是字符串，指令如下：

```
STR1    DB  'Thank you'    ; 字符串'Thank you'的 ASCII 码装入 STR1 开始的存储单元
STR2    DB  'OK'           ; 字符串'OK'的 ASCII 码装入 STR2 开始的存储单元
STR3    DW  'OK'           ; 注意与 DB 定义的字符串存储方式不同
```

变量 STR1、STR2、 STR3 经汇编后的结果如图 4.2 所示。

注意：空格也是字符(ASCII 码为 20H)。用 DW 定义字符串时，只允许包括两个字符，多于两个字符时，只能用 DB 定义。图 4.2 指出了汇编后字符串在存储器中存放的格式，注意用 DB 和 DW 定义‘OK’时不同的存放格式。

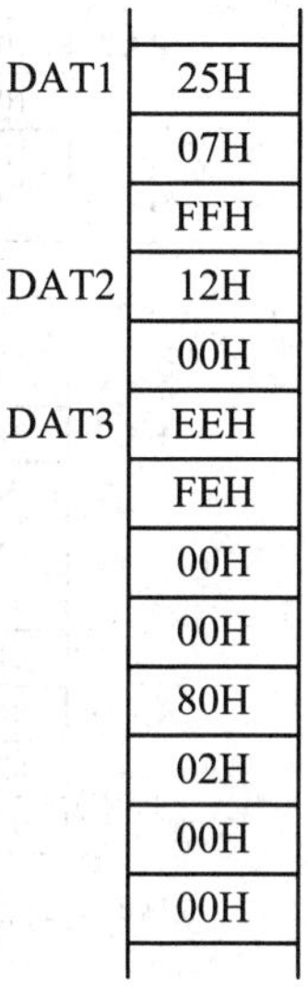

图 4.1　例 4-2 的数据存放结果

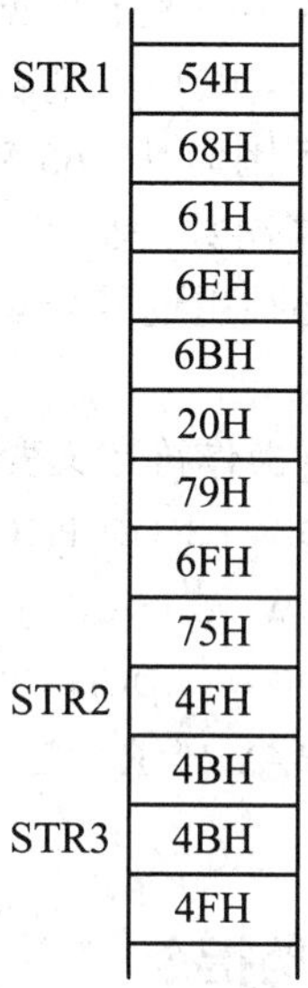

图 4.2　例 4-3 的数据存放结果

用伪指令 DW 可以将变量或标号的偏移地址存入存储器，当用 DD 来定义时，变量或标号的偏移地址存入低位字中，原变量或标号的段基址存入高位字中。汇编程序在汇编时，在相应存储区域中存入有关变量或标号的地址值，其中偏移地址或段基址均占一个字，低位字节占用第一个字节地址，高位字节占用第二个字节地址。若用 DD 定义变量或标号，则偏移地址占用低位字，段基址占用高位字。

例 4-4　用地址表达式定义变量。

如果当前已有变量 VAR1、VAR2，标号 ADR，可以用它们定义新变量如下：

```
PAR1    DW    VAR1    ; 将变量 VAR1 的偏移地址赋给字变量 PAR1
PAR2    DW    VAR2    ; 将变量 VAR2 的偏移地址赋给字变量 PAR2
PAR3    DD    ADR     ; 将标号 ADR 的偏移地址和段基址赋给双字变量 PAR3
```

汇编程序在汇编时，在相应存储区域中存入有关变量或标号的地址值，其中偏移地址或段基址均占一个字，低位字节占用第一个字节地址，高位字节占用第二个字节地址。若用 DD 定义变量或标号，则偏移地址占用低位字，段基址占用高位字。

操作数用问号(?)定义不确定值的变量，用作保留存储空间，以便存放运算结果。

例 4-5　操作数是问号(?)，指令如下：

```
DAT1    DB    37H, ?, 0D8H
DAT2    DW    209BH, ?
```

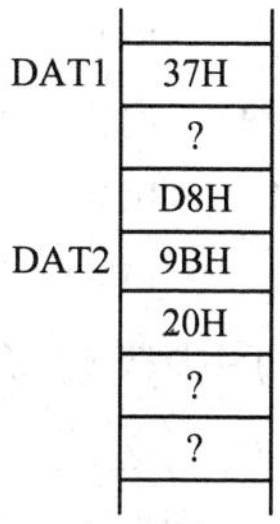

图 4.3　例 4-5 的数据存放结果

变量 DAT1、DAT2 经汇编后的结果如图 4.3 所示。

3. 重复操作符

如果有相同的操作数需要重复多次，可用重复操作符 DUP 来定义。

格式：变量名助记符 n　DUP (操作数，操作数…)

其中，圆括号( )中为需重复的数据，n 为重复次数。重复次数 n 可以是常数，也可以是表达式，它的值应该是一个正整数，数值范围为 1～65 535，其作用是指定括号中操作数项的重复次数。括号中的操作数项可以有多项，但项与项之间必须用逗号分隔开来。这种格式适用于定义许多相同的变量。

例 4-6 用重复操作符定义变量，指令如下：

```
RAY1    DB   3  DUP(10H)
RAY2    DW   2  DUP(?)
RAY3    DB   2  DUP(1, ?, 2 DUP(3))
```

变量 RAY1、RAY2、RAY3 经汇编后的结果如图 4.4 所示。

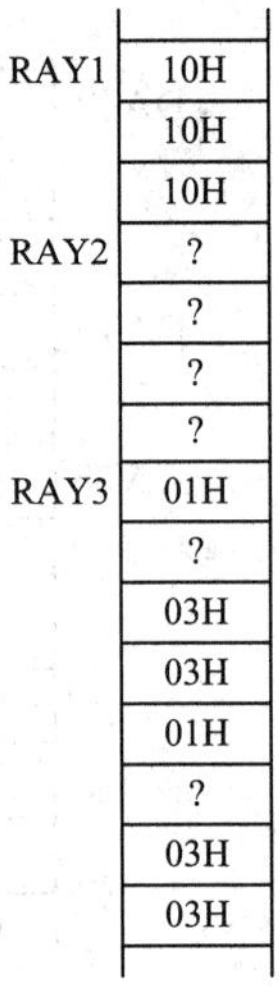

图4.4 例4-6汇编后的结果

4.3.2 符号定义伪指令

符号定义伪指令用于为程序中多次出现的同一个常量或表达式定义一个标识符，以便在源程序中以标识符来代替对应的常量或表达式。表达式可以是数据常数、数值和地址表达式、变量或者标号。

1. 符号赋值伪指令

格式：符号名　EQU　表达式

功能：用来给变量、标号、常数、指令、表达式等定义一个符号名，程序中用到 EQU 左边的变量或标号时可用右边的常数值或表达式代替，但一经定义，则在同一个程序模块中不能重新定义。在 EQU 语句右边表达式中有变量或标号的表达式，必须先给它们定义，然后才可以应用。例如：

```
HARR    EQU   55H             ; 符号代表常数
DAT     EQU   64*512          ; 符号代表数据
COUNT   EQU   CX              ; COUNT 与 CX 为同义符号
STRT    EQU   STRING_TABLE    ; 变量新命名
CHUFA   EQU   DIV             ; 符号代表除法指令
ADR1    EQU   [BP+SI]         ; 定义一个寻址方式
ADR2    EQU   OFFSET  M1      ; 偏移地址值赋给符号名 ADR2
```

如果源程序中需要多次引用某一表达式，则可以利用 EQU 伪操作给其赋一个名字，以代替程序中的表达式，从而使程序更加简洁，便于阅读。将来如果改变表达式的值，也只需修改一处，程序易于维护。

注意：EQU 伪指令不能对同一符号重复定义。

PURGE 语句可以解除对某一个标号的赋值，使它在后面可以重新定义。例如：

```
PURGE    COUNT        ; COUNT 不再代替 CX
```

2. 符号重复赋值伪指令

格式：符号名 = 表达式

功能：符号重复赋值伪指令“=”与 EQU 相类似的操作也可以作为赋值操作使用。它们之间的区别是：EQU 伪指令中的表达式名是不允许重复定义的，而“=”伪指令则允许重复定义。例如：

```
COUNT = 20
COUNT = COUNT+10
```

4.3.3 段定义伪指令

段定义伪指令指示汇编程序如何按段组织程序和使用存储器。存储器的物理地址由段基址和偏移地址组合而成，任何一个逻辑段，无论是代码段、数据段、堆栈段、附加段都必须进行段定义，以便连接程序把不同段和模块连成一个可执行程序。此外，还必须明确段和段寄存器之间的关系，这可使用段分配伪指令来完成。完整段定义伪指令有 SEGMENT、ENDS。在 MASM 5.0 以上的汇编语言版本中，有完整段定义伪指令和简化段定义伪指令两种。

1. 段定义伪指令 SEGMENT…ENDS

格式：
```
段名    SEGMENT    [定位类型] [组合类型] ['分类名']
  ⋮
段名    ENDS
```

功能：将一个逻辑段定义成一个整体。

段名是逻辑段的标识符，不可省略，它确定了逻辑段在存储器中的地址，SEGMENT 和 ENDS 前的段名必须相同。

SEGMENT…ENDS 是段定义的伪指令助记符，任何一个逻辑段必须以 SEGMENT 开始，ENDS 结束，不可省略，并且必须成对出现，两者之间是本逻辑段的内容。

SEGMENT 后面可以带 3 个参数：定位类型、组合类型、分类名，3 个参数必须按格式中规定的次序排列，分类名必须用单引号括起来。3 个参数用来增加类型及属性说明，一般可以省略，如果需要用连接程序把本程序与其他程序相连时，需要用到这些参数。

2. 定位类型

定位类型规定了对该段起始边界地址的要求，可以有以下四种选择：

(1) PARA：段起始地址为一节(PARAGRAPH)的开始，规定 16 个字节为一节，节起始地址为×××× ×××× ×××× ×××× 0000，低 4 位为 0。在省略情况下，系统默认为 PARA 定位类型。

(2) BYTE：段起始地址为任意值，即可以从任何字节开始。

(3) WORD：段起始地址为一规则字的开始，即偶地址开始，×××× ×××× ×××× ×××× ×××0，最低位为 0。

(4) PAGE：段起始地址为一页(PAGE)的开始，规定 256 个字节为一页，页起始地址为×××× ×××× ×××× 0000 0000，低 8 位为 0。

3. 组合类型

组合类型表示该段与程序中其他段的关系，可以有以下六种选择：

(1) NONE：该段独立与其他段无关。默认情况下，组合类型为 NONE。

(2) PUBLIC：该段可与其他同名、同类别的段相邻地连接在一起，共同拥有一个段基址。

(3) STACK：与 PUBLIC 相同，但作为堆栈段处理。

(4) COMMON：该段可能与其他同名、同类别的段发生覆盖，共同拥有一个段基址，段的长度取决于最长的 COMMON 段。

(5) AT 表达式：该段应放在 AT 后的表达式值(16 位)所指定的段地址上。这种方式不能用于代码段。

(6) MEMORY：该段位于被连接在一起的其他所有段之上。

分类名是由编程者赋予该段的与段名不同的另一种名字信息，必须用单引号括起来。分类名可选择不超过 40 个字符的名称，主要作用是连接汇编程序时将所有分类名相同的逻辑段组成一个段组。程序中所有类别相同的段将被组成一个段组，该段组以它们共同的类别作为名字。常使用的类别有 STACK、CODE、DATA 等。

4.3.4 段分配伪指令(ASSUME)

在 8086/8088 系统中，存储器采用分段结构，各段容量小于等于 64 KB，用户可以设置多个逻辑段，但只允许 4 个逻辑段同时有效，段分配语句用来将逻辑段分别定义成代码段、数据段、堆栈段及附加段。

格式：ASSUME　CS:段名, DS:段名, SS:段名, ES:段名

功能：定义 4 个逻辑段，指明段和段寄存器的关系。

ASSUME 为伪指令助记符，放在代码段的开始，不可省略。其提供给汇编程序，说明当前代码段、数据段、堆栈段和附加段 4 个段如何定义。

ASSUME 后面有各段寄存器的名 CS、DS、SS、ES，用来存放当前有效的逻辑段的段基址，后面紧跟冒号(:)及段名。各段寄存器之间由逗号(，)分开，段名必须是用段定义语句 SEGMENT…ENNS 定义过的名字。可以用 ASSUME NOTHING 取消前面由 ASSUME 所指定的段寄存器。例如：ASSUME　ES:NOTHING

4 个逻辑段不一定全部要定义，通常代码段和数据段是必须定义的，附加段可以省略。但当代码段中使用了串指令，必须设置附加段作目标串基址用，附加段也可用来存放数据，增大数据段容量。

由于 ASSUME 伪指令只指定某个段分配给哪个段寄存器，并将代码段的段基址自动装入 CS 寄存器中，而不能自动把其他段基址装入相应的段寄存器中，所以，在代码段的开始需要对用指令 DS、ES、SS 进行赋值。对堆栈段来说，除了可将段基址传送至 SS 寄存器中，还可以将栈顶偏移地址置入堆栈指示器 SP 中。

4.3.5 简化段定义语句

MASM 提供简化的段定义语句，使用指定的内存模式编程。下面是一个使用 SMALL 内存模式程序结构的例子。

```
.MODEL   SMALL
```

```
.DATA
 ⋮
.STACK   20H   DUP(0)
.CODE
.STARTUP
 ⋮
.EXIT
END
```

上面程序中的伪指令说明如下。

1. 存储模式(Memory Model)

存储模式决定了一个程序的规模，也确定了子程序调用、指令转移和数据访问等的缺省属性。当使用简化段定义的源程序格式时，必须有存储模式.MODEL 语句，且位于所有简化段定义语句之前。其格式为

.MODEL　存储模式

.MODEL 语句确定了程序采用的存储模式，MASM 有七种模式可以选择，如表 4.2 所示。

表 4.2　存 储 模 式

储存模式	特　点
TINY(微型模式)	创建 COM 类型程序，只有一个小于 64KB 的逻辑段(MASM 6.x 支持)
SMALL(小型模式)	创建小应用程序，只有一个代码段和一个数据段(含堆栈段)，每段不大于 64KB
COMPACT(紧凑模式)	创建代码少、数据多的程序，只有一个代码段，但有多个数据段
MEDIUM(中型模式)	创建代码多、数据少的程序，可有多个代码段，只有一个数据段
LARGE(大型模式)	创建大应用程序，可有多个代码段和多个数据段(静态数据小于 64KB)
HUGE(巨型模式)	创建更大应用程序，可有多个代码段和多个数据段(对静态数据没有限制)
FLAT(平展模式)	创建 32 位应用程序，运行在 32 位 80x86CPU 和 Windows 9x 或 NT 环境

创建运行于 DOS 操作系统下的应用程序，可根据需要选择前六种模式，一般的小型程序可以选用 SMALL 模式，大型程序选择 LARGE 模式。要创建 COM 程序只能用 TINY 模式，其他模式产生 EXE 程序。

2. 逻辑段的简化定义

(1) 堆栈段定义伪指令.STACK 创建一个堆栈段，格式为 .STACK　[大小]，段名是 STACK。可选的“大小”参数指定堆栈段所占存储区的字节数，默认是 1KB(1KB=1024B=400H 字节)。堆栈段名可用@STACK 预定义标识符表示。

(2) 数据段定义伪指令.DATA 创建一个数据段，格式为.DATA，段名是_DATA。数据段名可用@DATA 预定义标识符表示。

(3) 代码段定义伪指令.CODE 创建一个代码段，格式为.CODE　[段名]，可选的“段名”参数指定该代码段的段名。如果没有给出段名，则采用默认段名。

简化的段定义语句书写简短，语句.CODE、.DATA 和.STACK 分别表示代码段、数据段和堆栈段的开始，一个段的开始自动结束前面的一个段。采用简化段定义伪指令前，必须有储存模式语句.MODEL。

3. 程序开始

为了指明程序开始执行的位置，需要使用一个标号(下面例子中采用了 START 标识符)，连接程序会根据程序起始点正确地设置 CS 和 IP 值，根据程序大小和堆栈段大小设置 SS 和 SP 值，连接程序没有设置 DS 和 ES 值。程序如果使用数据段或附加段，必须明确给 DS 或 ES 赋值，大多数程序需要数据段，程序的执行开始应为

```
START: MOV    AX,@DATA           ; @DATA 表示数据段的段地址
       MOV    DS,AX              ; 设置 DS
```

4. 程序终止

应用程序执行结束，应该将控制权交还操作系统。汇编语言程序设计中，有多种返回 DOS 的方法，但一般利用 DOS 功能调用的 4CH 号功能实现，它需要的入口参数是 AL＝返回数码(通常用 0 表示程序没有错误)。于是，应用程序的终止代码为

```
MOV     AX, 4C00H
INT     21H
```

若采用 MASM6.X 版本，程序开始和结束可以分别利用其中的.STARTUP 语句和.EXIT 语句，它们会自动产生上述代码，使编程更加方便。

5. 汇编结束

汇编结束表示汇编程序将源程序翻译成目标模块代码的过程到此结束。源程序的最后必须有一条 END 伪指令。其格式为

```
END   [标号]
```

可选的“标号”参数指定程序开始执行点，连接程序据此设置 CS 和 IP 值。

4.3.6 过程定义伪指令

过程也称作子程序。在主程序中，经常要用到一些程序段，它们的功能和结构相同，仅有一些变量赋值不同，此时可以将这些程序段独立编写，用过程定义语句进行定义，然后在主程序中对它们进行过程调用。这样既节省了内存空间，也便于进行模块化程序设计，使编程清晰，使用灵活。例如：

格式：

```
过程名  PROC  属性
  ⋮                    ; 过程内容
RET    n
过程名  ENDP
```

功能：定义一个过程，主程序可以用 CALL 指令调用它。

过程名是给所定义的过程取的名字，不可缺省。它是主程序调用(CALL 指令)的目标

操作数，即子程序入口的符号地址。像标号一样，过程名具有三种属性：

(1) 段属性：该过程所在段的段基址。

(2) 偏移地址属性：该过程第一个字节与段首地址之间距离字节。

(3) 距离属性：NEAR 或 FAR。格式中的属性就指距离属性，定义 NEAR 允许过程在段内调用，定义 FAR 允许过程在段间调用，NEAR 为缺省使用。

(4) PROC…ENDP 为过程定义伪指令助记符，成对出现，不可缺省。二者前面有相同的过程名，整个过程内容包括在 PROC…ENDP 之内。

(5) “RET　n”为过程内部的返回指令。过程内部至少有一条 RET 指令，它可以在过程的任何位置，使过程返回到主程序调用它的 CALL 指令的下一条指令。RET 后面跟的 n 为弹出值，可以缺省，n 表示过程返回以后，堆栈中应有 n 个字节的值作废(以栈顶开始)，n 必须为正偶数。过程内部可以有多个 RET，表示此过程具有多个返回出口(在不同条件下，从不同出口返回)。

在汇编语言源程序中，使用 CALL 指令调用过程，过程调用允许嵌套和递归调用。嵌套调用是指在一个被调用的过程中，又调用了另一个过程；递归调用是指在一个被调用的过程中，又调用了本身的过程。嵌套与递归的深度由堆栈段的容量决定，因为过程调用时必须将当前的地址压入堆栈保护起来，以使调用返回时能返回到正确的指令地址。另外在子程序入口也有许多参数要保护，以免影响主程序的原运行状态。

例 4-7　用过程调用的方法，将内存中 N 个 BCD 码相加。

解　程序如下：

```
        DATA   SEGMENT                              ; 数据段
               ONE    DB   22H, 33H, 44H, 55H
               TWO    DB   55H, 66H, 77H, 88H
               SUM    DB   20   DUP(?)
        DATA   ENDS
        STACK  SEGMENT  STACK  STACK                ; 堆栈段
            STT   DB   100   DUP(?)
            TOP   EQU  LENGTH  STT
        STACK  ENDS
        CODE   SEGMENT
        ASSUME        CS: CODE, DS: DATA, SS: STACK,    ES: DATA
  MAIN  PROC   FAR
START:  MOV    AX, STACK                  ; 初始化 SS, SP
        MOV    SS, AX
        MOV    SP, TOP
          ⋮
        MOV    SI, OFFSET ONE             ; SI 指向第一个加数
        MOV    BX, OFFSET TWO             ; BX 指向第二个加数
        MOV    DI, OFFSET SUM             ; DI 指向和
        CLD                               ; 清方向标志
```

```
        MOV     CX, 4
LL:     CALL    ABC
        LOOP    LL
        RET
MAIN    ENDP
ABC     PROC    NEAR                    ; 完成单字节数据加法运算
        LODSB                           ; [SI]→AL, SI+1→SI
L1:     ADD     AL, [BX]
        DAA
        STOSB                           ; AL→[DI], DI+1→DI
        INC     BX
        RET
ABC     ENDP
CODE    ENDS
        END     START
```

4.3.7　程序开始和结束语句

1. NAME

格式：NAME　程序名

功能：为源程序目标模块赋名字。

NAME 是伪指令助记符，放在程序开始，在输出汇编语言源程序的列表文件时，将在每一页的开头打印出该程序名。若源程序中省略 NAME 伪指令，汇编程序则将源文件名作为目标模块的名字。

2. END

格式：END　标号名

功能：标记汇编源程序结束。

END 是伪指令助记符，不可缺省，放在源程序的最后一行，每个模块只有一个 END，汇编程序到 END 语句停止汇编。

标号名是该程序中第一条可执行语句的标号名，可以缺省，若一个程序包含多个模块，END 后面带的标号为主程序模块中的标号名称。

以上几类伪指令语句经常用到，下面所介绍的伪指令语句对于灵活的编程较为有用。

4.3.8　其他伪指令

1. 程序计数器$

当字符$独立出现在表达式中时，它的值为程序下一个能分配的存储单元的偏移地址。例如：

```
DATA   SEGMENT
```

```
A1      DB     10H, 20H, 30H          ; 定义 3 个字节
CAD     EQU    $-A1                   ; 符号 CAD 与表达式$-A1 等价
DATA    ENDS
```

其中，表达式$-A1 的值为程序下一个能分配的偏移地址 0003H 减去 A1 的偏移地址 0000H，所以，$\$ - A1 = 0003H - 0000H = 0003H$。

2. ORG 伪指令

格式：ORG　表达式

功能：给汇编程序设置位置指针，指定下面语句的起始偏移地址。

ORG 是伪指令助记符，不可缺省。

表达式是给定的偏移地址值，表达式的计算结果必须是正整数。一般情况下段定义语句(SEGMENT)指出了段的起点，偏移地址为 0，段内各个语句或数据的地址由段地址开始依次类推可确定。当用户要求指定某条指令或数据为某个指定地址时，可用 ORG 语句来改变，ORG 语句可以放在程序的任何位置。

3. 对准伪指令 EVEN

格式：EVEN

功能：使下一个分配地址为偶地址。

在 8086 中，一个字的地址最好为偶地址。因为 8086CPU 同样存取一个字，如果地址是偶地址，则需要一个读或写周期，如果是奇地址，则需要两个读或写周期，所以，该伪指令常用于字定义语句之前。例如：

```
DATA   SEGMENT
  ⋮
EVEN
ARR_W          DW   100   DUP(?)
  ⋮
DATA   ENDS
```

4.4　DOS 和 BIOS 功能调用

4.4.1　概述

操作系统是用来控制和管理计算机的硬件资源以方便用户使用的程序集合，MS DOS(Microsoft Disk Operating System)是微型计算机磁盘操作系统。MS DOS 操作系统为程序设计者提供了可以直接调用的软件中断处理程序，每一个中断处理程序完成一个特定的功能操作，依据编程需要选择适当的处理程序，编程者不需再重新编写程序。

基本输入/输出系统 BIOS(Basic Input/Output System)是固化在只读存储器 ROM 中的基本输入/输出程序，是微型计算机系统软、硬件之间的一个可编程接口，用于程序软件功能与微型计算机硬件衔接的实现。BIOS 是固化在只读存储器 ROM 中的一系列输入/输出服

务程序，它存放于内存的高地址区域，除负责处理系统中的全部内部中断外，还负责实现对主要 I/O 接口的控制功能，如键盘、显示器、磁盘、打印、日期与时间等。使用 BIOS 提供的这些功能模块可以简化程序设计，使程序员不必了解硬件操作的具体细节。调用 BIOS 功能不受任何操作系统的限制，运行速度快。

在汇编语言程序设计中，用户可以利用 DOS 或 BIOS 提供的这些功能模块程序来直接使用和控制计算机硬件的功能。DOS 和 BIOS 功能的调用不是使用 CALL 指令，而是用软件中断指令“INT　n”来实现的，n 为中断类型码。使用软件中断指令时，要求编程者对 I/O 设备的地址、功能比较熟悉。

4.4.2　DOS 功能调用

MS DOS 提供有多种功能服务程序，主要包括：磁盘的读/写控制、内存管理、文件操作和目录管理、基本输入/输出控制，另外还有日期、时间管理等。当类型码 n=20H～3FH 时，调用 DOS 的中断处理程序。

“INT　21H”软中断是一个具有几十种功能的大型中断服务程序，给这些子功能程序分别予以编号，称为功能号。每个功能程序完成一种特定的操作和处理。对“INT　21H”软中断指令对应的功能子程序的调用称为 DOS 系统功能调用。调用系统功能子程序时，不必了解所使用设备的物理特性、接口方式及内存分配等，也不必编写繁琐的控制程序，这给应用者带来了很大的方便。

应用“INT　21H”系统功能调用的方法是：① 将入口参传数送指定的寄存器或内存；② 将功能号传送 AH 中；③ 执行“INT　21H”软中断指令。其中，入口参数是使用该调用必须具备的条件，如设定寄存器参数等。有的子功能程序不需要入口参数，但大部分需要把参数传送至指定位置。出口参数是表示软中断程序执行结果放在何处或执行该操作处理的特征。程序员只要给出这三方面的信息，不必关心程序具体如何执行，在内存中的存放地址如何，DOS 就会根据所给的参数信息自动转入相应的子程序去执行并产生相应结果。下面介绍常用的功能调用。

1. 单个字符输入并显示(1 号功能调用)

功能：等待从标准设备(如键盘)输入一个字符，将该字符的 ASCII 码传送至 AL，并在标准输出设备(如屏幕)上显示该字符。

入口参数：无。

调用方式：

```
MOV     AH, 01H
INT     21H
```

出口参数：AL 的内容为输入字符的 ASCII 码。

说明：当输入的字符为 Ctrl+Break 时，终止程序的执行。

2. 屏幕显示一个字符(2 号功能调用)

功能：将 DL 中的一个字符显示在标准输出设备(如屏幕)上。

入口参数：DL 的内容设置为待显示字符的 ASCII 码。

调用方式：

```
MOV     DL, 待显示字符的 ASCII 码
MOV     AH, 02H
INT     21H
```

出口参数：无。

说明：当 DL 中的字符为 Ctrl+Break 时，终止程序的执行。

3. 等待键盘输入但不显示输入字符(8 号功能调用)

功能：等待标准输入设备(如键盘)输入一个字符，将该字符的 ASCII 码传送至 AL。

入口参数：无。

调用方式：

```
MOV     AH, 08H
INT     21H
```

出口参数：AL 的内容为输入字符的 ASCII 码。

说明：该功能与 01H 号功能类似，区别有二，一是不显示键入字符，二是当输入字符为 Ctrl+Break 时会终止程序的执行。不显示键入字符这一特点适用于键入保密用口令。

4. 屏幕显示字符串(9 号功能调用)

功能：在标准输出设备上显示某个字符串。

入口参数：DX 的内容为要显示的字符串的首地址。

调用方式：

```
MOV     DX, 要显示的字符串的首地址
MOV     AH, 09H
INT     21H
```

出口参数：无。

说明：确切地说，DX 的内容应该是要显示的字符串的首地址的偏移地址，段地址由 DS 提供。要显示的字符串必须以'$'作为结束标志。

5. 字符串输入(0AH 号功能)

功能：将标准输入设备(如键盘)上输入的一串字符传送到指定的内存缓冲区。

入口参数：DX 放有内存缓冲区的首地址。

调用方式：

```
MOV     DX, 内存缓冲区的首地址
MOV     AH, 0AH
INT     21H
```

出口参数：无。

说明：确切地说，DX 放有内存缓冲区首地址的偏移地址，段地址由 DS 提供。输入的一串字符以回车符作为结束标志。输入的各字符按地址由小到大的次序存入 DS:DX 指定的内存缓冲区。

值得注意的是，在该功能调用之前，应该在内存缓冲区的第一个字节设置待接收字符的个数(范围为 1～255)。内存缓冲区的第二个字节在该功能调用后被自动置为实际键入的字符数(回车符除外)。输入的字符从该内存缓冲区的第三个字节开始存放。若实际输入的

字符数少于所设置的待接收字符的个数，则多余字节内容被置为零；若实际输入的字符数多于所设置的待接收字符的个数，则多余部分被忽略。最后输入回车键表示字符结束。

6. 返回 DOS 系统(4CH 号功能调用)

功能：终止当前程序的运行，并把控制权交给调用的程序，即返回 DOS 系统，屏幕出现 DOS 提示符，如“C:\>”，等待 DOS 命令。

入口参数：无。

调用方式：

```
MOV    AH, 4CH
INT    21H
```

出口参数：无。

说明：该功能调用常用于汇编源程序代码段的末尾处，使程序返回 DOS。若要用 DEBUG 等调试工具检查程序执行结果，如检查某些寄存器或内存单元的内容，则应该在程序执行至该功能调用之前进行。

4.4.3 BIOS 功能调用

虽然 DOS 功能调用提供了丰富的中断服务程序，在汇编语言程序设计时，直接采用就可以了；在是，在 DOS 尚未启动或不允许调用 DOS 功能的情况下，则只能采用 BIOS 功能调用。BIOS 采用模块化结构，每个功能模块的入口地址都存于中断向量表中。当类型码 n=05H～1FH 时，调用 BIOS 的中断处理程序。BIOS 功能中常用的中断类型码为 10H 和 16H。BIOS 的调用方法与 DOS 系统功能调用方法类似，这里不再赘述。下面介绍几种常用的 BIOS 中断调用。

1. 单个字符输入

功能：从键盘输入字符传送至 AL 寄存器。执行时，等待键盘输入，一旦输入，将字符的 ASCII 码传送至 AL 中。若 AL=0，则 AH 为输入的扩展码。

格式：

```
MOV    AH, 0
INT    16H
```

2. 判断键盘是否有输入

功能：用来查询键盘缓冲区，对键盘扫描但不等待，并设置 ZF 标志。

若有按键操作(即键盘缓冲区不空)，则 ZF=0，AL 中存放的是输入的 ASCII 码，AH 中存放输入字符的扩展码；若无键按下，则标志位 ZF=1。

格式：

```
MOV    AH, 01H
INT    16H
```

3. 屏幕显示单个字符

功能：将 AL 中的一个字符显示到屏幕上。

入口参数：AL 的内容设置为待显示字符的 ASCII 码；BH 为显示页号，通常设置为 0。

调用方式：

```
MOV    AL, 待显示字符的 ASCII 码
MOV    AH, 0EH
INT    10H
```

出口参数：无。

4.5 汇编语言程序设计

4.5.1 汇编语言程序设计的基本过程

汇编语言程序设计的基本过程可分为以下几个步骤：

(1) 分析问题，明确要求。分析问题就是深入实际，对所要解决的问题进行全面了解和分析。一个实际问题往往是比较复杂的，在深入分析的基础上，要善于抓住主要矛盾，剔除次要矛盾，抽取问题的本质。明确要求就是明确用户的要求，依据给出的条件和数据，对需要进行的处理及输出结果进行可行性分析。

(2) 建立数学模型。在分析问题和明确要求的基础上要建立数学模型，将一个物理过程或工作状态用数学形式表达出来。

(3) 确定算法和处理方案。数学模型建立后，必须研究和确定算法。所谓算法，是指解决某些问题的计算方法，不同的问题有不同的计算方法。根据问题的特点，对计算方法进行优化。若没有现成方法可用，则必须通过实践摸索并总结出算法思想和规律性。

(4) 画流程图。流程图是程序算法的图形描述，它以图形的方式把解决问题的先后顺序和程序的逻辑结构直观地、形象地描述出来，使解题的思路清晰，不仅有利于理解、阅读和编制程序，还有利于调试、修改程序和减少错误等。

(5) 编制程序。在编制程序时，应当先分配好存储空间和工作单元及 CPU 内部的寄存器，然后根据流程图和确定的算法逐条语句编写程序。

(6) 上机调试。程序编好后，必须上机调试，特别是对于复杂的问题，往往先要分解成若干个子问题，分别由几个人编写，从而形成若干个程序模块，再把它们组装在一起，才能形成总体程序。一般来说，总会有这样或那样的问题或错误，这些问题和错误在调试程序时通常都可以发现，然后进行修改，再调试，再修改，直到所有的问题都解决为止。

(7) 试运行和分析结果。试运行是为了检验程序是否达到了设计要求，是否满足用户提出的需求，所确定的设计方案是否可行。若没有达到设计要求，不满足用户的需求，就必须从分析问题开始，检查、修正原有的设计方案，直到符合设计要求和满足用户需求为止。

(8) 整理资料，投入运行。在试运行满足要求之后，应当系统地整理材料，有关资料要及时提交用户，以便程序正常投入运行。

程序的基本结构包括顺序结构、分支结构、循环结构，下面分别阐述。

4.5.2 顺序程序设计

顺序结构是最基本、最简单的一种程序结构。这种结构主要由数据传送及算术逻辑运

算指令组成。在这种结构中，各条指令被逐条顺序执行。

例 4-8　从键盘输入 0～9 中任一自然数 N，将其立方值传送至显示器显示。

解　分析：求一个数的立方值可用乘法运算实现，也可用查表法实现。查表法运算速度快，是常用方法。如果要将自然数 N 的立方值传送至显示器显示，那就需将 0～9 立方值的 ACSII 码按顺序构造一个表。立方值最大为 729，需要 3 个单元存放它的 ASCII 码，再在每个 ASCII 码后面加上一个结束标志‘$’，表的每项单元数相同，都为 4 个单元，所以表的每项均占 4 个字节。根据这种存放方法，自然数 N 的立方值和‘$’的 ASCII 码存放单元的偏移地址正好是立方表的首地址(偏移地址)与自然数 N 的 4 倍之和。程序如下：

```
          DATA    SEGMENT
          INPUT   DB   'Please Input N(0~9):$'
          CRLF    DB   0DH, 0AH, '$'
          CUBE  DB   '  0$   1$   8$ 27$ 64$125$216$343$512$729$'
          N         DB   0
          DATA      ENDS;
          STACK   SEGMENT   STACK   'STACK'
          DB   80H   DUP(0)
          STACK   ENDS;
          CODE   SEGMENT
          ASSUME   DS:DATA, SS:STACK, CS:CODE
START:
          MOV       AX, DATA
          MOV       DS, AX
          MOV       DX, OFFSET   INPUT
          MOV       AH, 9
          INT       21H
          MOV       AH, 1
          INT       21H
          MOV       N, AL
          MOV       DX, OFFSET   CRLF
          MOV       AH, 9
          INT       21H
          MOV       DL, N
          AND       DL, 0FH
          MOV       CL, 2
          SHL       DL, CL
          MOV       DH, 0
          ADD       DX, OFFSET   CUBE
          MOV       AH, 9
          INT       21H
```

```
CODE    ENDS
END    START
```

本例对问题的处理体现了汇编语言程序设计的基本步骤。需要指出的是，并非每一个问题的处理都必须严格遵循这些步骤，可以根据具体情况适当增减。

4.5.3　分支程序设计

在解决实际问题时，经常需要针对不同情况作出不同的处理。解决这种问题的程序仅采用顺序程序结构是不够的，还需要采用分支程序结构。

1. 分支程序结构

分支程序结构是指根据条件转向不同程序分支的结构，具体可分为二分支程序结构(相当于高级语言中的 IF-THEN-ELSE 或 IF-THEN 结构)和多分支结构(相当于高级语言中的 CASE 结构)。二分支程序结构通常根据某一条件成立与否确定转向两个程序分支之一；而多分支程序结构通常根据某一条件的多个取值确定转向相应的程序分支，多分支程序结构亦可由多个二分支程序结构构成。分支程序结构如图 4.5 所示，其中图 4.5(a)、4.5(b)所示为二分支程序结构，图 4.5(c)所示为多分支程序结构，而图 4.5(d)所示为多个二分支程序结构构成的多分支程序结构。

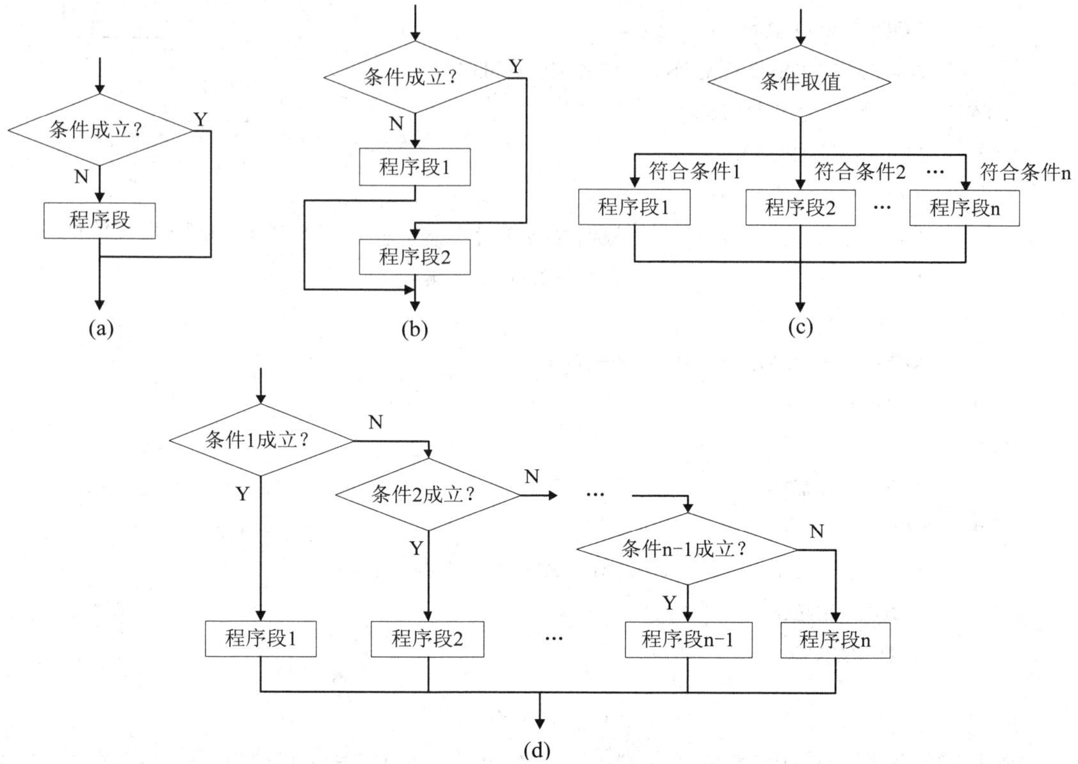

图 4.5　分支程序结构示意图

分支程序设计首先要在分析实际问题的基础上确定若干个程序分支，再在此基础上，或者选用影响状态标志的指令和条件转移指令，或者选用间接寻址的无条件转移指令来实现转向不同的程序分支。前者称为测试法分支程序设计，后者称为跳转表法分支程序设计。

2. 测试法分支程序设计

测试法分支程序由影响状态标志的指令和条件转移指令实现分支的选择。前一指令用于根据具体要求产生状态标志，后一指令根据状态标志确定转向。常用的影响状态标志的指令有 CMP 等。

例 4-9　编写程序，求 Z=|X−Y|(X、Y 为有符号数)。

解　分析：将有符号数 X 与 Y 相比较，若 X<Y 则将 Y−X 的值传送 Z；否则将 X−Y 的值传送 Z。由于 X、Y 为有符号数，故使用有符号数专用条件转移指令。程序流程图如图 4.6 所示，程序如下(缺少一条指令请读者自己补上)：

```
        DATA   SEGMENT
        X     DB   40H
        Y     DB   73H
        Z     DB   ?
        DATA   ENDS
        STACK   SEGMENT   STACK   'STACK'
        DB   80H   DUP(0)
        STACK   ENDS
        CODE   SEGMENT
        ASSUME   DS: DATA, SS: STACK, CS: CODE
START:  MOV      AX, DATA
        MOV      DS, AX
        MOV      AL, X
        CMP      AL, Y          ; 根据 X-Y 产生状态标志
        JL       XL             ; 有符号数 X<Y 则转到 XL
        SUB      AL, Y
        MOV      Z, AL          ; Z←X-Y
  XL:   MOV      BL, Y
        SUB      BL, AL
        MOV      Z, BL          ; Z←Y-X
  OK:   MOV      AH, 4CH
        INT      21H            ; 返回 DOS
        CODE   ENDS
        END   START
```

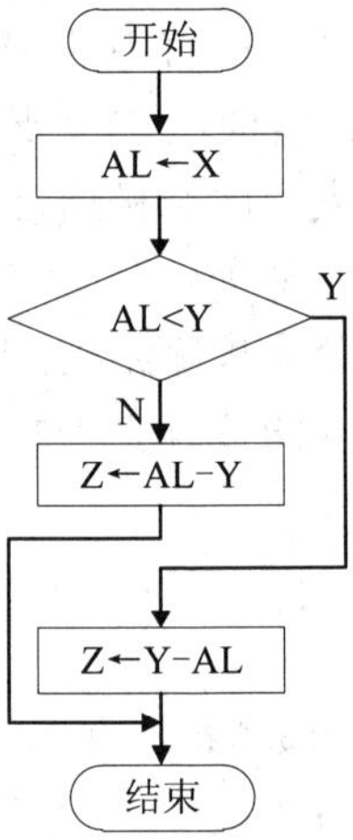

图 4.6　例 4-9 程序流程图

例 4-10　编程计算函数值：$Y=\begin{cases}1 & (X>0)\\ 0 & (X=0)\\ -1 & (X<0)\end{cases}$　$(-128 \leqslant X \leqslant 127)$

解　分析：这是一个三分支问题，用两个条件转移指令来实现。首先判断 X > 0 条件成

立，则 Y=1；否则，继续判断 X=0 条件成立，则 Y=0；若前面两个条件都不成立，即 X<0，则 Y 取−1。程序流程图如图 4.7 所示。程序如下：

```
DATA   SEGMENT
X   DB   -123
Y   DB    ?
DATA   ENDS
CODE   SEGMENT
         ASSUME   CS: CODE, DS: DATA
START:  MOV     AX, DATA
        MOV     DS, AX
        MOV     AL, X
        CMP     AL, 0
        JG      PLUS
        JE      ZERO
MINUS:  MOV     AL,0FFH
        MOV     Y, AL
        JMP     DONE
PLUS:   MOV     AL, 1
        MOV     Y, AL
        JMP     DONE
ZERO:   MOV     AL,0
        MOV     Y, AL
DONE:   MOV     AH, 4CH
        INT     21H
        CODE    ENDS
        END     START
```

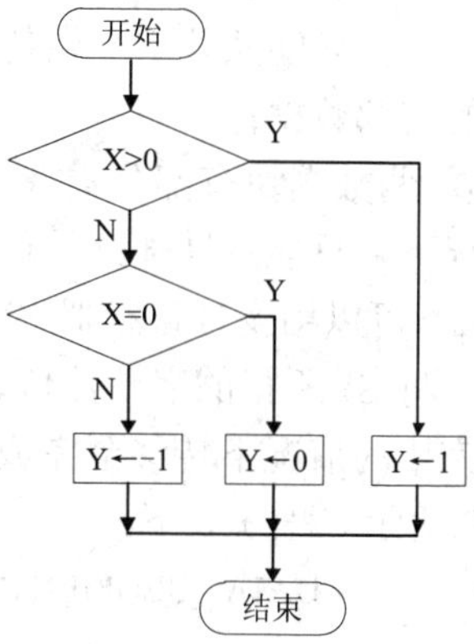

图 4.7　例 4-10 程序流程图

例 4-11　将以 BLOCK1 为首地址的连续 N 个字节数传送至以 BLOCK2 为首地址的存储区，编写此数据块传送程序。

解　分析：两个数据块相对位置示意图如图 4.8 所示。

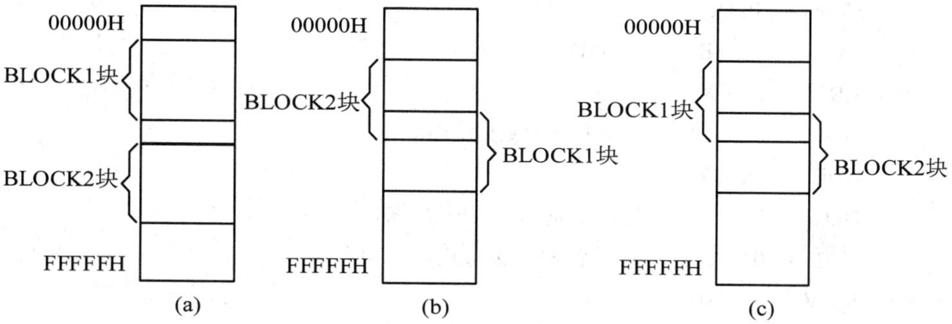

图 4.8　两个数据块相对位置示意图

(1) 根据题意，两数据块的相对位置有三种情况：

① 两数据块不重叠，如图 4.8(a)所示。这种情况下从首部或尾部开始传送均可以；

② 两数据块有部分重叠，且 BLOCK1 地址大于 BLOCK2 地址，如图 4.8(b)所示，这种情况下，只能从首部开始传送，若从尾部开始传送，则将破坏 BLOCK1 数据块中尚未传送的首部数据；

③ 两数据块有部分重叠，且 BLOCK1 地址小于 BLOCK2 地址，如图 4.8(c)所示，这种情况下，只能从尾部开始传送。

(2) 可以用变址寄存器 SI 指向 BLOCK1 中的字节数，用 DI 指向 BLOCK2 中对应的位置，将 SI 所指的字节数传送到 DI 所指的位置，并使 SI、DI 均指向下一字节。在尚未传送完毕的情况下转移至完成上述功能的程序段起始位置，直至传送完毕。程序流程图如图 4.9 所示。程序如下：

```
        DATA   SEGMENT
            ORG$+24H
        STRG   DB   'THIS IS A PROGRAM FOR STRING MOVING.'
        N      EQU    $-STRG
        BLOCK1    DW    STRG
        BLOCK2    DW    STRG+8
        DATA ENDS
        STACK     SEGMENT   STACK
                    DB   80H   DUP(0)
        STACK     ENDS
        CODE      SEGMENT
                  .ASSUME   DS: DATA, SS:STACK, CS: CODE
START:  MOV    AX, DATA
        MOV    DS, AX
        MOV    CX, N          ; CX←数据块字节数
        MOV    SI, BLOCK1     ; SI 指向源数据块首部
        MOV    DI, BLOCK2     ; DI 指向目的数据块首部
        MOV    BX, 1          ; 设置 SI、DI 修正量为 1
        CMP    SI, DI
        JA     MOVE           ; SI>DI 则转 MOVE 处
        ADD    SI, CX
        DEC    SI             ; SI 指向源数据块尾部
        ADD    DI, CX
        DEC    DI             ; DI 指向目的数据块尾部
        NEG    BX             ; 设置 SI、DI 修正量为 –1
MOVE:   MOV    AL, [SI]
        MOV    [DI], AL
        ADD    SI, BX
```

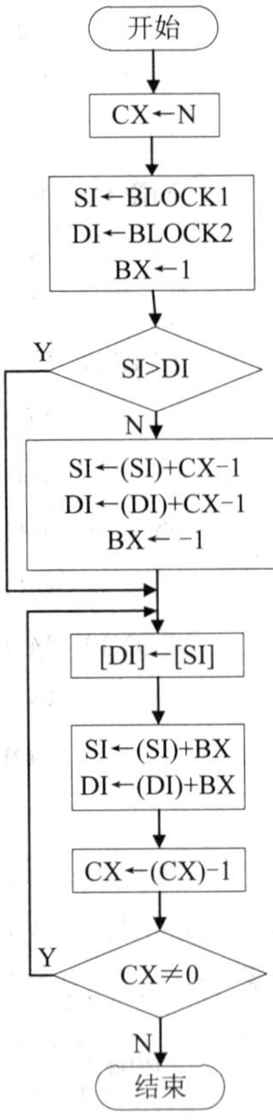

图 4.9　例 4-11 程序流程图

```
ADD     DI, BX
DEC     CX
JNZ     MOVE        ; CX≠0，即尚未传送完毕，则转 MOVE 处继续传送
MOV     AH, 4CH
INT     21H
CODE    ENDS
END     START
```

4.5.4　循环程序设计

在解决实际问题时，经常需要连续重复一些操作，解决这种问题适宜使用循环程序结构。下面首先介绍两种循环程序结构和实现循环控制的循环指令，在此基础上，对于计数控制、最大循环次数的控制以及循环次数未知条件下控制循环程序的设计方法和技巧进行详细介绍。最后介绍多重循环程序设计的方法。

1. 循环程序结构

循环程序一般由以下三个部分组成：

(1) 置循环初值部分。这一部分本身仅执行一次，有两方面的作用：其一，为循环工作部分置初值，包括对工作部分所涉及的某些寄存器或存储单元置零或置其他初始值，使地址指针指向一个数据区的起始位置等；其二，为循环控制部分置初值，包括置循环次数或置循环结束条件等。

(2) 循环工作部分。这一部分又称为循环体，是需要重复执行的程序段，是循环程序要完成的具体操作。

(3) 循环控制部分。这一部分也会随循环工作部分一道重复执行，其作用是修改用于循环计数的寄存器的值，以及对循环结束条件是否成立作出判断。

循环程序结构如图 4.10 所示，其中图 4.10(a)所示是“先工作后控制”结构，这种结构下，循环工作部分至少被执行一次，图 4.10(b)所示是“先控制后工作”结构，这种结构下允许 0 次循环。

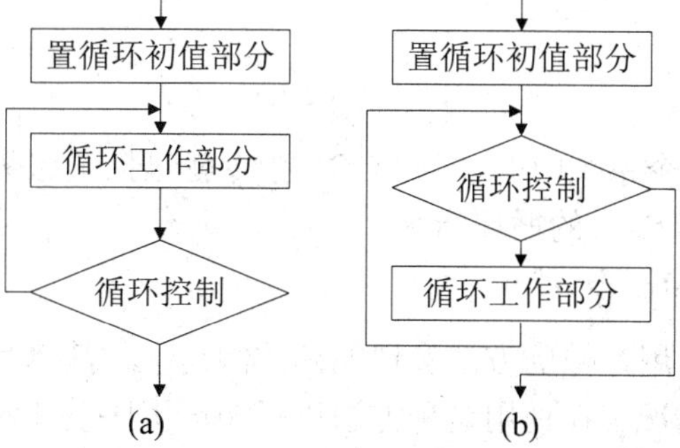

图 4.10　循环程序结构示意图

例 4-12　将 BLKS 为首地址的连续 N 个字节数传送至以 BLKD 为首地址的存储区，假设这两个存储区不重叠，编写此数据块传送程序。

解　程序流程图如图 4.11 所示。程序如下：

```
DATA    SEGMENT
BLKS      DB   (N 个字节数)
N         EQU   $-BLKS
BLKD      DB   N  DUP(?)
DATA      ENDS
;
STACK     SEGMENT STACK
          DB   80H   DUP(0)
STACK   ENDS
CODE    SEGMENT
    ASSUME   DS: DATA, SS: STACK, CS: CODE
START:    MOV       AX, DATA
          MOV       DS, AX
          MOV       CX, N
          MOV       SI, OFFSET   BLKS
          MOV       DI, OFFSET   BLKD          ; 置循环初值部分
MOVE:   MOV     AL, [SI]
          MOV       [DI], AL
          INC       SI
          INC       DI                         ; 循环工作部分
          DEC       CX
          JNZ       MOVE                       ; 循环控制部分
          MOV       AH, 4CH
          INT       21H
          CODE   ENDS
          END    START
```

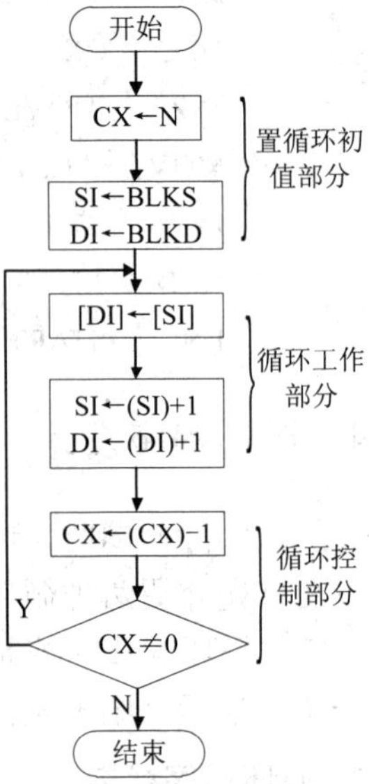

图 4-11　例 4-12 程序流程图

以上程序通过指令：

```
DEC       CX
JNZ       MOVE
```

实现循环控制。80x86 指令系统中的一条 LOOP 指令就包括了这两条指令的功能。事实上 8086 指令系统中设有一组专门的循环指令。

2. 计数控制的循环程序设计

在循环程序设计中，用计数的方法实现循环控制是一种基本且常用的方法。这种方法适用于已知循环次数的情况。在使用这种方法进行循环程序设计时，应根据题意确定需要重复进行的操作，将其作为循环工作部分，在循环工作部分之前对循环工作部分所涉及的某些寄存器、存储单元置初始值，对计数寄存器 CX 置循环次数，还应根据计数寄存器的计数情况控制循环，通常使用 LOOP 指令实现。在循环部分只是一条串操作指令时，则可

通过在该串操作指令前加上 REP 前缀来实现。

例 4-13　编写程序，用以统计 BUF 数据区中负数的个数。

解　分析：

① 循环工作部分，包括将 BUF 数据区中的一个数与 0 相比较，若该数小于 0 则使存放负数个数的寄存器(如 AL)增 1，否则不做此增 1 工作。为了使每一次操作针对 BUF 数据区中一个数据，需要使用一个通用寄存器(如 BX)作为地址指针，于是需重复进行操作包括对地址指针的修改。

② 置循环初值部分，包括作为存放负数个数的寄存器 AL 置初值 0，地址指针 BX 应指向 BUF 数据区起始位置，计数寄存器 CX 应置 BUF 数据区中数据的个数。

③ 循环控制只要使用 LOOP 指令即可。程序流程图如图 4.12 所示。程序如下：

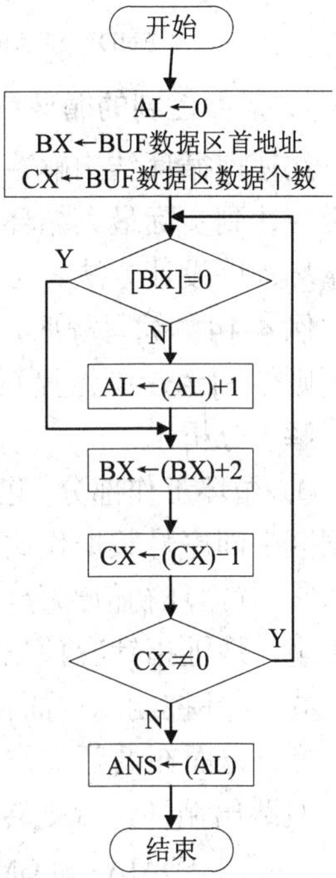

图 4.12　例 4-13 程序流程图

```
                DATA    SEGMENT
                BUF    DW    0, 8200H, 42H, 0FFFFH, 1200H, 3203H
                       DW    0C000H, 9030H, 6800H, 10H, 08H, 2222H
                COUNT    EQU    ($-BUF)/2        ; 使 COUNT 等于 BUF
                                                 ; 数据区中数据个数
                ANS    DB    ?
                DATA    ENDS
                ;
                STACK      SEGMENT    STACK
                    DB    80H    DUP(0)
                STACK    ENDS
                ;
                CODE    SEGMENT
                    ASSUME    DS: DATA, SS: STACK, CS: CODE
START:   MOV        AX, DATA
         MOV        DS, AX
         XOR        AL, AL
         MOV        BX, OFFSET    BUF
         MOV        CX, COUNT       ; 置循环初值
NEXT:    CMP        WORD PTR[BX], 0
         JGE        GEZ             ; BX 所指的有符号双字节数不为负数则转标号 GEZ 处
         INC        AL
GEZ:     INC        BX
         INC        BX              ; 循环工作
         LOOP       NEXT            ; 循环控制
         MOV        ANS, AL
```

```
        MOV     AH, 4CH
        INT     21H         ; 返回 DOS
  CODE  ENDS
  END   START
```

3. 条件控制的循环程序设计

在使用循环结构解决问题时，有时只是已知最大循环次数，循环工作部分的重复次数是否应达到实际最大循环次数，需要根据循环工作部分的执行情况来确定。使用计数控制的循环程序设计方法，可在循环工作部分根据执行情况判断是否中途跳出循环。

例 4-14　编写程序，用以判断 BUF1 和 BUF2 两个等长度的数据区中数据是否相同。相同则使 FLAG 单元置 0，否则置 –1。

解　分析：

① 循环工作部分，包括使地址指针作"+1"修改，将 BUF1 数据区中一个数据与 BUF2 数据区中同序号数据作比较。

② 置循环初值部分，包括对存放比较结果的 FLAG 单元置初值 0，这一点用伪指令即可实现，地址指针应预先指向数据区起始位置的前一字节，对 CX 置最大循环次数。

③ 循环控制一方面使用 LOOP 指令，使循环工作部分的执行次数不超过 CX 的初始值；另一方面在循环工作部分增加一分支结构，若同序号的两个数据不同，则使 FLAG 置 –1，且跳出循环，否则转 LOOP 指令。程序流程图如图 4.13 所示。程序如下：

```
        DATA   SEGMENT
        BUF1    DB   (N 个字节数)
        BUF2    DB   (N 个字节数)
        COUNT     EQU   $-BUF2
        FLAG   DB   0
        DATA   ENDS
        STACK   SEGMENT   STACK
                DB   80H   DUP(0)
        STACK   ENDS
        CODE   SEGMENT
           ASSUME   DS: DATA, SS: STACK, CS: CODE
START:  MOV     AX, DATA
        MOV     DS, AX
        MOV     SI, OFFSET BUF1
        MOV     DI, OFFSET BUF2
        MOV     CX, COUNT;
NEXT:   MOV     AL,[SI]
        CMP     AL,[DI]
        INC     SI
        INC     DI
```

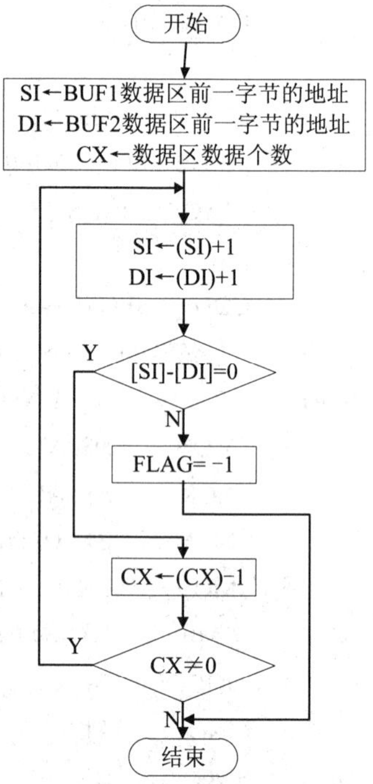

图 4.13　例 4-14 程序流程图

```
        JZ      LOOP1
        MOV     FLAG, -1
        JMP     OK              ; 循环工作, 其中亦含循环控制
LOOP1:  LOOP    NEXT            ; 循环控制
OK:     MOV     AH, 4CH
        INT     21H             ; 返回 DOS
CODE  ENDS
        END   START
```

4.5.5　子程序设计及调用

1. 子程序概念

如果在一个程序中的多处需要用到同一段程序，或者说在一个程序中，需要多次执行某一连串的指令，那么可以把这一连串的指令抽取出来，写成一个相对独立的程序段。每当需要执行这段程序或这一连串的指令时，就调用这段程序，执行这段程序后，再返回原来调用它的程序。这样每次执行这段程序时，就不必重写这一连串的指令了。这样的程序段称为子程序或过程，而调用子程序的程序称为主程序或调用程序。此外，使用子程序还有一个主要原因。我们可以把整个问题划分成好几个模块，把每个模块再划分成更小的模块，直到每个模块的算法都描述得很清楚为止。这样，就把一个大的问题划分成许多小的问题，而这些小的问题就构成了一个个相对独立的模块，它们可以单独编程、调试和纠错。对这些独立的模块通常编写成子程序，而且可以被层次图中最高层的主程序调用。子程序结构是模块化程序设计的重要工具和手段。

2. 子程序的定义

子程序是用过程定义伪指令 PROC 和 ENDP 来定义的。伪指令 PROC 和 ENDP 已在前面介绍过了，这里只对其类型属性作一些说明，因为它是一个过程能否正确执行的保证。过程类型属性的确定原则如下：

(1) 调用程序和过程若在同一代码段中，则使用 NEAR 属性。

(2) 调用程序和过程若不在同一代码段中，则使用 FAR 属性。

(3) 主程序应定义为 FAR 属性，因为把程序的主过程看作 DOS 调用的一个子程序，而 DOS 对主过程的调用和返回都是 FAR 属性。另外，过程定义允许嵌套，即在一个过程定义中允许包含多个过程定义。

3. 子程序的调用和返回

子程序的调用和返回由 CALL 和 RET 指令完成，子程序的正确调用和正确返回是正确执行子程序的保证。为了正确地执行子程序，有两点应特别注意：

(1) 正确选择过程的属性。

(2) 正确使用堆栈，因为在调用程序中执行 CALL 指令时，要把断点地址压入堆栈。这个地址正是由子程序返回到调用程序的地址。当在子程序中执行 RET 指令时，便把这个返回地址由堆栈弹出(称为恢复断点)，返回调用程序自此继续往下执行。若在子程序中

不能正确地使用堆栈，从而造成执行 RET 前堆栈指针 SP 并未指向进入子程序时的返回地址，则必然会导致运行出错，因此在子程序中使用堆栈要特别注意。

4. 现场保护与恢复

在程序设计中，调用程序(或主程序)与子程序通常是独立编写的，因此它们所使用的一些寄存器和存储单元经常会发生冲突。如果调用程序在调用子程序以前的某些寄存器或存储单元的内容在从子程序返回到调用程序后还要使用，而子程序又恰好使用了这些寄存器或存储单元，则这些寄存器或存储单元的原有内容遭到了破坏，那就会使程序运行出错，为防止这种错误的发生，在进入子程序之前或之后，应该把子程序所使用的寄存器或存储单元的内容保存在堆栈中，而退出子程序之前再恢复原有的内容。

所谓“现场保护”，是指子程序运行时，对可能破坏的主程序用到的寄存器、堆栈、标志位、内存数据的保护。所谓“现场恢复”，是指由子程序结束运行返回主程序时，对被保护的寄存器、堆栈、标志位、内存数据的恢复。于是，有必要在子程序调用前后分别进行“保护现场”与“现场恢复”的工作。

现场的保护有以下两种方法：

(1) 把需要保护和恢复的寄存器的内容，在调用程序中压入堆栈和弹出堆栈。这种方法有一个好处，就是在每次调用子程序时，只要把你所关心的寄存器压入堆栈，返回后弹出即可。但缺点是在调用程序中，使用压入和弹出堆栈的功能会使调用程序不容易理解，而且可能在调用程序其他地方使用某个寄存器时，却忘了把它压入堆栈。

(2) 进入子程序后，首先把需要保护的寄存器的内容压入堆栈，而在返回调用程序前，再恢复这些寄存器的内容。这种方法是我们所推荐的。这种方法的好处是：首先，在调用程序中的任何地方都可调用子程序，而不会破坏任何寄存器的原有内容；其次，只需要写一次压入和弹出堆栈群即可。

5. 调用程序与子程序之间的参数传递

调用程序在调用子程序之前，往往要将需要子程序处理的原始数据提供给子程序，即为子程序提供入口参数。子程序根据入口参数进行一系列处理后，往往要将处理结果，即出口参数提供给调用程序。这种调用程序为子程序提供入口参数，子程序将出口参数提供给调用程序的工作称为参数的传递。

调用程序与子程序之间传递参数的方式必须事先约定。在设计子程序前，必须确定其入口参数从何处取，处理结果往何处送。一旦按照事先的约定设计子程序，则无论哪个调用程序，无论在调用程序的哪个位置调用该子程序，均必须在 CALL 指令前将入口参数传送到约定之处，在 CALL 指令后从约定之处取得出口参数。

下面举例说明寄存器法参数传递程序的设计方法。

寄存器进行参数传递时，先由主程序将需要传递的参数预先装入约定的寄存器，在进入子程序后，由子程序取出进行处理；执行子程序后，结果也放入规定的寄存器中带回主程序。这种方法十分方便，但由于受寄存器数量的限制，不适合有大量参数的情况，只适合于传递参数较少的一些简单程序。寄存器法即事先约定使用某些寄存器进行入口参数、出口参数的传递。

例 4-15　编写程序，用以统计字节数组中零元素的个数。

解　分析：

① 为了可以对存放于不同位置、字节数各异的不同的字节数组实现题目提出的功能，可以将统计字节数组中零元素个数的工作用子程序来实现。

② 对于一个首地址为 ARRAYB，字节数为 COUNT 的字节数组来说，应将 ARRAYB 及 COUNT 作为入口参数提供给子程序；而子程序应在统计出 ARRAYB 开始的 COUNT 个字节数中零元素个数后，将零元素个数作为出口参数提供给调用程序；调用程序最后将出口参数传送至存储单元，如 ANS 单元。

③ 在编写程序和子程序前，约定使用寄存器来实现入口参数和出口参数的传递。

考虑到子程序需要判断 ARRAYB 开始的各个字节数是否为零元素，将 ARRAYB 作为 SI 的初值，且逐次使 SI 增 1，则可用［SI］表示各个字节数。于是可以约定，使用寄存器 SI 传递入口参数 ARRAYB。考虑到子程序需要重复判断［SI］是否为零元素，重复次数为 COUNT，而可实现控制重复的 LOOP 指令使用寄存器 CX 实现重复计数，于是可以约定，使用寄存器传递入口参数 COUNT。可以在子程序中用一个寄存器(如 AX)统计数组中零元素的个数，并约定使用该寄存器将零元素的个数作为出口参数传递给调用程序。

调用程序和子程序之间的参数传递可表示为

SI←ARRAYB(入口参数)

CX←COUNT(入口参数)

AX←零元素个数(出口参数)

调用程序和子程序的程序流程图如图 4.14 所示。程序如下：

```
        DATA   SEGMENT
        ARRAYB   DB   (若干个字节数)
        COUNT   EQU   $-ARRAYB
        ANS        DW   ?
        DATA   ENDS
        STACK      SEGMENT   STACK
                   DB   80H   DUP(0)
        STACK   ENDS
        CODE   SEGMENT
        ASSUME   DS: DATA, SS: STACK, CS: CODE
START:  MOV      AX, DATA
        MOV      DS, AX
        LEA      SI, ARRAYB
        MOV      CX, COUNT        ; 通过约定的寄存器 SI、CX 为子程序提供入口参数
        CALL     ZNUM
        MOV      ANS, AX          ; 通过约定的寄存器 AX 接收子程序提供的出口参数
        MOV      AH, 4CH
        INT      21H
```

```
 ZNUM   PROC
        XOR     AX, AX
NEXT:   CMP     BYTE PTR[SI], 0
        JNZ     NZ
        INC     AX
NZ:     INC     SI
        LOOP    NEXT
        RET
 ZNUM   ENDP
 CODE   ENDS
        END   START
```

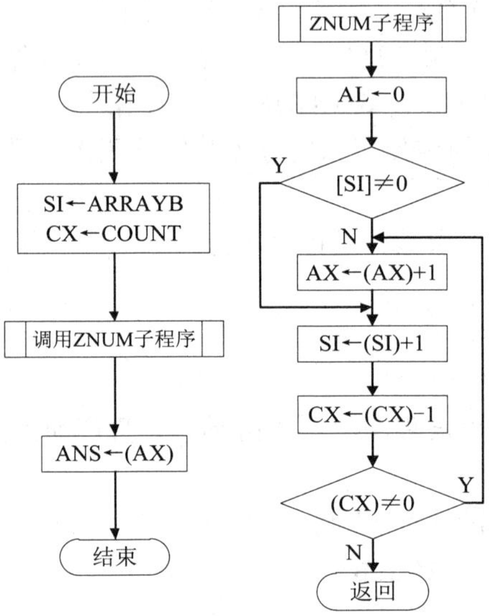

图 4-14　例 4-15 程序流程图

寄存器法的优点是参数传递快，编程较方便，且节省内存单元。由于寄存器个数有限，而调用程序和子程序中往往要用到一些寄存器，因此在需传递的参数较多时，会出现寄存器不够用的现象，所以寄存器法只适用于需传递的参数较少的情况。

4.6 宏 指 令

在汇编语言源程序中，有的程序段要多次使用。为了在源程序中不重复书写这个程序段，可以用一条宏指令来代替，由汇编程序在汇编时产生所需代码。

4.6.1 宏指令、宏定义、宏调用和宏展开

1. 宏指令

宏指令是源程序中具有独立功能的一段程序代码。它可以根据用户的需要，由用户自

已在源程序中定义。宏指令一经定义，便可以在以后的程序中多次调用。

2. 宏定义

宏定义(MACRO/ENDM)是对宏指令进行定义的过程，由 MASM 宏汇编程序提供的伪指令 MACRO/ ENDM 实现，其定义格式为

```
宏指令名    MACRO   形式参数，形式参数…
            <宏体>
            ENDM
```

其中：宏指令名(Macro Name)给出该宏定义的名称，是为宏指令起的名字，以便在源程序中调用该宏指令时用，宏指令名的选择和规定同段名；MACRO 和 ENDM 为宏定义的伪指令，它们必须成对地出现在源程序中，且必须以 MACRO 作为宏定义的开头而以 ENDM 作为宏定义的结尾；MACRO 和 ENDM 之间的语句称为宏定义体(简称为宏体)，是实现宏指令功能的实体；形式参数列表也称为哑元表，给出宏定义中所用到的参数，形式参数的设置可根据需要而定，可有一个或多个(最多不能超过 132 个)，也可以没有，当有多个形式参数时，参数之间必须以逗号隔开。

3. 宏调用

经过宏定义后的宏指令就可以在源程序中被调用，这种对宏指令的调用称为宏调用。宏调用的格式为

```
宏指令名    [实际参数列表]
```

宏调用的宏指令名就是宏定义中的宏指令名，这是一一对应的。实际参数列表也称为实元表，其中的每一项均为实际参数，相互之间用逗号隔开。

由宏调用格式可以看出，只需在源程序的操作码域写上已定义过的宏指令名就可调用该宏指令了。若宏定义时该宏指令有形式参数，还必须在宏调用时在宏指令名后面写上实际参数以便和形式参数一一对应；若宏定义时该宏指令没有形式参数，则宏调用时也不需要写实际参数。

4. 宏展开

具有宏调用源程序被汇编时，汇编程序将对每个宏调用进行宏展开。宏展开实际上是用宏定义时设计的宏体去代替宏指令名，并用实际参数取代形式参数，即第 n 个实际参数取代第 n 个形式参数，以形成符合设计功能且能够实现、执行的程序代码。

一般来说，实际参数的个数应与形式参数的个数相等，且一一对应。若两者个数不等时，无论是形式参数多还是实际参数多，汇编程序在完成它们一一对应的关系后，便将多余的形式参数做“空”处理，而多余的实际参数不予考虑。

例 4-16　用宏指令定义两个字操作数相乘，得到一个 16 位的第三个操作数作为结果。

解　宏定义：

```
MULTIPLY    MACRO   OPR1, OPR2, RESULT
PUSH        DX
PUSH        AX
MOV         AX, OPR1
IMUL        OPR2
```

```
    MOV     RESULT, AX
    POP     AX
    POP     DX
    ENDM
```

宏调用：

```
    MULTIPIY    CX, VAR, XYZ[BX]
    MULTIPLY    240, BX, SAVE
```

宏展开：

```
    +    PUSH    DX
    +    PUSH    AX
    +    MOV         AX, CX
    +    IMUL    VAR
    +    MOV         XYZ[BX], AX
    +    POP         AX
    +    POP         DX

    +    PUSH        DX
    +    PUSH        AX
    +    MOV         AX, 240
    +    IMUL        BX
    +    MOV         SAVE, AX
    +    POP         AX
    +    POP         DX
```

汇编程序在所展开的指令前加上+号以示区别。由例 4-16 可知，由于宏指令可以带形式参数，调用时可以用实际参数取代，这就避免了子程序由于变量传送带来的麻烦，从而增加了宏汇编使用的灵活性。而且实际参数可以是常数、寄存器、存储单元地址及其他表达式，也可以是指令的操作码(助记符)或操作码的一部分。

4.6.2　宏定义中的标号和变量

如果在宏定义体中出现标号和变量，该宏指令又需要多次被调用，那么在宏展开后的程序中将多次重复出现相同的标号和变量，也就是说会产生重复定义标号或变量的错误，这在汇编语言程序中是不允许的。为了避免发生这种错误，MASM 宏汇编在宏定义中用伪指令 LOCAL 把要出现在宏体中的标号或变量定义为局部标号或变量。

格式：LOCAL　　参数表

其中，LOCAL 为重复定义的定义符，参数表中给出宏体中要用到的标号或变量，可以有多个，各参数之间必须用逗号隔开。宏展开时，汇编程序用??0000,??0001,…, ??FFFF 来依次取代参数表中出现的标号或变量，以建立唯一的符。

LOCAL 伪指令只能出现在宏定义体内，而且必须是 MACRO 伪操作后的第一条语句，在 MACRO 和 LOCAL 伪操作之间不允许有注释和分号标志。

例如，

宏定义如下：

```
        ABSOL   MACRO   OPER
        CMP     OPER, 0
        JGE     NEXT
        NEG     OPER
NEXT:
        ENDM
```

上述宏定义中出现标号 NEXT，如果要在程序中多次调用该宏定义时，宏展开后就会出现重复标号，所以在宏体中应使用 LOCAL 伪指令进行定义。上述宏定义可被重新定义为

```
        ABSOL   MACRO   OPER
        LOCAL   NEXT
        CMP     OPER, 0
        JGE     NEXT
        NEG     OPER
NEXT:
        ENDM
```

宏调用：

```
    ABSOL   VAR
    ABSOL   BX
```

宏展开：

```
    +           CMP     VAR, 0
    +           JGE     ??0000
    +           NEG     VAR
    + ??0000:
    +           CMP     BX, 0
    +           JGE     0001
    +           NEG     BX
    + ? ? 0001:
```

4.6.3　宏指令与子程序

在汇编语言程序设计中，宏指令和子程序都给程序设计者提供了很大的方便。子程序将需要多次执行的一段程序按一定的格式定义后，存放在内存的某个区域，可被调用程序多次调用；宏指令则根据需要按一定的格式进行定义，用一条指令来代替一段程序。无论是宏指令还是子程序都可以起到简化源程序的作用。但两者的区别是什么呢？下面介绍两者各自的特点。

子程序由 CALL 指令调用，由 RET 指令返回，汇编以后子程序的机器码只占用一个程序段。若在一个源程序中多次调用同一个子程序，子程序的代码段也只有一段，则主程序中只有调用指令的目标代码，即汇编后产生的代码少，目标程序占用的内存空间少，节约了内存空间。而宏指令每调用一次，宏体展开时都要占一个程序段，有多少次调用，在目标程序中就有多少次目标代码插入，调用次数越多，占用内存空间就越大，因而从占用内存空间大小这个角度来说，子程序优于宏指令。

另一方面，子程序在执行时，每调用一次都要保护和恢复返回地址及寄存器的内容等，这些操作都额外增加了时间。子程序被调用的次数越多，这些附加时间就越长，因而导致CPU 执行程序的时间长，速度慢。而宏指令在执行时不存在保护和恢复返回地址及寄存器内容的问题，执行的时间短，速度快。因而从程序执行时间长短这个角度来说，宏指令优于子程序。

在程序设计过程中，到底选择子程序结构还是宏指令结构，需视具体情况而定。一般来说，当要重复执行的程序不长，重复次数又多时，速度是主要问题，通常用宏指令；而要重复执行的程序较长，重复次数又不是太多时，额外操作所附加的时间就不明显了，节省内存空间应视为主要问题，通常采用子程序结构。

小　　结

本章主要介绍了汇编语言程序的结构，汇编语言的语句格式，常用伪指令语句，DOS、BIOS 系统功能调用以及汇编语言程序的设计方法，着重介绍了顺序、分支、循环基本程序的设计，多数例题配有程序流程图，可以帮助读者更好地理解程序设计的过程。通过本章的学习，应达到下述基本要求：对于较为简单的实际问题，能独立使用汇编语言进行程序设计；对汇编语言程序的上机运行过程应熟练掌握，配以适当的上机时间，从而提高实际编程能力。

习　　题

4-1　下列变量各占多少字节？画出各变量内存分配图并指出初始化的数据值。

(1) VARAl　DB　'AB', 12H, 3 DUP(0, 1)

(2) VARA2　DB　2　DUP(0, 2 DUP((1, 3), ?, 2)

(3) VARA3　DB　'WWW.SINA.COM'

(4) VARA4　DW　'UK', 'PS'

(5) VARA5　DB　4　DUP(3　DUP(0, 1, 'XYZ'))

4-2　下列指令完成什么功能？

(1) MOV　AX, 0F0FH　AND　1020H+304H

(2) MOV　AL, 15　GE　10111B

(3) MOV　AX, 00FFH　LE　255+8/7

(4) AND　AL,58　MD　9

(5) OR　AX,0F00FH　AND　1234H　OR　00FFH

4-3　有符号定义语句如下：

```
BUF     DB   3, 4, 5, '123'
ABUF    DB   0
L       EQU  ABUF-BUF
```

求 L 的值。

4-4　假设程序中的数据定义如下：

```
PARA      DW     10  DUP(?)
PNAME     DB     'abcdefgh'
COUNT     DD     ?
PLENTH    EQU    $-PAPA
```

求 PLENTH 的值及表示的意义。

4-5　写出完成下列要求的变量定义语句：

(1) 为某缓冲区 BUFFER 预留 120 个字节的存储空间。

(2) 将字符串'BYTE'、'WORD'存放于某数据区。

4-6　分别说明下列各指令的区别(VAR 为变量名)。

(1)　MOV　BX, VAR
　　MOV　BX, OFFSET　VAR

(2)　MOV　BX, VAR
　　LEA　BX, VAR

(3)　LEA　BX, VAR
　　MOV　BX, OFFSET　VAR

4-7　若数组 ARRAY 在数据段中定义如下：

```
ARRAY   DW   100   DUP(? )
```

试指出下列语句中各操作符的作用及指令执行后有关寄存器产生了什么变化。

```
MOV    BX, OFFSET   ARRAY
MOV    CX, LENGTH   ARRAY
MOV    SI, 0
ADD    SI, TYPE PTR   ARRAY
```

4-8　设已知变量和结果均放在数据段，编写程序实现 $Z=3|X|+10Y-X2$。

4-9　若在字变量 ARRAY 数组中存放了 10 个 16 位无符号数，试编写程序段，找出数组中最大数，并存入字变量 MAX 中。

4-10　试编写一程序段，完成两个以压缩型 BCD 码格式表示的 16 位十进制数的加法运算，相加的两数 x 和 y 可定义为字节变量，并假定高位在前，和数 SUM 也同样定义为字节变量。

4-11　编写一个判断 BX 中的数是正数、负数还是零的程序段。若(BX)＜0，则以 −1 存入 DL；若(BX)=0，则以 0 存入 DL；若(BX)＞0，则以 1 存入 DL。

4-12　试编写一程序段，统计以 $ 结束的字符串 STRASCII 中空格的数量。若有空格，将第一个空格的位置存入 DL 中，空格的数量存入 DH 中；若该串中无空格符，则以−1 存入 DL 中，DH 清零。

4-13　编程将 AX 寄存器中的内容以相反的次序传送到 DX 寄存器中，并要求 AX 中的内容不被破坏，然后统计 DX 寄存器中 1 的个数。

4-14　假定有一最大长度为 100 个字符的字符串 STRING，该字符串以回车符结束，试编写一程序段，统计该串的实际长度(不包括回车符)，统计结果存入 CL 中。

4-15　编写统计 AX 中 0、1 个数的程序。0 的个数存入 CH 中，1 的个数存入 CL 中。

4-16　编程将 AX 中的 4 位 BCD 码转换成二进制数，转换结果存放在 AX 中。

4-17　编程将 AX 中的二进制数转换成 4 位 BCD 码，转换结果存放在 AX 中。

4-18　编程将内存中以 STRBUF 为首地址的 ASCII 字符串，以 $ 为结束符，转换成十进制数存放在以 NUM 为首地址的单元。

4-19　试将一个 2 位十进制数的压缩的 BCD 码转换成十六进制数，并在屏幕上显示出来。

4-20　设有两个无符号数 3567 和 2014，求它们的和，将结果存放在 SUM 单元中，并将其和转换为十六进制数，且在屏幕上显示出来。

4-21　内存中从 FIRST 和 SECOND 开始的单元内分别存放着两个 4 位非压缩型的 BCD 码，数据存放的规则是：低位在低地址，高位在高地址。试编程求这两个数的和，并存放到从 THIRD 开始的内存单元中。

4-22　把 3 个连续存放的正整数，按递增次序重新存放在原来的 3 个存储单元中。

4-23　编写完整的程序实现将 AH 中的二进制数转换成压缩型 BCD 码十进制数。

4-24　试编写一个程序，比较两个字符串 STRING1 和 STRING2 所含的字符是否完全相同，若相同则显示“match”，若不同则显示“No match”。

4-25　编写一个程序，将一个数组中正数与负数分成两个数组，并分别显示正数与负数的个数。

4-26　编写一个统计 DX 中 1 的个数的程序段，统计结果存放在 CL 中。

4-27　将键盘上输入的十六进制数转换成十进制数，并在屏幕上显示结果。

4-28　编写一个程序，将 10 个无符号数排序后，存放在原来的区域中。

4-29　计算 $1+2+3+\cdots+199+200$，和数存放于 SUM 单元中。

4-30　试编写程序，比较数组 ARRAY 的 3 个 16 位数，实现以下要求：(1) 如果 3 个数互不相等则 AX 置为 0；(2) 如果 3 个数中有 2 个相等，则 AX 置为 1；(3) 如果 3 个数相等则 AX 置为 2。

第 5 章　存 储 器

存储器是计算机的重要组成部件，用来存放程序和数据。本章主要介绍半导体存储器的分类、组成及主要技术指标，随机存取存储器(RAM)，只读存储器(ROM)，以及存储器与 CPU 接口的基本技术等内容。

5.1　概　　述

5.1.1　存储器的一般概念和分类

存储器是微型计算机系统的重要组成部分，用来存储微型计算机工作所必需的数据和程序。存储器具有记忆功能，由大量基本存储电路(或称记忆单元)组成。基本存储电路用具有两种稳定状态的物理器件来表示二进制数的 0 和 1，这种物理器件可以是磁芯、半导体器件等。

按照存储器在计算机中的位置，可将存储器分为内存储器和外存储器两类。

内存储器(也称为主存储器，简称内存)用来存放当前机器运行的程序和数据，是计算机主机的一部分。CPU 可直接用指令对内存储器进行读/写访问。一般把具有一定容量且速度较高的存储器作为内存储器。在微型计算机中，通常将半导体存储器作为内存储器。目前应用在微型计算机的主内存容量已达 256 MB～8 GB，高速缓存器(Cache)的存储容量已达 128 KB～512 KB。

外存储器(也称为辅助存储器，简称外存)用来存放当前暂时不用的程序和数据。CPU 不能直接用指令对外存储器进行读/写访问。要使用外存储器中的信息，必须先将其调入内存储器。与内存储器相比，外存储器的存储容量大，速度较低，位于主机之外。在微型计算机中常见的外存有软磁盘、硬磁盘、盒式磁带等，近年来，由于多媒体计算机的发展，普遍采用了光盘存储器。光盘存储器的外存容量很大，如 CD-ROM 光盘容量可达 650 MB，硬盘已达几十个 GB 乃至几千个 GB，而且容量还在增加，故也称外存为海量存储器。不过，要配备专门的设备才能完成对外存的读/写。例如，软盘和硬盘要配有驱动器，磁带要有磁带机。通常，将外存归入计算机外设一类，它所存放的信息调入内存后 CPU 才能使用。

随着 CPU 速度的不断提高和软件规模的不断扩大，人们希望存储器能同时满足速度快、容量大、价格低的要求。于是在原有的内存和 CPU 之间增加了速度更高、容量更小的高速缓冲存储器(Cache)来提高存取速度。这种按一定层次结构设计的计算机存储系统，从整体速度上接近内存，容量和价格接近外存。

图 5.1 所示为微型计算机存储系统的层次结构。它呈现金字塔形，越往上，存储器件

的速度越快，CPU 的访问频度越高；同时，每位存储容量的价格越高，容量越小。图中，CPU 内部存储器位于塔的顶端，它拥有最快的存取速度，但数量极为有限；向下依次是内部 Cache、外部 Cache(由静态随机存取存储器组成)、内存 (由动态随机存取存储器组成)、外存(如半导体存储器、磁盘)和大容量外存(如光盘、磁带)；位于塔底的存储设备，其容量最大，每位存储容量的价格最低，但速度可能也是较慢或最慢的。从整体上看，这种结构解决了速度、容量和价格间的矛盾。

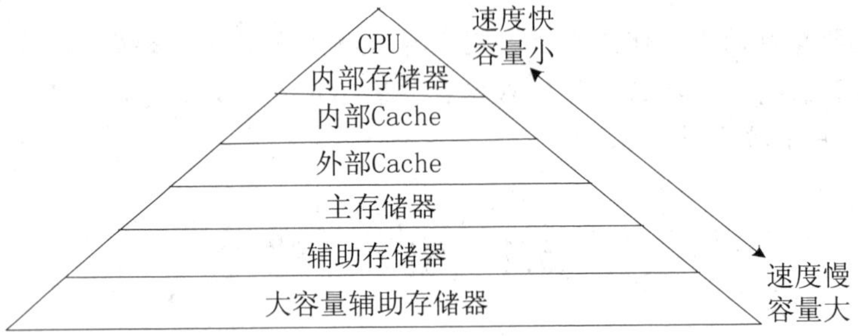

图 5.1　微型计算机存储系统的层次结构

5.1.2　半导体存储器的分类

在微型计算机中，内存一般都使用半导体存储器。半导体存储器的分类方法有很多种。按器件原理分，有双极型存储器和 MOS 型存储器；按存取方式分，有随机存取存储器(Random Access Memory，RAM)和只读存储器(Read-Only Memory，ROM)；按存储原理分，有静态随机存取存储器(Static Random Access Memory，SRAM)和动态随机存取存储器(Dynamic Random Access Memory，DRAM)；按信息传送方式分，有并行存储器(即其字长的所有位同时进行存取)和串行存储器(即按位进行存取)；按制造工艺分，有双极型半导体存储器和 MOS 型半导体存储器。下面主要介绍按制造工艺和按存取方式分类的存储器。

1. 按制造工艺分类

按制造工艺的不同，半导体存储器可分为双极型半导体存储器和 MOS 型半导体存储器两类。

(1) 双极型半导体存储器：用 TTL 型晶体管逻辑电路作为基本存储电路，其特点是存取速度快(但和 MOS 型半导体存储器相比，集成度低，功耗大，成本高)，常用于高速的微型计算机和大型计算机中，在微型计算机系统中常用于高速缓冲存储器(Cache)。

(2) MOS 型半导体存储器：其特点是制造工艺简单，集成度高，功耗低，价格便宜，但存取速度比双极型半导体存储器要慢。MOS 型半导体存储器有多种制造工艺，包括 NMOS(N 沟道 MOS)、HMOS(高密度 MOS)、CMOS(互补型 MOS)、CHMOS(高速 MOS)等，可用来制造多种半导体存储器件。微型计算机的内存主要由 MOS 型半导体存储器构成。

2. 按存取方式分类

按存取方式的不同，半导体存储器可分为只读存储器(ROM)和随机存取存储器(RAM)

两大类。其进一步详细分类如图 5.2 所示。

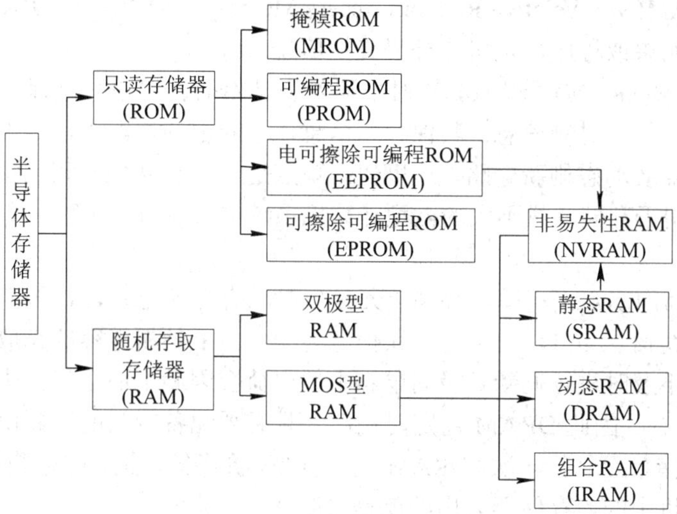

图 5.2　半导体存储器分类

(1) 只读存储器(ROM)：在微型计算机系统的在线运行过程中，只能对其进行读操作，而不能进行写操作。断电后，ROM 中的信息不会消失，因此 ROM 具有非易失性，通常用来存放固定不变的程序、汉字字型库、字符及图形符号等。随着半导体技术的发展，只读存储器也出现了不同的种类，如掩模型只读存储器(Masked Read-Only Memory，MROM)、可编程只读存储器(Programmable Read-Only Memory，PROM)、可擦除可编程只读存储器(Erasible Programmable Read-Only Memory，EPROM)和电可擦除可编程只读存储器(Electric Erasible Programmable Read-Only Memory，EEPROM)等。近年来发展起来的快擦写存储器(F1ash Memory)具有 EEPROM 的特点。ROM 的集成度高于 RAM，且价格较低。

① 掩模只读存储器(MROM)：利用掩模工艺制造，一旦做好，其中的信息便不能更改，因此只适用于存储成熟的固定程序和数据；大量生产时，成本很低。例如，键盘的控制芯片就采用了 MROM。

② 可编程只读存储器(PROM)：出厂时，存储内容全为 1(或者全为 0)，没有存放程序或数据，允许用户进行一次性编程，信息一旦写入不能更改。用户可以根据自己的需要，用通用或专用的编程器写入程序或数据。PROM 类似于掩模 ROM，适合于批量使用。

③ 可擦除可编程只读存储器(EPROM)：信息可通过紫外线来擦除，允许用户多次写入，多次擦除。其擦除的方法为紫外线照射，时间为 7 min～30 min (新的芯片擦除时间短，多次擦除过的芯片擦除时间长)。EPROM 多用于系统实验阶段或需要改写程序和数据的场合。

④ 电可擦除可编程只读存储器(EEPROM)：既具有 ROM 的非易失性，又具有类似 RAM 的功能，是一种可用电气方法在线擦除和多次编程写入的只读存储器。目前，大多数 EEPROM 芯片内部都备有升压电路，因此只需提供单电源，便可进行读、擦除、写操作，这为数字系统的设计和在线调试提供了极大的方便。

(2) 随机存取存储器(RAM)：在程序执行过程中，能够通过指令随机地、个别地对其中每个存储单元进行读/写操作的存储器。一般来说，RAM 中存储的信息在断电后会丢失，是一种易失性存储器。但目前有些 RAM 芯片，由于内部带有电池，断电后信息不会丢失，称为非易失性 RAM(Non Volative Random Access Memory，NVRAM)。RAM 主要用来存放原始数据、中间结果或程序，也可与外界交换信息。

① 静态 RAM(SRAM)：以双稳态触发器作为基本的存储单元来保存信息，每一个双稳态触发器存放一位二进制信息。其保存的信息在不断电的情况下，是不会丢失的。该类芯片的优点是不需要动态刷新电路，速度快；缺点是与动态 RAM 相比集成度低，功耗和价格高。其主要用于存储容量不大的微型计算机系统中。例如，微型计算机中的 Cache 采用的就是 SRAM。

② 动态 RAM(DRAM)：基本存储单元是单管动态存储电路，以极间分布电容来存放信息，电容有电荷信息为 1，电容无电荷信息为 0。由于是靠电容的充放电原理来存储电荷的，因此如果不及时进行刷新，极间电容中的电荷会因漏电而逐渐丢失，一般信息保持的时间为 2 ms 左右。因此 DRAM 需定时刷新，且必须配备专门的刷新电路，保证至少在 2 ms 内对基本存储单元刷新一次。DRAM 集成度高，价格低，多用在存储量较大的系统中。例如，微型计算机中的内存储器采用的就是 DRAM。

③ 非易失性 RAM(NVRAM)：由 SRAM 和 EEPROM 共同构成的存储器。NVRAM 正常运行时与 SRAM 功能相同，用 SRAM 保存信息；在系统掉电或电源故障发生瞬间，SRAM 中的信息被写到 EEPROM 中，以保证信息不丢失。

其他新型存储器还有很多，如快擦写 ROM(即 Flash ROM)以及 Integrated RAM。近年来 Intel 公司推出的快擦写存储器(Flash Memory，也称为闪速存储器)可以用电气方法整片或分块擦除和写入，不能按字擦除。其特点是既具有 RAM 易读易写、体积小、集成度高、速度快等优点，又有 ROM 断电后信息不丢失等优点。Flash 芯片从结构上可分为串行传送和并行传送两大类。串行传送 Flash 能节约空间和成本，但存储容量小，速度慢；并行传送 Flash 速度快，容量大。由于 Flash Memory 具有擦写速度快、低功耗、容量大、成本低等特点，因此得到了广泛应用。详细内容请参阅存储器数据手册。

5.1.3 半导体存储器芯片的一般结构

随着大规模集成电路技术的发展，可将地址译码器、读/写电路和存储体集成在一个芯片内部，称为存储器芯片。半导体存储器芯片的一般结构如图 5.3 所示，它由存储体、地址寄存器、地址译码器、数据寄存器、读/写电路及控制电路等部分组成。

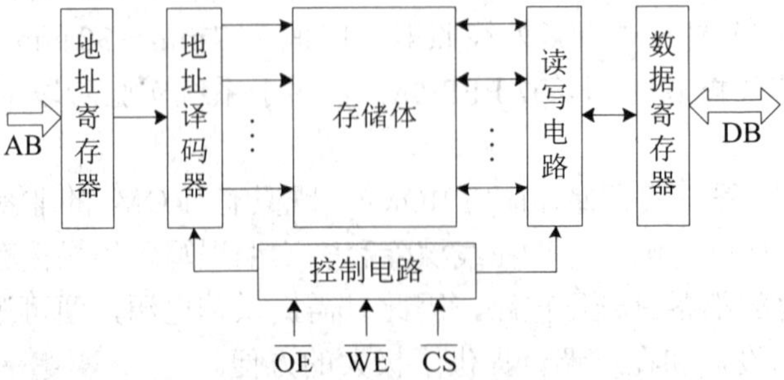

图 5.3 半导体存储器芯片的一般结构

1. 存储体

存储体是存储器芯片的基础和核心，它由多个基本存储单元组成，每个基本存储单元可存储一位二进制信息，具有 0 和 1 两种状态。从逻辑结构上看，存储体是由存储单元构成的存储矩阵，是存储单元的集合体。每个存储单元包含一位或多位基本存储单元，一般 1 个存储单元存储 1 个字节，即存放 8 位二进制信息。每个存储单元有一个唯一的地址供 CPU 访问。

2. 地址寄存器

地址寄存器用来存放 CPU 访问的存储单元地址，该地址经地址译码器译码后，选中芯片内某个特定的存储单元。通常在微型计算机中，访问地址由地址锁存器提供，如 8086 微型计算机处理器中的地址锁存器 8282；存储单元地址由地址锁存器输出后，经地址总线传送到存储器芯片内直接译码。地址总线(AB)的位数 n 与存储单元数 N 之间的关系为 $n = \mathrm{lb}N$。

3. 地址译码器

由于存储器芯片是由许多存储单元构成的，且每个存储单元一般存放 8 位二进制信息，因此为了区分这些存储单元，必须先为它们编号，即分配给这些存储单元不同的地址。地址译码器的作用就是接收 CPU 传送来的地址信号并对它进行译码，选择与此地址码相对应的存储单元，以便对该单元进行读/写操作。为了对某指定存储单元寻址，存储器采用了地址译码技术。常用的地址译码有两种结构，即单译码(线性排列)结构和双译码(矩阵形式排列)结构，如图 5.4 所示。对于同样的 64 个存储单元，采用单译码结构需要一个 6-64 译码器，产生 64 根内部译码线；采用双译码结构需要两个 3-8 译码器，产生 8+8=16 根内部译码线。译码器的功能是实现多选一，即对于某一个输入的地址码，N 个输出线上有唯一一个高电平(或低电平)与之对应。

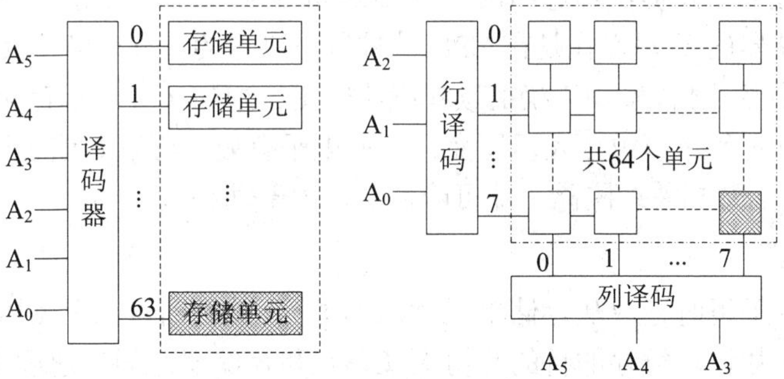

(a) 单译码结构　　(b) 双译码结构

图 5.4　半导体存储器芯片内部的地址译码结构

(1) 单译码结构(如图 5.4(a)所示)是一个“N 中取 1”的译码器。译码器输出驱动 N 根字线中的一根，每根字线由 M 位组成。若某根字线被选中，则对应此线上的 M 位信号便同时被读出或写入，经输出缓冲放大器输出或输入一个 M 位的字。

在图 5.4(a)中，若字线 N 为 64(0～63)，M 为 8 位(即一个存储单元有 8 位二进制位)，则地址译码器的地址输入线 p 应为 6 位(A_5～A_0)，$2^6=64$ 个状态，分别控制 64 根字线(0～63)。若地址信号为 000000，则选中字线 0，若进行读出操作，则该字线上存储单元的 8 位被同时读出；若地址信号为 111111，则选中第 64 根字线 63，对应图 5.4(a)中的阴影单元，此时如果是写操作，则该字线上存储单元的 8 位同时被写入。单译码方式主要用于小容量的存储器，对于大容量的存储器，可采用双译码方式。

(2) 双译码结构(如图 5.4(b)所示)采用两级译码电路：行译码和列译码。当字选择线的根数 N 很大时，$N=2^p$ 中的 p 必然也大，这时可将 p 分成两部分，如：$N=2^p=2^{q+r}=2^q\times 2^r=X\times Y$，这样便将对 N 的译码分别由 X(行)译码和 Y(列)译码两部分完成。现以 p=6 为例，可以分为 $N=2^6=2^3\times 2^3=8\times 8=64$，其译码结构如图 5.4(b)所示。

在图 5.4(b)中，64 个字排成 8×8 的矩阵，需要 6 根地址线 A_5～A_0，分成行和列两部分。A_2～A_0 输入至行译码器，它输出的 8 根字选择线分别选择 8 行；A_5～A_3 输入至列译码器，它输出的 8 根位选择线分别选择 8 列，用于控制各列的位线控制门。设 A_5～A_0= 000000，则行地址译码输出第 0 行为高电平，选中 0 行，此时第 0 行控制的 0～7 各位都有可能被选中进行读/写操作，具体选中哪一位，取决于列地址译码。由于 A_2～A_0= 000，因此列地址译码输出第 0 列应为高电平，即第 0 列列线有效，故行、列双向译码结果是选中第 0 位基本存储电路，即可对这一位存储电路进行读/写操作。如果一个存储字有 8 位，就需要 8 个这样的行、列阵列。当一个地址被选中时，8 个阵列同时被激励，从而构成该地址单元的 8 位同时被读出或写入。当 A_5～A_0=111111 时，则是第 7 行、第 7 列的存储单元被选中，对应图 5.4(b)中的阴影单元。

与单译码结构比较，双译码寻址可减少输出选择线的数目。仍以 p=6 为例，采用单译码结构，译码输出需要 64 根选择线，若采用双译码结构，排成 8×8 的矩阵，输出状态仍为 64 个，但译码输出选择线却只需要 8+8=16 根，大大减少了选择线的数目。存储器容量越大，此优点越突出。

4. 读/写电路及控制电路

读/写电路及控制电路提供片选和读/写控制逻辑等信号，用来完成对被选中单元中各位的读/写操作。存储器的读/写操作是在 CPU 的控制下进行的，只有当接收到来自 CPU 的读/写命令 $\overline{RD}$ 和 $\overline{WR}$ 后，才能实现正确的读/写操作。图 5.3 中：$\overline{CS}$ 表示存储器的片选端；$\overline{OE}$ 表示输出允许，即读允许；$\overline{WE}$ 表示写允许。低电平有效，可以对该芯片进行读/写操作；高电平无效，芯片与数据总线隔离，并可降低芯片内部功耗。

5. 数据寄存器

数据寄存器用于暂时存放从存储单元读出的数据，或暂时存放从 CPU 或 I/O 接口发送的要写入存储器的数据。暂存的目的是协调 CPU 和存储器之间在速度上的差异，故数据寄存器又称为存储器数据缓冲器。

5.1.4 半导体存储器的主要技术指标

衡量半导体存储器的技术指标有多种，如存储容量、存取速度、可靠性、功耗、价格、电源种类等，其中主要的技术指标有以下 4 种。

1. 存储容量

存储容量是指存储器芯片能存储的二进制信息量。存储器芯片容量以位(bit)为单位，所以存储器容量是指每个芯片所能存储的二进制数的位数。例如容量为 1024×1 的芯片，即该芯片上有1024个存储单元，可以存储1024位的二进制信息。如果一片芯片上有N个存储单元，每个存储单元可存放M位二进制数，则该芯片的存储容量用N×M表示，可以存储N×M个二进制位。

存储器芯片内存储单元个数与该芯片地址线的位数有关，而芯片内每个存储单元能存储的二进制数的位数与该芯片I/O数据线位数有关。例如Intel 2114芯片有10条地址引脚(A_0～A_9)、4根数据I/O 线(I/O_1～I/O_4)，有$2^{10}=1024=1$ K个存储单元，每个存储单元存储4 位二进制数，即Intel2114 芯片的容量为1K×4bit。常用下式表示芯片的存储容量：

$$芯片的存储容量 = 2^M \times N$$

其中，M为芯片地址线根数，N为芯片数据线根数。

在微型计算机中，位是最基本的存储单位，但由于数据大都是以字节(Byte)为单位来表示的，因此存储容量也以字节为单位，如存储容量为 8KB、64KB、1MB 等。在表示存储容量的单位中，常常用到KB、MB、GB 等单位，其关系为$1KB=2^{10}B=1024B$，$1MB=2^{10}KB=1024KB$，$1GB=2^{10}MB=1024MB$。

2. 存取速度

存储器的存取速度是以存取时间或存取周期来衡量的。

(1) 存取时间t_A(Access Time)：从启动一次存储器操作(读或写)到完成该操作所需的时间。一般器件手册上给出的存取时间是最大存取时间。在芯片外壳上标注的型号往往也给出了时间参数，例如2732A-20，表示该芯片的存取时间为20ns。半导体存储器的存取时间为几十纳秒到几百纳秒之间。超高速存储器的最大存取时间小于20ns，中速存储器的存取时间在100ns～200ns，低速存储器的存取时间在300ns以上。CPU在读/写存储器时，其读/写时间必须大于存储器芯片的额定存取时间，才能保证正常的读/写。现在Pentium 4 CPU时钟频率已达2.4 GHz以上，这说明存储器的存取速度已非常高。随着半导体技术的进步，存储器的发展趋势是容量越来越大，速度越来越高，而体积却越来越小。

(2) 存取周期t_{AC}(Access Cycle)：两次存储器访问所需要的最小时间间隔。由于在一次存储器访问后，芯片不可能无间歇地进入下一次访问，所以存取周期与存取时间的关系是$t_{AC} \geqslant t_A$。

3. 可靠性

为了保证计算机的正确运行，必然要求存储系统具有很高的可靠性。存储器的可靠性是用平均无故障时间(Mean Time Between Failures，MTBF)来衡量的。MTBF表示两次故障间的平均时间间隔。目前所用的半导体存储器芯片的MTBF为5×10^6小时～1×10^8小时。此外，对那些可重编程的存储器，如EPROM、Flash，存储器被擦除并重新写入的次数也是重要指标，一般EPROM的重写次数在数千次到十万次之间。非易失性存储器的数据保存时间也是可靠性指标之一，一般为20～100年甚至更长。

4. 功耗

功耗指每个存储单元的功率，单位为μW/单元，也有用每块芯片的总功率来表示功耗的，单位为mW/芯片。在用电池供电的系统中，如嵌入式系统、便携式设备，实现低功耗运行不仅能减少对电源容量的要求，还可以提高存储系统的可靠性。

5.2　随机存取存储器(RAM)

随机存取存储器(RAM)的工作特点是在微型计算机系统的工作过程中，可以随机地对其中的各个存储单元进行读/写操作。系统断电后，RAM 中存储的信息丢失。随机存取存储器用来存放当前运行的程序、原始数据、中间结果及最终运算结果等信息。

RAM 从制造工艺上可分为两种类型：双极型 RAM 和 MOS 型 RAM。双极型 RAM 的特点是速度快，但集成度低，功耗大，价格高，主要用于小容量的高速存储器。MOS 型 RAM 的特点是集成度高，功耗小，价格低，但速度较双极型 RAM 慢，多用于大容量存储器。微型计算机中广泛使用的是 MOS 型 RAM。MOS 型 RAM 分为静态 RAM(SRAM)与动态 RAM(DRAM)两类。

5.2.1　静态 RAM

1. 静态 RAM 的基本存储单元

静态 RAM 的基本存储单元是由 6 个 MOS 管构成的双稳态触发器组成，如图 5.5 所示。在此电路中，V_1～V_4 管组成了双稳态触发器。其中 V_1、V_2 组成一个触发器，V_3、V_4 为负载管，起电阻作用。这个电路具有两个相对的稳定状态，当 V_1 管截止时，A 点为高电平，它使 V_2 管开启，于是 B 点为低电平，这又进一步保证了 V_1 管的截止。这种状态在没有外触发的条件下是稳定不变的，设为逻辑 1。同样，当 V_1 管导通时，A 点为低电平，使 V_2 管截止，B 点为高电平，这种状态也是稳定的，设为逻辑 0。因此，可以用这个电路的两个相对稳定的状态来分别表示逻辑 1 和逻辑 0。

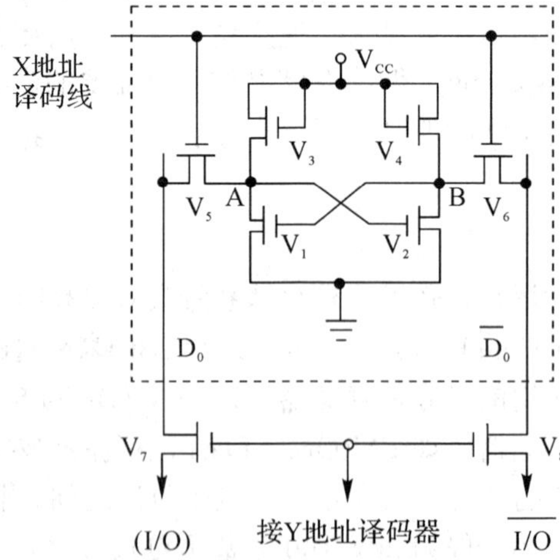

图 5.5　静态 RAM 的基本存储单元

当把该双稳态触发器作为存储电路时，还要使其能够接收外界来的触发控制信号，用以读出或改变该存储单元的状态，为此必须设置 V_5、V_6 两个门控管。V_5、V_6 管接 X 地址选择线(也称字线)。当 X 地址选择线为高电平时，V_5、V_6 管导通，A、B 点分别与位线 D_0

及$\overline{D_0}$相连，若相应的 Y 译码输出也是高电平，则 V_7、V_8管(它们是一列公用的，不属于某一个存储单元)也是导通的，于是 D_0 及$\overline{D_0}$就与 I/O 电路的 I/O 线及$\overline{I/O}$线导通，可对其进行读写操作。其中 V_7、V_8管是列向门控管，是一列公用的，不属于某一个存储单元。当 X 地址选择线为低电平时，V_5、V_6管都截止，使双稳态电路与读/写电路断开，保持原状态不变。在对基本存储单元进行读/写操作前，必须先选中该基本存储单元。显然，当行选择线和列选择线均为高电平时，V_5～V_8管都导通，基本存储单元的输出与数据线 I/O 线及$\overline{I/O}$线接通，该单元才能通过数据线传送数据。因此，存储单元能够进行读/写操作的条件是：与它相连的行、列选择线必须是高电平状态。

1) 写入操作

写入时，被写入信号自 I/O 线及$\overline{I/O}$线输入。写 1 时，使 I/O 线为高电平，$\overline{I/O}$线为低电平，经 V_7、V_8管和 V_5、V_6管分别与 A 点和 B 点相连，使 A 点为高电平，B 点为低电平，即 V_2管导通，V_1管截止，相当于把输入电荷存储于 V_1管和 V_2管的栅极。当输入信号及地址选择信号消失之后，V_5～V_8管都截止，依靠两个反相器的交叉控制，只要不掉电，就能保持写入的信息是 1。写 0 时，I/O 线为低电平而$\overline{I/O}$线为高电平，即 A 点为低电平，B 点为高电平，使 V_1管导通，V_2管截止。

2) 读出操作

只要某一单元被选中，相应的 V_5～V_8管均导通，A 点与 B 点分别通过 V_5、V_6管与 D_0 及$\overline{D_0}$ 相通，D_0 及$\overline{D_0}$ 通过 V_7、V_8管与 I/O 及$\overline{I/O}$线相通，即将单元的状态传送到 I/O 及$\overline{I/O}$线上。如原存的信息为 1，则 I/O 线为 1，$\overline{I/O}$线为 0，通过运放读出到数据总线上。读出操作不影响触发器状态，为非破坏性读出。由于静态 RAM 的基本存储单元所含的 MOS 管数目较多，因此其集成度较低；同时，其双稳态触发电路总有一个处于导通状态，使静态 RAM 的功耗较大，这是静态 RAM 的两个缺点。其优点是不需要刷新电路，简化了外部电路。

2. 静态 RAM 芯片举例

SRAM 的芯片有不同的规格，常用的有 2101(256 × 4 bit)、2102(1 K × 1 bit)、2114(1 K × 4 bit)、4118(1 K × 8 bit)、6116(2 K × 8 bit)、6264(8 K × 8 bit)和 62256(32 K × 8 bit)等。随着大规模集成电路的发展，SRAM 的集成度也在不断增强。下面以 SRAM 芯片 6264 为例，介绍静态 RAM 的基本外部特性及工作过程。

1) 6264 芯片的内部结构

6264 芯片采用 CMOS 工艺，其容量为 8K×8bit，是高速、低功耗 SRAM 芯片。其内部结构组成有以下四个部分。

① 存储矩阵：6264 芯片有 8192 个存储单元，形成了 128×512 的存储阵列。

② 地址译码器：地址线为 13 根($8192=2^{13}$)，采用两级译码方式，其中 7 根用于行译码地址输入，6 根用于列译码地址输入，每根列线控制 8 位，可形成 128×512 的存储阵列。

③ I/O 控制电路：分为输入数据控制电路和列 I/O 电路，用于对信息的 I/O 进行缓冲和控制。

④ 片选及读/写控制电路：用于实现对芯片的选择及读/写控制。

2) 6264 芯片的外部引脚

6264 芯片的外部引脚如图 5.6 所示。

6264 芯片是 28 条引脚封装，可分为地址、数据和控制引脚三种类型。

① A_{12}～A_0：13 根地址信号线。一个存储器芯片上地址线的多少决定了该芯片有多少个存储单元。13 根地址信号线上的地址信号编码最大为 2^{13}，即 8192(8K)个。也就是说，13 根地址信号线上的信号经过芯片的内部译码，可以决定选中 6264 芯片上 8K 个存储单元中的哪一个。在与系统连接时，这 13 根地址线通常接到系统地址总线的低 13 位上，以便 CPU 能够寻址芯片上的每个单元。

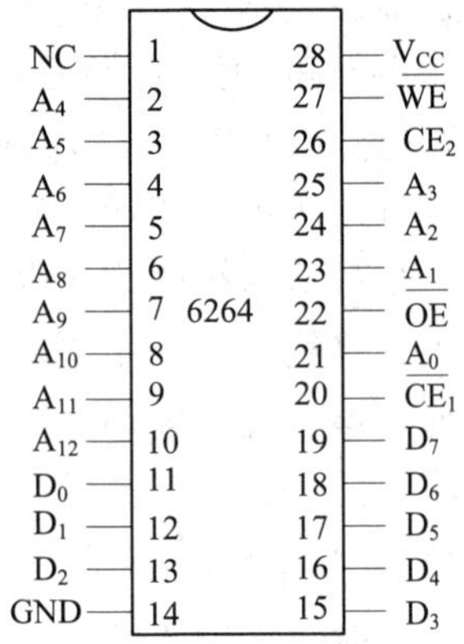

图 5.6　6264 芯片的外部引脚

② D_7～D_0：8 根双向数据线。对 SRAM 芯片来讲，数据线的根数决定了芯片上每个存储单元的二进制位数，8 根数据线说明 6264 芯片的每个存储单元中可存储 8 位二进制数，即每个存储单元有 8 位。使用时，这 8 根数据线与系统的数据总线相连。当 CPU 存取芯片上的某个存储单元时，读出和写入的数据都通过这 8 根数据线传送。

③ 控制引脚有 $\overline{OE}$、$\overline{WE}$、$\overline{CE_1}$、CE_2 及 NC。

$\overline{OE}$：输出允许信号。只有当 $\overline{OE}$ 为低电平时，CPU 才能从芯片中读出数据。

$\overline{WE}$：写允许信号。当 $\overline{WE}$ 为低电平时，允许将数据写入芯片；当 $\overline{WE}$ 为高电平，$\overline{OE}$ 为低电平时，允许从芯片中读出数据。

$\overline{CE_1}$、CE_2：片选控制端。仅当 $\overline{CE_1}=0$，$\overline{CE_2}=1$ 时，芯片才被选中，才能对芯片进行读/写操作。

NC：空引脚。

6264 芯片工作方式选择如表 5.1 所示。

表 5.1　6264 芯片工作方式选择

工作方式	$\overline{CE_1}$	$\overline{CE_2}$	$\overline{WE}$	$\overline{OE}$	数据线
读操作	0	1	1	0	数据输出
写操作	0	1	0	1	数据输入
禁止输出	0	1	1	1	高阻
未选中	1	×	×	×	高阻
未选中	×	0	×	×	高阻

3) 6264 芯片的读/写操作时序

① 读操作时序。6264 芯片的读操作时序如图 5.7 所示。为保证存储器正确地读出数据，加到存储器的地址、数据和控制信号必须遵循以下时间顺序：将被读取单元的有效地址加到存储器的地址线上；使片选信号 $\overline{CE_1}$、CE_2 有效；输出允许信号 $\overline{OE}$ 低电平有效，经过一段延时后，所选择单元的内容出现在 I/O 数据线上；片选信号 $\overline{CE_1}$、CE_2、$\overline{OE}$ 无效，I/O 数据线呈高阻态，本次读操作结束。

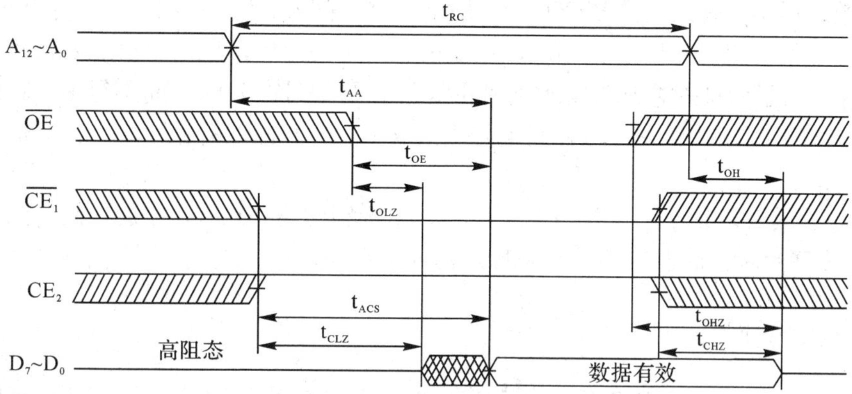

图 5.7　6264 芯片的读操作时序

图 5.7 中，t_{RC} 是读周期时间，指芯片连续两次读操作所允许的最小时间间隔，在此时间间隔内，地址数据必须保持稳定。由于地址缓冲器、译码器等接口电路存在延时，因此当有效地址加到存储器地址线上之后，必须等待一段时间，CPU 才能从数据总线上读取到可靠的数据，这段时间 t_{AA} 称为地址存取时间。从片选信号有效到数据稳定输出，这段时间间隔记为 t_{ACS}。显然在进行存储器读操作时，只有在地址和片选信号加入且分别等待 t_{AA} 和 t_{ACS} 以后，被读单元的内容才能稳定地出现在 I/O 数据线上，这两个条件必须同时满足。t_{OE} 是输出访问时间。CPU 发出的读信号加到 $\overline{OE}$ 端后，至少要等待 t_{OE} 时间，才能从数据总线上捕获数据。如果存储器的访问时间对 CPU 而言太长，则需要插入等待周期来延长 CPU 的存储访问总线周期。随着技术的发展，现有存储器芯片的存取时间已低于几个纳秒，基本能够满足使用。但在自行设计的系统中，要充分考虑该问题。

② 写操作时序。6264 芯片的写操作时序如图 5.8 所示。为保证存储器正确地写入数据，加到存储器的地址、数据和控制信号必须遵循以下时间顺序：将被写入单元的有效地址加到存储器的地址线上；使片选信号 $\overline{CE_1}$ 、CE_2 有效，并保持有效到写周期结束；写允许信号 $\overline{WE}$ 有效，待写入的数据在 $\overline{WE}$ 后沿被写入指定的存储单元中；片选信号、写允许信号无效，数据输入线变成高阻状态，本次写操作结束。

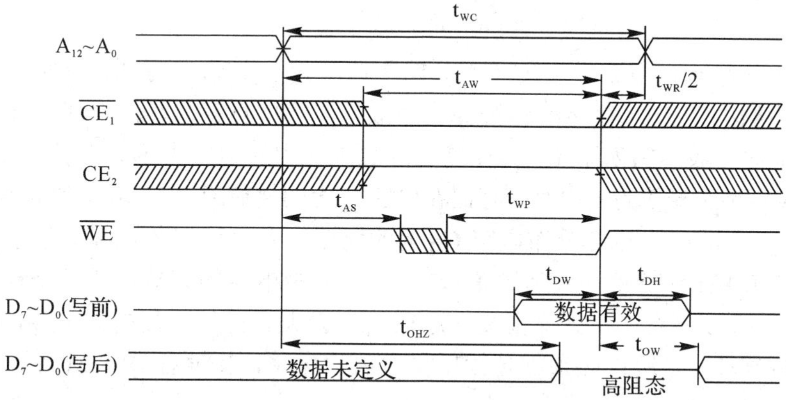

图 5.8　6264 芯片的写操作时序图

图 5.8 中，t_{WC} 是写周期时间，指芯片连续两次写操作所允许的最小时间间隔，在此时间间隔内，地址数据必须保持稳定。t_{AW} 为片选信号 $\overline{CE_1}$ 、CE_2 的有效持续时间，它们开始

于地址有效之后 $\overline{WE}$ 有效前的某个时刻。地址建立时间 t_{AS} 表示在写控制信号 $\overline{WE}$ 有效前，地址必须稳定的一段最小时间。同时，在写信号 $\overline{WE}$ 失效后，地址至少还要维持一段写恢复时间 t_{WR}。为了保证对慢速存储器芯片的写入，写信号有效的时间不得小于写脉冲宽度 t_{WP}。此外，对于写入的数据，应在写信号失效前 t_{DW} 时间内保持稳定，且在写信号失效后继续保留 t_{DH} 时间。

6264 芯片的功耗很小，工作时为 15 mW，未选中时为 10 μW，因此在简单的应用系统中，CPU 可直接和存储器相连，不用增加总线驱动电路。

5.2.2　动态 RAM

动态 RAM 是利用 MOS 管栅极分布电容的充放电来保存信息的，具有集成度高、功耗小、价格低等特点，微型计算机内存储器几乎毫无例外地都是由 DRAM 组成的。但由于电容存在漏电现象，导致存储的数据(电荷)不能长久保存，因此需要专门的动态刷新电路定期给电容补充电荷，以避免存储数据的丢失。常见的动态 RAM 存储单元有 4 管、3 管和单管三种。由于单管电路所需的元件数量少，集成度高，因此以它为例介绍动态 RAM 的存储原理。

1. 动态 RAM 基本存储单元

单管动态存储单元如图 5.9 所示，它由一个 MOS 管 V_1 和电容 C 构成。信息存储在电容 C 上。当电容 C 上充有电荷时，表示该存储单元保存信息是 1。反之，当电容 C 上没有电荷时，表示该存储单元保存信息是 0。

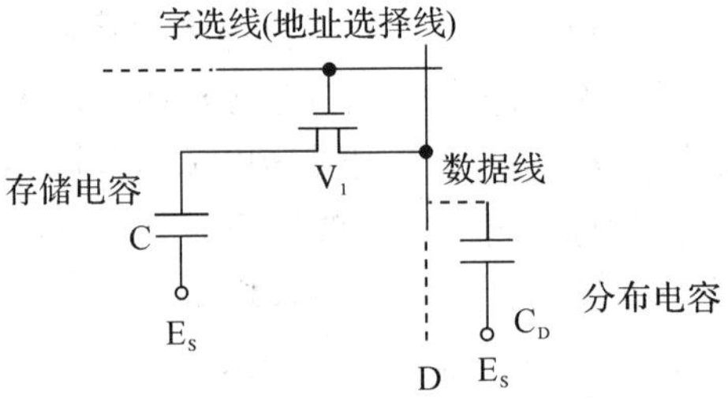

图 5.9　单管动态存储单元

写操作时，地址译码线(字选线)有效，选中该单元，使 V_1 管导通，存储电容 C 与数据线 D 连通，由数据线 D 对存储电容 C 充电或放电，将信息存入存储电容 C 中。当存储电容 C 上有电荷时，表示写入了 1；当存储电荷 C 上无电荷时，表示写入了 0。

读操作时，字选择线为高电平，存储在电容 C 上的电荷通过 V_1 输出到数据线上，对分布电容 C_D 充电或放电，改变分布电容 C_D 上的电压，即可读出所保存的信息。刷新操作时，由于动态 RAM 存储单元实质上是依靠 V_1 管栅极电容的充放电原理来保存信息的，因此一般经过 2 ms 左右电荷就会泄漏，造成信息丢失。另外，数据读出后，存储电容 C 上的信息也被破坏了，所以必须配备读出再生放大电路，及时对 DRAM 各存储单元的内容进行刷新。

这种单管动态存储单元电路的优点是结构简单，集成度较高且功耗小；缺点是列线对地间的寄生电容大，噪声干扰也大。

2. 动态 RAM 芯片举例

2164A 是一种 64 K×1 bit 的动态 RAM 存储器芯片，它的基本存储单元采用的是单管存储电路，片内有 65 536 个基本存储单元，每个基本存储单元存放一位二进制信息。其他的典型动态 RAM 芯片有 4164、21256 等。

1) 2164A 的内部结构

2164A 的内部结构如图 5.10 所示。

64KB 存储体由 4 个 128×128 存储矩阵组成，每个 128×128 存储矩阵由 7 根行地址线和 7 根列地址线进行选择，在芯片内部经地址译码后可分别选择 128 行和 128 列。7 位行地址经 1/128 列译码器产生 128 根行选择线，7 位列地址经 1/128 列译码器产生 128 根列选择线。128 读出放大器与 4 个 128×128 存储矩阵相对应，共有 4 个 128 读出放大器，它们能接收由行地址选通的 4×128 个存储单元的信息，经放大后，再写回原存储单元，因此 128 读出放大器是实现刷新操作的重要部分。

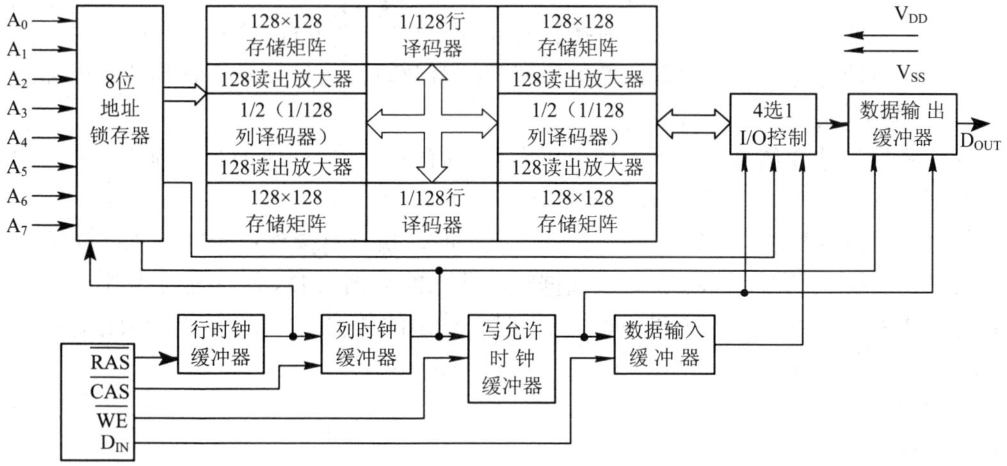

图 5.10 2164A 的内部结构

从图 5.10 中可以看出，动态 RAM 与静态 RAM 一样，都是由许多基本存储单元电路按照行、列排列组成二维存储矩阵的。为了降低芯片的功耗，保证足够的集成度，减少芯片对外封装引脚数目和便于刷新控制，DRAM 芯片都设计成位结构形式，即每个存储单元只有一位数据位。一个芯片上含有若干字，如 4 K×1 bit、8 K×1 bit、16 K×1 bit、64 K×1 bit 或 256 K×1 bit 等。动态存储体的这一结构形式是 DRAM 芯片的结构特点之一。

由于 2164A 是 64 K×1 bit 芯片，因此要寻址 64 K 个基本存储单元，需要 16 根地址线。为了减少引脚数目，减小封装面积，芯片只提供了 8 根地址线，因此，该芯片采用行地址线和列地址线分时工作的方式。外部地址分两次传送，第一次由行地址选通信号 $\overline{RAS}=0$，把先送来的 8 位地址作为行地址，锁存在行地址锁存器中；第二次由列地址选通信号 $\overline{CAS}=0$，将后送来的 8 位地址作为列地址，锁存在列地址锁存器中，再由读/写控制信号控制数据读出/写入。因为 16 位的存储单元地址信号是分两次得到的，所以访问 DRAM 时，访问地址需要分两次送入，这也是 DRAM 芯片的特点之一。行、列地址线的分时工作，可以使 DRAM 芯片对外地址线引脚大大减少，仅需与行地址线相同即可。

4 选 1 I/O 控制电路由行、列地址信号的最高位控制，能从相应的 4 个存储矩阵中选择 1 个进行 I/O 操作。数据输入缓冲器和数据输出缓冲器用来暂存要输入、输出的数据。行、列时钟缓冲器用来协调行、列地址的选通信号。写允许时钟缓冲器用来控制芯片的数据传送方向。

2) 2164A 的外部引脚

2164A 是具有 16 条引脚的双列直插式集成电路芯片，如图 5.11 所示。

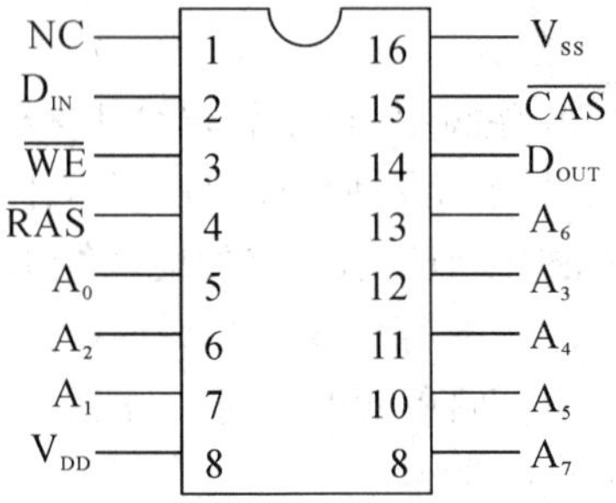

图 5.11　2164A 的外部引脚

A_7～A_0：8 条地址引脚，用来分时接收 CPU 传送来的 8 位行、列地址。

$\overline{RAS}$：行地址选通信号，输入，低电平有效。有效时，将行地址锁存到芯片内部的行地址锁存器中。

$\overline{CAS}$：列地址选通信号，输入，低电平有效。有效时，将列地址锁存到芯片内部的列地址锁存器中。

$\overline{WE}$：写允许控制信号，输入。当其为低电平时，执行写操作；否则，执行读操作。

D_{IN}：数据输入引脚，当 CPU 写入数据时，写入的数据由 D_{IN} 写入芯片内部。

D_{OUT}：数据输出引脚，当 CPU 读出数据时，读出的数据由 D_{OUT} 输出到数据总线上。

V_{DD}：+5V 电源引脚。

Vss：接地引脚。

NC：空引脚。

3) 2164A 的工作方式与时序

① 读操作。在对 2164A 的读操作过程中，首先接收来自 CPU 的行、列地址信号，译码后选中相应的存储单元，将保存的一位信息经 D_{OUT} 数据输出，传送到系统数据总线上。2164A 的读操作时序如图 5.12 所示。

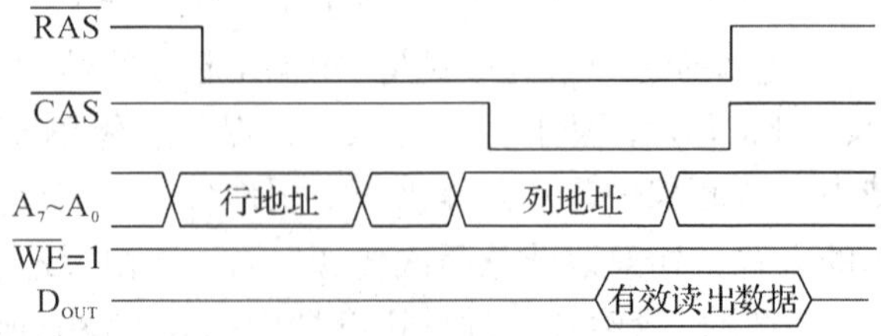

图 5.12　2164A 的读操作时序

从图 5.12 中可以看出，行地址要先于 $\overline{RAS}$ 信号有效，并且必须在 $\overline{RAS}$ 有效后再维持一段时间。同样，列地址也应领先于列地址锁存信号 $\overline{CAS}$ 有效，且列地址也必须在 $\overline{CAS}$ 有效后再保持一段时间。要从指定的单元中读取信息，必须在 $\overline{RAS}$ 有效后使 $\overline{CAS}$ 也有效。存储单元中信息的读/写取决于控制信号 $\overline{WE}$。为实现读出操作，要求 $\overline{WE}$ 控制信号为高电平，且必须在 $\overline{CAS}$ 有效前变为高电平。

② 写操作。2164A 的写操作时序如图 5.13 所示。其写操作过程与读操作过程基本类似，区别是写信号 $\overline{WE}$ 为低电平有效，将要写入的数据从 D_{IN} 写入。

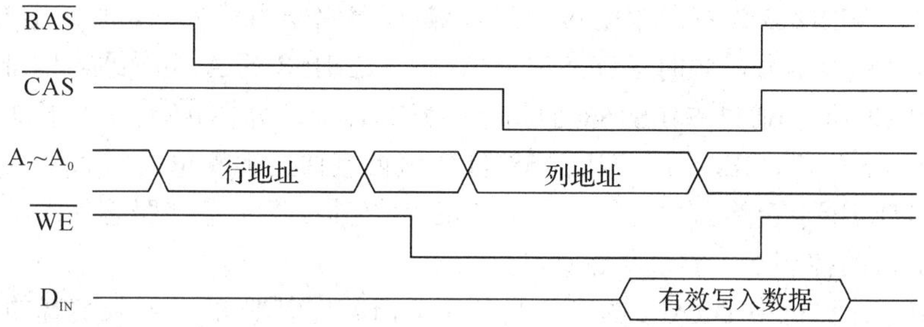

图 5.13　2164A 的写操作时序

2164A 数据的读出和写入是分开的，由 $\overline{WE}$ 控制读/写。当 $\overline{WE}$ 为高电平时实现读出，即所选中单元的内容经过三态输出缓冲器在 D_{OUT} 引脚读出；当 $\overline{WE}$ 为低电平时实现写入，即 D_{IN} 引脚上的信号经输入三态缓冲器对选中单元进行写入。2164A 没有片选信号，实际上用行选通信号 $\overline{RAS}$ 作为片选信号。

③ 刷新操作。所谓刷新，就是每隔一定时间(一般每隔 2 ms)就对 DRAM 的所有单元进行读出操作，经读出放大器放大后再重新写入原电路中，以维持存储电容上的电荷，从而使所存信息保持不变。虽然每次进行的正常读/写存储器的操作也相当于进行了刷新操作，但由于 CPU 对存储器的读/写操作是随机的，因此无法保证在 2 ms 时间内能对内存中所有单元都进行一次读/写操作，以达到刷新效果。所以，对 DRAM 必须设置专门的外部控制电路和专门的刷新周期来系统地对 DRAM 进行刷新。

2164A 的刷新操作时序如图 5.14 所示。刷新是按行进行的。在进行刷新操作时，行选通信号 $\overline{RAS}$ 有效，列选通信号 $\overline{CAS}$ 无效。芯片只接收从地址总线上发送的行地址(其中 A_7 不起作用)，7 位行地址 A_6～A_0 传送到行译码器，译码得到的刷新地址同时加到 4 个存储矩阵上，刷新时一次选中一行 512 个存储电路，对选中的行在内部读出并写回，实现对内部电容的充电，达到保存数据的目的。由于刷新时 $\overline{CAS}$ 无效，因此不会发生数据输出。

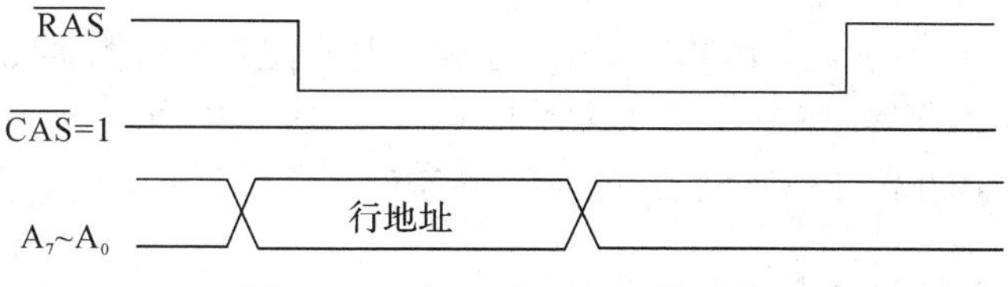

图 5.14　2164A 的刷新操作时序

由于微型计算机内存的实际配置已从 640 KB 发展到 256 MB、512 MB 甚至更高，因此要求配套的 DRAM 集成度也越来越高，容量为 1 MB × 1 bit、1 MB × 4 bit、4 MB × 1 bit 以及更高集成度的存储器芯片已大量使用。通常，把这些芯片放在内存条上，用户只需把内存条插到系统板提供的存储条插座上即可使用。

④ DRAM 芯片的应用。DRAM 芯片在使用中既要有读/写操作，又要频繁地进行刷新，

因此，DRAM 的连接和控制要比 SRAM 复杂。下面通过一个简化的电路来说明 DRAM 的使用。

图 5.15 所示是 PC/XT 微型计算机的 DRAM 连接简化电路图，图中虚线画的长方体表示由 8 片(加奇偶校验位则为 9 片)2164A DRAM 组成的 64KB 存储器。74LS158 是二选一地址多路开关，74LS245 为双向驱动器。CPU 读/写存储器的某个单元时，由 DRAM 控制电路发送行地址锁存信号，同时 ADDSEL＝0，使 74LS158 的 A 组导通，地址总线的低 8 位 A_7～A_0(行地址信号)通过 74LS158 加到存储器芯片上，并在 $\overline{RAS}$ 作用下锁存于芯片内部。经过 60 ns 后，ADDSEL＝1，74LS158 的 B 组被接通，地址总线的 A_8～A_{15}(列地址信号)通过 74LS158 加到存储器芯片上，延迟 40 ns 后将其锁存于存储器芯片内部。最后，在存储器读/写信号的控制下，实现数据读/写。

PC/XT 微型计算机中 DRAM 的刷新是利用 DMA 控制器 8237A 来实现的。可编程定时器 8253 每隔 15.12 μs 产生一个定时信号，用作 DMA 控制器 8237A 通道 0 的请求信号。随后，8237A 在 $\overline{RAS}$ 端产生一个低电平，使行地址信号为低电平，列地址锁存信号为高电平，并且发送刷新用的行地址，实现一次刷新。

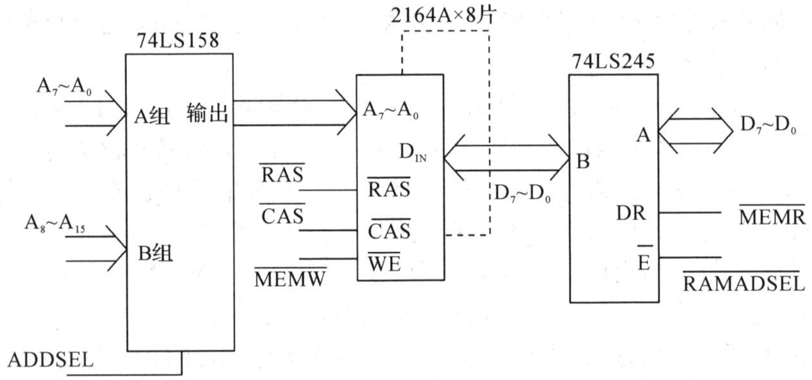

图 5.15　PC/XT 微型计算机的 DRAM 连接简化电路图

5.3　只读存储器(ROM)

只读存储器(ROM)具有非易失性，运行时其信息是不能被改变的，只能读出，不能写入，突然掉电后信息也不丢失。ROM 常用来存放一些固定程序及数据常数，如监控程序、IBM PC 中的 BIOS 程序等。ROM 比 RAM 的集成度高，成本低，在不断的发展变化中，ROM 器件出现了 MROM、PROM、EPROM、EEPROM 等各种不同类型。

5.3.1　掩模 ROM(MROM)

掩模 ROM(MROM)的信息是在芯片制造时由厂家写入的，一旦成为产品，其信息是无法修改的，因此，掩模 ROM 在出厂时内部存储的数据就已经固化了。当产量较少时，掩模 ROM 的成本很高，但如果是批量生产，则相当便宜，所以掩模 ROM 总是用来存放不需要修改的程序或数据。

图 5.16 是一个简单的 4×4 bit 的 MOS ROM 存储阵列，采用单译码方式，有两位地址

输入 A_0、A_1，译码后输出 4 根字选择线，每根字选择线选中一个字，每个字为 4 位。

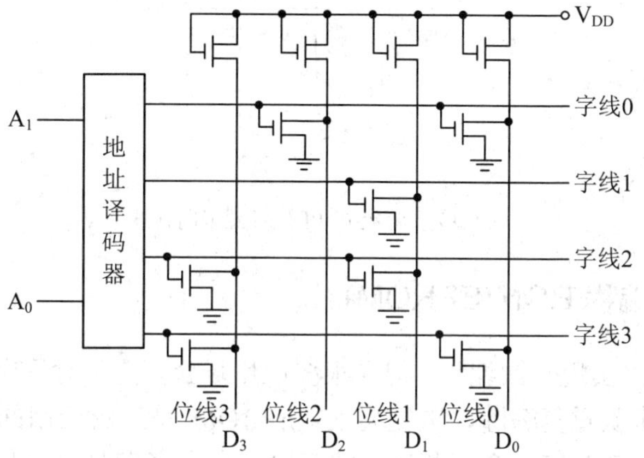

图 5.16　4 × 4 bit 的掩模 ROM 存储阵列

在行和列的交点，有的连有 MOS 管，有的没有，这是厂家根据用户提供的程序对芯片图形进行二次光刻所决定的。若有 MOS 管与其相连，则相应的 MOS 管就导通，这些位线的输出就是低电平，表示逻辑 0；若没有 MOS 管与其相连，则位线输出的就是高电平，表示逻辑 1。例如，地址线 A_1A_0=10，则选中字线 2。字线 2 上由于位线 3 和位线 1 有 MOS 管与其相连，则输出为 0；而位线 2 和位线 0 没有 MOS 管与之相连，则输出为 1，即从位线 $D_3D_2D_1D_0$ 读出的值为 0101。掩模 ROM 的内容如表 5.2 所示。

表 5.2　掩模 ROM 的内容

	D_3	D_2	D_1	D_0
位线 0	1	0	1	0
位线 1	1	1	0	1
位线 2	0	1	0	1
位线 3	0	1	1	0

从以上内容可知，掩模 ROM 存储矩阵的内容完全取决于芯片制造过程，一旦制造芯片完成，用户是无法变更其内容的。

5.3.2　可编程 ROM(PROM)

掩模 ROM 存储单元的信息在出厂时就已经固定下来了，用户无法修改，这给使用者带来了不便。PROM 可解决这个矛盾。PROM 是一种允许用户编程一次的 ROM，其存储单元通常用二极管或晶体管实现。PROM 在出厂时，其存储单元的内容为全 1 或全 0，用户可以根据自己的需要，在通用或专用的编程器上将某些单元改写为 0 或者 1。

图 5.17 所示为一种熔丝式 PROM 结构示意图，它是采用双极型晶体管作为存储单元，管子的发射极连接了可熔性金属丝，故称为熔丝式 PROM。出厂时，管子将位线与字线连通，所有熔丝都是接通的，表示存有信息是 0。如要使某些单元改写为 1，只需通过编程给这些单元通以足够大的电流将熔丝烧断即可，这个写入的过程称为固化程序。熔丝烧断

后不能恢复，因此，PROM 只能进行一次编程。

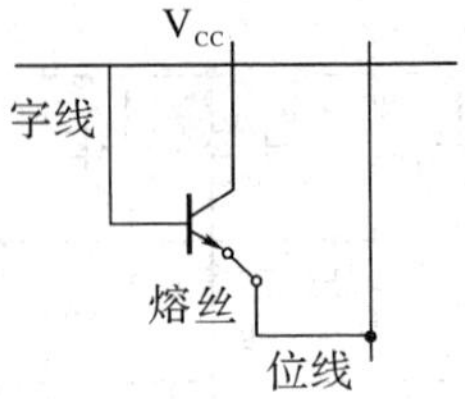

图 5.17　熔丝式 PROM 结构示意图

5.3.3　可擦除可编程 ROM(EPROM)

虽然 PROM 可以实现一次编程，但在很多应用场合，需要对程序进行多次修改，这就要求存储器芯片能多次重复擦除，重复编程。EPROM 是广泛应用的可擦除可编程只读存储器。在其芯片的顶部开有一个石英玻璃的窗口，当内容需要改变时，可通过紫外线擦除器对窗口照射 15 min～20 min(视具体型号而异)后，使存储单元的内容恢复为初始状态 FFH，从而擦除了写入的信息。之后，再用专门的编程器(或称烧写器)把程序重新写入。编程后，应在其照射窗口贴上不透光封条，以避免存储电路中的电荷在日光照射下缓慢泄露，使信息能长期保存。EPROM 通常用于系统开发阶段，由于它可擦除，故可反复使用。

1. 基本存储单元

EPROM 基本存储单元的结构和工作原理如图 5.18 所示。

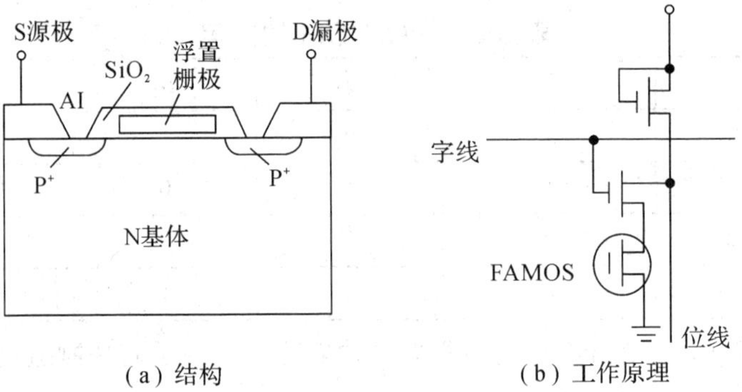

图 5.18　EPROM 基本存储单元的结构和工作原理

通常 EPROM 的基本存储单元采用浮置栅极场效应管 FAMOS(Floating Avalanche -injection MOS)。该场效应管是在 N 型的基底上做出两个高浓度的 P 型区，从中引出场效应管的源极 S 和漏极 D；在源极与漏极之间有一个由多晶硅做成的栅极，但它是浮空的，被一层绝缘物 SiO_2 所包围，称为浮置栅极。芯片出厂时，所有 FAMOS 管的栅极上没有电子电荷，源、漏两极间无导电沟道形成，管子不导通，表示该存储单元保存的信息是 1；当浮置栅极被注入电荷后，源极与漏极之间感应出导电沟道，表示该存储单元保存的信息是 0。由于浮置栅极悬浮在绝缘层中，因此一旦带电后，电子很难泄漏，使信息得以长期保存。

2. 编程和擦除

EPROM 的编程过程实际上就是对某些单元写入 0 的过程，也就是向有关的 FAMOS 管的浮置栅极注入电子的过程。采用的办法是：在漏极和源极之间加上约 25V 的反向电压，同时加上编程脉冲信号(宽度约为 50 ns)，则漏极与源极瞬时产生雪崩式击穿，一部分电子在强电场作用下通过绝缘层注入浮置栅极中。当高电压撤除后，由于浮置栅极被 SiO_2 绝缘层包围，故注入的电子无泄漏通道，负电荷仍保留在栅极中，从而使相应单元导通，表明将 0 写入了该单元。

擦除的原理与编程相反，通过向 FAMOS 管的浮置栅极上的电子注入能量，使得它们逃逸。擦除存储单元中保存的信息必须用一定波长的紫外光对准芯片窗口，在近距离内连续照射 15 min～20 min，使负电荷获取足够的能量形成光电流流入基片，则浮置栅极恢复初态不再带有电荷，原来存储的信息也就不存在了。

3. 典型 EPROM 芯片

典型的 EPROM 芯片如表 5.3 所示。这些芯片可采用 NMOS 或 CMOS 两种工艺制造。若芯片名称中有字母 C，则表示是用 CMOS 工艺制造的，如 27C64。采用 CMOS 工艺制造的芯片功耗低。本节以 Intel 2764A 为例介绍 EPROM 的性能、工作方式。

表 5.3　典型的 EPROM 芯片

EPROM	密度/kb	容量/KB
2716	16	2
2732	32	4
27C64	64	8
27C128	128	16
27C256	256	32
27C512	512	64
27C010	1024	128

Intel 2764A 有 13 根地址线，8 根数据线，2 个电压输入端 V_{CC} 和 V_{PP}，1 个片选端 $\overline{CE}$ (功能同 $\overline{CS}$)，此外还有输出允许 $\overline{OE}$ 和编程控制端 $\overline{PGM}$。Intel 2764A 的功能框图如图 5.19 所示。

Intel 2764A 有七种工作方式，如表 5.4 所示。下面介绍其中六种工作方式。

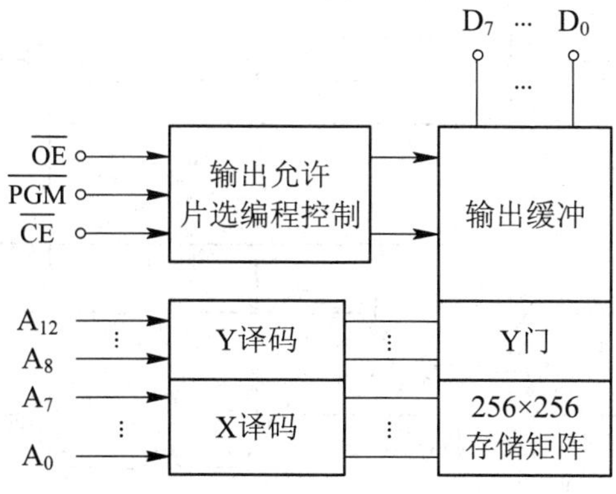

图 5.19　2764A 的功能框图

表 5.4　2764A 的工作方式选择表

方式	引脚							
	$\overline{CE}$	$\overline{OE}$	$\overline{PGM}$	A_9	A_0	V_{PP}	V_{CC}	数据端功能
读	低	低	高	×	×	V_{CC}	5 V	数据输出
输出禁止	低	高	高	×	×	V_{CC}	5 V	高阻
备用	高	×	×	×	×	V_{CC}	5 V	高阻
编程	低	高	低	×	×	12.5 V	5 V	数据输入
编码校验	低	低	高	×	×	12.5 V	5 V	数据输出
编程禁止	高	×	×	×	×	12.5 V	5 V	高阻
标识符	低	低	高	高	低	V_{CC}	5 V	制造商编码
					高			器件编码

(1) 读方式：2764A 通常使用的方式，此时两个电源引脚 V_{CC} 和 V_{PP} 都接至+5 V，$\overline{PGM}$ 接至高电平。当从 2764A 的某个单元读数据时，先通过地址引脚接收来自 CPU 的地址信号，然后使控制信号和 $\overline{CE}$、$\overline{OE}$ 都有效，于是经过一个时间间隔，指定单元的内容即可读到数据总线上。

当把 A_9 引脚接至 11.5 V～12.5 V 的高电平时，2764A 处于读 Intel 标识符方式。要读出 2764A 的编码必须顺序读出两个字节，先让 A_1～A_8 全为低电平，而使 A_0 从低电平变高电平，分两次读取 2764A 的内容。当 A_0=0 时，读出的内容为制造商编码(陶瓷封装为 89H，塑封为 88H)；当 A_0=1 时，可读出器件的编码(2764A 为 08H，27C64 为 07H)。

(2) 备用方式：只要 $\overline{CE}$ 为高电平，2764A 就工作在备用方式，输出端为高阻状态，这时芯片功耗下降，电源电流由 100 mA 下降到 40 mA。

(3) 编程方式：V_{PP} 接+12.5 V，V_{CC} 仍接+5 V，从数据线输入这个单元要存储的数据，$\overline{CE}$ 端保持低电平，输出允许信号 $\overline{OE}$ 为高电平，每写一个地址单元，都必须在 $\overline{PGM}$ 引脚端给一个低电平有效且宽度为 45 ms 的脉冲，如图 5.20 所示。

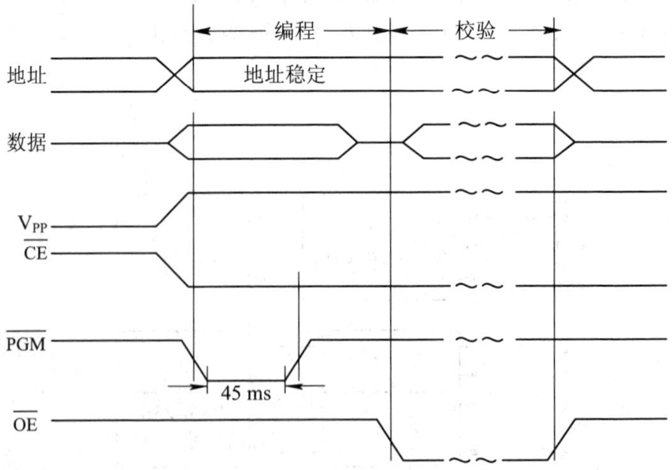

图 5.20　2764A 编程波形

(4) 编程禁止方式：在编程过程中，只要使 $\overline{CE}$ 为高电平，编程就立即禁止。

(5) 编程校验方式：为了检查编程时写入的数据是否正确，通常在编程过程中包含校验操作。一个字节的编程完成后，电源的接法不变，使 $\overline{PGM}$ 为高电平，$\overline{CE}$、$\overline{OE}$ 均为低电平，则同一单元的数据在数据线上输出，这样就可与输入数据相比较，校验编程的结果是否正确。

(6) 标识符方式：当两个电源端 V_{CC} 和 V_{PP} 都接至 +5 V，$\overline{CE}=\overline{OE}=0$ 时，$\overline{PGM}$ 为高电平，这时与读方式相同。另外，在对 EPROM 编程时，每写一个字节都需 45 ms 的 $\overline{PGM}$ 脉冲，速度太慢，且容量越大，速度越慢。为此，Intel 公司开发了一种新的编程方法，比标准方法快 6 倍以上，其编程波形如图 5.20 所示。

实际上，按这一思路开发的编程器有多种型号。编程器中有一个卡插在 I/O 扩展槽上，外部接有 EPROM 插座，所提供的编程软件可自动提供编程电压 V_{PP}，按菜单提示，可读、可编程、可校验，也可读出器件的编码，操作很方便。

4．高集成度 EPROM

高集成度 EPROM 芯片有多种型号，除了常使用的 EPROM 2764 外，还有 27128、27256、27512 等。由于工业控制计算机的发展，迫切需要用电子盘(ROMDISK)取代硬盘，以便把用户程序、操作系统固化在电子盘上，因此要用 27C010(128 K × 8 bit)、27C020(256 K × 8 bit)、27C040(512 K × 8 bit)等大容量芯片。关于这几种芯片的使用，请读者参阅有关手册。

5.3.4 电可擦除可编程 ROM(EEPROM)

EPROM 的优点是芯片可多次重复编程，但编程时必须从电路板上取下芯片，用专门的编程器进行编程，并且是对整块芯片编程，不能以字节为单位擦写。这在实际使用时很不方便，所以在很多情况下需要使用 EEPROM。

EEPROM 与 EPROM 不同，在擦除和编程写入时，不需要从系统中取下芯片，而是直接用电气方式在线编程和擦除，并且是按字节进行编程和擦除的。

1. EEPROM 的基本存储电路

EEPROM 的工作原理与 EPROM 类似，也是采用浮置栅极技术的可编程存储器。当浮置栅极上没有电荷时，MOS 管的漏极和源极之间不导电；若设法使浮置栅极带上电荷，则 MOS 管导通。在 EEPROM 中，使浮置栅极带上电荷和擦除电荷的方法与 EPROM 不同。在 EEPROM 中，浮置栅极延长区与漏区之间的交叠处有一个厚度约为 80 A(8 nm)的薄绝缘层，当漏极接地，控制栅极上加足够高的电压时，在交叠区产生的强电场作用下，电子通过绝缘层到达浮置栅极，使浮置栅极带负电荷，起编程作用，这一现象称为“隧道效应”，因此，该 MOS 管也称为隧道 MOS 管。当控制栅极接地，漏极加正电压时，产生与上述相反的过程，即浮置栅极放电，起擦除作用。与 EPROM 相比，EEPROM 用电擦除，擦除的速度要快得多。

EEPROM 电擦除的过程就是改写过程，可以以字节为单位进行，而不像 EPROM 需要整片擦除。EEPROM 具有 ROM 的非易失性，又具备类似 RAM 的功能，可以随时改写(可重复擦写 1 万次以上)。目前，大多数 EEPROM 芯片内部都备有升压电路，因此，只需提供单电源供电，便可进行读、擦除、写操作，为数字系统的设计和在线调试提供了极大的方便。常用的典型芯片容量如表 5.5 所示。

表 5.5　常用的典型芯片容量

EEPROM	28C17	28C64	28C256	X28C512	28C010	28C020	28C040
容量	2 K × 8 bit	8 K × 8 bit	32 K × 8 bit	64 K × 8 bit	128 K × 8 bit	256 K × 8 bit	512 K × 8 bit

2. EEPROM 的典型芯片

1) 并行接口 EEPROM AT28C64 芯片的引脚功能

AT28C64 是采用 CMOS 工艺制造的 8 K×8 bit 并行接口的电可擦除可编程 ROM，为 28 条引脚双列直插芯片，其引脚如图 5.21 所示。

A_{12}～A_0：13 根地址线，输入。可寻址片内的 8 K 个存储单元。

I/O_7～I/O_0：8 根数据线。正常工作时为数据输出线，编程时为数据输入线。

$\overline{CE}$：片选信号，输入，低电平有效。当 $\overline{CE}=0$ 时，表示选中该芯片，可进行读写操作。

$\overline{OE}$：数据输出允许信号，输入，低电平有效。当 $\overline{CE}=0$，$\overline{OE}=0$，$\overline{WE}=1$ 时，允许数据输出。

$\overline{WE}$：写允许信号，输入，低电平有效。当 $\overline{CE}=0$，$\overline{CE}=1$，$\overline{WE}=0$ 时，允许将数据写入指定的存储单元。

RDY/$\overline{BUSY}$：写结束状态信号，输出。写入数据时，该引脚为低电平；一旦写入完成，即变为高电平。

V_{CC}：+5 V 电源。

GND：接地。

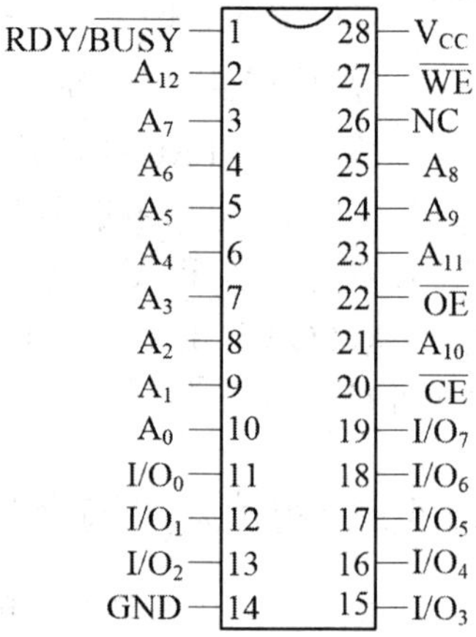

图 5.21　AT28C64 的引脚

2) 并行接口 EEPROM AT28C64 芯片的工作方式

AT28C64 主要的工作方式如表 5.6 所示。

表 5.6　AT28C64 主要的工作方式

工作方式	$\overline{CE}$	$\overline{OE}$	$\overline{WE}$	I/O_7～I/O_0
读出	0	0	1	输出
备用	1	×	×	高阻
写入	0	1	0	输入
擦除	0	12 V	0	高阻

(1) 读出方式：从 EEPROM 读出数据的过程与从 SRAM 中读取数据的过程类似。当 $\overline{CE}=0$，$\overline{OE}=0$，$\overline{WE}=1$ 时，被选中存储单元的内容被读到 8 根数据线上。

(2) 备用方式：当 $\overline{CE}$ 为高电平时，AT28C64 工作在备用方式，输出为高阻态，此时芯片功耗下降，工作电流仅为 100 μA。

(3) 写入方式：EEPROM 在编程写入时，有两种方式：字节写入方式和页写入方式。

字节写入方式是一次写入一个字节数据。当进入写周期时，$\overline{OE}$ 为高电平，$\overline{CE}$ 与 $\overline{WE}$ 为低电平。在 $\overline{CE}$ 或 $\overline{WE}$ 的下降沿锁存地址信息，在上升沿锁存将要写入的新数据。在写入新数据之前，要先对存储单元进行擦除操作。RDY/$\overline{BUSY}$ 引脚可用来检查写操作是否结束，只有当 RDY/$\overline{BUSY}$ 为高电平时，才可进行下一字节的写入。

页写入方式是在一个写周期内完成一页的写入。一页的大小取决于 EEPROM 内部页寄存器的大小。如 AT28C64 的内部页寄存器为 64 B，一页数据在内存中顺序排列，采用页写入方式时，其内部操作是先将要写入的数据写入页缓冲器，将要写入的页单元内容自动擦除，最后把页缓冲器中的内容写入相应的单元中。

(4) 擦除方式：擦除实际上就是向存储单元中写入 FFH 的操作。EEPROM 既可以一次擦除一个字节，也可以整片擦除。当要擦除一个字节时，只要向该单元写入数据 FFH，就相当于擦除了该单元。如果要擦除整个芯片，可利用EEPROM的片擦除功能。在AT28C64中，使 $\overline{CE}=0$，$\overline{OE}$ 引脚加+12 V 电压，同时使 $\overline{WE}$ 为低电平并持续 10 ms，则芯片中的所有数据位都被置为 1。

3) 串行接口 EEPROM

串行接口的 EEPROM 芯片体积小，价格便宜，使用中占用系统的信号线较少，但工作速度较慢，读写方法也较复杂。如串行接口 EEPROM 芯片 24C64 的容量为 8 K × 8 bit，引脚如图 5.22 所示。其中：A_2～A_0 为片选或页面选择地址，当多个 24C64 芯片连接到一条总线上时，可以通过 A_2～A_0 选择芯片；SDA 为串行数据输入/输出；SCL 为串行时钟输入，在上升沿写入，下降沿读出；$\overline{WP}$ 为写保护，接地时允许写操作。

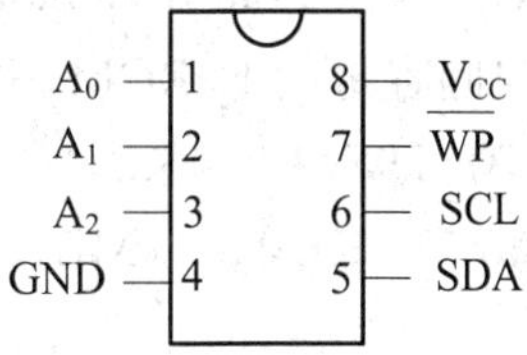

图 5.22 24C64 的引脚图

5.3.5 Flash 存储器(Flash Memory)

EEPROM 能够在线编程，可以自动写入，在使用方便性及写入速度两个方面都较 EPROM 有所提高。但是，其编程时间相对 RAM 而言还是较长，特别是对大容量的芯片更显突出，所以，人们希望有一种写入速度类似于 RAM，断电后内容又不丢失的存储器。一种称为 Flash 存储器(Flash Memory)的新型 EEPROM 由此被研制出来。

Flash Memory 是一种新型的半导体存储器。和 EEPROM 相比，Flash Memory 可实现大规模快速电擦除，编程速度快，断电后具有可靠的非易失性，因此，一经问世就得到了广泛的应用。Flash Memory 可重复使用，可以被擦除和重新编程几十万次而不会失效。在数据需要经常更新的可重复编程应用中，这一性能是非常重要的。

Flash Memory 展示了一种全新的 PC 存储器技术。作为一种高密度、非易失的读写半导体技术，它特别适合作为固态磁盘驱动器，或以低成本和高可靠性替代由电池支持的静态 RAM。由于便携式系统既要求低功耗、小尺寸和耐久性，又要求保持高性能和功能的完整，因而该技术的固有优势十分明显。它突破了传统的存储器体系，改善了现有存储器的特性。Flash Memory 具有以下几个主要特点：

(1) 固有的非易失性。Flash Memory 不同于静态 RAM，不需要备用电池来确保数据存留，也不需要磁盘作为动态 RAM 的后备存储器。

(2) 可直接执行。由于省去了从磁盘到 RAM 的加载步骤，查询或等待的时间仅决定于闪速存储器，用户可充分享受程序和文件的高速存取以及系统的迅速启动。

(3) 经济的高密度。Intel 的 1Mb Flash Memory 的成本按每位计要比静态 RAM 低一半以上(不包括静态 RAM 电池的额外花费和占用空间)。Flash Memory 的成本比容量相同的动态 RAM 稍高，但却节省了辅助(磁盘)存储器的额外费用和空间。

(4) 固态性能。Flash Memory 是一种低功耗、高密度且没有移动部分的半导体技术。便携式计算机不再需要消耗电池以维持磁盘驱动器运行，或由于磁盘组件而额外增加体积和重量。用户不必再担心工作条件变坏时磁盘会发生故障。

总之，Flash Memory 是一种低成本、高可靠性的非易失读/写存储器。从功能上讲，由于随机存取的特点，可将 Flash Memory 看作一种非易失的 ROM，因此它成为能够用于程序代码和数据存储的理想媒体。Flash Memory 的存取速度比 DRAM 略慢，经改进，目前存取速度已突破了 10 ns 或更高。

由于 Flash Memory 所具有的独特优点，Pentium Ⅱ以后的主板都采用了这种存储器存放 BIOS 程序。Flash Memory 的可擦可写特性，使 BIOS 程序可以及时升级。Flash Memory 芯片与同容量的 EPROM 引脚完全兼容。典型的 Flash Memory 芯片有 29C256(32 KB×8=256 KB)、29C512(64 KB×8=512 KB)、29C010(128 KB×8=1 MB)、29C020(256 KB×8=2 MB)、29C040(512 KB×8=4 MB)、29C080(1024 KB×8=8 MB)等。

5.4　存储器与 CPU 接口的基本技术

在微型计算机系统中，存储器通过总线与 CPU 相连。CPU 对存储器进行读/写操作时，首先是由地址总线给出地址信号，选择要进行读写操作的存储单元，然后通过控制总线发出相应的读/写控制信号，最后才能在数据总线上进行数据交换。所以，存储器芯片与 CPU 之间的连接，实质上就是与其数据总线、地址总线和控制总线这三种系统总线的连接。

5.4.1　存储器接口设计应考虑的问题

在进行存储器接口设计时，要考虑以下 4 个问题。

1. CPU 总线的负载能力

CPU 的总线驱动能力是有限的，8086/8088 微处理器输出线的直流负载能力一般为 5 个 TTL 或 10 个 CMOS 逻辑器件。现在的存储器一般都是 MOS 电路，直流负载很小，故在小型系统中，CPU 可以直接与存储器相连。而在较大的系统中，由于 CPU 的接口电路较多，存储器芯片容量较大，此时不仅要考虑直流负载，还要考虑交流负载(主要是电容负载)，若 CPU 的负载能力不能满足要求，则用缓冲器输出所带来的负载也要考虑。对单向传送的地址和控制总线，可采用三态锁存器和三态单向驱动器等来加以锁存和驱动；对双向传送的数据总线，可采用三态双向驱动器来加以驱动。

2. CPU 时序与存储器存取速度之间的配合

CPU 的取指周期和对存储器的读/写都有固定的时序，由此决定了对存储器存取速度的要求。具体地说，CPU 对存储器进行读操作时，CPU 发出地址和读命令后，存储器必须在限定时间内给出有效数据；而当 CPU 对存储器进行写操作时，存储器必须在写脉冲规定的时间内将数据写入指定存储单元，否则无法保证迅速准确地传送数据。

3. 存储器的地址分配和片选

内存通常分为 RAM 和 ROM 两大部分，而 RAM 又分为系统区(即机器的监控程序或操作系统占用的区域)和用户区，用户区又分成数据区和程序区，ROM 的分配也类似，所以内存的地址分配是一个重要问题。另外，目前生产的存储器芯片，单片的容量仍然是有限的，通常要由许多片才能组成一个存储器，这就存在一个如何产生片选信号的问题。

4. 控制信号的连接

CPU 在与存储器交换信息时，通常有以下几个控制信号(对 8088/8086 来说)：$\overline{IO}/M(IO/\overline{M})$、$\overline{RD}$、$\overline{WR}$ 以及 WAIT 信号。这些信号与存储器要求的控制信号相连，以实现所需的控制功能。

5.4.2 存储器的扩展技术

存储器与 CPU 的连接包括存储器与数据总线、地址总线和控制总线的连接。由于存储器芯片的容量有限，在构成实际的存储器时，单个芯片往往不能满足存储器位数(数据线的位数)或字数(存储单元的个数)的要求，需要用多个存储器芯片进行组合，以满足对存储容量的要求，这种组合称为存储器的扩展，扩展方式通常有位扩展、字扩展和字位扩展三种。

1. 位扩展

位扩展是指只在位数方向扩展(加大字长)，而芯片的字数和存储器的字数是一致的。位扩展的连接方式是将各存储器芯片的地址线、片选线和读/写线相应地并联起来，而将各芯片的数据线单独列出。

位扩展把多个存储器芯片组成一个整体，使数据位数增加，但单元个数不变。经位扩展构成的存储器，每个单元的内容被存储在不同的存储器芯片上。位扩展构成的存储器在电路连接时采用的方法是：将每个存储器芯片的数据线分别接到系统数据总线的不同位上，地址线和各类控制线(包括片选信号线、读/写信号线等)则并联在一起。如用 64 K × 1 bit 的 SRAM 芯片组成 64 K × 8 bit 的存储器，所需芯片数为

$$\frac{64\ \text{K}\times 8\ \text{bit}}{64\ \text{K}\times 1\ \text{bit}} = 8\ \text{片}$$

位扩展连接举例如图 5.23 所示。

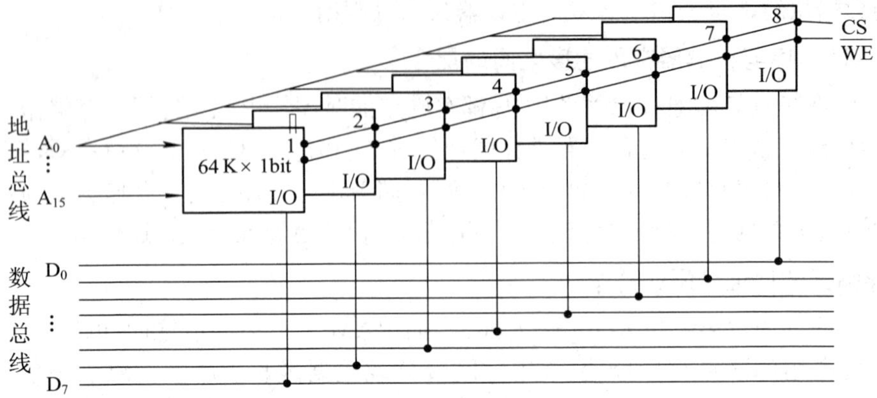

图 5.23　位扩展连接举例

2. 字扩展

字扩展是指仅在字数方向扩展，而位数不变。字扩展将芯片地址线、数据线、读/写线并联，由片选信号区分各个芯片。字扩展是对存储器容量的扩展。存储器芯片的字长符合存储器系统要求，但其容量太小，即存储单元个数不够，需要增加存储单元的数量。

字扩展构成的存储器在电路连接时采用的方法是：将每个存储器芯片的数据线、地址线、读/写控制线等与系统总线的同名线相连，仅将各个芯片的片选信号分别连到地址译码器的不同输出端，用片选信号来区分各个芯片的地址。如用 16 K × 8 bit 的 SRAM 组成 64 K × 8 bit 的存储器，所需芯片数为

$$\frac{64\ \text{K}\times 8\ \text{bit}}{16\ \text{K}\times 8\ \text{bit}}=4\ 片$$

在这种情况下，CPU 将提供 16 根地址线、8 根数据线与存储器相连；而存储器芯片仅有 14 根地址线、8 根数据线。4 个芯片的地址线 $A_{13}\sim A_0$、数据线 $D_7\sim D_0$ 及读/写控制信号都是同名信号并联在一起；高位地址线 A_{15}、A_{14} 经过一个地址译码器产生 4 个片选信号 $\overline{CS_0}$、$\overline{CS_1}$、$\overline{CS_2}$、$\overline{CS_3}$，分别选中 4 个芯片中的一个，如图 5.24 所示。

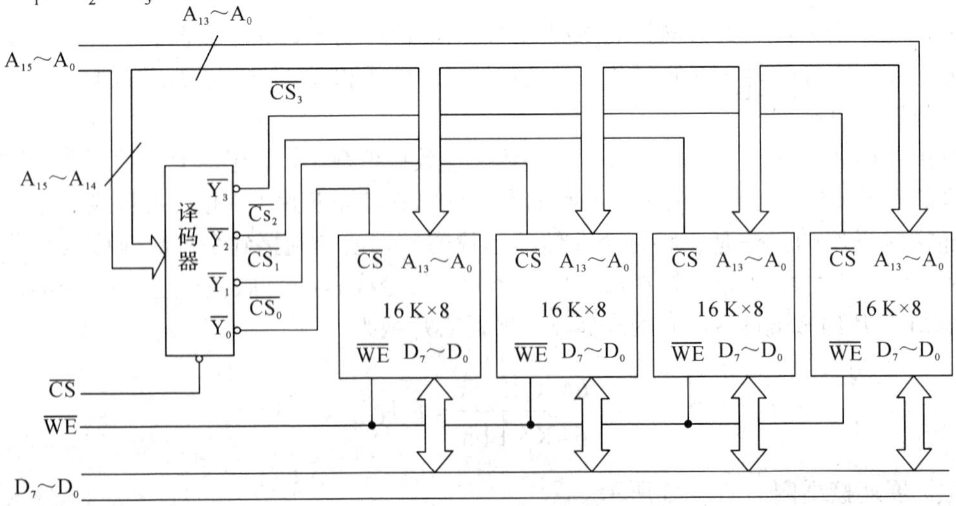

图 5.24　字扩展连接举例

$A_{15}A_{14}=00$，选中第一片；

$A_{15}A_{14}=01$，选中第二片；

⋮

在同一时间内 4 个芯片中只能有 1 个芯片被选中。4 个芯片的地址分配如下：

第一片：

最低地址	0000 0000 0000 0000B	0000H
最高地址	0011 1111 1111 1111B	3FFFH

第二片：

最低地址	0100 0000 0000 0000B	4000H
最高地址	0111 1111 1111 1111B	7FFFH

第三片：

最低地址	1000 0000 0000 0000B	8000H
最高地址	1011 1111 1111 1111B	BFFFH

第四片：

最低地址	1100 0000 0000 0000B	C000H
最高地址	1111 1111 1111 1111B	FFFFH

3. 字位扩展

当构成一个容量较大的存储器时，往往需要在字数方向和位数方向上同时扩展，这将是前两种扩展的组合，实现起来也是很容易的。用 8 片 16 K×4 bit 的 SRAM 芯片组成 16 K×8 bit 存储器的连线图如图 5.25 所示。

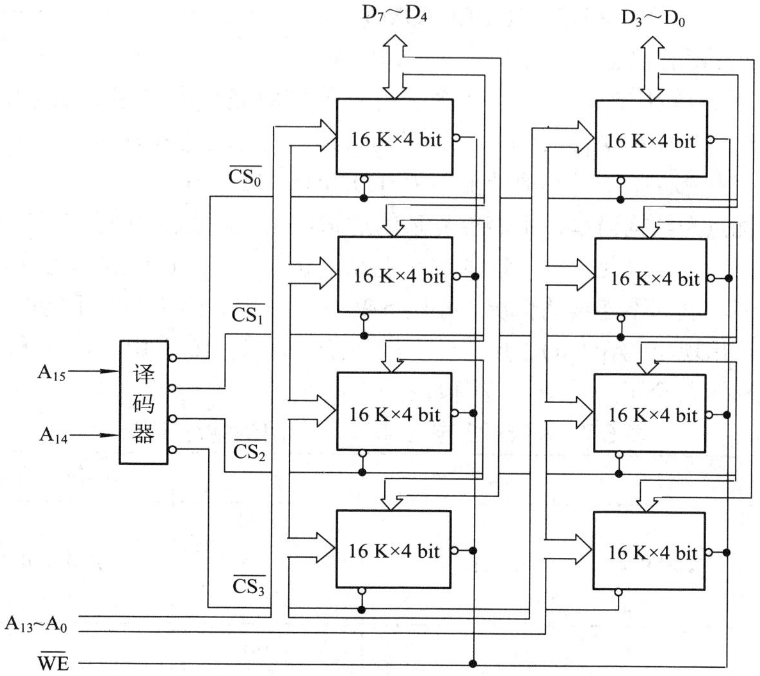

图 5.25　字和位同时扩展连接举例

不同的扩展方式可以得到不同容量的存储器。在选择存储器芯片时，一般应尽可能地使用集成度高的存储器芯片来满足总的存储容量要求，这样不仅可以降低成本，还可以减轻系统负载，缩小存储器模块的尺寸。所以，存储容量的扩展可遵循以下步骤：① 根据存储容量选择合适芯片；② 若存储器芯片的位数不满足要求，则将芯片多片并联进行位扩展，构成满足字长要求的芯片组；③ 对芯片组进行字扩展，设计出满足要求的存储器。

5.4.3　存储器芯片的地址分配和片选

存储器地址译码电路不同，CPU 访问的存储器地址也不同。当 CPU 对存储单元进行访问时，发出的地址信号要实现两种选择：首先是对存储器芯片的选择，使相关芯片的片选端有效，称为片选；之后在选中的芯片内部再选择某一存储单元，称为字选。片选信号和字选信号均由 CPU 发出的地址信号经译码电路产生。选择内部存储单元的字选信号是由 CPU 的低位地址线经存储器芯片的内部译码电路产生的，这部分译码电路无须用户设计。片选信号是由 CPU 的高位地址线经外部译码器译码产生的，通常所说的译码电路就是用来产生片选信号的。片选信号的产生方法通常有线选法、全译码法和部分译码法三种。

1. 线选法

线选法是指用 CPU 地址总线中某一位高位地址线作为存储器芯片的片选信号。采用线选法时，可将地址信号线分别连到各芯片的片选端，当某个芯片的片选端为低电平时，则选中该芯片。线选法产生片选信号的电路如图 5.26 所示。

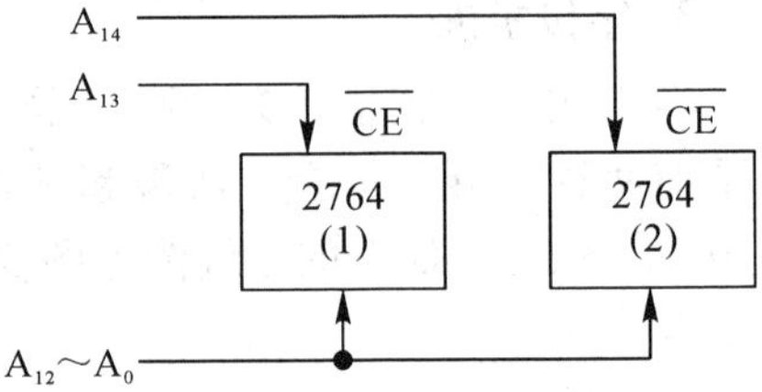

图 5.26　线选法产生片选信号的电路

在图 5.26 中，有两片 8 KB×8 bit EPROM 芯片 2764，采用线选法对它们进行寻址。A_{13} 和 A_{14} 分别接芯片(1)和芯片(2)的片选端。由于两个芯片不能同时被选中，因此地址中不允许出现 $A_{14}A_{13}$=00 的情况。当 $A_{14}A_{13}$=10 时，选中芯片(10，其地址范围为 04000H～05FFFH；当 $A_{14}A_{13}$=01 时，选中芯片(2)，其地址范围为 02000H～03FFFH。

线选法的优点是结构简单，不需要复杂的逻辑电路；缺点是地址空间浪费大。由于部分地址线未参与译码，因此会出现地址重叠现象。此外，当通过线选的芯片增多时，还有可能出现可用地址空间不连续的情况。在图 5.26 中，考虑到两个芯片不能同时被选中，所以地址中不允许出现 $A_{14}A_{13}$=00 的情况，可能的选择只有 10(选中芯片 1)和 01(选中芯片 2)。图 5.26 电路中某个可用的地址范围如表 5.7 所示。

表 5.7　图 5.26 电路中某个可用的地址范围

芯片	A_{19}～A_{15}	A_{14}　A_{13}	A_{12}～A_0	可用的地址范围
(1)	×××××	1　0	0…0 ⋮ 1…1	04000H～05FFFH
(2)	×××××	0　1	0…0 ⋮ 1…1	02000H～03FFFH

2. 全译码法

全译码法就是生成存储器片选信号时要使用全部 20 位地址总线信号，即所有的高位地址信号用来作为译码器的输入，低位地址信号接存储器芯片的地址输入线，从而使得存储器芯片上的每一个单元在整个内存空间中具有唯一的一个地址。在全译码方式中，译码电路的构成不是唯一的，既可以利用基本逻辑门电路(如“与”“或”“非”门等)构成，也可以利用译码器芯片构成。常用的译码器芯片有 74LS139(2-4)译码器，74LS138(3-8)译码器等。

全译码法的优点是每片(或组)芯片的地址范围是唯一确定的，而且是连续的，便于扩展，不会产生地址重叠的存储区，但全译码法对译码电路要求较高。例如，CPU 的地址总线有 20 位，现用 4 片 2K×8bit 的存储器芯片组成 8K×8bit 的存储器。全译码法要求除片内寻址用到的 11 位地址线外，高 9 位地址线 A_{19}～A_{11} 都参与译码、各芯片的地址范围如表 5.8 所示。

表 5.8 各芯片的地址范围

芯片	A_{19}～A_{13}	$A_{12}A_{11}$	A_{10}～A_0	地址范围(空间)
1	0…0	00	0…0 ⋮ 1…1	00000H～007FFH
2	0…0	01	0…0 ⋮ 1…1	00800H～00FFFH
3	0…0	10	0…0 ⋮ 1…1	01000H～017FFH
4	0…0	11	0…0 ⋮ 1…1	01800H～01FFFH

3. 部分译码法

部分译码法是指用除片内寻址外的高位地址的一部分来译码产生片选信号。如用 4 片 2K×8bit 的存储器芯片组成 8K×8bit 存储器，需要 4 个片选信号，因此只需要用 2 根地址线来译码产生。由于寻址 8K×8bit 存储器时未用到高位地址 A_{19}～A_{13}，因此只要 $A_{12}=A_{11}=0$，而无论 A_{19}～A_{13} 取何值，均选中第一片；只要 $A_{12}=0$，$A_{11}=1$，而无论 A_{19}～A_{13} 取何值，均选中第二片……也就是说，8KB RAM 中的任一个存储单元都对应有 $2^{(20-13)}=2^7$ 个地址，这种一个存储单元出现多个地址的现象称为地址重叠。

5.4.4 PC 系列微型计算机的存储器接口

1. 8 位存储器接口

如果数据总线为 8 位(如微型计算机系统中的 PC 总线)，而内存按字节编址，则匹配关系比较简单。对于 8 位微处理器，典型的时序安排是占用 4 个 CPU 时钟周期，即 T_1～

T_4，构成一个总线周期。对于微型计算机来说，存储器就接在总线上，故总线周期就等于存取周期，一个总线周期可读写 8 位。8 位微处理器 8088 提供读选通、写选通和 I/O 或存储器控制等控制信号(最小模式)去控制存储器系统，或者提供与 I/O 一起产生的存储器读命令、存储器写命令等控制信号(最大模式)去控制存储器系统。

2. 16 位存储器接口

对于 16 位微处理器 8086(或 80286)，在一个总线周期内最多可读/写两个字节，即从偶地址开始的字(规则字)；同时读/写这个偶地址单元和随后的奇地址单元，用低 8 位数据总线传送偶地址单元的数据，用高 8 位数据总线传送奇地址单元的数据。如果读/写的是非规则字，即从奇地址开始的字，则需要安排两个总线周期才能实现。

3. 32 位存储器接口

由于 80386/80486 微处理器要保持与 8086 等微处理器兼容，因此要求在进行存储器系统设计时必须满足单字节、双字节和四字节等不同的访问。为了实现 8 位、16 位和 32 位数据的访问，80386/80486 微处理器设有 4 条引脚 $\overline{BE_3}$～$\overline{BE_0}$。$\overline{BE_3}$～$\overline{BE_0}$ 由 CPU 根据指令的类型产生，其作用如表 5.9 所示。

表 5.9　$\overline{BE_3}$～$\overline{BE_0}$ 功能表

字节允许				要访问的数据位				自动重复
$\overline{BE_3}$	$\overline{BE_2}$	$\overline{BE_1}$	$\overline{BE_0}$	D_{31}～D_{24}	D_{23}～D_{16}	D_{15}～D_8	D_7～D_0	
1	1	1	0	—	—	—	D_7～D_0	N
1	1	0	1	—	—	D_{15}～D_8	—	N
1	0	1	1	—	D_{23}～D_{16}	—	D_{23}～D_{16}	Y
0	1	1	1	D_{31}～D_{24}	—	D_{31}～D_{24}	—	Y
1	1	0	0	—	—	D_{15}～D_8	D_7～D_0	N
1	0	0	1	—	D_{23}～D_{16}	D_{15}～D_8	—	N
0	0	1	1	D_{31}～D_{24}	D_{23}～D_{16}	D_{31}～D_{24}	D_{23}～D_{16}	Y
1	0	0	0	—	D_{23}～D_{16}	D_{15}～D_8	D_7～D_0	N
0	0	0	1	D_{31}～D_{24}	D_{23}～D_{16}	D_{15}～D_8	—	N
0	0	0	0	D_{31}～D_{24}	D_{23}～D_{16}	D_{15}～D_8	D_7～D_0	N

5.5　高速缓冲存储器与半导体存储器新技术

5.5.1　Cache 的工作原理

由于微处理器主频比内存使用的动态 RAM 快数倍，甚至是一个数量级以上，因此 CPU 与内存在执行速度上存在较大差异。一方面，在 CPU 的所有操作中，对内存进行访问是最频繁的操作，慢速的存储器大大降低了高速 CPU 的性能，影响了计算机的运行速度并限制了计算机性能的进一步发展和提高。另一方面，在半导体存储器中，只有双极型 SRAM

的存取速度可以和 CPU 相匹配，但它价格高，集成度低，功耗大，要达到与 DRAM 相同的容量，则所需体积较大且成本高，所以内存不能全部采用 SRAM。因此，在现代微型计算机中，采用了一种分级处理的方法，即在 CPU 与内存之间增加一个容量相对较小的双极型 SRAM 作为高速缓冲存储器(Cache)。

Cache 是一种存储空间较小而存储速度很快的存储器，通常采用和 CPU 相同的半导体材料制成，速度一般比内存快 5 倍左右。Cache 位于 CPU 和内存之间，用来存放内存中最常用到的内容的副本，如存放当前指令地址附近的程序、当前要访问的数据区内容等。目前，大多数 PC 处理器的高速缓冲都设为两个级别：一级 Cache 和二级 Cache。一级 Cache 集成在 CPU 芯片内，时钟周期与 CPU 相同；二级 Cache 通常封装在 CPU 芯片外部，时钟周期比 CPU 慢一半或更低。通常，二级 Cache 的容量要比一级 Cache 大一个数量级以上。Cache 存储系统的基本结构如图 5.27 所示。

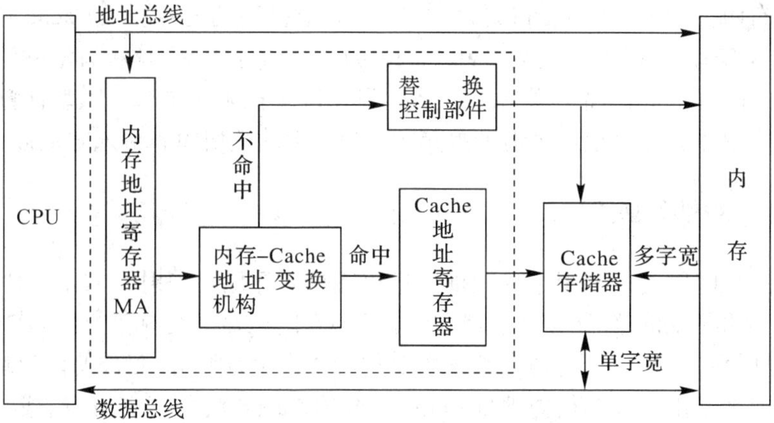

图 5.27 Cache 存储系统的基本结构

采用了 Cache 存储结构以后，Cache 的读/写速度几乎能够与 CPU 相匹配，所以微型计算机系统的存取速度可以大大提高；同时 Cache 的容量相对内存来说并不是太大，所以整个存储器系统的成本并没有上升很多。因此，整个存储器系统的容量及单位成本能够与内存相当，而存取速度可以与 Cache 的读/写速度相当，这就很好地解决了存储器系统的容量、存取速度及单位成本之间的矛盾。

使用 Cache 改善系统性能的依据是程序访问的局部性原理。通过对大量典型程序运行情况的分析可知，在一个较短的时间间隔内，对存储器的访问大都集中在一个局部区域内，由于指令地址的分布基本上是连续的，再加上循环程序段和子程序段要重复执行多次，因此，对这些地址的访问就自然具有时间上集中分布的特性。数据分布的这种集中倾向不如指令明显，但对数组的存储和访问以及对工作单元的选择都可以使存储器地址相对集中，这种对局部范围的存储地址频繁访问的现象称为程序访问的局部性。

根据程序访问的局部性原理，可以动态地将内存中访问频率高的某个局部区域内容复制到 Cache 中，把对内存的操作映射作为对 Cache 的操作，从而达到提高存取速度的目的。当 CPU 访问存储器时，先访问 Cache，找到所需要的内容，即命中。命中时，CPU 从 Cache 中读/写数据。由于 Cache 速度与 CPU 速度相匹配，因此不需要插入等待状态。如果在 Cache 中找不到所需的内容，即不命中，则 CPU 直接访问内存，同时依据某种算法将从内存中取得的数据以及该地址附近的内容传送到 Cache 中。不命中时，CPU 必须在其总线周期中插入等待周期 T_W。

CPU 工作时，首先在一级 Cache(微处理器内的 Cache)中查找数据，如果找不到，则在二级 Cache(主板上的 Cache)中查找。若数据在二级 Cache 中，则 Cache 控制器在传送数据的同时，修改一级 Cache；如果数据既不在一级 Cache 也不在二级 Cache 中，则 Cache 控制器从内存中获取数据，同时将数据提供给 CPU 并修改两级 Cache。两级 Cache 结构提高了命中率，加快了处理速度，使 CPU 对 Cache 的操作命中率高达 98%以上。

Cache 的基本操作有两种：读操作和写操作。当 CPU 发出读操作命令时，如果需要的数据已在 Cache 存储器中，则只需直接访问 Cache 存储器，并从对应单元中读取信息到数据总线；若所需要的数据尚未装入 Cache 的存储器中，则 CPU 在从内存读取信息的同时，要用 Cache 替换部件把该地址所在的那块存储内容从内存复制到 Cache 中。当 CPU 发出写操作命令时，也有两种情况：一种情况是命中时，不但要把新的内容写入 Cache 存储器中，还要同时把新的内容写入内存中，使内存和 Cache 的内容同时修改，这种方法称为写直达法或通过式写法(Write-through，简称通写法)；另一种情况是在未命中时，微型计算机系统只向内存写入信息，而不必同时把这个地址单元所在内存中的整块内容调入 Cache 存储器中。

5.5.2 Cache 的地址映射

Cache 的地址映射是指利用某种地址变换机制把内存地址映射到 Cache 中定位。其实现方法是将内存和 Cache 都分为大小相等的若干块(或称页)，设内存容量为 2n，Cache 容量为 2m，块的大小为 2k，于是内存地址由 k 位的块内地址和 n－k 位的内存块号(块地址)组成，而 Cache 地址由 k 位的块内地址和 m－k 位的 Cache 块号(块地址)组成。由于内存和 Cache 的块大小相同，因此在地址映射时，只需对块地址进行映射。一般采用以下三种地址映射方式。

1. 全相联映射

全相联映射允许内存的每一块都可以映射到 Cache 的任意一块上，也允许从已被占满的 Cache 存储器中替换出任何一个旧块。当访问某个块中的数据时，块地址要与 Cache 块表中的所有地址标记进行比较，以确定是否命中。在数据块调入时，采用的替换策略比较复杂，即需要决定将数据块调入 Cache 中什么位置，以及将 Cache 中哪一块数据调出到内存，其映射关系如图 5.28 所示。全相联映射方式的冲突概率最小，Cache 利用率高，但查找速度慢，实现结构复杂。由于 Cache 的速度要求高，全部比较和替换策略都要用硬件实现，因此控制复杂，硬件价格昂贵。

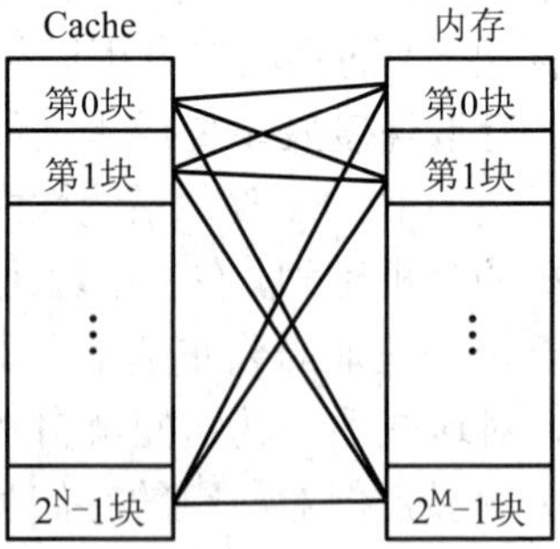

图 5.28　全相联映射

2. 直接映射

直接映射指内存中的每个块只能映射到某个固定的 Cache 块中，如图 5.29 所示。在该方式下，内存中的块数据只可调入 Cache 中的一个位置，如果内存中其他块的数据也要调入该位置，就会发生冲突。直接映射的方法是对 Cache 的块号取模，公式为 $j = i \bmod 2^N$，其中 j 是 Cache 中的块号，i 是内存中的块号。在这种方式下，内存的第 0 块、第 2^N 块、第 2^{2N} 块等只能映射到 Cache 的第 0 块；内存的第 1 块、第 2^N+1 块，第 2^{2N}+1 块等只能映射到 Cache 的第 1 块，依此类推。例如，一个 Cache 的大小为 2KB，每个块为 16B，这样 Cache 中共有 128 个块。假设内存的容量是 256 KB，则共有 16 384 个块。内存的地址码将有 18 位。在直接映射方式下，内存中的第 1～128 块分别映射到 Cache 中的第 1～128 块，第 129 块则映射到 Cache 中的第 1 块，第 130 块映射到 Cache 中的第 2 块，依次类推。

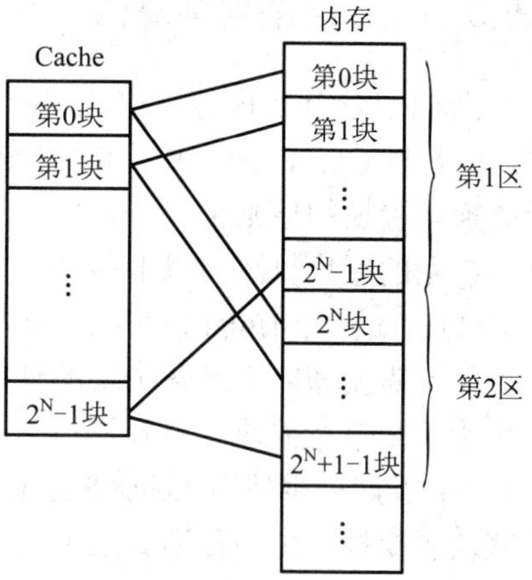

图 5.29 直接映射

直接映射方式比较简单，地址转换速度快，但冲突概率高。当程序的多个数据块有相同的 Cache 映射地址时，需要把该地址的数据不断地写入调出，即使 Cache 中有其他的空闲块，也不能加以利用。特别是当程序往返访问两个相互冲突的块中数据时，Cache 的命中率将急剧下降。

3. 组相联映射

组相联映射是全相联映射和直接映射的折中方案，如图 5.30 所示(图中 C 为 Cache 块号)。在该方式下，内存和 Cache 都被分组，各组之间采用直接映射，组内各块之间采用全相联映射。内存中一个组内的块数与整个 Cache 的分组数相同。内存中的各块与 Cache 的分组号之间有固定的映射关系，且可映射到对应 Cache 组中的任意一块。如内存中的第 0 块可映射到 Cache 的第 0 组的第 0、1、2、3 块；内存中的第 1 块可映射到 Cache 的第 1 组的第 4、5、6、7 块，以此类推。当组的大小为 1 时，就变成了直接映射；当组的大小为整个 Cache 的大小时，就变成了全相联映射。组相联映射在判断块命中及替换算法上都要比全相联映射简单，运行起来比直接映射更加有效，其命中率介于全相联映射和直接映射之间。

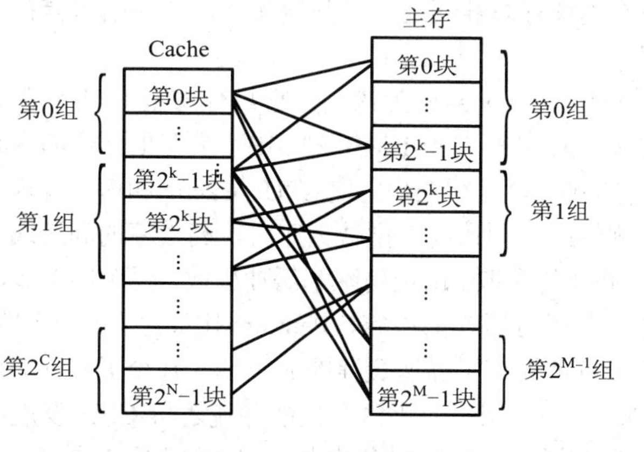

图 5.30 组相联映射

5.5.3 Cache 的置换算法

当 CPU 访问的内容不在 Cache 内部时，CPU 就会访问内存，把数据所在的块调入 Cache 中，以替换 Cache 中的块。如果 Cache 中的存储单元已满，则去除旧的数据，调入新块进行置换。置换的原则是保证替换后的命中率尽可能高。

常用的置换算法有以下两种：

(1) 先进先出(First In First Out，FIFO)算法：把最先调入的 Cache 块置换掉。该算法的优点是不需要随时记录各个块的使用情况，容易实现，系统开销小；缺点是一些经常使用的块由于是最早的块而被置换掉。

(2) 近期最少使用(Least Recently Used，LRU)算法：把当前 Cache 中近期最少使用的那些块置换掉。这种置换算法考虑了程序运行特性，但要随时记录 Cache 中各块的使用情况，以确定哪个块是近期最少使用的块。LRU 算法平均命中率比 FIFO 算法高，但实现起来较复杂。

5.5.4 高档机 Cache 结构简介

为了提高 CPU 访问存储器的速度，在 486 和 Pentium 机中都设计了一定容量的数据 Cache 和指令 Cache，第一级 Cache(L1)可以使用处理器外部的第二级 Cache(L2)。Pentium Pro 在片内第一级 Cache 的设计方案中，也分别设置了指令 Cache 与数据 Cache。指令 Cache 的容量为 8 KB，采用 2 路组相联映射方式；数据 Cache 的容量也为 8 KB，但采用 4 路组相联映射方式。Pentium Pro 采用了内嵌式 L2 Cache，大小为 256 KB 或 512 KB。此时的 L2 Cache 已经用线路直接连到 CPU 上，减少了对急剧增多的 L1 Cache 需求。L2 Cache 还能与 CPU 同步运行，即当 L1 Cache 不命中时，立刻访问 L2 Cache，不产生附加延迟。

PentiumⅡ是 Pentium Pro 的改进型，同样有两级 Cache，L1 Cache 为 32 KB(指令 Cache 和数据 Cache 各 16 KB)，是 Pentium Pro 的两倍，L2 Cache 为 512 KB。PentiumⅡ与 Pentium Pro 在 L2 Cache 方面的不同在于制作成本。此时，L2 Cache 已不在内嵌芯片上，而是与 CPU 通过专用 64 位高速缓存总线相连，与其他元器件共同被组装在同一基板上，即单边接触盒上。

PentiumⅢ也以 Pentium Pro 结构为核心，它具有 32 KB 非锁定 L1 Cache 和 512 KB 非锁定 L2 Cache。L2 Cache 可扩充到 1 MB～2 MB，具有更合理的内存管理，可以有效地对大于 L2 Cache 缓存的数据块进行处理，使 CPU、Cache 和内存存取更趋合理，提高了系统整体性能。在执行视频回放和访问大型数据库时，高效率的高速缓存管理使 PentiumⅢ避免了对 L2 Cache 不必要的存取。由于消除了缓冲失败，因而使得多媒体和其他对时间敏感的操作性能更高了。对于可缓存的内容，PentiumⅢ通过预先读取期望的数据到高速缓存里来提高速度，这一特色提高了高速缓存的命中率，减少了存取时间。

为进一步发挥 Cache 的作用，改进内存性能并使之与 CPU 发展同步，以维护系统平衡，一些制造 CPU 的厂家增加了控制缓存的指令。Intel 公司也在 PentiumⅢ处理器中新增加了 70 条 3D 及多媒体的 SSE 指令集，其中很重要的一组指令是两类缓存控制指令：一类是数据预存取(Prefetch)指令，能够增加从内存到缓存的数据流；另一类是内存流优化处理(Memory Streaming)指令，能够增加从处理器到内存的数据流。这两类指令都赋予了应用开发人员对缓存内容更大的控制能力，使其能够控制缓存操作以满足其应用的需求，同时也提高了 Cache 的效率。

5.5.5 半导体存储器新技术

随着集成电路技术的飞速发展，CPU 的速度不断提高，这就要求存储器具有更快的访问速度。近几年来，新型存储器件不断涌现。

1. 静态 RAM

1) 异步静态随机存储器(Asynchronous Static RAM，Async SRAM)

异步静态随机存储器依赖 CPU 时钟，存取速度较 DRAM 快，有 20ns、15ns 和 12ns 等，但存取数据时，仍不能够与 CPU 保持同步。

2) 同步突发静态随机存储器(Synchronous Burst SRAM，Sync Burst SRAM)

同步突发静态随机存储器的存取速度可达 8.5 ns～12 ns，在总线频率为 66 MHz 的系统上，此 RAM 可与 CPU 的运行速度保持同步，而总线频率超过 66 MHz 时，此 RAM 便超负荷。

3) 管道突发随机存储器(Pipelined Burst SRAM，PB SRAM)

通过运用 I/O 寄存器，PB SRAM 可以形成像管道那样的数据流水线传送模式。在总线频率高于或等于 75 MHz 时，此 RAM 为最快的缓存型随机存储器。PB SRAM 的存取速度可达 4.5 ns～8 ns。

4) 一级高速缓存(Level 1 Cache，L1 Cache)

L1 Cache 内嵌于 CPU 中，用于缓存代码和数据，可以明显加快 CPU 对外连高速缓存和 RAM 的访问速度，其容量已从原 8 KB 扩至 64 KB。

5) 二级高速缓存(Level 2 Cache，L2 Cache)

L2 Cache 通常由 SRAM 组成，主要协调 CPU 与内存之间的速度匹配，其方法早期是在 CPU 与 DRAM 间加上 L2 Cache，可担负 85%的内存请求，同时又不增加 CPU 的额外等待时间。后来 Intel 公司在 Pentium Pro 及 PentiumⅡ芯片中，将 L2 Cache 与 CPU 封装在一起并采用独立的总线结构，使得系统性能大幅度提高。

2. 动态 RAM

1) 扩展数据输出动态随机存储器(Extended Data Out DRAM，EDO DRAM)

对传统 DRAM 的访问，需要经过发送行地址、发送列地址和读/写数据三个阶段，一次访问时间是每个阶段所需时间之和。EDO DRAM 是对传统 DRAM 存取技术的改进，它普遍使用一种快速页面模式(FPM)，对地址连续的多个单元进行读写访问。在这种模式里，由于连续存储单元的行地址是相同的，因此从第二个单元起，不再重复发送相同的行地址(使用芯片内已存储的行地址)，在信号的控制下，仅发送下一个要访问的列地址。这样，后续的访问只需要经历发送列地址和读写数据两个阶段，从而有效地缩短了访问时间。

EDO DRAM 采用的另一项技术是在输入下一个列地址时，仍然允许数据输出进行，这可以理解为扩展了数据输出的时间，EDO 因此得名。由于列地址输入和数据输出同时进行，因此存储器读操作时间被进一步缩短。采用这项技术，理论上可将 RAM 的访问速度提高 30%。EDO DRAM 用于 32 位微型计算机中，最高频率为 30 MHz～60 MHz，工作电压一般为 5 V，其接口方式多为 72 线的 SIMM 类型。

EDO DRAM 与以往的内存相比，最主要的特点是取消了数据输出与传送两个存储周期之间的间隔时间。同高速页面 RAM 相比，EDO DRAM 增大了输出数据所占的时间比例，在大量存取操作时可极大地缩短存取时间，性能提高了 15%～30%，而制造成本与高速页面 RAM 相近。EDO DRAM 的典型芯片是西门子公司的 4 MB × 16 bit 的 HYB3164165AT。

2) 同步动态随机存储器(Synchronous DRAM，SDRAM)

传统 DRAM 采用异步方式进行存取。处理器在给出存储器地址和读写命令之后，要等待存储器内部进行地址译码、读/写等操作，这一段时间的长短取决于芯片性能，随使用芯片的不同而不同。在这段时间内，处理器相关部件和总线除了等待之外不能做其他事情，从而降低了系统性能。

SDRAM 采用同步方式进行存取。送往 SDRAM 的地址信号、数据信号、控制信号都是在一个时钟信号的上升沿被采样和锁存的，SDRAM 输出的数据也在时钟的上升沿锁存到芯片内部的输出寄存器。而且，输入地址、控制信号到数据输出所需的时钟个数可以通过对芯片内方式寄存器的编程来确定。这样，在 SDRAM 输入了地址、控制信号并进行内部操作期间，处理器和总线主控器可以安全地处理其他任务(例如，启动其他存储体的读操作)，而无须简单等待，从而提高了系统的性能。

SDRAM 芯片基于双存储体结构，内含两个交错的存储阵列，CPU 从一个存储体或阵列访问数据的同时，另一个已准备好读/写数据，通过两个存储阵列紧密切换，读数据效率得到成倍提高。由于 SDRAM 性能优异，它已经成为微型计算机主流内存储器件之一，在 Pentium 4 微型计算机中仍在使用。它的工作电压一般为 3.5 V，其接口多为 168 线的 DIMM 类型。

SDRAM 的时钟频率早期为 66 MHz，目前常见的是 133 MHz、150 MHz。由于它以 64 位的宽度(8 B)进行读/写，因而单位时间内理论上的数据流量峰值(带宽)已经达到 1.2 GB/s (8 B × 150 MHz)。

3) 双倍数据速率同步内存(Double Data Rate Synchronous DRAM，DDR SDRAM)

DDR SDRAM 是由 SDRAM 发展出来的新技术。原来的 SDRAM 被称为 SDR SDRAM(单倍数据速率同步内存)。DDR SDRAM 与 SDR SDRAM 相比有两个不同点：首先，它使用了更多、更先进的同步电路；其次，DDR SDRAM 使用了 DLL 延时锁定回路来提供一个数据滤波信号。SDR SDRAM 只在时钟脉冲的上升沿进行一次数据读/写操作，而 DDR SDRAM 不仅在时钟脉冲上升沿进行操作，在时钟脉冲的下降沿还可以进行一次对等的操作(读/写)。这样，理论上 DDR SDRAM 的数据传送能力就比同频率的 SDR SDRAM 提高一倍。假设系统 FSB(Front Side Bus)的频率是 100 MHz，则 DDR SDRAM 的工作频率可以倍增为 200 MHz，带宽也倍增为 1.6 GB/s(8 B × 100 MHz × 2)。DDR SDRAM 的速度在不断提高，由 DDR 200 到 DDR 333，还在向更高发展，其内存的带宽也由 1.6 GB/s 发展到 2.7 GB/s。通常说的 DDR PC1600、DDR PC2100、DDR PC3200…就是指 DDR200、DDR266、DDR400 等。前者以数据带宽标注，后者以工作频率标注。

4) 突发存取的高速动态随机存储器(Rambus DRAM，RDRAM)

RDRAM 是由总部位于美国加利福尼亚州的 Rambus 公司开发的具有系统带宽、芯片到芯片接口设计的新型高性能 DRAM。RDRAM 从芯片到接口在技术上有了很大的突破，能在很高的频率下通过一个简单的总线传送数据。由于利用行缓冲器作为高速暂存，故能够以高速方式工作。普通的 DRAM 行缓冲器的信息在写回存储器后便不再保留，而 RDRAM 则具有继续保持这一信息的特性，于是在进行存储器访问时，如行缓冲器中已经有目标数据，则可利用，因而实现了高速访问。另外，可把数据集中起来以分组的形式传送，所以只要最初用 24 个时钟，以后便可每一时钟读出 1 个字节。一次访问所能读出的数据长度可以达到 256 B。

目前，RDRAM 的容量一般为 64 MB/72 MB 或 128 MB/144 MB 等，它与 CPU 之间的数据传送是通过专用的 RDRAM 总线进行的，具有极高的速度，主要用于计算机存储系统、图形、视频和其他需要高带宽、低延时的场合。

小 结

本章论述了半导体存储器的分类，半导体存储器芯片的一般结构及主要技术指标；讨论了随机存取存储器(RAM)，包括静态随机存取存储器(SRAM)和动态随机存取存储器(DRAM)基本存储单元及典型芯片；论述了只读存储器(ROM)，包括掩模 ROM、PROM、EPROM、EEPROM 和 Flash 等各种不同类型 ROM 的基本原理及典型芯片；介绍了存储器与 CPU 接口技术，包括存储器接口设计应考虑的问题，存储器位扩展、字扩展和字位扩展三种扩展方式，存储器的地址译码方法；还介绍了高速缓冲存储器(Cache)，包括 Cache 的工作原理、地址映射、置换算法等；最后介绍了半导体存储器新技术。

习 题

5-1 半导体存储器分为哪些类型？半导体存储器的主要技术指标有哪些？

5-2 只读存储器(ROM)有哪几种？随机存取存储器(RAM)有哪几种？简述各自的特点。

5-3 利用全地址译码将 6264 芯片接在 8088 的系统总线上，其所占地址范围为 BE000H～BFFFFH，试画出连接图。

5-4 利用 6264 芯片，在 8088 系统总线上实现 00000H～03FFFH 的内存区域，试画出连接电路图。

5-5 已知一个 DRAM 芯片外部引脚信号中有 4 根数据线，7 根地址线，计算其存储容量。

5-6 已有 2 片 6116，现欲将它们接到 8088 系统中，其地址范围为 40000H～40FFFH，试画出连接电路图。写入某数据并读出与之比较，若有错，则在 DL 中写入 01H，若每个单元均对，则在 DL 中写入 EEH。试编写此检测程序。

5-7 若利用全地址译码将 EPROM 2764(128 或 256)接在首地址为 A0000H 的内存区，

试画出电路图。

5-8　某机器中，已知配有一个地址空间为0000H～3FFFH的ROM区域，现在再用一个RAM芯片(8 K×8 bit)形成40 K×16 bit的RAM区域，起始地址为6000H。假设RAM芯片有$\overline{CS}$和$\overline{WE}$信号控制端，CPU的地址总线为A_{15}～A_0，数据总线为D_{15}～D_0，控制信号为R/W(读/写)、$\overline{MREQ}$(访存)，要求：

(1) 写出地址译码方案；

(2) 将ROM与RAM同CPU连接。

5-9　某以8088为CPU的微型计算机内存RAM区为00000H～3FFFFH，若采用6264、62256、2164或21256，各需要多少片芯片？

5-10　某8086系统用2764 ROM芯片和6264 SRAM芯片构成16 KB的内存。其中，RAM的地址范围为FC000H～FDFFFH，ROM的地址范围为FE000H～FFFFFH。试利用74LS138译码，画出存储器与CPU的连接图，并指出每片存储器芯片的地址范围。

5-11　若用2164芯片构成容量为128 KB的存储器，需多少片2164？至少需多少根地址线？其中多少根用于片内寻址？多少根用于片选译码？

5-12　什么是Cache？其基本工作原理是什么？在微型计算机系统中使用高速缓冲存储器的作用是什么？

第 6 章　输入/输出接口技术

输入输出(简称 I/O)是计算机与外部世界进行信息交换不可缺少的手段，在整个计算机系统中占有极其重要的地位。通常一种 I/O 设备与微型计算机连接，就需要一个连接电路，我们称之为 I/O 接口，存储器也可以看作一种标准化的 I/O 设备。接口是用于控制微型计算机系统与外设或外设与系统设备之间数据交换和通信的硬件电路。接口设计涉及两个基本问题，一是中央处理器如何寻址外设，实现多个设备的识别；二是中央处理器如何与外设连接，进行数据、状态和控制信号的交换。本章介绍接口的基本原理、I/O 寻址方式、基本输入/输出方式和 I/O 指令以及常用芯片的接口技术。

6.1　概　　述

6.1.1　输入/输出系统

计算机中完成输入/输出操作的部件称为输入/输出系统，包括 I/O 软件和 I/O 硬件两部分。而 I/O 硬件和 I/O 软件的综合设计称为 I/O 接口技术。

1. I/O 软件

I/O 软件的作用是在 I/O 硬件的基础上实现输入/输出操作。在微型计算机中，I/O 软件主要包括使用 I/O 指令编写的输入/输出程序以及操作系统中有关的管理模块。在高性能计算机中，I/O 软件还包括通道程序或 I/O 处理机子程序。在现代计算机中，使用 I/O 指令编写的输入/输出程序通常以驱动程序的形式出现。

2. I/O 硬件

I/O 硬件一般包括 I/O 控制部件、I/O 接口和 I/O 设备三部分。I/O 控制部件完成对输入/输出操作过程的控制，并且有效地提高输入/输出的效率，典型的 I/O 控制部件包括中断控制器、DMA 控制器等。I/O 设备种类繁多，实现机制各异，常见的有键盘、鼠标、显示器、硬盘机、打印机、调制解调器、扫描仪等设备。实际 I/O 接口设计中的 A/D、LED、LCD 等也是常见的 I/O 设备。I/O 接口实现 I/O 设备和系统总线的连接。

6.1.2　I/O 接口的主要功能

I/O 接口电路是为解决 I/O 设备与 CPU 之间存在的工作原理、运行速度、信息格式不同等诸多矛盾而设置的，I/O 设备的多样性导致了 I/O 接口电路的多样性。为了便于使用，借助 LSI 技术的发展，I/O 接口电路已制成尽可能通用的 I/O 接口芯片，这些芯片的每一种型号都有自己的应用领域，它们共有的一些功能如下：

(1) 数据转换：I/O 设备提供的自身状态信号和它所需的控制信号通常与微型计算机总线信号不兼容，接口芯片的数据转换功能就是让它们兼容，实现逻辑关系匹配，时序配合默契，高低电平一致。

(2) 数据缓冲：转换后能匹配的数据，并不能立即传送，因为主机和外设的速度不一致，盲目传送会丢失数据。为此接口芯片中都设置有暂存数据的锁存器或寄存器，称为数据端口，此外还有控制端口和状态端口。控制端口用于 CPU 对 I/O 接口芯片写入控制命令字，规定 I/O 接口芯片的具体工作方式和应用环境；状态端口用于 I/O 接口芯片向 CPU 报告自身的运行状态，如“空”“满”“忙”“闲”等。

(3) 接收并执行 CPU 的命令：I/O 接口芯片能够通过控制端口接收 CPU 的命令并将其分解成若干控制信号，指挥 I/O 设备各逻辑部件统一协调工作。

(4) I/O 设备选择：每一个 I/O 接口芯片都必须要有片选信号输入端，供 CPU 选择。具体选择方法允许片选端接入地址译码器输出，这样微型计算机系统能带许多 I/O 设备，而在同一时间里 CPU 只会与一个 I/O 接口芯片交换数据。

(5) 数据位数变换：并行传送数据可同时传送 8 位、16 位、32 位、64 位，串行传送数据只能一位一位传送，接口芯片应具有并行→串行或串行→并行的转换能力，以适应不同数据处理设备的需要。

(6) 中断管理：I/O 接口芯片能够处理中断事务，能提出中断申请，完成优先权排队，提供中断向量等。

(7) 可编程功能：具备硬件电路不变、仅修改驱动程序就能改变工作方式的功能。

任何一个接口芯片都不可能同时具备上述所有功能，不同接口芯片，功能侧重不同。尽管如此，已成定型产品的接口芯片，其复杂程度和价格一般也不亚于 CPU 自身。

6.1.3 I/O 接口的分类

在微型计算机系统中，接口的种类繁多，这是由 I/O 设备的多样性决定的。根据不同的分类标准，I/O 接口可以有以下几种分类方法。

(1) 按照与 I/O 设备的数据传送方式，I/O 接口可以分为并行接口和串行接口，它们与 I/O 设备之间分别以并行和串行方式进行数据传送。

(2) 按照通用性，I/O 接口可以分为通用接口和专用接口。通用接口可以适用于多种 I/O 设备，比如 Intel 8255A、Intel 8251A 等接口电路；专用接口只适用于特定的 I/O 设备，比如 Intel 8279 是专门用于键盘和数码管的接口电路芯片，而 Intel 6845 是专门用于 CRT 显示器的接口电路芯片，可实现刷新操作的定时控制。

(3) 按照可编程性可分为可编程接口和不可编程接口。可编程接口能提供多种工作方式，根据具体情况通过软件编程进行选择，适用范围较广。不可编程接口则不具备这样的性质。

不同的接口可以支持不同的输入/输出控制方式(程序直接控制的 I/O 方式、I/O 中断方式、DMA 方式等)。为了方便起见，有些接口也能够同时支持多种输入/输出控制方式，比如 Intel 8255A 既能支持程序直接控制的 I/O 方式，也能支持 I/O 中断方式。

6.1.4　I/O 接口的组成

一个简单的 I/O 接口的逻辑组成如图 6.1 所示。从图 6.1 中可见，接口是主机与外设的通信桥梁，是用于实现主机与外设传送信息的通道。因此，常用的接口电路芯片有与系统总线连接的引脚，比如数据引脚(与数据总线连接)、地址引脚(与地址总线连接)和控制引脚(如读、写、时钟、复位、中断请求输出等，与控制总线连接)，也有一些与 I/O 设备连接的引脚。

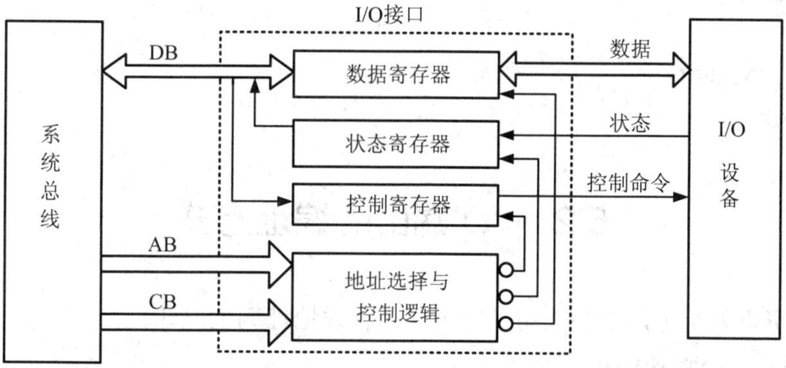

图 6.1　I/O 接口的逻辑组成

CPU 与 I/O 设备之间交换的信息有数据信息、控制信息和状态信息，分别通过 I/O 接口内部的三种寄存器来完成。

(1) 数据寄存器存放的是数据信息，如果是输入操作，则 I/O 设备首先将准备好的数据写入数据寄存器，然后由 CPU 通过数据总线将数据读入。如果是输出操作，则首先由 CPU 将输出的数据写入数据寄存器，然后由 I/O 接口将数据传送给 I/O 设备。在输入/输出操作期间，I/O 接口根据需要还要进行数据格式转换、电平转换等处理工作。

(2) 状态寄存器存放的是 I/O 设备的状态信息，比如“忙”“就绪”等，CPU 通过对状态寄存器的读操作可以查询 I/O 设备的当前状态。

(3) 控制寄存器存放的是对 I/O 设备的控制命令，比如启动、停止、工作方式选择等。当 CPU 需要对 I/O 设备进行控制时将控制命令写入控制寄存器，由控制寄存器输出实现对 I/O 设备的控制。

为了与 CPU 的寄存器相区别，接口电路中的这些寄存器取名为端口(port)。一个接口中可能有多个端口，一个计算机系统内又有很多个接口，所以通过端口传送信息首先要区分端口，区分端口可通过端口地址的不同来区分。端口地址是端口的位置二进制代码，在 PC 系列微型计算机中，用 16 位二进制编码。

综上所述，输入/输出操作实际上是通过 CPU 对 I/O 接口中的各种寄存器(I/O 端口)的读/写操作实现的。

6.1.5　8086/8088 的输入/输出指令

8086/8088 在对端口进行操作时要用到输入(IN)和输出(OUT)指令。它可寻址的端口地址多达 64 K 个。端口地址可以用立即数表示，也可以用 DX 表示。需要注意，若用立即数表示，只能寻址 00H~FFH 的 256 个端口，另外，读写的数据必须由 AX(或 AL)接收或发送。

输入输出指令的一般格式为

```
IN    ACC, OPRD
OUT   OPRD, ACC
```

例如：

```
IN    AL, 2FH
OUT   25H, AL
  ⋮
MOV   DX, 3FCH
IN    AX, DX
```

6.2　I/O 端口的编址方式

在微型计算机系统中，主要采用两种不同的外设地址编址方式。

1. 外设地址与内存地址统一编址

外设地址与内存地址统一编址的编址方式又称为存储器映射编址方式。在这种编址方式中，将 I/O 端口作为存储器的一个单元来访问，不设置专门的 I/O 指令，凡是存储单元寻址和操作可使用的指令都适用于 I/O 端口。这种方式的优点是存储器的访问指令种类多、功能全、操作灵活、范围广，比如能对 I/O 端口的内容直接进行算术逻辑运算、移位、条件转移、比较等，I/O 端口所能用的编址空间也大，有利于一些大系统的通信传输、数字控制。这种方式的缺点是 I/O 端口占用了内存单元地址，使得内存容量减小，此外指令长度比专用 I/O 指令长，执行速度也较慢。一般在 MCS-51 单片机、PDP-11 小型机、R6502、M6800 机中采用这种方式寻址。以 CPU 提供 20 根地址线、设置 256 个 I/O 端口为例，存储器统一编址连接如图 6.2 所示。

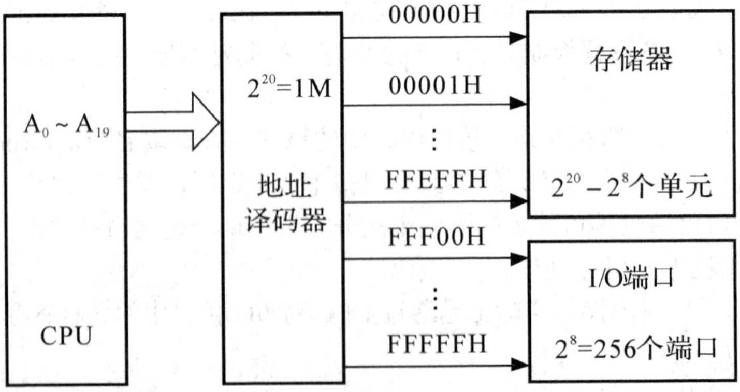

图 6.2　存储器统一编址

2. 外设与内存独立编址

在外设与内存独立编址的编址方式中，I/O 端口单独编址，不占存储空间。存储器操作指令专门用于访问存储器，I/O 指令专门用于访问 I/O 端口，彼此互不干扰。在 80×86 系列微型计算机中采用这种方式寻址。这种方式有如下优点：I/O 指令简单、速度快，与存储器操作指令分开使用能够适应各自的操作对象，使 I/O 操作和存储器操作在程序中层次清晰、易编易懂；I/O 端口不占内存，硬件资源各自单独设置。缺点是要增加硬件开销，把 I/O 端口和存储器分开。独立 I/O 编址时 I/O 端口可用低 8 位、低 10 位或低 16 位地址总线寻址。图 6.3 所示为 CPU 地址总线宽度为 20 位、I/O 端口用低 16 位寻址的连接情况。

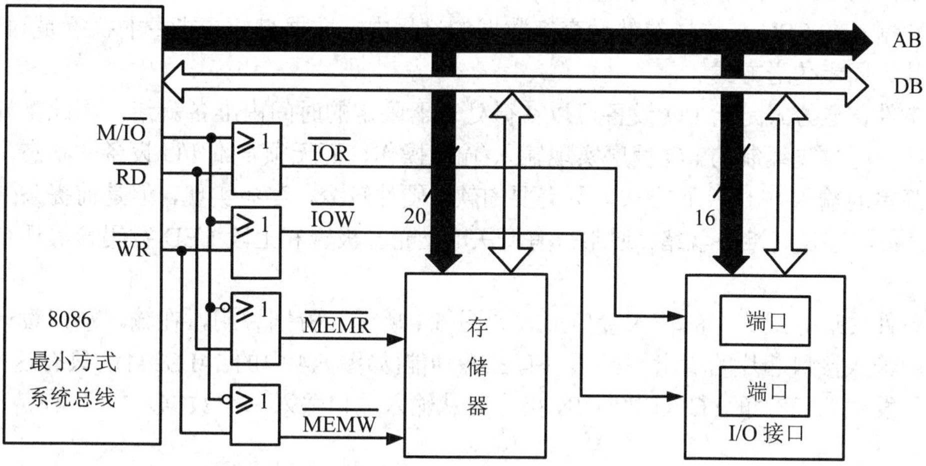

图 6.3　I/O 独立编址

6.3　输入/输出的基本方式及基本模式

在计算机的操作中最基本和最频繁的操作是数据传送，在微型计算机系统中，数据主要在 CPU、内存和 I/O 接口之间传送，接口电路控制数据信号的传送，这种传送操作是在 CPU 的监控下实现的，关键问题是数据传送的控制方式。根据外设与主机并行工作的速度，计算机系统中数据传送的控制方式分为程序控制传送方式、DMA 方式和 IOP 方式。

程序控制的数据传送分为无条件传送、查询传送和中断传送。这类传送的特点是以 CPU 为中心，数据传送的控制来自 CPU，通过预先编制好的输入或输出程序实现数据的传送。这种方式的数据传送速度较低，传送路径要经过 CPU 内部的寄存器，同时数据的输入/输出的响应也较慢。

直接存储器访问 DMA 是在存储器与 I/O 设备之间直接传送数据，传送过程中并不需要 CPU 干预，而是由一个 DMA 控制器(DMAC)加以控制的。处理机所要做的工作仅仅是对 DMAC 进行初始化，内容包括 I/O 数据在存储器中的地址、每次传送的字节数以及数据的传送方向等。

IO 处理机(Input-Output Processor，IOP)专门负责 I/O 数据的传送。实际上 IOP 并不构成一种新的传送方式，它只是把用于 I/O 传送控制的各种接口及控制器等集成在一个芯片中，并且像处理机那样，能够执行指令而已。IOP 用类似于 DMA 的方式完成数据传送之后，也要用中断方式通知处理机。

因此，微型计算机的输入/输出控制方式主要有无条件传送方式、查询传送方式、中断传送方式和 DMA 传送方式四种。

6.3.1　无条件传送方式

在微型计算机系统中，有一些简单的外设，当它工作时，随时可以接收 CPU 的输出数据或它的数据随时都是准备好的，CPU 随时可以正确地读到它的数据。也就是说外设无条件准备好向 CPU 提供数据或接收 CPU 传送的数据，所以 CPU 可以无条件地向这样的外设传送数据。在 CPU 与这样的外设交换数据的过程中，数据交换与指令的执行是同步的。故也称其为同步传送方式。

无条件传送方式是指 I/O 设备可以在微处理器限定的时间内准备就绪，因此微处理器可以直接执行预先编制的 I/O 程序实现输入/输出操作，而无须查询 I/O 设备的状态。该方式是最简单的输入/输出控制方式，所需要的软、硬件较少，容易实现，但是前提条件是要求 I/O 设备能够及时准备就绪，通常只有开关、发光二极管和七段 LED 数码管等适合这种方式。

无条件传送方式典型的输入接口形式如图 6.4 所示。特别说明，在输入端口设计中，所选择的输入接口芯片的输出端必须具有三态功能(如图 6.4 中的 74LS244)，只有这样，才能保证不发生总线竞争。CPU 执行 IN 指令时从输入端口输入一个数据。

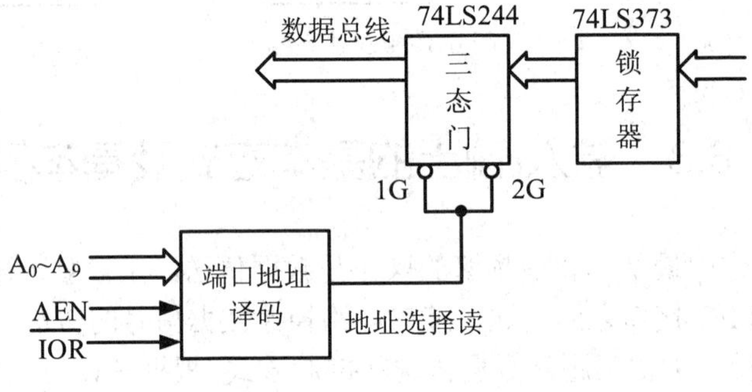

图 6.4　输入数据接口的典型结构

无条件传送方式典型的输出接口形式如图 6.5 所示。在输出端口设计中，所选择的输出接口芯片的输出端必须具有锁存功能(如图 6.5 中的 74LS373)，只有这样才能保证快速 CPU 与慢速 I/O 设备之间的速度匹配。CPU 执行 OUT 指令时可将输出到数据总线上的一个数据输出并锁存到输出端口。

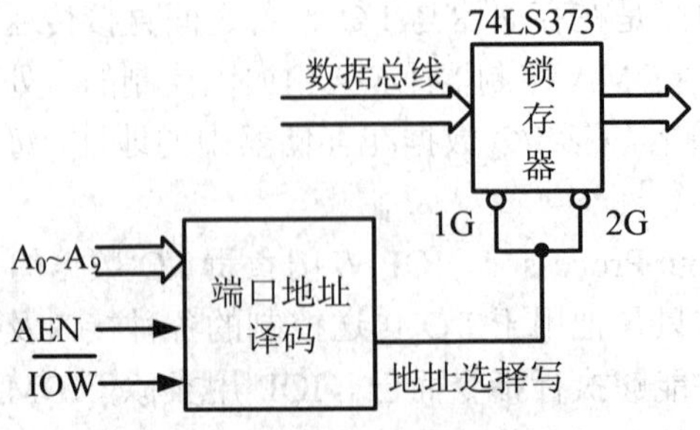

图 6.5　输出数据接口的典型结构

6.3.2　查询传送方式

无条件传送方式对于那些慢速的或总是准备好的外设是适用的，当程序依指令序列执行到 I/O 指令时，无条件地在 AL/AX 和 I/O 端口之间传送数据，这种传送方式使用极为广泛，例如 I/O 接口芯片的初始化编程，I/O 设备的状态读取等，显然它适合于固定 I/O 设备在固定时间内的固定操作。但在另一些 I/O 操作中，这种方式根本不适用。例如随机输入/输出的一些数据，I/O 设备还没有把数据准备好，CPU 就执行了 IN 指令，导致读入了一些不该读入的内容，从而出现错误。为此数据传送控制需改用查询方式进行，其工作方式如图 6.6 所示。

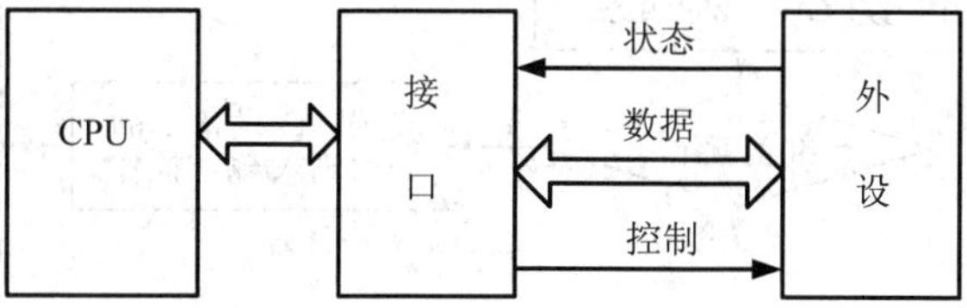

图 6.6　查询工作方式示意图

查询传送方式也称为异步传送方式或者有条件传送方式。在这种方式中，微处理器在进行输入/输出操作前要不断查询 I/O 设备的状态，只有当 I/O 设备准备就绪时才执行 I/O 指令，完成输入/输出操作。因此，I/O 接口除了数据端口外，还需要具有指示 I/O 设备状态的端口，以供微处理器的查询和检测。

1. 单一外设查询方式

单一外设查询方式的输入/输出过程，可简要地用图 6.7 来说明，CPU 查询外设的状态后决定数据的传送。

单一外设查询方式传送数据过程如下：如果 CPU 要从外设接收一个数据，则 CPU 首先查询外设的状态，看外设数据是否准备好，若没有准备好则等待；若外设已将数据准备好，则 CPU 由外设读取数据。接收数据后，CPU 向外设发出响应信号，表示数据已被接收。外设收到响应信号后，即可开始下一个数据的准备工作。若 CPU 需要向外设输出一个数据，同样，CPU 首先查询外设的状态，看其是否空闲，若正忙则等待；若外设准备就绪，处于空闲状态，则 CPU 向外设发送数据和输出就绪信号，后者通知外设 CPU 传送有效数据。外设接收数据后，向 CPU 发出数据已收到的状态信息。这样，一个数据的输出过程就告结束。

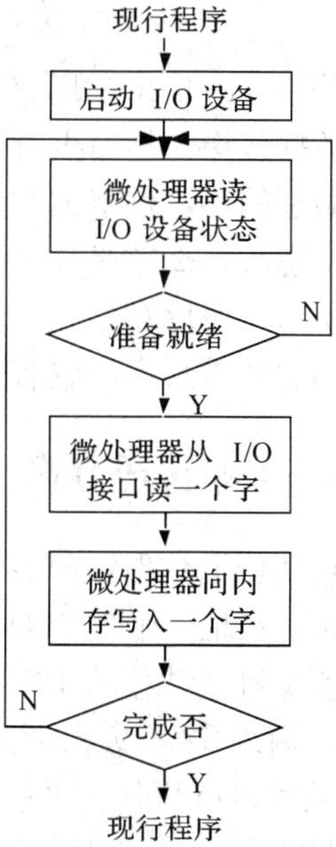

图 6.7　单一外设查询方式的流程图

2. 多个外设查询方式

当系统中有多个 I/O 设备进行输入/输出操作时，微处理器需要按照一定次序或优先级轮流查询这些 I/O 设备的状态，当某个 I/O 设备就绪时，完成这个 I/O 设备的输入或输出操作，其流程如图 6.8 所示。由于微处理器需要轮流查询多个 I/O 设备的状态，所以当某个设备准备就绪时，微处理器并不一定能及时响应，特别是在I/O设备速度较快时，问题更加严重，所以多个外设查询传送方式的实时性较差，通常只适合慢速设备的输入/输出操作。

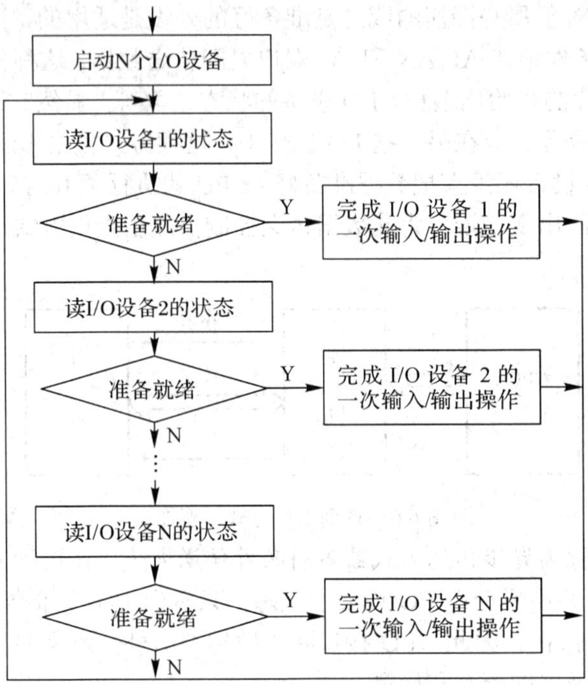

图 6.8　多个外设查询方式的流程图

从图 6.8 可以看出，CPU 逐个进行外设查询。若发现哪个外设准备就绪，就对该外设实施数据传送。然后再对下一外设查询，依次循环。由此可以发现，在查询过程中，CPU 不能做别的事，这就大大降低了 CPU 的效率。而且，假如某一外设刚好在查询之后处于就绪状态，那么它必须等到 CPU 查询完所有外设，再次查询此外设时，才能发现它处于就绪状态，而后对此外设进行服务。这样就不能对外设及时进行数据交换，这对许多实时性较高的外设来说，就有可能丢失数据。

6.3.3　中断传送方式

查询传送数据过程要求 CPU 不停地查询 I/O 设备状态，如果输入设备没有准备好或输出设备正在忙，那么 CPU 必然要等待。尤其是许多涉及机械动作的 I/O 设备，如键盘、打印机等，输入/输出数据的速度很慢，而这期间 CPU 原本可以执行大量的指令。为了提高 CPU 的使用效率，可以使用中断传送方式传送数据。

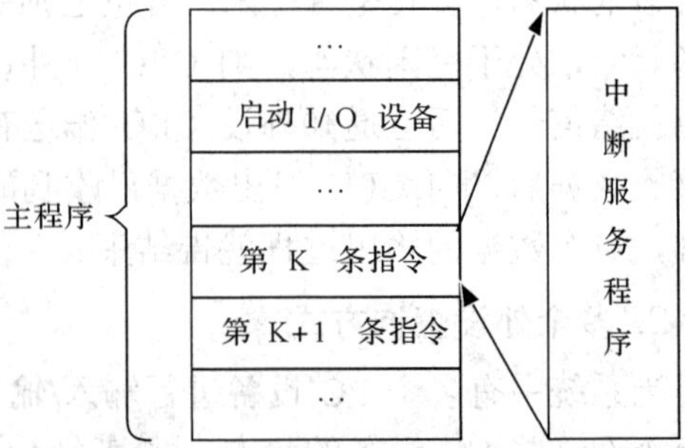

图 6.9　中断传送方式的过程

使用 I/O 中断传送方式传送数据的过程如图 6.9 所示。微处理器在启动 I/O 设备后并不需要检查其状态，而是继续执行现行程序。只有当 I/O 设备准备就绪并提出中断请求后微处理器才予以响应。假定 I/O 设备是在微处理器执行第 K 条指令期间提出中断请求的，则微处理器在执行第 K 条指令后响应中断请求，转向执行中断服务程序，通过其中的 I/O 指令完成输入/输出操作。中断服务程序结束后又回到断点处从第 K+1 条指令继续执行现行程序。执行一次中断服务程序完成的是一个字长数据的传送，若传送一个数据块，则在启动 I/O 设备后不断重复上述过程，直至一个数据块传送结束。

I/O 中断传送方式在 I/O 设备准备期间不需要微处理器“原地踏步”查询 I/O 设备的状态，也就是说微处理器执行现行程序与 I/O 设备的准备工作是并行的，而程序查询方式则是串行的，所以 I/O 中断传送方式充分利用了微处理器资源，提高了输入/输出操作的效率。

当采用 I/O 中断传送方式实现系统中多个 I/O 设备的输入/输出操作时，利用硬件排队电路和中断屏蔽寄存器可以灵活地安排这些 I/O 设备的优先级，及时对中断请求作出响应，因此也具有较好的实时性。

利用中断传送方式进行数据传送，可以大大提高 CPU 的效率，能够对外设的请求作出实时响应。尤其是当外设出现故障，不立即进行处理可能造成严重后果的情况下，利用中断方式可以及时作出处理，避免不必要的损失。但是与程序查询方式相比，实现 I/O 中断方式需要增加有关的软、硬件，比如接口中需要增加中断请求电路，系统中还要增加中断控制电路，以实现优先级设置和判定、中断允许和屏蔽以及产生中断向量地址等功能，因此 I/O 中断传送方式在一定程度上增加了成本和复杂性 。

6.3.4 DMA 传送方式

DMA 是直接存储器存取(Direct Memory Access)的英文缩写，含义为 I/O 接口电路与存储器之间不经过 CPU 而直接传送数据。程序控制传送方式适合少量数据在 I/O 接口与 CPU 内部 AL/AX 之间传送，中断传送方式也离不开 I/O 指令。如果要在 I/O 设备与内存之间大批量交换数据，例如磁盘和内存之间的数据传送，则前面介绍的两种传送方式都不能满足要求。无条件传送方式容易出错，查询传送方式要求 CPU 花大量时间查询，中断传送方式时每传送一个数据，都要求保护断点，传送一个字节约需 100μs 时间。传送过慢的一个重要原因是中间多了一个环节——CPU。要想快速在 I/O 设备与存储器之间传送数据，显然应该去掉 CPU 这一环节，如图 6.10 所示。DMA 传送已不仅限于 I/O 接口和存储器之间的数据交换，它还可以在存储器与存储器之间、I/O 与 I/O 之间交换数据。

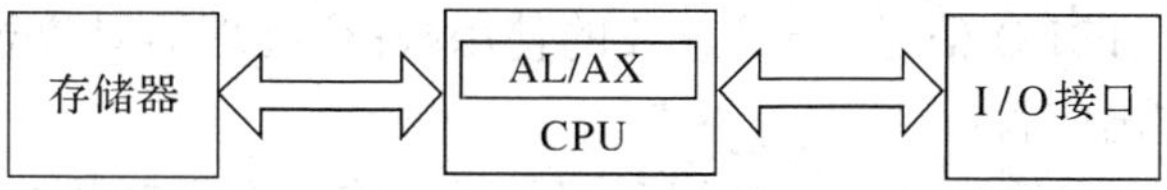

(a) 程序控制传送方式和中断传送方式

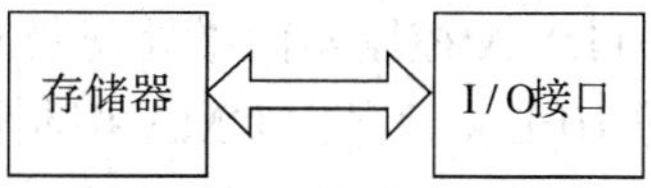

(b) DMA 传送方式

图 6.10　I/O 接口与存储器之间传送数据

在 DMA 传送方式中，控制数据在内存和 I/O 接口之间进行传送的硬件称为 DMA 控制(DMAC)，其内部组成和工作原理如图 6.11 所示。由于 DMA 控制器将 I/O 设备连接在总线上，作用类似于 I/O 接口，因此也将其称为 DMA 接口。

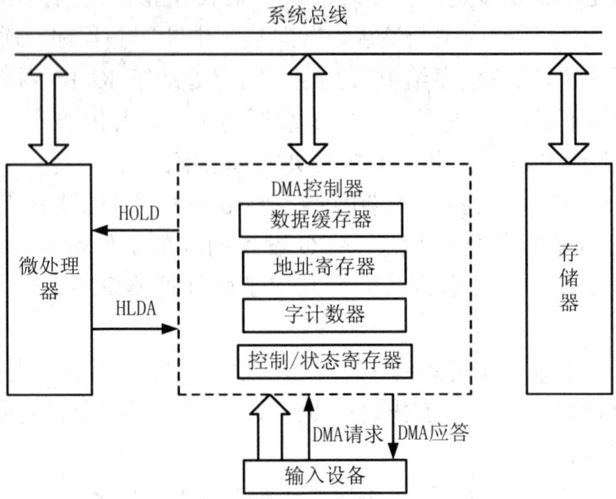

图 6.11　DMA 控制器的内部组成和工作原理

在数据传送过程中，数据缓存器用于暂存数据；地址寄存器存放的是在内存中的地址，它的值随着数据的传送而递增或递减；字计数器的初值等于数据块的字节数，每传送一个字节，字计数器自动减 1，当其值变为 0 时，传送结束；而控制/状态寄存器和控制逻辑电路则用于控制 DMA 工作方式、指示 DMA 控制器的状态。

采用 DMA 传送方式的优点是数据传送如果不经过 CPU，则速度上限仅取决于存储器的工作速度；缺点是整个微型计算机系统失去了控制器，各逻辑电路失去了指挥和管理，无法正常工作。为了解决这个问题，必须设计一个 DMA 控制器(简写成 DMAC)。在 DMA 传送方式时，CPU 让出对三组总线的控制权，由 DMAC 对微型计算机系统进行临时管理。DMA 传送结束后，由 DMAC 发出结束信号，CPU 重新控制三组总线。非 DMA 方式就是微型计算机的正常工作方式。

以输入设备为例，一个完整的 DMA 传送过程如下：

(1) 微处理器启动输入设备，将数据块在内存的起始地址和数据块的字或字节数以及 DMA 的工作方式等内容写入地址寄存器、字计数器和控制/状态寄存器，完成对 DMA 控制器的设置；

(2) 输入设备准备就绪后将一个字节写入 DMA 控制器的数据缓存器中，并向 DMA 控制器提出 DMA 请求；

(3) DMA 控制器向微处理器发出 HOLD 信号，申请总线的使用权；微处理器释放总线，并通过 HLDA 信号向 DMA 控制器作出应答；

(4) DMA 控制器占用总线，通过总线给出地址、数据和写信号，将一个字节数据写入内存，然后将字计数器减 1，并向输入设备作出 DMA 应答；

(5) 重复(2)～(4)步，直至计数器为 0，然后 DMA 控制器通过中断方式通知微处理器传送结束，并释放总线。

DMA 传送方式的突出优点是：传送过程无须处理器的控制，数据也无须经过微处理器，而是直接在 I/O 设备与内存间进行传送，因此既节省了微处理器的时间，也使传送速率大大提高，特别适合硬盘等高速 I/O 设备的输入/输出操作。

6.4　常用芯片的接口技术

6.4.1　I/O 地址译码及译码电路

I/O 地址译码方式和存储器地址译码方式一样，有全地址译码、部分地址译码、线地址译码三种译码方式。在 I/O 地址译码中，采用的译码电路形式和存储器地址译码一样，有门电路译码、专用译码器译码、数字比较器译码、可编程逻辑器件(如 CPLD/FPGA)译码等。在 I/O 地址译码中，不管采用何种译码方式和译码电路形式，与存储器地址译码不同之处为参加译码的地址线的根数以及参加译码的控制信号不同。下面给出了在不同的系统中进行 I/O 端口地址译码及 I/O 电路设计时用到的总线信号：

(1) 8086 最小方式系统：A_{15}～A_0，D_{15}～D_8，D_7～D_0，$IO/\overline{M}$，$\overline{RD}$，$\overline{WR}$，$\overline{BHE}$；

(2) 8086 最大方式系统：A_{15}～A_0，D_{15}～D_8，D_7～D_0，$\overline{IOR}$，$\overline{IOW}$，$\overline{BHE}$；

(3) 8088 最小方式系统：A_{15}～A_0，D_7～D_0，$IO/\overline{M}$，$\overline{RD}$，$\overline{WR}$；

(4) 8088 最大方式系统：A_{15}～A_0，D_7～D_0，$\overline{IOR}$，$\overline{IOW}$；

(5) IBM PC/XT 系统：A_9～A_0，D_7～D_0，$\overline{IOR}$，$\overline{IOW}$，AEN。

注意，IBM PC 系统机采用的 CPU 为 8088，给 I/O 分配地址只用了 A_9～A_0 共 10 根地址线，所以 I/O 地址空间为 2^{10}B＝1 KB (即 000H～3FFH)，其中前 512 B 地址分配给主板上的 I/O，后 512 B 地址分配给插件板上的 I/O。而且当 AEN＝1 时表示正在进行 DMA 操作，因此，设计译码电路时，应该使 AEN＝0。

端口地址产生于地址译码器。地址译码器的功能是把地址总线上的地址码翻译成所需访问的端口地址，以便完成 CPU 对端口的操作。地址译码器的输入端除了地址信号外，还必须要有若干条控制信号。控制信号的条数越多，对 I/O 端口地址的限制和产生的控制就越严格，越能做到合理地对众多接口芯片分配合适的地址空间。

6.4.2　系统总线驱动及控制

在较大的微型计算机应用系统中，设计 I/O 插件板时要考虑系统总线的负载能力，必要时可以通过缓冲器或总线驱动器来提高总线的负载能力。常用的缓冲器或总线驱动器有 74LS373、74LS244(单向 8 位)和 74LS245(双向 8 位)等。同样，对单向的地址总线及控制总线的驱动可以用 74LS373、74LS244 等芯片缓冲的方式。对双向系统数据总线的驱动与控制，要遵循下列原则：① 只有当 CPU 读板内 I/O 端口时，驱动器指向系统总线的三态门才允许导通；② 只有当 CPU 写板内 I/O 端口时，驱动器指向板内的三态门是导通的；③ 当 CPU 不去寻址板内 I/O 端口时，驱动器两边均处于高阻状态。

6.4.3　I/O 定时与协调

无论采用哪种译码方式，首先必须注意有效端口地址的产生和 CPU 读/写操作时序上的配合。以逻辑门电路为例，门电路延迟时间不得超过 $\overline{IOR}$ 和 $\overline{IOW}$ 有效之后，否则芯片未能选中就开始读/写，必然引起操作失误；其次在系统设计中还必须注意 I/O 端口的设置是否合理。凡已被系统占用了的地址就不能为用户所用；对未被占用的地址，由生产厂家注明“保留”的，一般不要使用，否则会出现端口地址重叠等问题；用户使用微型计算机系统专门留给用户的地址空间，如 IBM PC 中的 I/O 端口地址 300H～31FH；在用户可用的地址空间内，为避免用户与用户之间的冲突，可加接地址开关，避开其他用户开发的插板。

6.4.4 典型例题

例 6-1 在 PC/XT 系统总线上扩充设计一个数据输出端口，分配给该端口的地址为 280H，输出端口芯片用 74LS374，输出设备为 8 个 LED 发光二极管。

(1) 画出此输出端口与 PC/XT 系统总线以及与 LED 发光二极管的连接图。

(2) 编写使 8 个 LED 发光二极管每间隔一段时间交替亮灭的功能段程序。

解 74LS374 的功能和 74LS373 相同，都是 8 位数据输出锁存器，不同之处是使能信号的有效形式不同，74LS374 的使能信号 CP 为上升沿有效。LED 发光二极管导通时流过的电流应≤20 mA，否则会损坏器件。

(1) 此输出端口与 PC/XT 系统总线以及 LED 发光二极管的连接图如图 6.12 所示。

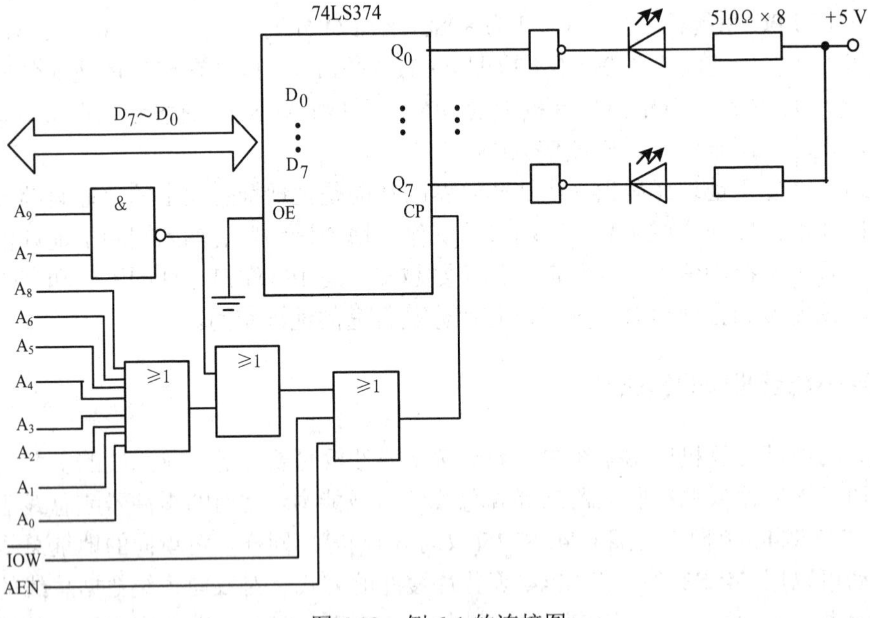

图 6.12 例 6-1 的连接图

(2) 使 8 个 LED 发光二极管每间隔一段时间交替亮灭的功能段程序如下：

```
      MOV   DX, 280H
LOP:  MOV   AL, 0FFH
      OUT   DX, AL          ; 使 8 个 LED 发光二极管亮
      CALL  DELAY1S         ; 调用 1 秒延时子程序
      MOV   AL, 00H
```

```
OUT   DX, AL    ; 使 8 个 LED 发光二极管灭
JMP   LOP
```

例 6-2　在以最小方式工作的 8086 CPU 组成的微型计算机系统中，扩充设计一个数据输入端口，分配给该端口的地址为 8001H，输入端口芯片用 74LS245，输入设备为 8 个乒乓开关。

(1) 画出此输入端口与 8086 系统总线以及输入设备的连接图。

(2) 编写程序检测 S_0 开关，若 S_0 断开，则程序转向 PROG1，若 S_0 闭合，则程序转向 PROG2。

解　(1) 此输入端口与 8086 系统总线以及输入设备的连接图如图 6.13 所示。

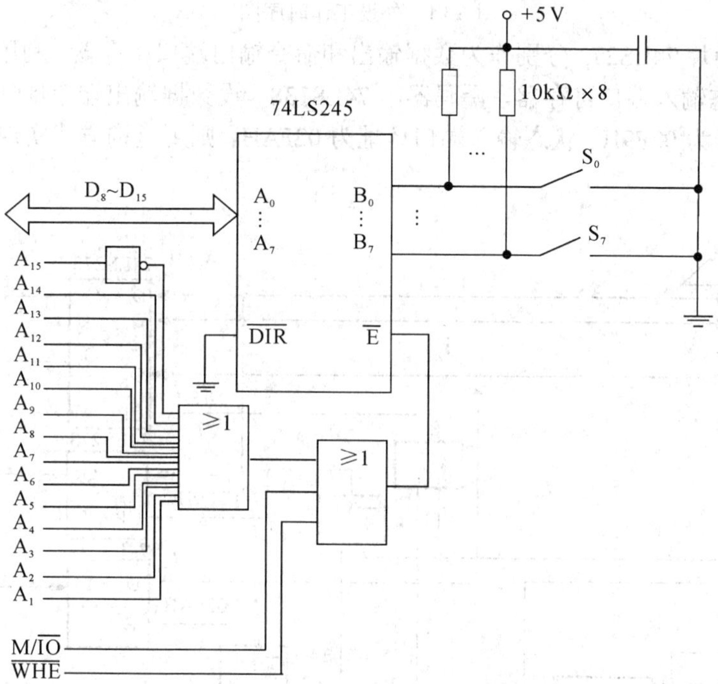

图 6.13　例 6-2 的连接图

(2) 由于采用 8086 系统部分地址译码方式，端口地址 8001H 为奇地址，$\overline{BHE}=0$ 参加译码，所以使用高 8 位数据线。若 S 开关断开程序转向 PROG1，S_0 闭合程序转向 PROG2 的程序如下：

```
MOV      DX，8001H
IN       AL, DX
TEST     AL, 01H
JZ       PROG2
PROG1:   . . .
PROG2:   . . .
```

例 6-3　某一输出设备的工作时序如图 6.14 所示。当它不忙时，其状态信号 BUSY＝0，CPU 可经接口向外设输出数据；而当数据加到外设上时，必须利用负脉冲将数据锁存于外设，并命令外设接收该数据。

(1) 试将其外设连接到 8088 系统总线上。

(2) 编写程序，利用查询法实现将内存从 40000H 开始的连续 50 个字节单元的数据输出给该设备。

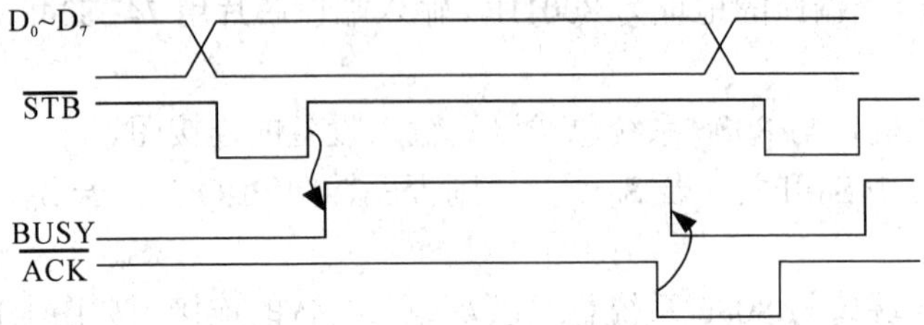

图 6.14　外设工作时序图

解　选用两片 74LS273 分别作为数据输出和命令输出端口寄存器，利用 1 片 74LS244 为作 BUSY 状态输入端口寄存器，译码器用 74LS138。设数据输出端口地址为 02F8H，命令输出端口地址为 02F9H，状态输入端口地址为 02FAH，则用查询方式实现的接口电路如图 6.15 所示。

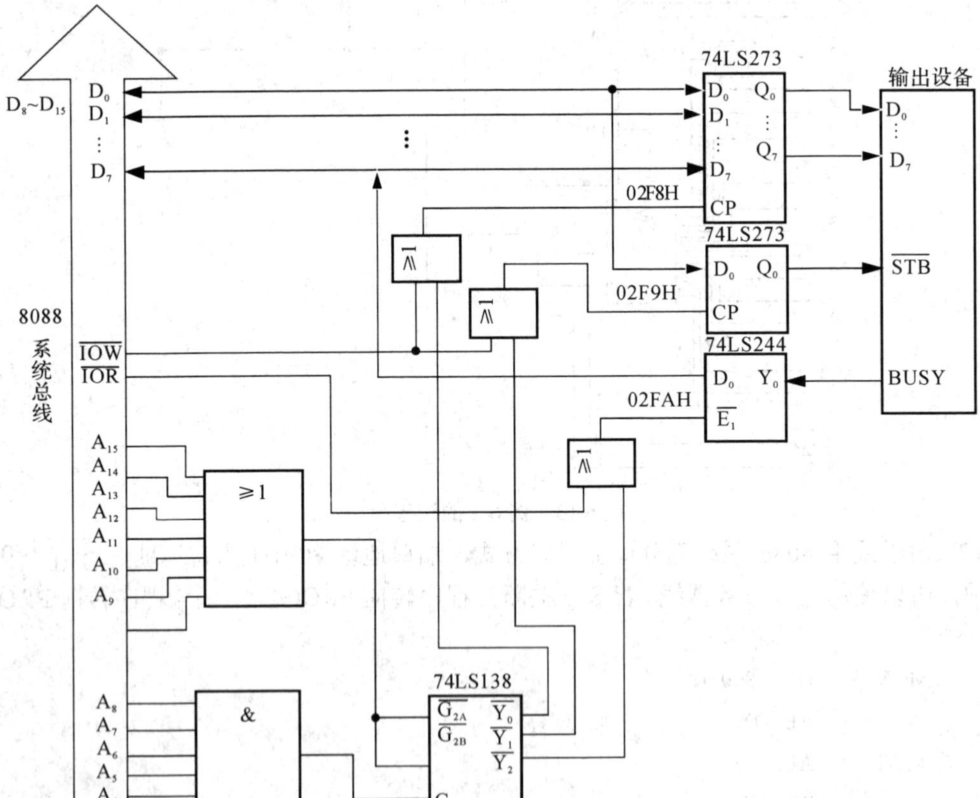

图 6.15　用查询方式实现的接口电路

利用查询法将内存从40000H开始的连续50个字节单元的数据输出给该设备的程序如下：

```
        MOV   AX, 4000H
        MOV   DS, AX
        MOV   SI, 0
        MOV   CX, 50          ；初始化
        MOV   DX, 2F9H
        MOV   AL, 01H
        OUT   DX, AL          ；使STB =1
GODON:  MOV   DX, 2FAH
WAIT1:  IN    AL, DX
        TEST AL, 80H          ；查询外设状态
        JNZ   WAIT1           ；若忙，则等待
        MOV   DX, 2F8H
        MOV   AL, [SI]
        OUT   DX, AL          ；输出数据
        MOV   DX, 2F9H
        MOV   AL, 00H
        OUT   DX, AL          ；使STB=0，输出负脉冲
        NOP
        NOP
        MOV   AL, 01H
        OUT   DX, AL          ；使STB=1
        INC   SI
        LOOP  GODON
        HLT
```

小　　结

本章介绍了 I/O 接口技术的有关概念，包括输入/输出系统的组成，I/O 接口的功能及分类，I/O 端口的编址方式；还介绍了微型计算机的输入/输出控制方式及每种输入/输出方式的特点，重点讲解了无条件传送方式和查询传送方式的典型结构；最后介绍了常用芯片的接口技术，重点讲解了 I/O 译码方法及译码电路。在 I/O 接口电路设计中，重点注意以下内容：① I/O 接口是 CPU 与 I/O 设备进行信息交换的电路，是微型计算机与各种外设连接的公共边界和桥梁；② I/O 设备是微型计算机系统必不可少的组成部分之一，任何 I/O 设备都不能与微型计算机直接相连，而必须通过 I/O 接口电路相连；③ I/O 端口的编址方式有两种：存储器统一编址和独立编址；④ 接口技术是研究 CPU 与 I/O 接口芯片之间的硬件电路连接以及接口芯片初始化编程和工作编程的一门技术；⑤ 接口技术的任务是完成各芯片之间地址、数据、控制三组总线的连接，编制 CPU 对各 I/O 接口芯片的操作程序；

⑥ CPU 与各 I/O 设备之间的数据交换，可归结为 CPU 对各 I/O 端口的寻址和读写；⑦ I/O 端口按传送信息种类划分，有数据端口、状态端口和控制端口，每个端口有地址和端口内容；⑧ I/O 指令有直接端口寻址和 DX 间接端口寻址两种寻址方式；⑨ CPU 与 I/O 设备间的数据传送有程序传送、中断传送和 DMA 传送三种方式。

习　题

6-1　I/O 接口电路有哪些主要功能？

6-2　CPU 和输入/输出设备之间传送的信息有哪几类？相应的端口称为什么端口？

6-3　简述 I/O 端口独立编址与存储器统一编址的特点及优缺点。

6-4　CPU 与 I/O 设备之间的数据传送使用哪些方式？各有什么特点？

6-5　相对于查询传送方式，中断传送方式有什么优点？和 DMA 传送方式比较，中断传送方式有什么不足之处？

6-6　在中断传送方式中是怎样实现 CPU 与外设并行工作的？

6-7　画出能译出 2B8H 的读/写操作接口地址译码电路，该电路使用门电路组成。

6-8　试用 74LS244 作为输入接口，读取 3 个开关的状态，用 74LS273 作为输出接口，点亮红、绿、黄 3 个发光二极管，示意图如图 6.16 所示。请画出端口地址的译码设计，端口地址如图 6.16 所示(340H 和 348H)，并编写能同时实现以下三种功能的程序：

(1) S_0、S_1、S_2 全部合上时，红灯亮；

(2) S_0、S_1、S_2 全部断开时，绿灯亮；

(3) 其他情况黄灯亮。

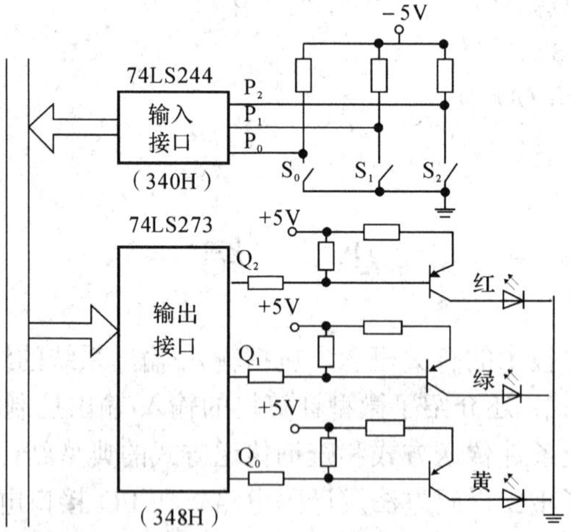

图 6.16　习题 6-8 示意图

6-9　设计一个外设端口地址译码器，使 CPU 能寻址以下 4 个地址范围：

(1) 240～247H；

(2) 248～24FH；

(3) 250～257H；

(4) 258～25FH。

第7章　中断技术

CPU 在运行过程中经常需要输入一些数据或及时输出一些结果，但输入/输出设备运行的速度远低于 CPU 执行程序的速度，这就妨碍了计算机高速性能的充分发挥。为实现中断功能而设置的各种硬件和软件统称为中断系统。在中断系统管理下，主机和外设可以同时做各自的工作，相互之间不必等待。外设需要输入/输出操作时就向 CPU 发出中断申请，在一定条件下，CPU 响应中断请求为外设服务。这样一来，计算机工作效率得到明显提高。本章主要论述 8086/8088 中断系统和可编程中断控制器 8259A 及其应用。

7.1　8086/8088 中断系统

在 CPU 执行程序的过程中，由于某种事件的发生，迫使 CPU 暂时停止正在执行的程序而转向对发生的事件进行处理，事件处理结束后又回到原中止的程序，接着中止前的状态继续执行原来的程序，这一过程称为中断。中断申请和返回如图 7.1 所示。

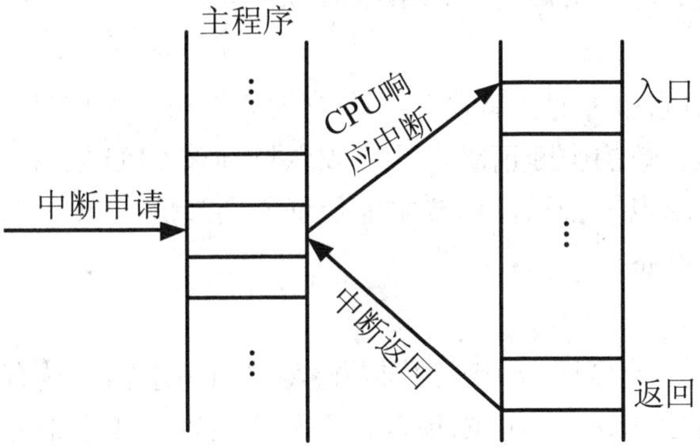

图 7.1　中断申请和返回

7.1.1　8086/8088 的中断类型

引起中断的事件或发出中断申请的来源称为中断源。按照中断源所处的位置，中断可以分成外部中断和内部中断两种。外部中断又称为硬中断；内部中断指 CPU 内部提出的中断，又称为软中断。按照中断源的中断申请情况，中断分为可屏蔽中断和不可屏蔽中断两种。有些中断申请如果没有 CPU 正在执行的主程序重要和急迫，CPU 就会暂时置之不理，这一类中断就是可屏蔽中断，大多数 I/O 设备的中断申请都属于这一类。还有一些中断，CPU 如果不理睬，则会影响到整个系统的正常运行，这一类中断称为不可屏蔽中断。

为此在中断系统的设计中，规定产生在 CPU 内部的中断除了用于调试程序而设置的单步中断外，其余所有内部中断都不能被屏蔽，或者说异常不能被屏蔽。

对于由 I/O 外设提出的中断申请，CPU 能够屏蔽哪些中断申请和不能屏蔽哪些中断申请，是由微型计算机系统硬件电路设计人员决定的。在所有的不可屏蔽中断申请中，掉电毫无疑问是最优先的。一旦失去电源，计算机将无法工作。失电时，微型计算机将启动紧急处理程序，将键入的尚未存盘的内容备份保存，以便重新接通电源后恢复断电前状态，避免大量键入的程序、文字、字符消失。

中断事件是由处理机内部产生的，这类中断源称为内部中断源。例如，当 CPU 进行运算时，因除数太小以致商无法表示或者运算发生溢出，又或者执行软件中断指令等情况都被认为是内部中断。若中断事件是由处理机外设产生的，则这类中断源称为外部中断源。例如，某些外设请求输入/输出数据，但硬件时钟定时到，某些设备出现故障等均属于这种情况。

外部中断源产生引起中断的事件发生后，如何告诉 CPU 以便让它作出处理呢？在 CPU 上有两条输入信号线：INTR 和 NMI。外部中断源就是利用 INTR 和 NMI 加到 CPU 上的。

INTR 通常称为可屏蔽中断输入信号，高电平有效，表示外部中断源提出中断请求。CPU 能否响应该信号，还受到标志寄存器 IF 的控制。NMI 称为非屏蔽中断请求输入信号，上升沿有效，它不受标志位 IF 约束，只要 CPU 在正常执行程序，它就会响应 NMI 请求。

7.1.2 8086/8088 的中断响应过程

下面主要介绍可屏蔽中断的响应过程，只要了解清楚了 INTR 的响应过程，NMI 的响应过程也就很容易理解了。可屏蔽中断的响应过程按其先后顺序可分为以下几步。

1) 中断请求

当外设要求 CPU 对它服务时，就产生一个有效的中断请求信号。对于中断请求信号，应注意两个问题：一是有效的中断请求电平必须保持到被 CPU 发现；二是当 CPU 响应请求后，应当把有效的请求电平去掉，这样才能保证不会造成 CPU 对同一请求多次响应而且也为下一次请求做好准备。

2) 中断承认

CPU 在执行每条指令的最后一个时钟周期检测中断请求输入端有无请求发生，以决定是否对它作出响应。CPU 承认一个中断请求，必须满足以下 4 个条件：

(1) 一条指令执行结束。

(2) CPU 处于开中断状态，即 IF=1 时。

(3) 没有发生复位(RESET)、保持(HOLD)和非屏蔽中断请求(NMI)。在复位或保持时，CPU 不工作，不可能响应中断请求；而 NMI 的优先级比 INTR 的高，CPU 响应 NMI 而不响应 INTR。

(4) 开中断指令(STI)、中断返回指令(IRET)执行完毕，还需再执行一条指令才能响应 INTR 请求。另外，一些前缀指令，如 LOCK、REP 等，将它们后面的指令看作一个总体，直到这种指令执行完毕，方可响应 INTR 请求。

3) 断点保护

8086/8088CPU 在中断响应时硬件自动关中断，将标志寄存器压入堆栈加以保护，将

CS 和 IP 的内容压入堆栈加以保护。为了中断结束后能返回并正常运行，用户应该在中断服务程序开始时通过软件保护那些中断响应中没有被 CPU 硬件保护，而对被中断的程序来说又需要保护的寄存器内容。

4) 中断源识别

常用的确定中断源的方法有两种：

(1) 软件查询。软件查询中断源需要硬件支持，其硬件电路如图 7.2 所示，查询确定中断源的流程图如图 7.3 所示。

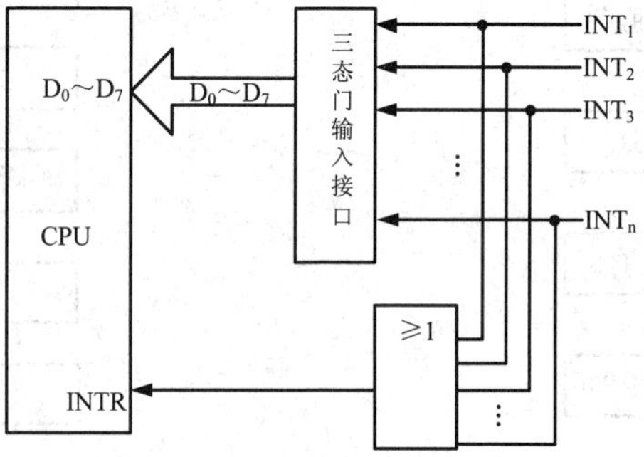

图 7.2　查询中断源的硬件电路

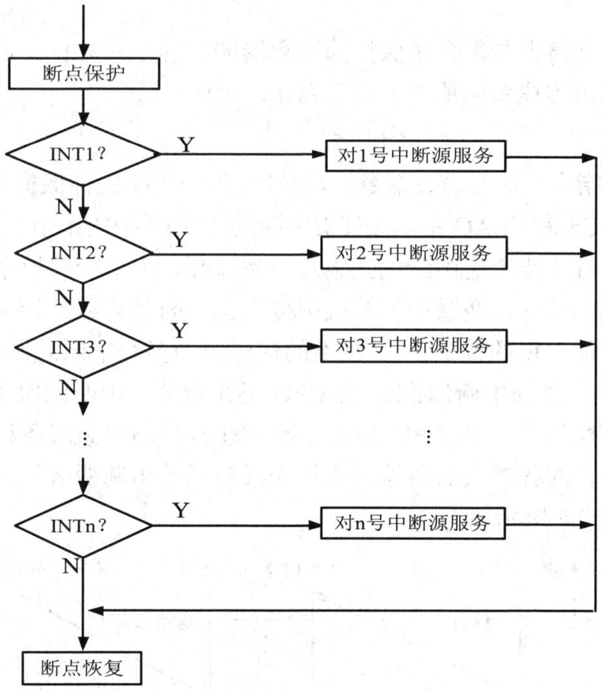

图 7.3　软件查询确定中断源的流程图

(2) 中断向量法。利用不同的中断源提供不同的中断向量，从而确定中断源的方法称为中断向量法。该方法已得到广泛的应用。

5) 中断服务

中断服务程序分为两种情况：第一种是不允许被中断的中断服务程序，其流程图如图

7.4 所示；第二种是允许被中断的中断服务程序，其流程图如图 7.5 所示。

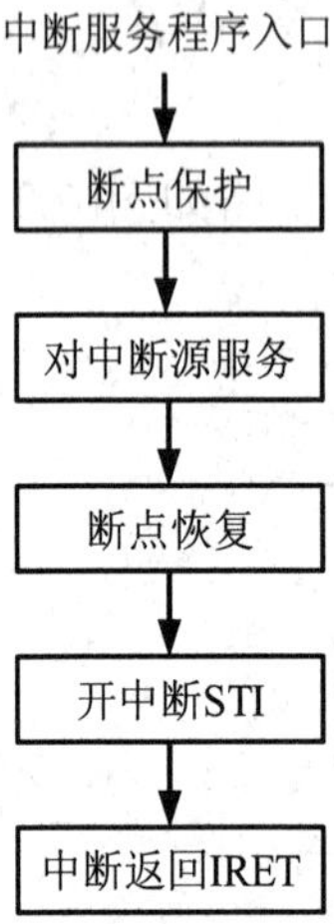

图 7.4　不允许被中断的中断服务程序流程图

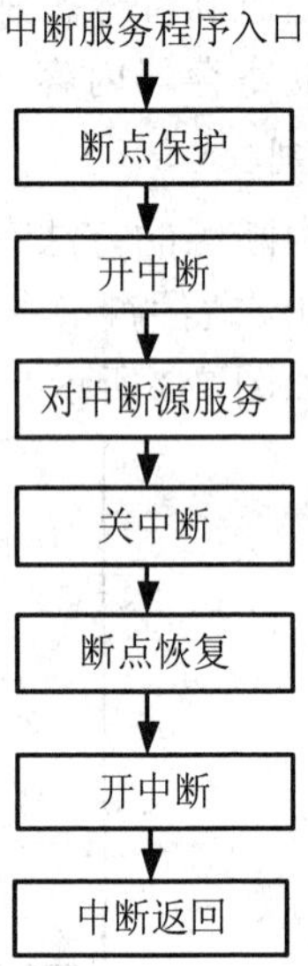

图 7.5　允许被中断的中断服务程序流程图

6) 断点恢复

一般来说，保护是将那些需要被保护的寄存器的内容压入堆栈，那么返回前就按顺序将这些寄存器的内容由堆栈弹回原来的寄存器中。

7) 中断返回

中断返回是一条指令，执行这条指令，其操作正是 CPU 硬件保护的逆过程，即将堆栈的内容依次弹回 IP、CS 和 FLAG 中，保证被中断的程序接着中断前的状态继续向下执行。

此外，中断响应时还要考虑中断优先级及中断嵌套。为了能够根据中断源的轻重缓急对多个中断作出合理的响应，在微型计算机中提出了中断优先级的控制问题。中断优先级控制应当解决两种可能出现的情况：① 当不同优先级的多个中断源同时提出中断请求时，CPU 首先响应最高优先级的中断源；② 当 CPU 正在对某一中断源服务时，若比它优先级更高的中断源提出中断请求，则 CPU 能够中断正在执行的中断服务程序而去为优先级更高的中断源进行服务，服务结束后再返回原优先级较低的中断服务程序继续执行，此过程即为中断嵌套，如图 7.6 所示。

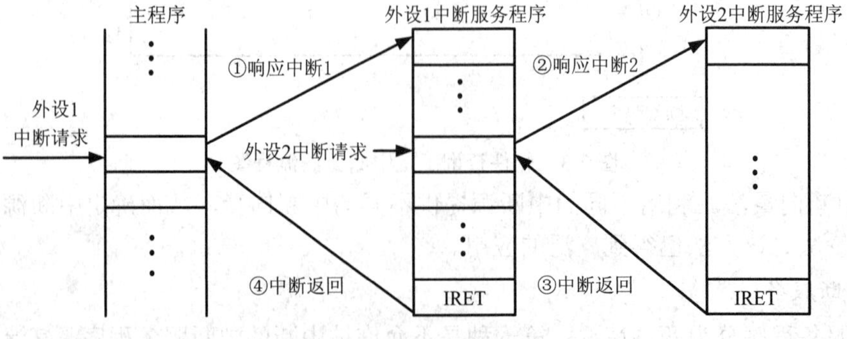

图 7.6　中断嵌套示意图

7.1.3　8086/8088 的中断系统

8086/8088 具有功能很强的中断系统，可以处理 256 个不同方式的中断。

1. 内部中断源

8086/8088 的内部中断主要有以下五种：

(1) 除法出错中断(中断向量码为 0)。

(2) 单步中断(中断向量码为 1)。

(3) 断点中断(中断向量码为 3)。

(4) 溢出中断(中断向量码为 4)。溢出中断通过 INTO 指令的执行测试 OF 位。

(5) 用户自定义的软件中断。用户可以用 INT n 这样的指令形式来产生软件中断。其中：INT 为助记符，形成一个字节的操作码；n 是由用户确定的一个字节的中断向量码。

总之，内部中断的中断向量是 CPU 已经确定的，如除法出错、单步、断点和溢出中断，或者是由用户事先已经给定的。当 CPU 响应这些中断时，CPU 本身或通过软件指令即可获得中断向量码。同时，除单步中断外，这些中断不受 IF 标志的限制，即不能用 IF 来屏蔽它们。

2. 外部中断

8086/8088 有两个信号输入端供外部中断源提出中断请求，下面分别予以说明。

(1) 非屏蔽中断 NMI。8086/8088 CPU 响应 NMI 中断请求，由其内部产生中断向量码，由中断向量码决定非屏蔽中断服务程序的入口地址，即可转向服务程序。

(2) 可屏蔽中断请求 INTR。CPU 在响应 INTR 中断请求时要做两方面的工作。其一，CPU 首先产生两个连续的中断响应总线周期。在第一个中断响应总线周期中，CPU 将地址总线及数据总线置高阻，发送第一个中断响应信号 $\overline{INTA}$，在第二个中断响应总线周期中，CPU 发送第二个中断响应信号 $\overline{INTA}$，该信号启动外部中断系统，通知它将相应中断请求的一个字节的中断向量码放到数据总线上，CPU 由数据总线即可读到中断向量码。外部中断系统(通常是可编程中断控制器)预先对不同的中断源赋予不同的中断向量码，因此，CPU 获得不同的中断向量码也就可以区分不同的中断源。其二，当 CPU 获得中断源的中断向量码后，再由 CPU 硬件进行断点保护(FLAG、CS、IP)并关中断，然后，根据中断向量码获得中断源的服务程序入口地址，转向对它服务。INTR 中断响应时序关系如图 7.7 所示。

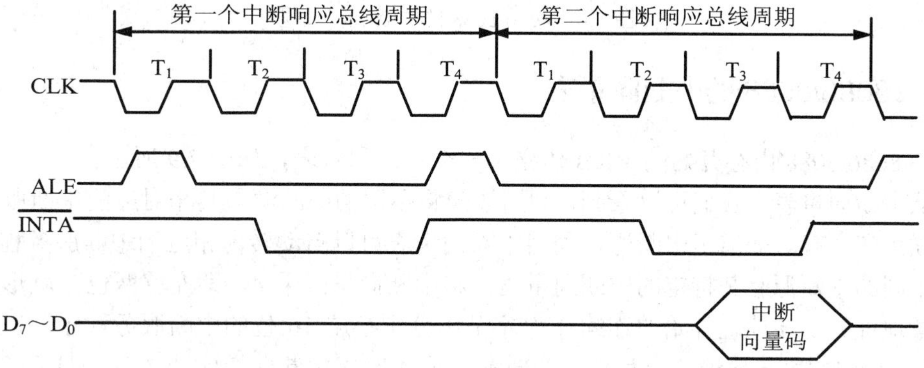

图 7.7　INTR 中断响应时序关系

CPU 在响应 INTR 请求时，从数据总线上获取由外部中断控制器提供的中断向量码。一个字节的中断向量码可以由用户来指定，一个中断源对应一个 8 位二进制数所表示的向量码，因此，最多可以区分 256 个中断源，其中有一部分已分配给内部中断和 NMI 用。

综上所述，8086/8088 CPU 的中断响应过程如图 7.8 所示，注意以下几点：

① 在 8086/8088 CPU 中，内部中断的除法出错、溢出、断点及用户自定义软件中断的优先级最高，其次是 NMI，比 NMI 优先级低的是 INTR，优先级最低的是单步中断。

② 各中断的处理过程大致是相同的。

③ 在中断响应过程中，获取中断向量码的方式是各不相同的，但获得中断向量码之后的过程则是一样的。

④ 特别需要注意的是：从发现有中断直到转向中断服务程序这一复杂的过程，是由 CPU 硬件自动完成的。

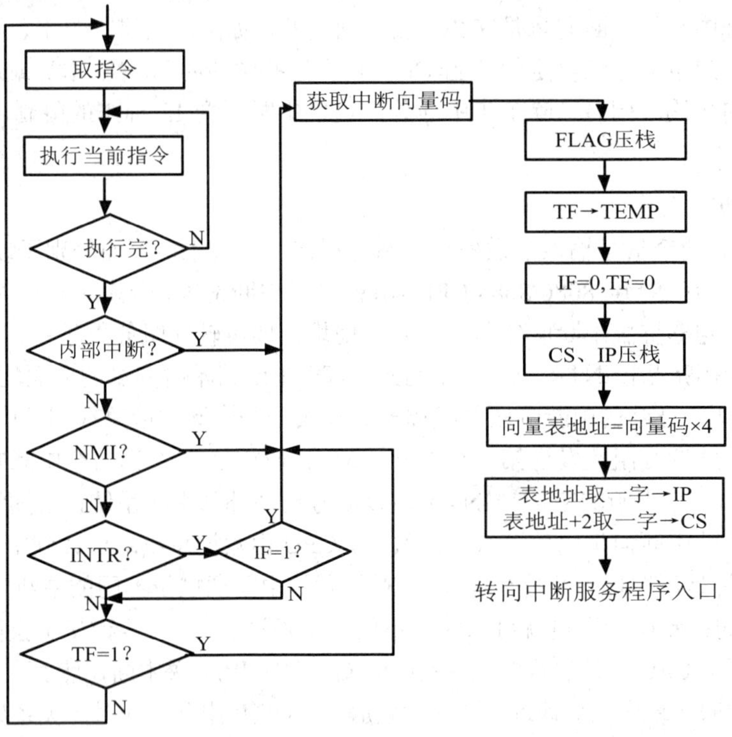

图 7.8　8086/8088 的中断响应过程

7.1.4　8086/8088 的中断向量表

在 8086/8088 内存开始的 1 KB 建立了一个中断向量表，如图 7.9 所示。

从中断向量表中我们可以看到，利用该表将不同的中断源与其相对应的中断服务程序入口联系在一起。知道了中断源，利用中断向量表可以自动转向相应的中断服务程序。

不同的中断源有其特定的中断向量码，将中断向量码乘 4，即左移两位，就形成了中断向量地址。从该地址开始的连续 4 个字节中分别存放 16 位的中断服务程序入口地址偏移量和 16 位的段基地址。当利用中断向量码乘 4 获得中断向量地址之后，即可取得上述偏移量和段基地址。将段基地址传送至 CS 并左移 4 位加上偏移量就形成了该中断源的中断服务程序入口地址。

图 7.9 所示的中断向量表是 8086/8088 厂家给出的。当用该 CPU 构成系统时，除厂家规定的表中向量外，用户可以自定义其他向量。

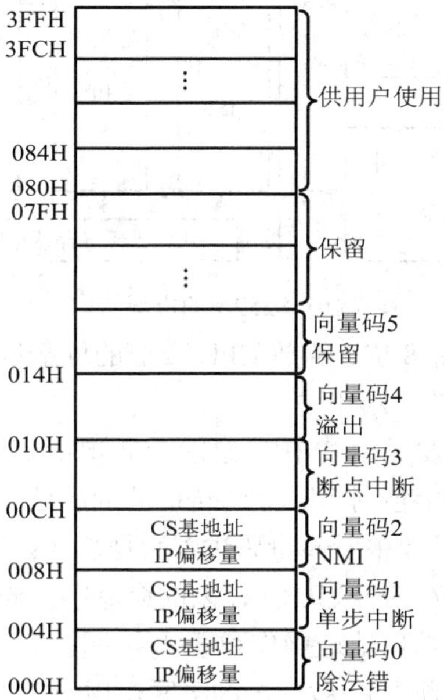

图 7.9　中断向量表

7.2　可编程中断控制器 8259A

Intel 8259A 是一个与 80x86 兼容的可编程中断控制器，用于以中断方式工作的实时微型计算机系统中。一片 8259A 能管理 8 级中断申请，九片 8259A 能管理 64 级中断申请。8259A 用于实现优先级控制，它能屏蔽或允许每一级的中断申请，并向 CPU 提供各级中断的中断向量码。

7.2.1　8259A 的内部结构和引脚

1. 8259A 的内部结构

8259A 由 8 个部件和内部数据总线组成，其内部结构如图 7.10 所示。

(1) 中断请求寄存器 IRR：接收由 I/O 外设传来的 8 个中断请求。它有“正跳变”边沿触发和“高电平”触发两种触发方式。无论哪种触发方式，中断申请信号必须持续到来自 CPU 的 INTA 响应有效之后，否则中断不能受理。

(2) 优先权处理器 PR：8 位，接收并分析由 IRR 传送的中断申请并判断它们的优先权。分析过程包括如下内容：按照 CPU 发送的控制命令字定义或修改 IR_0～IR_7 的优先权；判断多个中断申请谁最优先；判断是否需要中断嵌套，保证高优先级的中断申请能中断低优先级的中断服务程序；在中断响应作用下，使中断服务状态寄存器 ISR 的相应位为 1。

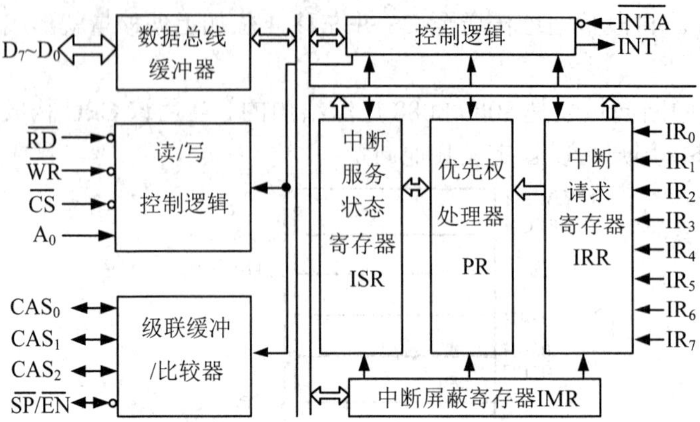

图 7.10　8259A 的内部结构

(3) 中断屏蔽寄存器 IMR：8 位，存放 CPU 发送的屏蔽信号。若 IMR 的第 i 位(i=0～7)为 1，则表明 CPU 屏蔽 IR_i 的中断申请。

(4) 控制逻辑：向 CPU 发送由 PR 选定的中断申请信号 INT，高电平有效，可与 8086/8088 CPU 的 INTR 直接相连；接收 CPU 传送的响应信号，并将 ISR 相应位置位，表示 CPU 正在提供中断服务；释放中断向量码进入数据总线；清除中断申请。

(5) 数据总线缓冲器：8 位，传送从 CPU 来的命令字，向 CPU 传送中断向量码。

(6) 读/写控制逻辑：用于端口地址操作和读/写控制。

(7) 级联缓冲/比较器：实现多片 8259A 的级联，用于扩展中断源。

2. 8259A 的引脚排列

8259A 是 28 条引脚双列直插式封装集成芯片，其引脚如图 7.11 所示，分成三部分：与 CPU 相连的引线(与地址总线相连的有 2 根，与数据总线相连的有 8 根，与控制总线相连的有 4 根)，与 I/O 中断源和其他 8259A 之间的连线以及电源线。

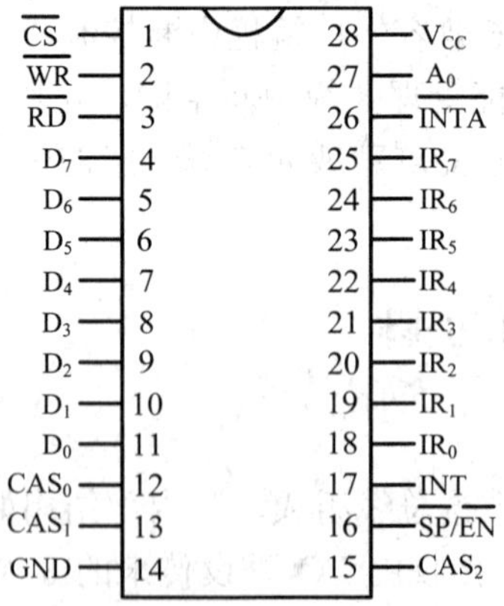

图 7.11　8259A 的引脚

(1) D_7～D_0：双向数据线，与系统总线的数据线相连接。编程时控制字、命令字由此写入；中断响应时，8259A 的中断向量码由此提供给 CPU。

(2) $\overline{WR}$、$\overline{RD}$：写和读控制信号端，与系统总线的读/写信号相连接。

(3) $\overline{CS}$：片选信号端。只有 $\overline{CS}$ 为低电平时，才能实现 CPU 对 8259A 的写或读操作。

通常在系统中 $\overline{CS}$ 与接口地址译码器相连接。

(4) A_0：8259A 内部寄存器的选择信号端，它的不同状态对应不同的内部寄存器。通常使用中 A_0 接地址总线的某一位，例如 A_1 或 A_0 等。

(5) INT：8259A 的中断请求输出信号端，可直接接到 CPU 的 INTR 输入端。

(6) $\overline{INTA}$：中断响应输入信号端，在中断响应过程中，CPU 的中断响应信号由此端进入 8259A。

(7) CAS_0～CAS_2：级联控制线。当多片 8259A 级联工作时，其中一片为主控级芯片，其他均为从属级芯片。主控级芯片的 CAS_0～CAS_2 作为输出，连接到各从属级芯片的 CAS_0～CAS_2 上。当某从属级芯片 8259A 提出中断请求时，主控级芯片 8259A 通过 CAS_0～CAS_2 传送相应的编码给从属级芯片，从而使从属级芯片中断被允许。一个主控级芯片最多可以连接 8 个从属级芯片，中断请求最多可为 8×8=64 级。

(8) $\overline{SP}/\overline{EN}$：双功能引线。当工作在缓冲模式时，它输出控制缓冲传送；当工作在非缓冲模式时，它用作输入。当 $\overline{SP}$=1 时，表示指定 8259A 芯片为主控级；当 $\overline{SP}$=0 时，表示指定 8259A 芯片为从属级。

(9) IR_0～IR_7：中断请求输入端。其他外设中断请求可加在 8259A 的 IR_0～IR_7 的任意一端上，该信号可以是上升沿有效，也可以是高电平有效。

(10) V_{CC}：+5 V。

(11) GND：地。

8259A 的内部有多个寄存器，包括：① 中断请求寄存器(IRR)，其内部保存着所有外部中断源 IR_0～IR_7 的中断请求状态；② 中断服务寄存器(ISR)，用来保存所有正在服务的中断源，当 8259A 收到中断结束命令时，对其寄存的状态进行调整；③ 中断屏蔽寄存器(IMR)，保存着被屏蔽的所有中断源，其屏蔽功能可用命令修改。

8259A 与 CPU 之间的典型接法如图 7.12 所示。

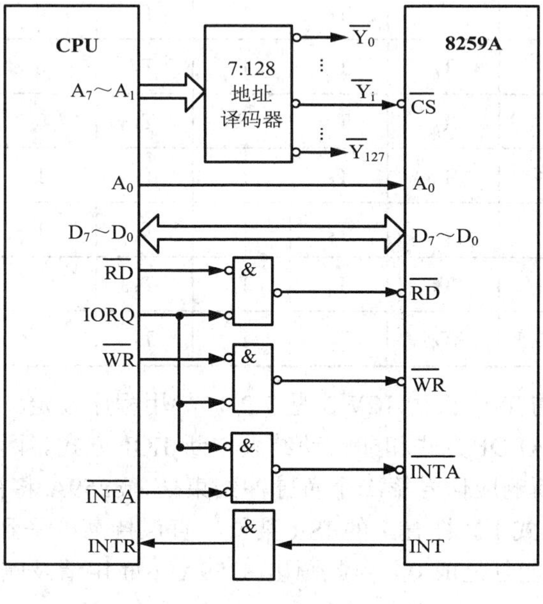

图 7.12 8259A 与 CPU 之间的典型接法

7.2.2　8259A 的中断过程

8259A 中断申请和响应过程步骤如下：

(1) 一个或多个 I/O 中断源通过 IR_7～IR_0 向 8259A 发出中断申请，把中断请求寄存器(IRR)相应位置位。

(2) IRR 相应位置位后，与 IMR 相应屏蔽位比较，若两位相同，则屏蔽该中断申请，若两位不同，则将中断申请传送至 PR。

(3) PR 决定优先级，把当前未屏蔽的最高优先级中断申请经 INT 传送至 CPU 的 INTR 引脚。

(4) CPU 收到中断申请，检测 IF 标志位，若 CPU 已开中断，则在当前指令执行完毕发出中断响应信号。

(5) 8259A 收到中断响应信号第一个负脉冲后将 IRR 相应位复位，同时使 ISR 中优先级最高的那一位置 1，在此中断周期内，8259A 不向数据总线发送任何数据。

(6) 8259A 收到中断响应信号第二个负脉冲后，将被响应中断源的中断向量码传送至数据总线。

(7) CPU 读取中断向量，然后转移到相应的中断服务程序并执行。

8259A 发送的中断向量为 1 个字节。中断向量字节如表 7.1 所示。

表 7.1　中断向量字节

中断申请优先级		中断向量字节							
		D_7	D_6	D_5	D_4	D_3	D_2	D_1	D_0
高	IR_0	T_7	T_6	T_5	T_4	T_3	0	0	0
↓	IR_1	T_7	T_6	T_5	T_4	T_3	0	0	1
↓	IR_2	T_7	T_6	T_5	T_4	T_3	0	1	0
↓	IR_3	T_7	T_6	T_5	T_4	T_3	0	1	1
↓	IR_4	T_7	T_6	T_5	T_4	T_3	1	0	0
低	IR_5	T_7	T_6	T_5	T_4	T_3	1	0	1
	IR_6	T_7	T_6	T_5	T_4	T_3	1	1	0
	IR_7	T_7	T_6	T_5	T_4	T_3	1	1	1

中断向量字节中的 T_7～T_3 由 ICW2(见 7.2.4 节)用程序设定。中断服务有两种结束方式：自动结束中断 AEOI 方式和非自动结束中断 EOI 方式。两种方式的区别是：自动结束方式下，在中断响应信号第二个负脉冲结束处，8259A 将被置 1 的 ISR 某位复位成 0；非自动结束方式下，被置 1 的 ISR 某位一直保持高电平到中断结束，必须要由 CPU 发出 EOI 命令才能复位成 0。由此画出 8259A 中断申请及响应流程图，如图 7.13 所示。

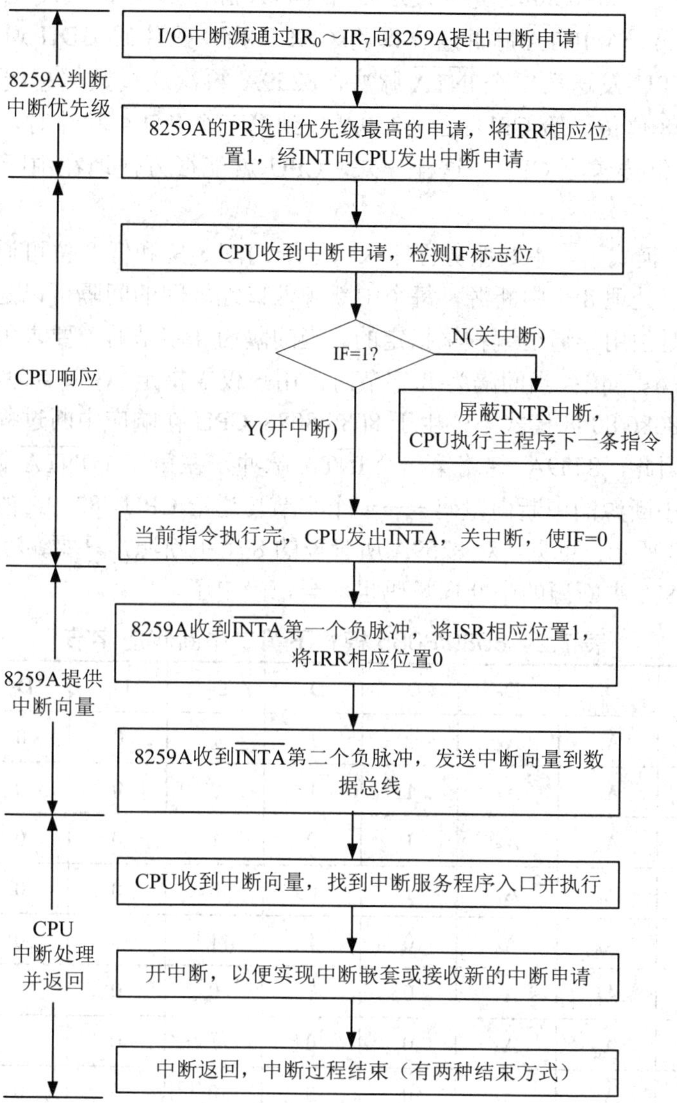

图 7.13　中断响应流程图

7.2.3　8259A 的工作方式

通过编程可以设置8259A的不同工作方式，以便适应不同环境的需要，这也说明8259A工作的灵活性和适应性。

1. 8080/8085 与 8086/8088 工作模式

8259A 可以用于 8080/8085 系统中，也可以用于 8086/8088 系统中。利用初始化命令字(见 7.2.4 节)可以指定 8259A 是工作在 8080/8085 模式下还是工作在 8086/8088 模式下。当 8259A 工作在 8080/8085 模式时，它能很好地与 8080/8085 CPU 中断响应过程相配合。

在中断响应过程中，8080/8085 先后发送 3 个 $\overline{INTA}$ 脉冲加到 8259A 上。在此工作模式下，8259A 收到第一个 $\overline{INTA}$ 脉冲就立即将 CALL 指令操作码 CDH 通过数据总线传送给 CPU。接着 CPU 发送第二个 $\overline{INTA}$ 脉冲，8259A 再次通过数据总线将中断服务程序的入口地址的低 8 位传送给 CPU。当 8259A 收到第三个 $\overline{INTA}$ 脉冲时，将中断服务程序入口地址的高 8 位传送给 CPU，这样一来，CPU 就能很方便地在中断响应时转向中断服务程序。

在 8080/8085 模式下，中断服务程序入口地址的高 8 位和低 8 位可通过编程由用户来指定。8259A 可以处理 8 个中断源，每个中断源入口地址间的间隔可以是 4 字节，也可以是 8 字节，这也是由用户通过编程来指定的。当间隔为 4 字节时，要求用户编程指定低位地址的 A_7、A_6、A_5 三位；当间隔为 8 字节时，用户仅需指定 A_7 和 A_6 两位。具体情况如表 7.2 所示。在 8086/8088 模式下，由于 8086/8088 CPU 在响应中断过程中产生连续的两个 $\overline{INTA}$ 脉冲，因此，8259A 忽略第一个 $\overline{INTA}$ 脉冲，在第二个 $\overline{INTA}$ 脉冲期间，8259A 通过数据总线将中断源的中断向量码——一个字节传送给 CPU。8259A 的 8 个中断源的中断向量码如表 7.3 所示。可见，对 8259A 所管理的 8 个中断源，只要编程初始化 8259A 时确定了 T_7～T_3，8 个中断源的中断向量码也就全都确定了。

表 7.2　8080/8085 模式下第二中断响应字节

IR	D_7	D_6	D_5	D_4	D_3	D_2	D_1	D_0	(间隔为 4 字节)
7	A_7	A_6	A_5	1	1	1	0	0	
6	A_7	A_6	A_5	1	1	0	0	0	
5	A_7	A_6	A_5	1	0	1	0	0	
4	A_7	A_6	A_5	1	0	0	0	0	
3	A_7	A_6	A_5	0	1	1	0	0	
2	A_7	A_6	A_5	0	1	0	0	0	
1	A_7	A_6	A_5	0	0	1	0	0	
0	A_7	A_6	A_5	0	0	0	0	0	
IR	D_7	D_6	D_5	D_4	D_3	D_2	D_1	D_0	(间隔为 8 字节)
7	A_7	A_6	1	1	1	0	0	0	
6	A_7	A_6	1	1	0	0	0	0	
5	A_7	A_6	1	0	1	0	0	0	
4	A_7	A_6	1	0	0	0	0	0	
3	A_7	A_6	0	1	1	0	0	0	
2	A_7	A_6	0	1	0	0	0	0	
1	A_7	A_6	0	0	1	0	0	0	
0	A_7	A_6	0	0	0	0	0	0	

表 7.3　8086/8088 模式下的中断向量码

IR	D_7	D_6	D_5	D_4	D_3	D_2	D_1	D_0
7	T_7	T_6	T_5	T_4	T_3	1	1	1
6	T_7	T_6	T_5	T_4	T_3	1	1	0
IR	D_7	D_6	D_5	D_4	D_3	D_2	D_1	D_0
5	T_7	T_6	T_5	T_4	T_3	1	0	1
4	T_7	T_6	T_5	T_4	T_3	1	0	0
3	T_7	T_6	T_5	T_4	T_3	0	1	1
2	T_7	T_6	T_5	T_4	T_3	0	1	0
1	T_7	T_6	T_5	T_4	T_3	0	0	1
0	T_7	T_6	T_5	T_4	T_3	0	0	0

2. 特殊屏蔽方式

在正常情况下，当一个中断请求被响应时，8259A 将禁止所有同级及更低优先级的中断请求，这就是一般屏蔽方式。但是，在特殊情况下，也希望允许较低优先级的中断请求产生中断，这时，可用特殊屏蔽方式。要做到这一点，需要利用后面介绍的 8259A 初始化命令字。特殊屏蔽方式示意图如图 7.14 所示，其中 SMM 等需要参看后面的命令字的定义。

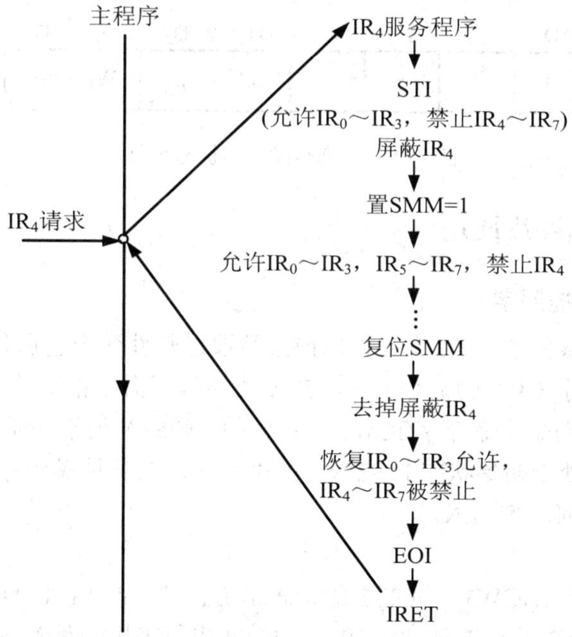

图 7.14　特殊屏蔽方式示意图

3. 中断结束

8259A 中，中断结束是利用复位 ISR 中的相应位来实现的，具体有两种方法。

(1) 自动结束：设置自动结束初始化命令字写入 8259A，此后，当 8259A 获得 CPU

发送的最后一个 $\overline{INTA}$ 下降沿时，即自动将相应的 ISR(中断服务寄存器)复位完成，中断结束。

(2) 利用命令结束：

① 一般中断结束命令(EOI)，用于全嵌套工作方式；

② 特殊中断结束命令(SEOI)，用于特殊屏蔽方式。

4. 优先级循环

根据 8259A 命令字的规定，它有两种优先级规定：循环优先级和固定优先级。固定优先级规定 8 个中断源的优先级以 IR_0 最高，依次降低直到 IR_7 最低，而且这种安排是不变的。循环优先级规定：自动优先级循环用于中断源具有相等优先级的情况，在自动循环时，规定刚才获得服务的中断源在服务结束后具有最低优先级；指定优先级循环可以利用命令一次改变优先级。利用指定优先级循环命令指定最低优先级，而后其他中断源的优先级也就确定了。例如，设置 IR_5 最低，则 IR_6 优先权最高，其顺序由 IR_6，IR_7，IR_0，…，IR_4 依次降低。

5. 查询状态

通过将操作命令字 OCW3 中的 P 位置 1，CPU 可以查询 8259A 的状态，如图 7.15 所示。其中：I=1 表示有中断，I=0 表示无中断；W_2～W_0 的编码表示处于中断请求的中断源的最高优先级。CPU 可以读出 8259A 的某些寄存器，通过分析这些寄存器的内容来了解 8259A 的工作状态。有关细节详见 7.2.4 节控制字的内容。

D_7	D_6	D_5	D_4	D_3	D_2	D_1	D_0
I	×	×	×	×	W_2	W_1	W_0

图 7.15　查询时读出的状态字节

7.2.4　8259A 的编程及使用

1. 8259A 的内部控制字

8259A 的功能是很强的，在使它工作以前必须通过软件命令它做什么，这就是对 8259A 的编程。只有在接收了 CPU 的命令后，8259A 才能按照命令指示的方式工作。CPU 命令分为两大类：一类是初始化命令字(ICW)，主要是使 8259A 处于初始状态；另一类是操作命令字(OCW)，是使处于初始状态的 8259A 去执行具体的某种操作方式。操作命令字可在 8259A 初始化后的任何时刻写入。

1) 初始化命令字

(1) 初始化命令字 1(ICW1)。ICW1 的标志是 D_4=1，从 A_0=0 的端口地址写入，各位的功能见图 7.16。ICW1 的功能是规定 IR_i 上的中断申请采用哪种触发方式，8259A 是单片使用还是多片使用，是否需要 ICW4 等。当程序写入 ICW1 后，初始化过程开始启动，随后 8259A 发生如下事件：边沿敏感电路复位，中断申请输入线必须由低变高才能申请；中断屏蔽寄存器 IMR 清零；IR7 赋予最低优先权；特殊屏蔽方式清除。若 IC4=0，则后面无 ICW4。

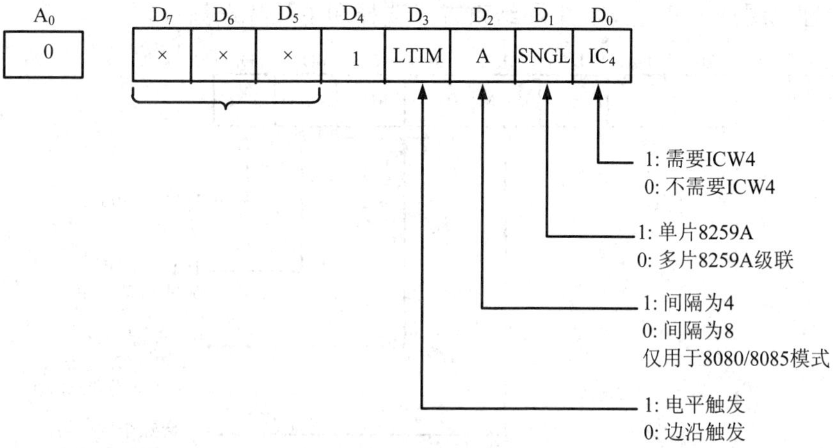

图 7.16 初始化命令字 1(ICW1)

(2) 初始化命令字 2(ICW2)。从 $A_0=1$ 的端口地址写入，各位的功能见图 7.17。ICW2 的功能是设置可屏蔽中断向量码的高 5 位 T_7～T_3，低 3 位的值任意，可填入 000。在 ICW2 写入后，低 3 位的值将由微型计算机自动填入 IR_7～IR_0 中 i 的编码。

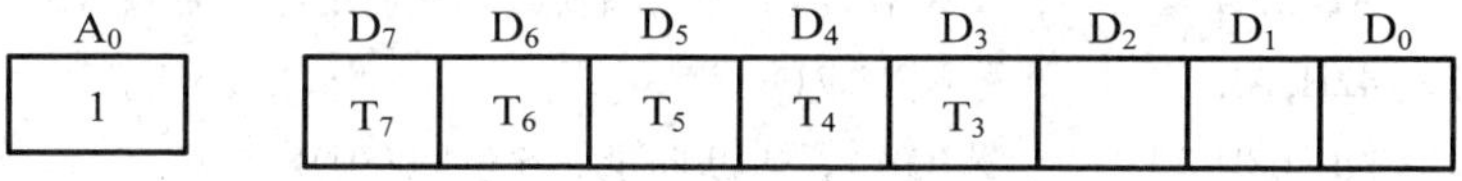

图 7.17 初始化命令字 2(ICW2)

(3) 初始化命令字 3(ICW3)。从 $A_0=1$ 的端口地址写入，各位的功能见图 7.18。当 ICW1 中的 D_1 位取 0 时，需要在写入 ICW2 后写入 ICW3。ICW3 只适用于级联，主片和从片分别有各自的 ICW3。主片的 ICW3 指出主片的 IR_7～IR_0 中哪几个接有从片；从片的 ICW3 指出从片 INT 接在主片 IR_7～IR_0 中哪一个输入线上。

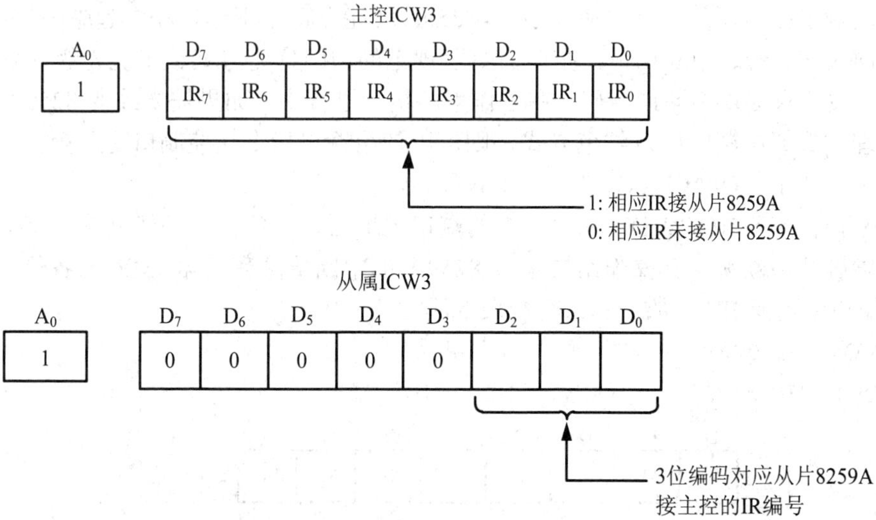

图 7.18 初始化命令字 3(ICW3)

(4) 初始化命令字 4(ICW4)。从 $A_0=1$ 的端口地址写入，各位的功能见图 7.19。当 ICW1 中的 D_0 位取 1 时，需要在写入 ICW3 后(无 ICW3 时在 ICW2 后)写入 ICW4。ICW4 用于设定优先级管理、缓冲方式选择、中断结束方式选择和主从片选择等。

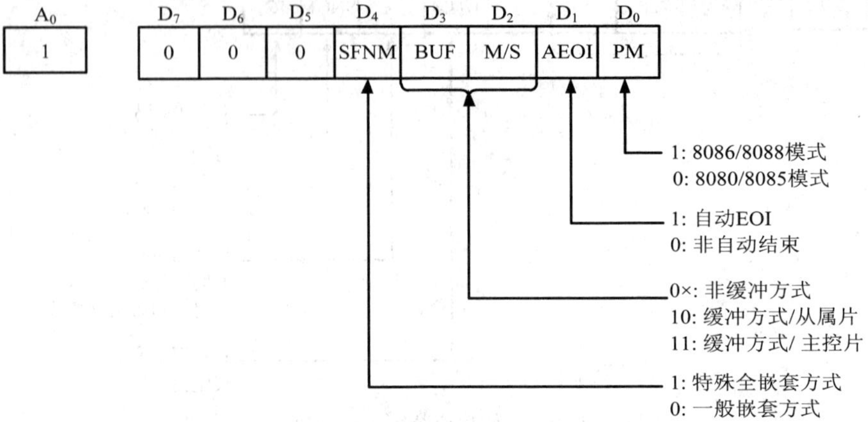

图 7.19　初始化命令字 4(ICW4)

例 7-1　写出单片 8259A 工作时的初始化程序。

解　单片 8259A 工作时的初始化程序如下：

```
MOV     AL, 13H      ; 置 ICW1，上升沿触发，单片使用，不需 ICW3，需 ICW4
OUT     42H, AL      ; 写入 ICW1
MOV     AL, 08H      ; 置 ICW2，中断向量高 5 位 00001B
OUT     43H, AL      ; 写入 ICW2
MOV     AL, 1DH      ; 置 ICW4，采用特殊完全嵌套、缓冲、非自动结束中断方
                     ; 式，CPU 用 8086/8088
OUT     43H, AL      ; 写入 ICW4
```

2) 操作命令字 OCW 及其编程

在使用输出指令写入初始化命令字后，8259A 就能在正常工作程序中起中断控制作用，能接收并向 CPU 传送中断申请，按照命令字规定的中断优先方式裁定优先级，处于完全嵌套方式，按要求提供中断向量码。在工作程序执行过程中，如果需要改变 8259A 的中断优先级管理方式或中断响应及结束方式，则可以使用输出指令从控制口写入操作命令字。操作命令字有 3 个：OCW1、OCW2、OCW3。

(1) 操作命令字 1(OCW1)。从 A_0=1 的端口地址写入，各位的功能见图 7.20。OCW1 字用于设置屏蔽中断源，其操作结果是将 8259A 的中断屏蔽寄存器 IMR 的各位直接置 0 或 1。例如使中断源 IR_5 开放而其余全屏蔽的程序为

```
MOV   AL, 0DFH
OUT   43H, AL        ;   OCW1 = 1101 1111B
```

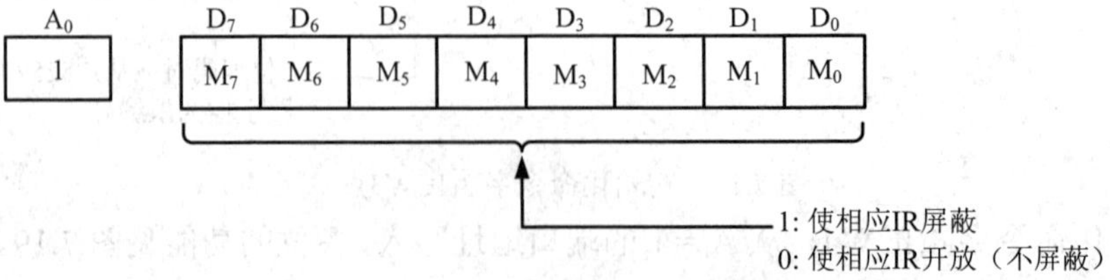

图 7.20　操作命令字 1(OCW1)

(2) 操作命令字 2(OCW2)。从 $A_0=0$ 的端口地址写入，各位的功能见图 7.21。OCW2 的功能是重新设置中断优先级管理方式和中断结束方式。

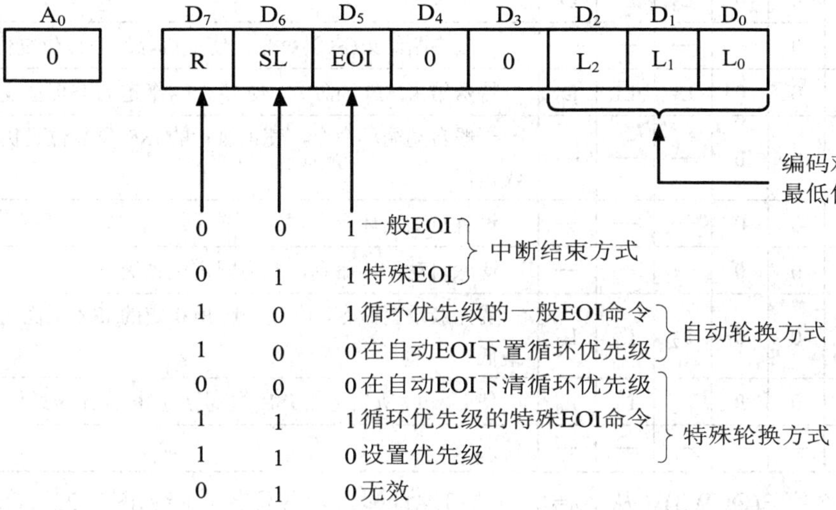

图 7.21　操作命令字 2(OCW2)

根据 R、SL、EOI 三位的取值，有三种不同的工作方式：

① R、SL、EOI 取值 001 或 011 时为中断结束方式，内含“不指定用 EOI 结束”和“指定用 EOI 结束”两种方式。使用“不指定用 EOI 结束”方式能够让 8259A 获悉中断服务程序已经执行完毕，并且将 ISR 中正在接受服务的位复位，8259A 自动确定它的优先级别。虽然没有严格地确定它的优先级，但通常是位于最高优先级在接受服务。因此，如果中断服务程序中安排有置位优先级命令，或是 8259A 处于特殊屏蔽方式(此刻 ISR 位被 IMR 屏蔽，不能用 EOI 消除)，则不宜选择这种中断结束方式。使用“指定用 EOI 结束”方式除了能够让 8259A 获悉中断服务程序已经执行完毕外，还能指定由 L_2～L_0 表示的 ISR 位复位。如 OCW2 为 011 00 011B 的功能就是既指定用 EOI 结束(又称为非自动中断结束)，又能使 ISR 复位。当 8259A 工作于完全嵌套，且被服务中断源有最高优先级时，就要选用这种中断结束方式。

② R、SL、EOI 取值 101 或 100 时为自动轮换方式。前一种是不指定 EOI 上的轮换命令，特征是接受服务的最高优先级 ISR 位复位并设置成最低优先级；后一种是每遇 EOI 一次，优先级就左移轮换一次。

③ R、SL、EOI 取值 000 或 111 或 110 时为特殊轮换方式，分别为清除命令、特殊轮换命令、置优先级命令。取值 000 时，轮换方式被复位，此后优先级不变；取值 111 时，OCW2 成为指定 EOI 上的轮换命令，是指定 EOI 命令和设置优先级命令的集合，既能将 L_2～L_0 指定的 ISR 位复位，又能将指定的 IR 等级设置成最低级，如果在服务程序结束前不改变 IR 的优先级，就可以用这个命令字；取值 110 时为优先级设置命令，可将 L_2～L_0 指定的 ISR 位置为最低优先级。在 R、SL、EOI 的 8 个取值中，只有 011、110、111 三组取值与 L_2～L_0 有关。R、SL、EOI 编码功能见表 7.4。

表 7.4　R、SL、EOI 编码功能

D_7	D_6	D_5	D_4	D_3	D_2	D_1	D_0	功　　能
R	SL	EOI	0	0	L_2	L_1	L_0	
0	0	1	0	0	—	—	—	一般中断结束(EOI)命令，使正执行的 ISR 位复位
0	1	1	0	0	L_2	L_1	L_0	特殊结束(SEOI)命令，使 L_2～L_0 指定的 ISR 位复位
1	0	1	0	0	—	—	—	一般自动循环命令，使正执行的 ISR 位复位且优先级最低
1	0	0	0	0	—	—	—	设置自动循环命令
0	0	0	0	0	—	—	—	清除自动循环命令，变为固定优先级
1	1	0	0	0	L_2	L_1	L_0	优先级设置命令，使 L_2～L_0 所指定的 ISR 位优先级最低
1	1	1	0	0	L_2	L_1	L_0	使 L_2～L_0 所指定的 ISR 位复位且 IR 优先级最低
0	1	0	—	—	—	—	—	无效

(3) 操作命令字 3(OCW3)。从 $A_0=0$ 的端口地址写入，各位的功能见图 7.22。OCW3 可用于设置查询方式和特殊屏蔽方式，以及读 8259A 的中断请求寄存器 IRR、中断服务寄存器 ISR、中断屏蔽寄存器 IMR 的当前状态。OCW3 有两种格式，分别用于不同的情况。第一种为操作命令字，用于设置特殊屏蔽方式和中断查询方式，设置 8259A 中断请求寄存器 IRR、中断服务寄存器 ISR、中断屏蔽寄存器 IMR 的读出命令，操作时使用 OUT 指令从偶端口地址写入。第二种为查询操作字，用 IN 指令读出需要查询的中断源编码。操作命令字中的 D_6D_5 用于特殊屏蔽设置，当 $D_6D_5=11$ 时，表示设置特殊屏蔽方式。当 CPU 正在执行优先级较高的中断服务程序时，想让 CPU 响应低级别中断，则只需要发出 $D_6D_5=11$ 的 OCW3，CPU 就能响应较低优先级的中断申请。当较低级中断服务程序执行完毕，想解除较高优先级的屏蔽，只需要发出 $D_6D_5=10$ 的 OCW3 就可以了，因为 $D_6D_5=10$ 为清除特殊屏蔽方式。通过将 P 位置 1，CPU 可以查询 8259A 的状态(见图 7.15)。

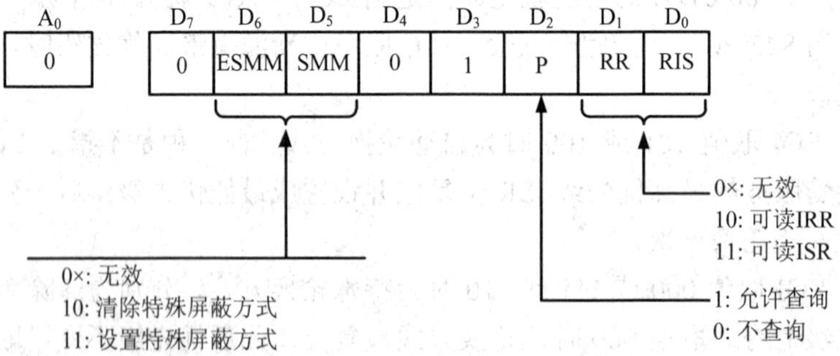

图 7.22　操作命令字 3(OC3)

例如 CPU 正在为 IR_5 提供中断服务，如果要让 CPU 响应比 IR_5 优先级低的中断，实现中断嵌套，这时可使用 $D_6D_5=11$ 的 OCW3 将 IR_5 暂时屏蔽，待到响应低级中断结束后，用 $D_6D_5=10$ 的 OCW3 解除对 IR_5 的屏蔽，继续执行 IR_5 中断服务程序。程序如下：

⋮

```
CLI                  ; 关中断
MOV   AL, 20H        ; OCW1 字，屏蔽 IR5
OUT   43H, AL        ; 奇端口地址写入
MOV   AL, 68H        ; D6D5 = 11 的 OCW3
OUT   42H, AL        ; 偶端口写入
STI                  ; 开中断，允许低级中断申请
  ⋮
CLI                  ; 关中断
MOV   AL, 48H        ; D6D5 = 10 的 OCW3
OUT   42H, AL
MOV   AL, 00H        ; 解除 IR5 屏蔽的 OCW1
OUT   43H, AL
STI                  ; 开中断，只允许高于 IR5 的中断申请
  ⋮
```

例 7-2　写出读 IMR 检查中断屏蔽寄存器操作是否正确的程序。

解　程序如下：

```
MOV   AL, 00H        ; 开放所有中断源
OUT   43H, AL        ; 写入 OCW1
NOP                  ; 延时
IN    AL, 43H        ; 读出 IMR 状态
CMP  AL, 00H         ; 检查 IR7～IR0 是否全为 0
JNZ ERROR            ; 不为 0，有错
  ⋮
ERROR: …
```

2. 8259A 的寻址与连接

为了使 8259A 按照设计者的要求工作，一方面需要利用软件将初始化命令字及操作命令字写入 8259A；另一方面为了了解 8259A 的工作状态，又必须将其内部的一些寄存器的内容读出来。8259A 对寄存器和命令的访问控制如表 7.5 所示。

表 7.5　8259A 对寄存器及命令的访问控制

A_0	D_4	D_3	$\overline{RD}$	$\overline{WR}$	$\overline{CS}$	操　作
0	—	—	0	1	0	读出 ISR、IRR 的内容
1	—	—	0	1	0	读出 IMR 的内容
0	0	0	1	0	0	写入 OCW2
0	0	1	1	0	0	写入 OCW3
0	1	×	1	0	0	写入 ICW1
1	×	×	1	0	0	写入 OCW1、ICW2、ICW3、ICW4

从表 7.5 中可以看到，利用 $\overline{CS}$ 有效选中 8259A，再利用 A_0 来寻址不同的寄存器和命

令字。A_0 只可能有两种状态，因此，在硬件系统中，8259A 仅占两个端口地址。初始化命令与操作命令利用命令字中的 D_4、D_3 及写入的顺序加以区别。

图 7.23 是 8259A 与 8088 系统总线的连接图。由于只用一片 8259A，故 CAS_0～CAS_2 没有连接。IR 端与中断源相连接，可以是定时器的输出或其他中断源。从图中可见，为了译码简单，采用部分地址译码，地址总线 A_2 未和 A_0 连接。此时，8259A 可使用的接口地址为 FF00H～FF07H。由于 8259A 只占用 2 个接口地址，即 8259A 的 A_0=0 和 A_0=1，因此在实际使用中，我们可以在 FF00H 和 FF02H、FF01H 和 FF03H、FF04H 和 FF06H、FF05H 和 FF07H 这四组地址中灵活选择其中一组。

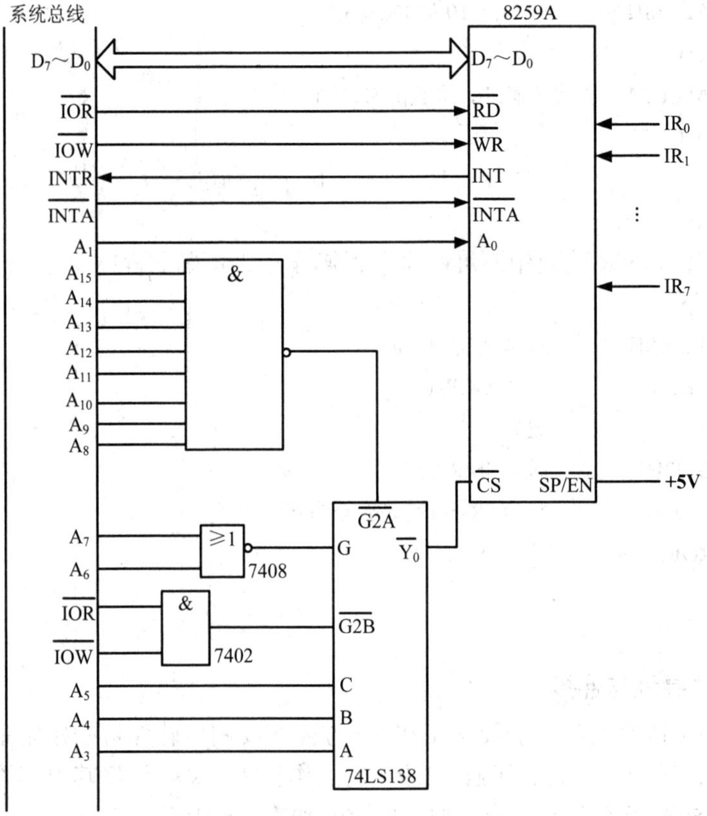

图 7.23　8259A 与 8088 系统总线的连接

3. 8259A 的初始化及使用

下面是根据图 7.23 的连接方式写出的 8259A 初始化程序。

```
SET59A: MOV   DX, 0FF00H        ; 8259A 的地址，A0 = 0
        MOV   AL, 13H           ; ICW1，LTIM = 0，单片，需要 ICW4
        OUT   DX, AL
        MOV   DX, 0FF02H        ; 8259A 的地址，此时 A0=1
        MOV   AL, 48H           ; ICW2，中断向量码
        OUT   DX, AL
        MOV   AL, 03H           ; ICW4，8086/8088 模式，自动 EOI，非缓冲
```

```
OUT   DX, AL          ; 方式，一般全嵌套
MOV   AL, 0E0H        ; OCW1，屏蔽 IR5、IR6、IR7，因为未用到这 3 个中断输入
OUT DX, AL
MOV   DX, 0FF02H
MOV   AL, 0           ; 取 OCW1 为 00H
OUT   DX, AL          ; 取 00H 写入 IMR
IN    AL, DX          ; 读 IMR
OR    AL, AL          ; 判断其内容是否为 00H
JNZ   IMERR
MOV   AL, 0FFH
OUT   DX, AL
IN    AL, DX
ADD   AL, 1
JNZ   IMERR
```

在读 IMR 时，可直接在对应 $A_0=1$ 的地址上读出；但要读 IRR 或 ISR 时，则必须先向 8259A 写入一个命令字 OCW3。以下是读出 ISR 内容的一段程序：

```
MOV   DX, 0FF00H   ; 对应 A0 = 0
MOV   AL, 0BH      ; 0BH 为 OCW3
OUT   DX, AL       ; OCW3 写入 8259A
IN    AL, DX       ; 读出 ISR 的内容，放在 AL 中
```

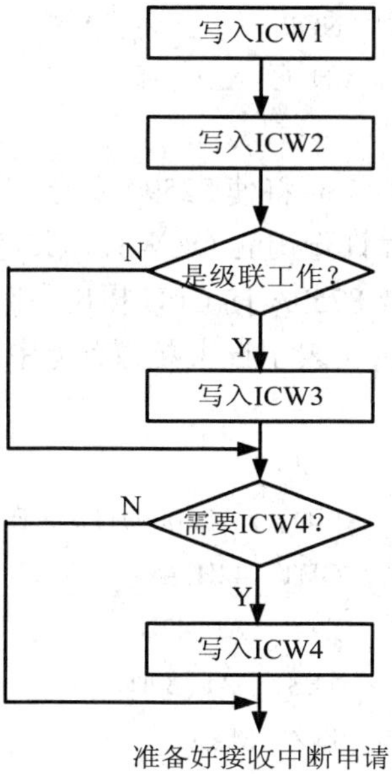

图 7.24 8259A 的初始化顺序

8259A 的初始化顺序如图 7.24 所示。

例 7-3 在某电路中，8259A 的端口地址为 42H 和 43H，若初始化命令字 ICW1＝12H，ICW2＝08H，试编制初始化程序。

解 初始化程序为

```
MOV   AL, 12H
OUT   42H, AL      ; 从偶端口送 ICW1
MOV   AL, 08H
OUT   43H, AL      ; 从奇端口送 ICW2
```

操作命令字中的 D_4D_3 是 OCW3 的特征位，$D_4D_3 = 01$；D_2 位 P 是读寄存器/查询位，P = 0 与 D_1D_0 位配合使用，形成对 8259A 的 IRR、ISR、IMR 读出命令；$D_2D_1D_0 = 010$ 表示下一个脉冲到来时允许读出 IRR；$D_2D_1D_0 = 011$ 表示下一个脉冲到来时允许读出 ISR。要想读出 IMR 状态，无须写入 OCW3，只要先用 OUT 指令写入 OCW1，再用 IN 指令就能读出 IMR 状态。

例 7-4 写出读 IRR 并查看有几个中断源在申请中断的程序。

解 要想读出 IRR 和 ISR 的内容，必须先写入 OCW3，再用 IN 指令读出。

```
MOV   AL, 00001010B   ; 允许读 IRR 的 OCW3
OUT   42H, AL         ; 写入 OCW3
NOP                   ; 延时
```

```
    IN     AL, 42H              ; 读出 IRR
      ⋮
```

例 7-5　写出读 ISR 的程序。

解　读 ISR 的程序如下：

```
    MOV    AL, 00001011B        ; 允许读 ISR 的 OCW3
    OUT    42H, AL              ; 写入 OCW3
    NOP
    IN     AL, 42H              ; 读出 ISR
      ⋮
```

P=1 时将使 8259A 处于中断查询方式，查询过程分两步：第一步用 OUT 指令向 8259A 写入允许查询的 OCW3；第二步从偶控制端口用 IN 指令读出查询操作字。整个操作过程不需要 8259A 向 CPU 提出中断申请。查询操作字的 $D_2D_1D_0$ 位表示最高优先级的中断源编码，D_7 位表示该中断源有无中断申请。进行查询的程序段如下：

```
      ⋮
    CLI                         ; 关中断
    MOV    AL, 000011××B        ; 进入查询(P = 1)的 OCW3
    OUT    42H, AL              ; 写入 OCW3
    IN     AL, 42H              ; 读取查询字 I××××W2 W1 W0
    TEST   AL, 80H              ; 测定查询操作字
    JNZ    MAX                  ; I=1 转入最高优先级服务程序
      ⋮                         ; I=0 继续执行
```

以上分别介绍了 7 个命令字，需要说明的是：从偶地址端口写入的有 ICW1、OCW2、OCW3，如果阅读程序，看到

```
    MOV    AL, 0EH
    OUT    42H, AL
```

那么如何判断 0EH 是 3 个命令字中的哪一个呢？要想解决这个问题，只能依靠特征位。表 7.6 所示为各命令字的特征位。

表 7.6　各命令字的特征位

	D_7	D_6	D_5	D_4	D3	D_2	D_1	D_0
ICW1 特征位	—	—	—	—	×	—	—	—
OCW2 特征位	—	—	—	—	0	—	0	—
OCW3 特征位	—	—	—	—	1	—	1	—

由此判断，程序中的 0EH 是 OCW3。此外，从奇地址端口写入的有 ICW2、ICW3、ICW4、OCW1。这 4 个命令字都没有特征位，但它们有如下位置规律：ICW2 总是紧紧跟在 ICW1 之后；当 ICW1 的 D_1=0 时，紧跟在 ICW2 之后的就是 ICW3；当 ICW1 的 D_1=1 时，才会有 ICW4。如果无 ICW3，则紧跟在 ICW2 后的就是 ICW4；如果有 ICW3，则 ICW1～ICW4 依次出现，不会颠倒；如果前面没有 ICW1，那么就是 OCW1。OCW1 和 OCW2、OCW3 一样，总是单独出现的。

例 7-6　写出判断 8259A 程序各命令字是什么字的程序。

解　判断 8259A 程序各命令字的程序如下：

```
    ⋮
CLI
MOV     AL, 1EH       ; 1EH = 0001 1110B
OUT     42H, AL       ; 从偶地址写入，特征位 D4 = 1，为 ICW1，下一个必定是 ICW2，
                      ; 又 D1 = 1，后无 ICW3；D0 = 0，后无 ICW4
MOV     AL, 1EH
OUT     43H, AL       ; 排在 ICW1 后，为 ICW2，且端口地址必为奇地址
MOV     AL, 1EH       ; 因不是 ICW3、ICW4，又是从奇地址写入，故必为 OCW1
OUT     43H, AL       ; 1EH = 0001 1110B
    ⋮
```

4. 8259A 的级联

当微型计算机系统中的中断源较多，一片 8259A 不能解决问题时，可以采用级联工作方式。这时指定一片 8259A 为主控芯片，它的 INT 接到 CPU 上而其余的 8259A 芯片均作为从属芯片，其 INT 输出接到主控芯片的 IR 输入端。由于主控 8259A 有 8 个 IR 输入端，故一个主控 8259A 可以连接八片从属 8259A，最多允许有 64 个 IR 输入。如图 7.25 所示就是三片 8259A 级联工作框图。

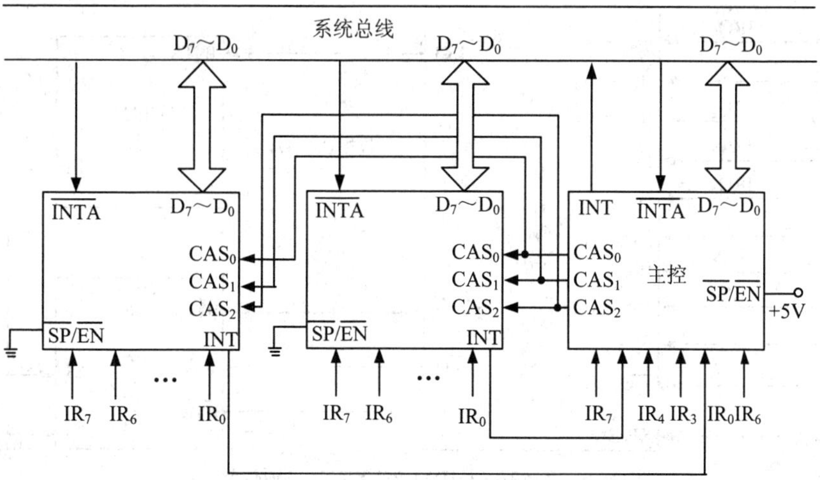

图 7.25　三片 8259A 级联工作框图

为了避免一般全嵌套方式的这一缺点，在级联方式下，可采用前面提到的特殊全嵌套方式。在将主控芯片初始化为特殊全嵌套方式后必须注意以下两种情况：

(1) 当从属片的中断请求响应后，主控芯片并不封锁从属片的 INT 输入。

(2) 当从属片的中断响应结束时，要用软件检查中断状态寄存器 ISR 的内容，看当前被服务的是否为该从属片的唯一一个中断请求。如果是，则连发两个 EOI 命令给从属片，使从属片及主控片结束。若 ISR 中的内容表明中断请求并非一个，则只发一个 EOI 命令，不向主控芯片发 EOI 命令。

7.3　8259A 在 IBM PC 系列机上的应用

8259A 在微型计算机系统中主要用采样外设中断请求，产生中断向量实现可屏蔽中断管理功能。

7.3.1　8259A 在 IBM PC/XT 中的应用

1. 8259A 在 IBM PC/XT 中的使用要求与特点

8259A 在 IBM PC/XT 中的使用要求与特点如下：

(1) 共 8 级向量中断，采用单片方式，CAS_0～CAS_2 不用，$\overline{SP}/\overline{EN}$ 端接 +5 V。

(2) 端口地址在 020H～03FH 范围内，实际使用 020H 和 021H 两个端口。

(3) 8 个中断请求信号 IR_0～IR_7 均为边沿触发。

(4) 采用一般全嵌套方式，固定优先级，0 级为最高优先级，7 级为最低优先级。

(5) 设定 0 级请求对应中断类型号为 8，1 级请求对应中断类型号为 9，以此类推，直到 7 级请求对应中断类型号为 0FH。

2. 8259A 在 IBM PC/XT 中的硬件连接

8259A 在 IBM PC/XT 中的硬件连接如图 7.26 所示。

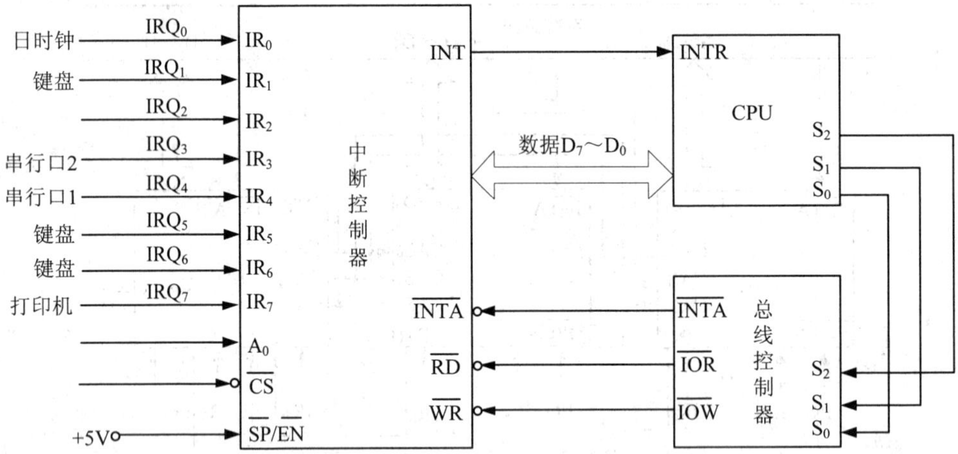

图 7.26　8259A 在 IBM PC/XT 中的硬件连接

3. 初始化编程

根据上述使用要求和硬件连接情况，在系统上电期间，对 8259A 执行初始化的程序段如下：

```
INTA00  EQU   020H          ; 8259A 端口 0
INTA01  EQU   021H          ; 8259A 端口 1
              ⋮
MOV     AL, 13H             ; ICW1，边沿触发、单片、要 ICW4
OUT     INTA00, AL
```

```
MOV    AL, 8        ; ICW2，中断类型号的高 5 位为 00001B
OUT    INTA01, AL
MOV    AL, 01H      ; ICW4，一般全嵌套，非缓冲，非自动中断结束，8088 系统
OUT    INTA01, AL
```

7.3.2　8259A 在 PC/AT 中的应用

1. 8259A 在 PC/AT 中的使用要求与特点

8259A 在 PC/AT 中的使用要求与特点如下：

(1) 共 15 级向量中断，采用两片 8259A 级联，CAS_0～CAS_2 作为互连线，从片的 INT 直接连到主片的 IR_2。

(2) 端口地址：主片在 020H～03FH 范围内，实际使用 020H 和 021H 两个端口；从片在 0A0H～0BFH 范围内，实际使用 0A0H 和 0A1H 两个端口。

(3) 主片和从片的中断请求均采用边沿触发。

(4) 主片和从片均采用一般全嵌套方式，优先级的排列次序为 IR_0 最高，依次为 IR_1，IR_8～IR_{15}，然后是 IR_3～IR_7。

(5) 采用非缓冲方式，主片的 $\overline{SP}/\overline{EN}$ 端接+5V，从片的 $\overline{SP}/\overline{EN}$ 端接地。

(6) 设定 IR_0～IR_7 对应的中断号为 08H～0FH，IR_8～IR_{15} 对应的中断号为 70H～77H。

2. 8259A 在 PC/AT 中的硬件连接

8259A 在 PC/AT 中的硬件连接如图 7.27 所示。

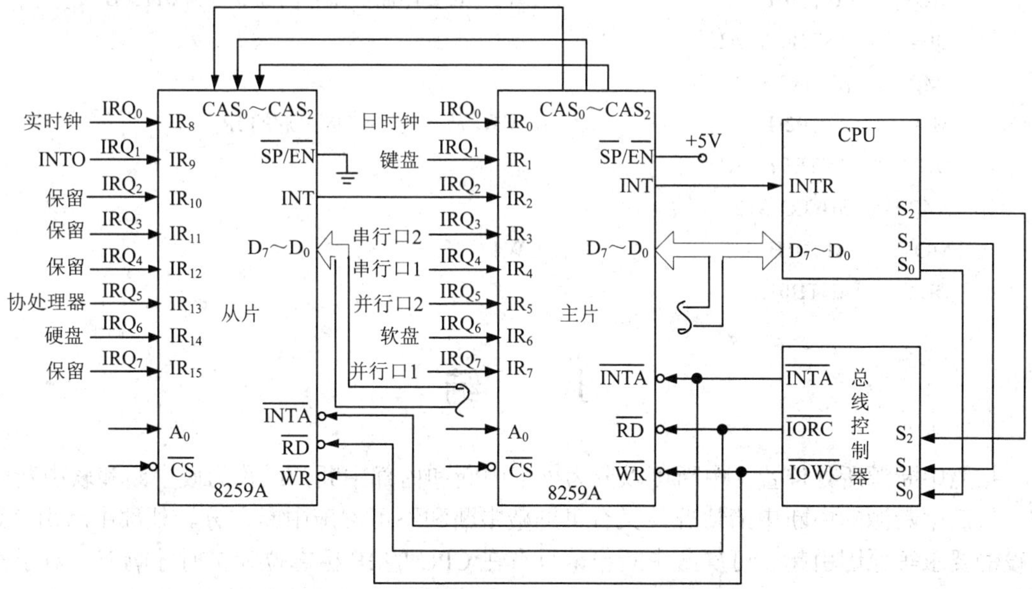

图 7.27　8259A 在 PC/AT 中的硬件连接

3. 初始化编程

根据上述使用要求和硬件连接情况，对 8259A 的主片和从片分别编程如下：

主 8259A 初始化程序：

```
INTA00  EQU  020H           ; 主 8259A 端口 0
INTA01  EQU  021H           ; 主 8259A 端口 1
MOV     AL, 11H             ; ICW1，边沿触发、级联、要 ICW4
OUT     INTA00, AL
JMP     SHORT $+2           ; I/O 端口延时要求(下同)
MOV     AL, 8               ; ICW2，设置中断类型号的高 5 位为 00001B
OUT     INTA01, AL
JMP     SHORT $+2
MOV     AL, 04H             ; ICW3，主片的 IR2 接从片的 INT
OUT     INTA01, AL
JMP     SHORT $+2
MOV     AL, 01H             ; ICW4，一般全嵌套，非缓冲，非自动 EOI
OUT     INTA01, AL
```

从 8259A 初始化程序：

```
INTB00  EQU  0A0H           ; 从 8259A 端口 0
INTB01  EQU  0A1H           ; 从 8259A 端口 1
MOV     AL, 11H             ; ICW1
OUT     INTB00, AL
JMP     SHORT $+2
MOV     AL, 70H             ; ICW2，设置中断类型号的高 5 位为 01110B
OUT     INTB01，AL
JMP     SHORT $+2
MOV     AL, 02H             ; ICW3，从片的 INT 接主片的 IR2
OUT     INTB01，AL
JMP     SHORT $+2
MOV     AL, 01H             ; ICW4
OUT     INTB01, AL
```

小　　结

按照中断源所处位置，中断可以分为外部中断和内部中断，或称为硬中断和软中断两类；按照中断源的中断申请情况，又有可屏蔽中断和不可屏蔽中断之分。外部中断由 I/O 外设的要求等原因引起。可屏蔽中断申请只有在 CPU 的 IF 标志位为 1 时才响应；对于不可屏蔽中断申请，CPU 必须响应。高优先级的中断源能中断低优先级的中断源，称为中断嵌套。中断处理过程分为 4 步：中断申请；在一定条件下的响应；执行中断服务程序；返回。8086/8088 CPU 采用中断向量结构，最多可处理 256 个中断，每个中断有一个向量码，乘 4 后得到中断服务程序入口地址。8259A 有两个端口，都是控制口，地址特征分别是

A_0=0 和 A_0=1。8259A 有 7 个命令字：初始化命令字 4 个，即 ICW1、ICW2、ICW3 和 ICW4；操作命令字 3 个，即 OCW1、OCW2 和 OCW3。

习　题

7-1　什么叫中断？简述一个中断的全过程。

7-2　8086/8088 的中断分哪两大类？什么是中断向量？什么是中断向量表？8086/8088 总共有多少级中断？它们的中断向量码是多少？中断向量表设在存储区的什么位置？

7-3　什么是不可屏蔽中断？什么是可屏蔽中断？它们得到 CPU 响应的条件是什么？

7-4　8259A 仅有两个端口地址，如何识别 4 条 ICW 命令和 3 条 OCW 命令。

7-5　某系统有两片 8259A，从片 8259A 接主片的 IR_4，主片的 IR_2 和 IR_5 由外部中断引入，主片中断向量码的起始值为 08H，主片端口地址为 020H 和 021H。下面是主片 8259A 的初始化程序，请将其补充完整。

```
MOV   DX, 020H
MOV   AL, 00010000B    ; ICW1
OUT   DX, AL
MOV   DX, 021H
MOV   AL, ________     ; ICW2
OUT   DX, AL
MOV   AL, ________     ; ICW3
OUT   DX, AL
MOV   AL, ________     ; OCW1
OUT   DX, AL
```

7-6　怎样用 8259A 的屏蔽命令字来禁止 IR_3 和 IR_5 引脚上的请求？怎样撤销这一禁止命令？设 8259A 的端口地址为 93H 和 94H，写出有关指令。

7-7　若 8086 系统采用单片 8259A，中断向量码为 46H，则中断向量表的中断向量地址是多少？这个中断源应连向 IR 的哪一个输入端？若中断服务程序入口物理地址为 0ABC00H，则向量区对应的 4 个单元的数据依次为多少？

7-8　判断下列 8259A 程序的各命令字是什么字。

```
…
CLI
MOV   AL，3BH
OUT   42H，AL
MOV   AL，3BH
OUT   43H，AL
MOV   AL，1BH
OUT   43H，AL
```

```
MOV   AL，3BH
OUT   43H，AL
```

7-9　若 8086 系统采用级联方式，主 8259A 的中断向量码从 30H 开始，端口地址为 20H 和 21H，从 8259A 的 INT 接主片的 IR_7，从片的中断向量码从 40H 开始，端口地址为 22H 和 23H，均不要 ICW4。试对其进行初始化编程。

7-10　简述 8259A 的主要功能。对 8259A 的编程有哪两类？它们分别在什么时候进行？

7-11　设 8259A 的端口地址为 42H 和 43H，编程查看当前 8259A 中断请求触发器 IRR 的状态。若无中断源申请中断，则将 AX 清零；若有中断源申请中断，则将 BX 清零。

7-12　现有 0～8 号 I/O 设备作中断源，其中 8 号设备中断申请必须要 CPU 响应，对于 0～7 号中断源，如果有多个同时申请，要求 CPU 优先响应编号小的设备，试画出 8086CPU、8259A 和 0～8 号中断源的连接原理图。

7-13　若要求 8259A 的地址为 E010H 和 E011H，试画出其与 8086 总线的连接图。

第 8 章　可编程定时器/计数器 8253 及其应用

在微型计算机系统中，常需要用到定时功能。比如，动态存储器的刷新定时，系统日历时钟的计时，扬声器的发声也是由定时信号来驱动的，等等。此外，在许多微型计算机应用系统中，还会用到计数功能，需对外部事件进行计数。Intel 8253 即是一种完成上述功能的定时器/计数器芯片，它是一种可编程芯片，工作方式、定时时间、输出信号形式等均可编程设置，使用十分方便。

8.1　定 时 与 计 数

在微型计算机系统或智能化仪器仪表的工作过程中，经常需要使系统处于定时工作状态，或者对外部过程进行计数。定时或计数的工作实质均体现为对脉冲信号的计数，如果计数的对象是标准的内部时钟信号，由于其周期恒定，故计数值就恒定地对应于一定的时间，这一过程即为定时，如果计数的对象是与外部过程相对应的脉冲信号(周期可以不相等)，则此时即为计数。

在微型计算机应用技术中，实现定时或延时有两种基本办法：利用软件定时或使用可编程硬件芯片定时。前者常用于延时精度要求不高的场合，后者则用于延时精度要求较高的场合。

软件定时是最简单的定时方法，它不需要硬件支持，只要让机器循环执行某一条或一系列指令即可，这些指令本身并没有具体的执行目的，但由于执行每条指令都需要一定的时间，因此重复执行这些指令就会占用一段固定的时间。通过正确选取指令和合适的循环次数，便很容易实现定时功能。利用这种方式实现定时，完全用软件编程来控制和改变定时时间，灵活方便，并且成本低，但是它最大的缺点就是 CPU 的利用率太低，在定时循环期间，CPU 不能再做任何其他有用的工作，大大降低了 CPU 的工作效率。

为了提高 CPU 的利用率，常采用可编程硬件电路来实现定时。可编程定时器/计数器电路利用硬件电路和中断方法控制定时，定时时间和范围完全由软件来确定和改变。

用可编程定时器/计数器电路进行定时，先要根据预定的定时时间，用指令对定时器/计数器芯片设定计数初始值，然后启动芯片进行工作。计数器一旦工作，CPU 就可以去做其他工作，等计数器到达计数时间，便自动形成一个输出信号，该信号可以用来向 CPU 提出中断请求，以使 CPU 作相应处理。这种方法最突出的优点是计数时不占用 CPU 的时间，可大大提高 CPU 的利用率，而且定时时间由软件设置，使用起来灵活方便，定时时间精确，因此获得了广泛应用。

8.2　8253 的结构及引脚

Intel 8253 是 8086 微型计算机系统常用的定时器/计数器芯片，它具有定时与计数两大功能。

8.2.1　8253 的内部结构

8253 的内部结构如图 8.1 所示。

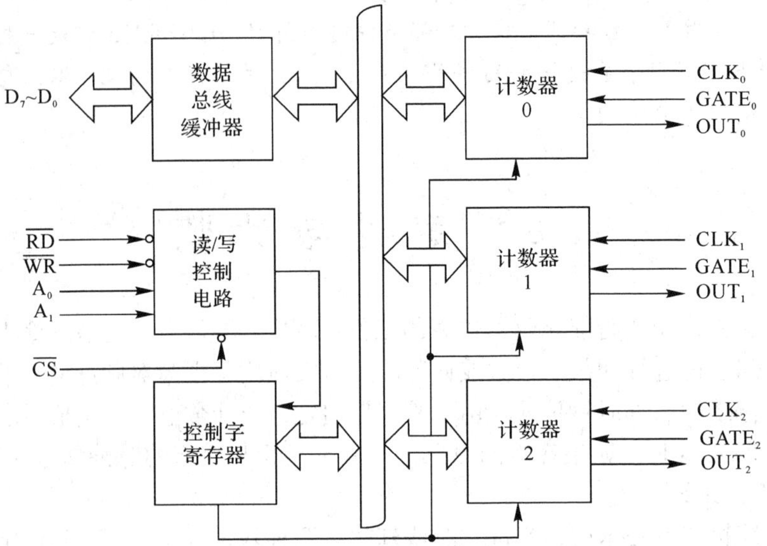

图 8.1　8253 的内部结构

由图 8.1 可见，8253 内部包含数据总线缓冲器、读/写控制电路、控制字寄存器和 3 个结构完全相同的计数器，各部分功能介绍如下。

1. 数据总线缓冲器

数据总线缓冲器是 8253 与系统数据总线相连接时用的接口电路，是 CPU 与 8253 内部之间的数据传输通道。它由 8 位双向三态缓冲器构成，CPU 用输入/输出指令对 8253 进行读/写操作的信息，都经 8 位数据总线 D_7～D_0 传送，这些信息包括：① CPU 在对 8253 进行初始化编程时，向它写入的控制字；② CPU 向某一计数器写入的计数初始值；③ 从计数器读出的计数值。

2. 读/写逻辑电路

读/写控制逻辑电路接收系统控制总线传送的输入信号，经组合后形成控制信号，对各部分操作进行控制。

(1) $\overline{CS}$ 为片选信号，低电平有效，由地址总线经 I/O 端口译码电路产生。只有当 $\overline{CS}$ 为低电平时，CPU 才能对 8253 进行读/写操作。

(2) $\overline{RD}$ 为读信号，低电平有效，当 $\overline{RD}$ 为有效的低电平时，表示 CPU 正在读取所选定的计数器通道中的内容。

(3) $\overline{WR}$ 为写信号，低电平有效，当 $\overline{WR}$ 为有效的低电平时，表示 CPU 正在将计数初始值写入所选中的计数通道中或将控制字写入控制字寄存器中。

(4) A_1、A_0 为端口选择信号。在 8253 内部，有 3 个计数器通道(0、1 和 2)和一个控制字寄存器端口。当 A_1A_0=00 时，选中通道 0；当 A_1A_0=01 时，选中通道 1；当 A_1A_0=10 时，选中通道 2；当 A_1A_0=11 时，选中控制字寄存器端口。

如果 8253 与 8 位数据总线的微型计算机相连，那么只要将 8253 的 A_1、A_0 分别与地址总线的最低两位 A_1A_0 相连即可。如果系统采用的是 8086 CPU，则数据总线为 16 位。CPU 在传送数据时，总是将低 8 位数据传送到偶地址端口，将高 8 位数据传送到奇地址端口。反之，偶地址端口的数据总是通过低 8 位数据总线传送到 CPU，奇地址端口的数据总是通过高 8 位数据总线传送到 CPU。当仅具有 8 位数据总线的存储器或 I/O 接口芯片与 8086 的 16 位数据总线相连时，既可以连接到高 8 位数据总线上，也可以连接到低 8 位数据总线上。在实际设计系统时，为了方便起见，常将这些芯片的数据线 D_7～D_0 连接到系统数据总线的低 8 位，这样，CPU 就要求芯片内部的各个端口都使用偶地址。8253 各输入信号经组合形成的控制功能如表 8.1 所示。

表 8.1　8253 输入信号组合的功能表

$\overline{CS}$	$\overline{RD}$	$\overline{WR}$	A_1A_0	功　能
0	1	0	00	写计数器 0 计数初始值
0	1	0	01	写计数器 1 计数初始值
0	1	0	10	写计数器 2 计数初始值
0	1	0	11	写控制字
0	0	1	00	读计数器 0
0	0	1	01	读计数器 1
0	0	1	10	读计数器 2
0	0	1	11	无操作
1	×	×	××	禁止使用
0	1	1	××	无操作

3. 控制字寄存器

每个计数通道有一个控制字寄存器，用来接收 CPU 写入的控制字。3 个计数通道的控制字寄存器共用一个控制端口，由写入的控制字的最高两位指明该控制字属于哪一个计数通道。控制字是 8 位的，只能写不能读，控制字寄存器是一种只写寄存器，在对 8253 进行编程时，由 CPU 用输出指令向它写入控制字来选定计数器通道，规定各计数器通道的工作方式、读/写格式和数制。8253 工作方式控制字的格式及含义如图 8.2 所示。

(1) D_0：数制选择控制位。当 D_0 为 1 时，表明采用 BCD 码进行定时/计数；否则，采用二进制进行定时/计数。例如，当控制字 D_0=0 时，即二进制计数，初始值可在 0000H～FFFFH 之间选择，其中，初始值为 0 表示最大值为 65536，即 2^{16}；当控制字 D_0=1 时，装入初始值应为 BCD 码格式，其值可在 0000～9999 之间选择，其中，初始值为 0 表示最大值为 10000，即 10^4。

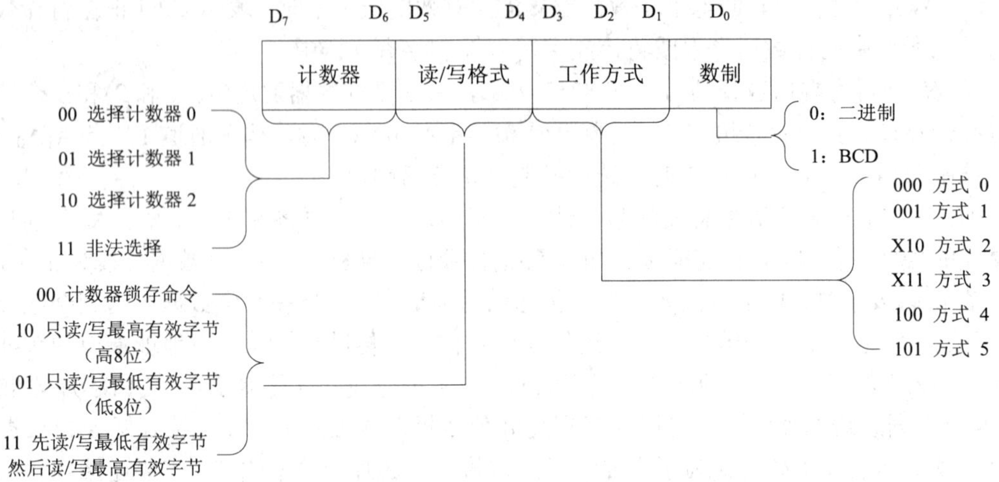

图 8.2　8253 控制字格式

(2) D_3～D_1：工作方式选择控制位。8253 的每个通道都有 6 种不同的工作方式，即方式 0～5，当前工作属于哪种方式，由这 3 位来选择。

(3) D_5、D_4：读/写格式操作位，用来定义对选中通道中的计数器的读/写操作方式。当 CPU 向 8253 的某个 16 位计数器装入计数初始值，或者从 8253 的 16 位计数器读入数据时，可以只读/写它的低 8 位字节或者高 8 位字节，也可以读/写它的全部 16 位数据。这两位的不同组合，表示以下 4 种不同的读/写操作方式。

① 00：计数锁存命令，把通道中当前数据寄存器的值传送到 16 位锁存器中，供 CPU 读取该值。

② 01：只读/写低 8 位命令，表示只读/写低 8 位字节数据，只写入低 8 位时，高 8 位自动置为 0。

③ 10：只读/写高 8 位命令，表示只读/写高 8 位字节数据，只写入高 8 位时，低 8 位自动置为 0。

④ 11：允许读/写 16 位数据命令。由于 8253 的数据线只有 8 位，一次只能传送 8 位数据，所以读/写 16 位数据时必须分两次进行，先读/写计数器的低 8 位字节，后读/写高 8 位字节。

⑤ D7、D6：通道选择控制位。由于 8253 内部有 3 个计数通道，因此需要有 3 个控制字寄存器分别规定相对应通道的工作方式，但这 3 个控制字寄存器只能使用同一个端口地址。在对 8253 进行初始化编程，设置控制字时，需由这两位来决定向哪一个通道写入控制字。这两位为 00、01 以及 10 时分别表示向 8253 的计数通道 0、1 以及 2 写入控制字，为 11 时表示无效。

4. 计数器(0、1、2)

8253 包含 3 个相互独立的、内部结构完全相同的 16 位减法计数器。每个计数器均包含一个 8 位的控制字寄存器，一个 16 位的计数初值寄存器 CR、一个计数执行单元 CE 和一个 16 位的输出锁存器。其中计数初值寄存器 CR 用来存放计数初始值，可通过程序设定。计数执行单元 CE 是一个 16 位的减 1 计数器。初始值是计数初值寄存器的内容，它只对 CLK 脉冲计数，一旦计数器被启动，每出现一个 CLK 脉冲，计数执行单元中的计数值就减 1，当减为 0 时，通过 OUT 输出指示信号。当 CLK 是周期性的时钟信号时，计数器呈现定时功能；当 CLK 为非周期性事件计数信号时，计数器呈现计数功能。一个 16 位的输出锁存器通常跟随计数执行单元内容的变化而变化，当接收到 CPU 发来的锁存命令时，就锁存当前的计数值而不跟随计数执行单元变化，直到 CPU 从中读取锁存值后，才恢复到跟随计数执行单元变化的状态，从而避免了 CPU 直接读取计数执行单元时干扰计数工作的可能。

计数初值寄存器、计数器执行部件和输出锁存器都是 16 位寄存器，它们均可被分成高 8 位和低 8 位两个部分，因此，也可作为 8 位寄存器来使用。每个通道工作时，都是对输入到 CLK 引脚上的脉冲按照二进制或十进制(BCD 码)格式进行计数。计数采用倒计数法，先对计数器预设一个计数初始值，再把计数初始值装入实际的计数器后进行计数。每输入一个时钟脉冲，计数器的值减 1，当计数器的值减为 0 时，便从 OUT 引脚输出一个脉冲信号。输出信号的波形由 8253 的工作方式决定。同时，计数器的工作还受到从外部加到 GATE 引脚上的门控信号控制，它决定是否允许计数。

8.2.2　8253 的外部引脚

Intel 8253 具有 3 个功能相同的 16 位减法计数器(0、1 和 2)，可进行二进制或二-十进制(BCD)计数或定时操作。工作方式和计数常数可由软件编程来选择，可以方便地与 PC 总线连接，其外部引脚如图 8.3 所示。

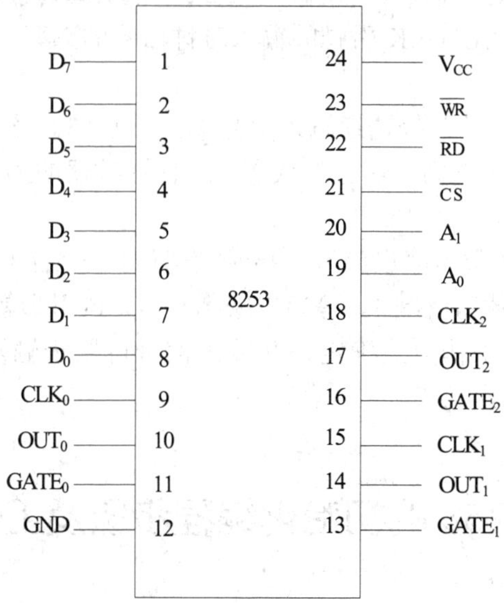

图 8.3　8253 外部引脚

每个计数器有 3 条引脚：CLK 为时钟输入线，在计数方式时是计数脉冲输入端；OUT 为计数器输出端，当计数器减为零时，根据所置的工作方式输出相应信号；GATE 为门控信号，用于启动或禁止计数器操作；控制字寄存器用来寄存工作方式控制字，只能写入不能读出。

8253 芯片是具有 24 条引脚的双列直插式集成电路芯片，8253 芯片的 24 条引脚除了电源线和地线引脚以外，其余引脚分为两组，一组面向 CPU，另一组面向外设，各引脚及其所传送信号的情况介绍如下。

1. 与 CPU 的接口引脚

D_7～D_0：双向、三态数据线引脚，与系统的数据线连接，传送控制、数据及状态信息。

$\overline{RD}$：来自 CPU 的读控制信号输入引脚，低电平有效。

$\overline{WR}$：来自 CPU 的写控制信号输入引脚，低电平有效。

$\overline{CS}$：芯片选择信号输入引脚，低电平有效。

A_0、A_1：地址信号输入引脚，用以选择 8253 芯片的通道及控制字寄存器。A_0、A_1 的状态与 8253 端口地址的对应关系如表 8.2 所示。

表 8.2　A_0、A_1 与 8253 端口地址对应关系表

A_1	A_0	端口地址
0	0	0＃通道
0	1	1＃通道
1	0	2＃通道
1	1	控制端口

2. 与外设的接口引脚

CLK_i：第 i 个计数器时钟输入信号端，i=1,2,3。该引脚每接收一个脉冲信号，计数器的计数值就减 1。8253 中加在 CLK 引脚的输入时钟信号的频率不得高于 2.6 MHz，即时钟周期不能小于 380 ns。

$GATE_i$：第 i 个计数器的门控选通输入信号端，i=1,2,3。该信号的作用是禁止、允许或开始计数。如果该信号设置为“禁止”状态，即使计数器的输入端有时钟信号输入，则计数器也不能计数。

OUT_i：输出定时器/计数器“已到”的指示信号端，i=1,2,3。在允许计数的情况下，每输入一个脉冲信号，计数器就减 1，等逐步减到 0 时，该引脚就会输出电平或脉冲信号。输出信号的形式由通道的工作方式确定，此输出信号可用于触发其他电路工作或作为向 CPU 发出的中断请求信号。

8.3　8253 的初始化编程步骤及工作方式

8.3.1　8253 的初始化编程步骤

刚接通电源时，8253 处于未定义状态，在使用之前，必须用程序将其初始化为所需的特定模式，该过程称为初始化编程。对 8253 芯片进行初始化编程，需要按照以下步骤进行。

(1) 写入控制字。用 OUT 指令向控制字寄存器写入一个控制字，以选定计数器通道，

规定该计数器的工作方式和计数格式。写入控制字还起复位作用，使 8253 输出端 OUT 变为规定的初始状态，并使计数器清零。

(2) 写入计数初始值。用 OUT 指令向选中的计数器端口地址中写入一个计数初始值，初始值设置时要符合控制字相应格式的规定。初始值可以是 8 位数据，也可以是 16 位数据。若是 8 位数，则只要用一条 OUT 指令就可以完成计数初始值的设置；如果是 16 位数，则必须用两条输出指令来完成设置，而且规定先传送低 8 位数据，后传送高 8 位数据。注意，计数初始值为 0 时，也要分成两次写入，因为在二进制计数时，它表示 65 536，BCD 计数时，它表示 10 000。

由于 3 个计数器分别具有独立的编程地址，而控制字寄存器本身的内容又确定了所控制的寄存器的序号，因此，对 3 个计数器通道的编程没有先后顺序的规定，可任意选择某一个计数器通道进行初始化编程，只要符合先写入控制字后写入计数初始值的规定即可。

在计数初始值写入 8253 后，还要经过一个时钟脉冲的上升沿和下降沿，才能将计数初始值装入实际的计数器，然后在门控信号 GATE 的控制下，对从 CLK 引脚输入的脉冲进行递减计数。

8.3.2　8253 的工作方式

8253 的每个通道都有 6 种不同的工作方式，下面分别进行介绍。

1. 方式 0——计数结束中断方式

当对 8253 的任一个通道写入控制字并选定工作于方式 0 时，该通道的输出端 OUT 立即变为高电平，计数器在计数值写入后开始计数。在整个计数过程中，OUT 输出保持为低电平，直至计数值减为 0(结束)时，OUT 输出变为高电平，此时向 CPU 发出中断请求。GATE 信号的高低电平控制计数过程是否进行。

采用方式 0 时，在写入控制字 CW 后，OUT 信号变为低电平。在将计数初始值写入计数初值寄存器 CR 后，利用下一个 CLK 脉冲的下降沿将 CR 的内容装入计数执行单元 CE 中，再从下一个 CLK 脉冲的下降沿开始，CE 执行减 1 计数过程。在计数期间，OUT 输出一直保持低电平，直至 CE 中的数值减为 0 时，OUT 输出变为高电平，此时向 CPU 发出中断申请。方式 0 的时序图如图 8.4 所示。

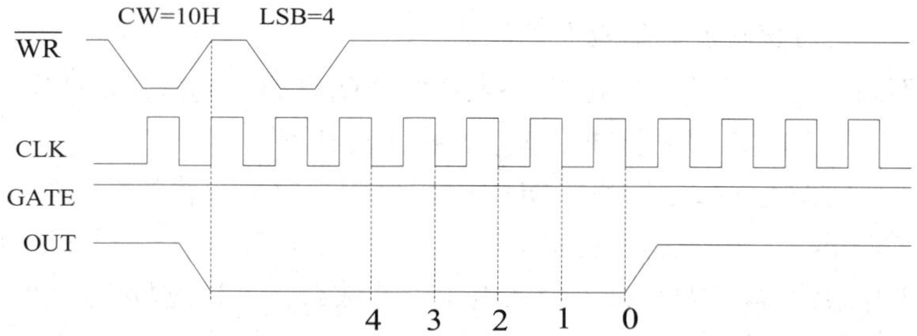

图 8.4　方式 0 的时序图

在计数过程中，可以通过 GATE 信号允许或禁止计数。GATE 信号为低电平时，计数器停止计数，如果 GATE 信号再次变为高电平，则计数器继续计数，如图 8.5 所示。所以，在计数过程中如果有一段时间 GATE 信号变为低电平，那么 OUT 输出的低电平持续时间会因此而延长相应的时段。

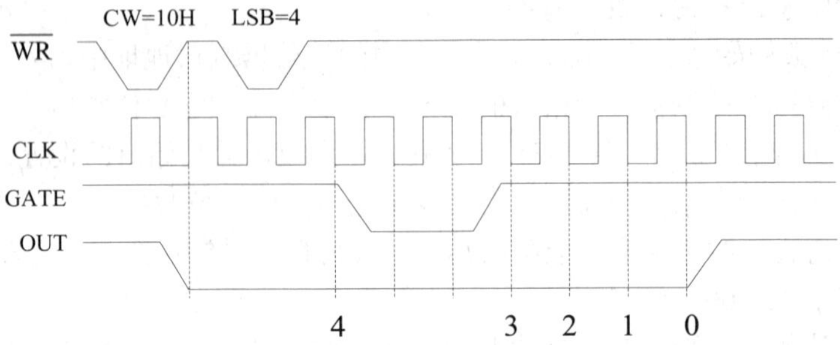

图 8.5　方式 0 的时序图(GATE 信号变化)

8253 采用方式 0 时，计数初始值为一次性使用有效，在计数过程中可以改变计数值，当再次向 8253 写入控制字和新的计数初始值后，可重新开始定时或计数。

综上可知，8253 工作在方式 0 下，具有如下特点：

(1) 计数器只计数一遍，当计数到 0 时，不重新开始计数，OUT 输出保持高电平，直到输入新的计数值，OUT 输出才变为低电平，计时器开始新的计数。

(2) 计数值是在写计数值命令后经过一个输入脉冲才装入计数器的，下一个脉冲计时器开始计数，因此，如果设置计数器初始值为 N，则 OUT 输出在 N+1 个脉冲后才能变为高电平。

(3) 在计数过程中，可由 GATE 信号控制暂停。当 GATE=0 时，计数器暂停计数；当 GATE=1 时，继续计数。

(4) 方式 0 的 OUT 信号在计数到 0 时由低电平变为高电平，可作为中断请求信号。

例 8-1　假设定时器/计数器 8253 计数器 0 工作于方式 0，8 位二进制计数，计数初始值为 10。若 8253 的端口地址为 50H～53H，试写出初始化程序。

解　程序如下：

```
MOV   AL, 10H      ; 计数器 0 工作于方式 0
OUT   53H, AL      ; 写入控制寄存器
MOV   AL, 10       ; 设置计数器计数初始值
OUT   50H, AL      ; 写入计数初始值
```

2. 方式 1——可重触发的单稳态触发器

方式 1 不同于方式 0 的软件触发(写入初始值就启动计数器开始计数)，而是由硬件触发，即由门控信号 GATE 的正脉冲启动定时或计数过程。

在 CPU 向 8253 写入控制字后，OUT 输出变为高电平。将计数初始值写入计数器后，计数器并不立即开始计数，而是等到门控信号 GATE 有效(变为高电平)之后的一个时钟周期的下降沿才开始计数，OUT 输出为低电平。计数器在计数过程中，OUT 输出始终为低电平，直至计数初始值减为 0 时，OUT 才输出高电平，单脉冲结束。

如果此时再来一个 GATE 正脉冲，计数器又开始重新计数，OUT 输出再次变成低电平，因此 8253 工作在方式 1 下，输出为一单拍负脉冲。方式 1 的时序图如图 8.6 所示。

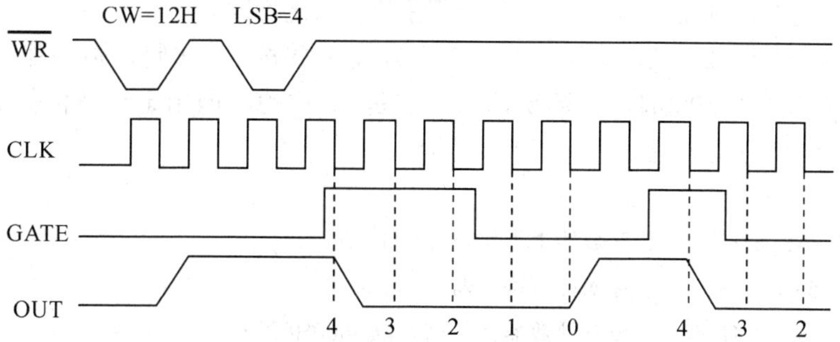

图 8.6　方式 1 的时序图

8253 在计数期间，当 GATE 信号又出现上升沿时，若计数器重新装入原计数值，则可重新触发定时器/计数器，在此期间 OUT 的输出状态一直保持低电平，如图 8.7 所示。

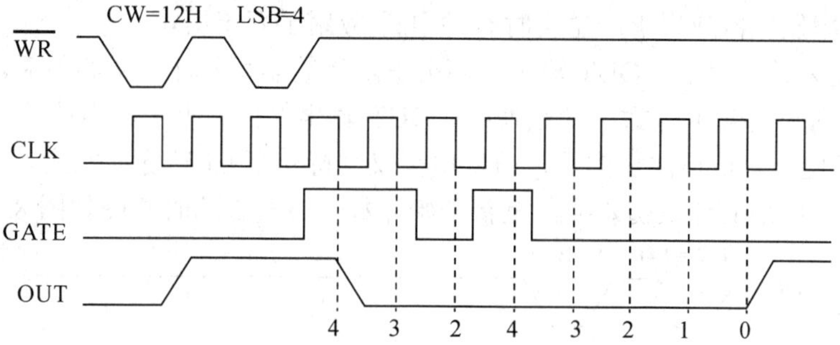

图 8.7　方式 1 的时序图(GATE 信号变化)

8253 在计数过程中，如果重新装入新的计数初始值，并不影响当前的计数状态。只有等本次计数结束，下一个 GATE 正脉冲触发信号到来时，才会将新的计数初始值装入计数器中，使计数器准备从新的计数初始值开始计数。8253 工作在方式 1 下的特点如下：

(1) OUT 输出信号的宽度为计数初始值的单脉冲。

(2) 输出受门控信号 GATE 的控制，分三种情况：

① 当计数到 0 后，计数器可再次由外部启动，若再来一个 GATE 脉冲，则按原计数初始值重新开始计数，输出单脉冲，OUT 输出变成低电平，而不需要再次传送一个计数初始值。

② 在计数过程中，外部可发出门控 GATE 脉冲，进行再触发，这时不论原来计数到何值，均需从下一 CLK 脉冲开始重新计数，输出端 OUT 仍保持低电平。

③ 在改变计数值后，只有当 GATE 脉冲启动后，才按新值计数，否则原计数过程不受影响，仍继续进行，即新值的改变是从下一个 GATE 脉冲开始的。

(3) 计数值是多次有效的，每来一个 GATE 脉冲，计数器就自动装入计数值从头开始计数，因此在初始化时，计数值写入计数器一次即可。在方式 1 下，门控信号的上升沿作为触发信号，使输出变为低电平，当计数值变为 0 时，又使输出自动回到高电平。所以，这时的 8253 实际上处于一种单稳态工作方式。单稳态输出脉冲的宽度主要取决于计数初始值的大小，但也受门控信号的影响，在单稳态受触发后输出未回稳态(高电平)时，若又受到触发，则会使单稳态输出的负脉冲宽度变宽。

例 8-2　假设定时器/计数器 8253 计数器 1 工作于方式 1，按 BCD 码计数，计数值为

3000。若 8253 的端口地址为 50H～53H，试写出初始化程序。

解　定时器/计数器 8253 计数器 1 工作于方式 1 并按 BCD 码计数，那么其控制字为 01100011B，初始值为 3000H，计数初始值虽然是 16 位的，但由于计数值低 8 位为 0，所以设定读写操/作只写高 8 位。

程序如下 ：

```
MOV   AL, 63H       ; 计数器 1 工作于方式 1
OUT   53H, AL       ; 写入控制寄存器
MOV   AL, 30H       ; 设置计数器计数初始值 3000H(高 8 位)
OUT   51H, AL       ; 写入计数初始值
```

3. 方式 2——分频器

在方式 2 下，OUT 输出是输入时钟被计数值 N 分频后的连续脉冲，由此可见方式 2 可用作脉冲速率发生器或用于产生实时时钟中断(应用于万年历)。

当 8253 写入控制字后，OUT 输出为高电平。计数器写入计数初始值后，若 GATE 信号为高电平，则开始减 1 计数，计数期间，OUT 输出保持高电平。当计数值减到 1 时，OUT 输出为低电平。值得注意的是，该低电平仅维持一个 CLK 脉冲宽度。之后，计数器又自动重新装入原来的计数初始值，重新开始计数。方式 2 的时序图如图 8.8 所示。

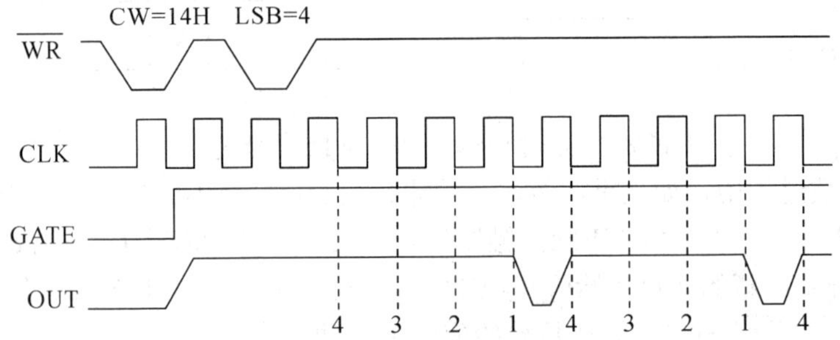

图 8.8　方式 2 的时序图

8253 在写入初始值或计数期间，当 GATE 信号变成低电平时，不进行计数，计数器保持当前值不变；当 GATE 信号再次变成高电平时，计数器重新装入原计数值，并重新开始计数。在方式 2 下，GATE 信号的作用如上所述，其变化波形如图 8.9 所示。

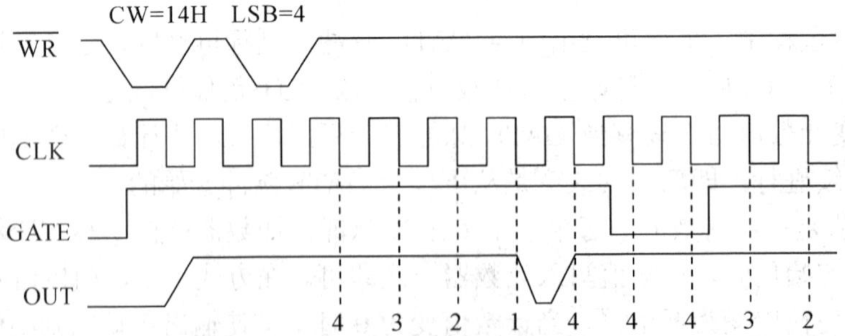

图 8.9　方式 2 的时序图(GATE 信号变化)

8253 在计数过程中，如果重新装入新的计数初始值，并不影响当前的计数状态。只有等本次计数结束后，才会将新的计数初始值装入计数器中，使得计数器从新的计数初始值开始计数。

8253 工作在方式 2 下，具有如下的特点：

(1) 不用重新设置计数初始值，计数器能够连续工作，输出固定频率的脉冲。

(2) 计数过程可由门控信号 GATE 控制。当 GATE 为 0 时，暂停计数；当 GATE 变为 1 时，下一个 CLK 脉冲使计数器恢复初始值，重新开始计数。

注意：该方式与方式 0 不同，方式 0 是继续计数。

(3) 在计数过程中可以改变计数初始值，这对正在进行的计数过程没有影响。但当计数到 1 时输出变成低电平，经过一个 CLK 周期输出又变成高电平，此时计数器将按新的计数值计数。所以对方式 2 改变计数初始值时，在下一次计数有效，同方式 1。

在方式 2 下，只需写入一次计数值，8253 就能连续工作，输出相同间隔的连续负脉冲(前提：GATE 保持为高电平)，即周期性地输出。在计数过程中输出始终保持高电平，直至计数值减为 1 时，输出才变成低电平。经过一个 CLK 脉冲周期，输出恢复为高电平，同时计数器按照原计数初始值重新开始计数。如果计数值为 N，则在 CLK 端每输入 N 个脉冲后，就输出一个脉冲。因此，这种方式可以作为分频器或用于产生实时时钟中断。

例 8-3　假设定时器/计数器 8253 计数器 2 工作于方式 2，按二进制计数，计数值为 0508H。若 8253 的端口地址为 50H～53H，试写出初始化程序。

解　定时器/计数器 8253 计数器 2 工作于方式 2 并按二进制计数，那么其控制字为 10110100B，初始值为 0508H，因为计数初始值是 16 位的，且高低字节都不为 0，所以计数初始值必须写两次，先写低 8 位字节，后写高 8 位字节。

程序如下：

```
MOV     AL, 0B4H        ; 计数器 2 工作于方式 2
OUT     53H, AL         ; 写入控制寄存器
MOV     AL, 08H         ; 计数器计数初始值 08H(低 8 位)
OUT     52H, AL         ; 写入计数初始值
MOV     AL, 05H         ; 计数器计数初始值 05H(高 8 位)
OUT     52H, AL         ; 写入计数初始值
```

4. 方式 3——方波发生器

方式 3 与方式 2 类似，但从输出端得到的不是序列负脉冲，而是对称的方波或基本对称的矩形波。当 8253 写入控制字后，OUT 输出为高电平。计数器写入计数初始值后，计数器立即开始对 CLK 脉冲计数，计数期间，OUT 输出保持高电平。当计数器计数到一半时，计数器改变输出状态，OUT 输出低电平，直到计数任务全部完成为止，OUT 输出恢复为高电平，然后重复上述过程。

方式 3 在对奇偶初始值的处理上有所不同，计数初始值为偶数时，写入控制字后 OUT 输出立即变为高电平。写入初始值后的第一个 CLK 脉冲下降沿到来时，初始值装入计数器。此后每一个 CLK 脉冲下降沿到来时，计数值都减 2，直至减为 0 时，OUT 输出变为低电平，同时重新装入初始值。之后，计数器又从初始值开始，每来一次 CLK 脉冲下降沿，计数值都减 2，直至减为 0 时，OUT 输出变为高电平，如此循环反复。由此可见，当初始值 N 为偶数时，OUT 输出占空比为 1∶1 的方波，高、低电平的宽度都是 N/2 个 CLK 脉冲宽度。方式 3 下计数值为偶数时的操作时序如图 8.10 所示。

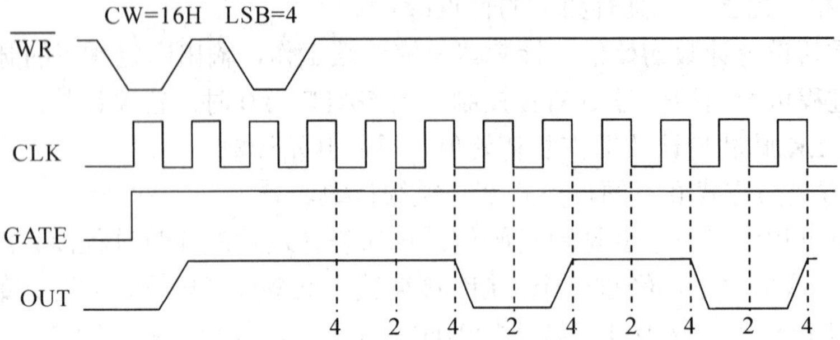

图 8.10　方式 3 下计数值为偶数时的操作时序

定时器/计数器 8253 在方式 3 下，当计数初始值为奇数时，计数值写入后的第一个 CLK 脉冲使得计数值减 1，其后每个 CLK 脉冲下降沿到来时，计数值均减 2，直至减为 0，OUT 输出由高电平变为低电平，同时自动重新装入计数初始值继续进行计数。这时，第一个时钟脉冲使计数值减 3，以后每个时钟脉冲都使计数值减 2，直至计数值减为 0 时，OUT 输出又回到高电平，并重新装入计数初值始后，开始下一轮循环计数。方式 3 下计数值为奇数时的操作时序如图 8.11 所示。

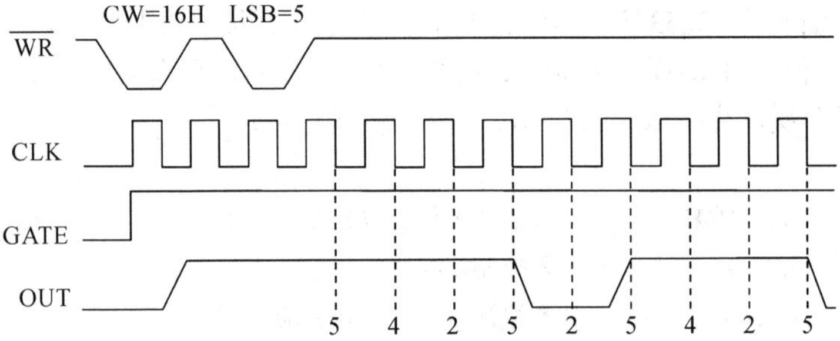

图 8.11　方式 3 下计数值为奇数时的操作时序

可见，采用方式 3 时，OUT 端输出连续方波，方式 3 在对奇偶初始值的处理上有所不同。若计数值 N 为偶数，则输出对称方波，前 N/2 个脉冲期间为高电平，后 N/2 个脉冲期间为低电平；若 N 为奇数，则前(N+1)/2 个脉冲期间为高电平，后(N−1)/2 个脉冲期间为低电平。

8253 在计数过程中，GATE 信号能使计数过程重新开始，当 GATE=0 时，停止计数，当 GATE 信号恢复高电平后的第一个脉冲下降沿到来时，计数器初始值被重新装入，并从初始值开始重新计数。若在 OUT 输出为低电平期间 GATE=0，则 OUT 输出立即变为高电平。在方式 3 下，GATE 信号的作用如上所述，方式 3 的时序图如图 8.12 所示。

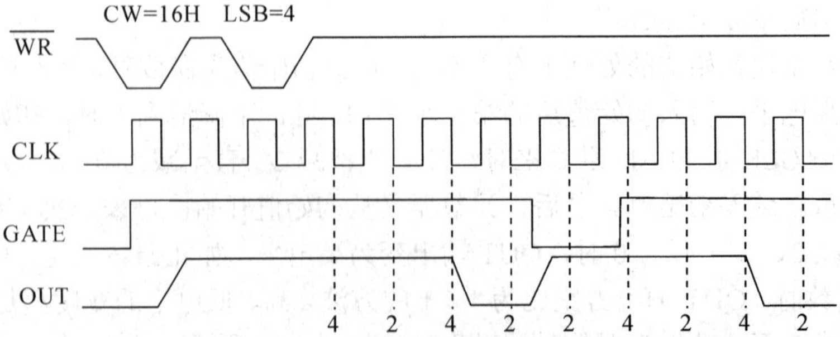

图 8.12　方式 3 的时序图(GATE 信号变化)

8253 工作在方式 3 下，具有如下的特点：

(1) 当计数初始值 N 为偶数时，输出端的高低电平持续时间相等，各为 N/2 个 CLK 脉冲周期；当计数初始值 N 为奇数时，输出端的高电平持续时间比低电平持续时间多一个脉冲周期，即高电平持续(N+1)/2 个脉冲周期，低电平持续(N－1)/2 个脉冲周期。若 N=5，则输出高电平持续 3 个脉冲周期，低电平持续 2 个脉冲周期。

(2) 当 GATE=1 时，允许计数；当 GATE=0 时，停止计数。如果在 OUT 输出为低电平期间 GATE=0，则 OUT 输出立即变成高电平。当 GATE 信号变成高电平以后，在下一个 CLK 脉冲到来时，计数器将重新装入初始值，并开始计数。

8253 在计数过程中，如果写入新的计数值，那么，将不影响当前输出周期。但是，如果在写入新的计数值后，又受到 GATE 信号上升沿的触发，就会结束当前输出周期，而在下一个时钟脉冲的下降沿到来时，减 1 计数器重新得到计数初始值，开始新的减 1 计数过程。所以，如果希望改变输出方波的速率，那么 CPU 可以在任何时候重新装入新的计数初始值，在下一个计数周期就可按新的计数值计数，从而改变方波的速率。

例 8-4　假设定时器/计数器 8253 计数器 0 工作于方式 3，按二进制计数，计数始值为 8。若 8253 的端口地址为 50H～53H，试写出初始化程序。

解　定时器/计数器 8253 计数器 0 工作于方式 3 并按二进制计数，那么其控制字为 00010110B，初始值为 8，应读/写计数器低 8 位字节。

程序如下：

```
MOV     AL, 16H     ; 计数器 0 工作于方式 3
OUT     53H, AL     ; 写入控制寄存器
MOV     AL, 08      ; 计数器计数初始值 08
OUT     52H, AL     ; 写入计数初始值
```

5. 方式 4——软件触发的选通信号发生器

在对 8253 写入控制字，进入工作方式 4 后，OUT 输出立即变为高电平，如果 GATE 信号为高电平，则写入计数值后计数器开始计数，这称为软件触发。计数期间，OUT 输出保持高电平。当计数到 0 时，计数器改变输出状态，OUT 输出低电平，持续一个 CLK 脉冲宽度的时间后变为高电平。方式 4 的时序图如图 8.13 所示。这种方式计数是一次性的，只有输入新的计数值时才开始新的计数。若设置的计数初始值为 N，则在写入了计数初始值后经过(N+1)个 CLK 脉冲，才输出一个负脉冲，一般将此负脉冲作为选通信号。

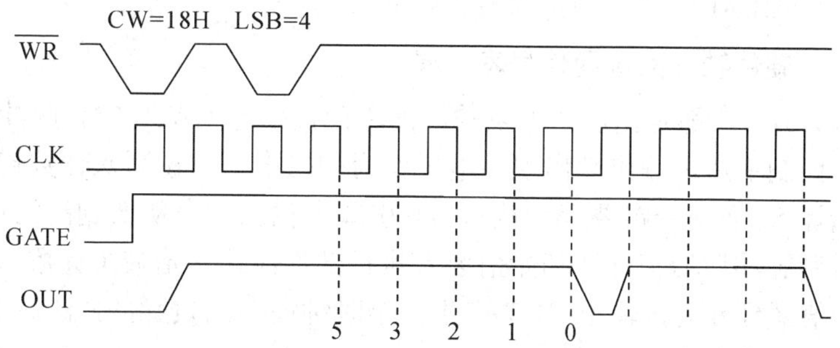

图 8.13　方式 4 的时序图

8253 在采用方式 4 计数过程中，如果 GATE 信号变为低电平，则对计数器有直接影响，

但并不改变 OUT 的输出。GATE 信号为高电平时，计数器正常工作；GATE 信号为低电平时，计数器停止工作并维持原计数值。当 GATE 信号恢复高电平后的第一个下降沿到来时，计数器才恢复工作。在方式 4 下，GATE 信号的作用如上所述，其变化波形如图 8.14 所示。

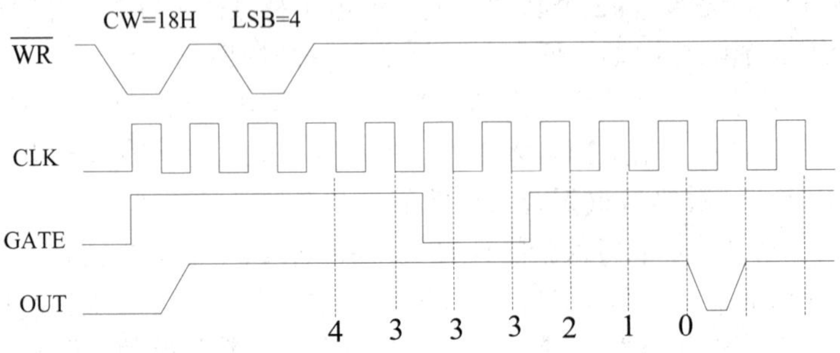

图 8.14　方式 4 的时序图(GATE 信号变化)

8253 在采用方式 4 计数过程中，如果重新装入新计数初始值，当改变初始值后的第一个 CLK 脉冲下降沿到来时，则新计数初始值立即被装入，使得计数器从新的计数初始值开始计数。

8253 工作在方式 4 下，具有如下的特点：

(1) 当计数值为 N 时，间隔(N+1)个 CLK 脉冲输出一个负脉冲(计数一次有效)。

(2) 当 GATE = 0 时，禁止计数；当 GATE = 1 时，恢复继续计数。所以要做到软件触发，GATE 应保持为 1。

(3) 在计数过程中重新装入新的计数值，则该值是立即有效的(若为 16 位计数值，则装入第一个字节时停止计数，装入第二个字节后开始按新值计数)，将此称为软件再触发。

例 8-5　假设定时器/计数器 8253 计数器 1 工作于方式 4，按二进制计数，计数值为 8。若 8253 的端口地址为 50H～53H，试写出初始化程序。

解　定时器/计数器 8253 计数器 1 工作于方式 4 并按二进制计数，那么其控制字为 01011000B，初始值为 8，应读/写计数器低 8 位字节。

程序如下：

```
MOV     AL, 58H      ; 计数器 1 工作于方式 4
OUT     53H, AL      ; 写入控制寄存器
MOV     AL, 08       ; 计数器计数初始值 08
OUT     52H, AL      ; 写入计数初始值
```

6. 方式 5——硬件触发的选通信号发生器

方式 5 类似方式 1，都是由硬件触发的，即由门控信号 GATE 的正脉冲启动定时或计数过程。在写入控制字后，输出端出现高电平作为初始电平。在写入计数初始值后，计数器并不立即开始计数，而是一定要等到从 GATE 引脚上输入一个从低到高的正跳变信号时，才能在下一个时钟脉冲后沿把计数初始值装入执行部件，并开始减 1 计数，这称为硬件触发。当计数器的值减到 0 时，输出 OUT 产生一个时钟周期的负脉冲，然后 OUT 又回到高电平。方式 5 的时序图如图 8.15 所示。

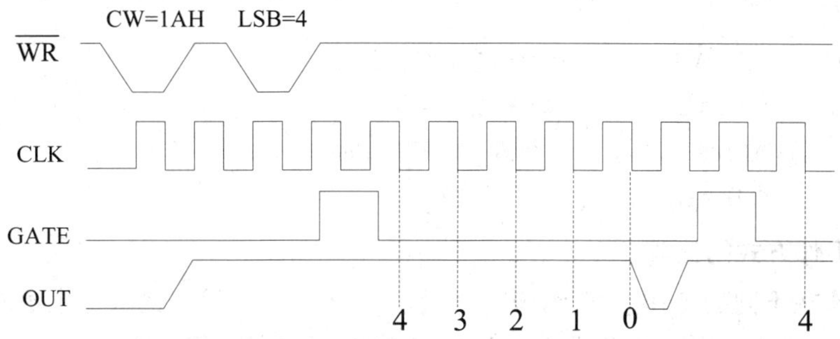

图 8.15　方式 5 的时序图

8253 在采用方式 5 计数期间，允许当前计数未完成时的多次触发。GATE 的再触发信号不会改变 OUT 的输出状态，但是，当 GATE 信号又出现上升沿之后的第一个 CLK 脉冲下降沿时，计数器会重新装入原计数值，并从初始值开始计数，而不管原来的计数值为多少，即在每次触发之后，OUT 的输出会保持(N+1)个 CLK 脉冲宽度的高电平，然后输出一个 CLK 脉冲宽度的负脉冲。在方式 5 下，GATE 信号的作用如上所述，其变化波形如图 8.16 所示。

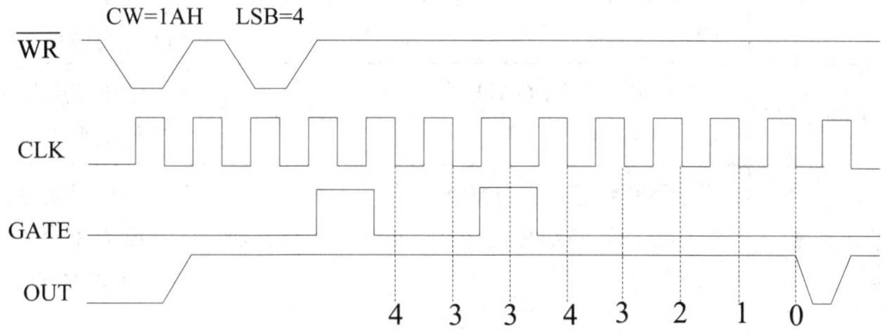

图 8.16　方式 5 的时序图(GATE 信号变化)

8253 在采用方式 5 计数过程中，如果重新装入新的计数初始值，并不影响当前的计数状态。但是，如果在新的初始值写入后并且计数器计数到 0 之前有一个 GATE 信号触发，那么下一个 CLK 脉冲将使新初始值装入，开始新的计数。

8253 工作在方式 5 下，具有如下的特点：

(1) 在这种方式下，若设置的计数值是 N，则在 GATE 脉冲后，经过(N+1)个 CLK 脉冲才输出一个负脉冲。

(2) 若在计数过程中又来一个 GATE 脉冲，则重新装入初始值开始计数，输出不变，即计数值多次有效，对输出状态没有影响。

(3) 若在计数过程中改变计数值，只要没有门控信号的触发，就不影响本次计数过程。在计数到 0 后，若有新的门控信号的触发，则按新的计数初始值计数。

例 8-6 假设定时器/计数器 8253 计数器 2 工作于方式 5，按二进制计数，计数值为 8。若 8253 的端口地址为 50H～53H，试写出初始化程序。

解 定时器/计数器 8253 计数器 2 工作于方式 5 并按二进制计数，那么其控制字为 10011010B，初始值为 8，应读/写计数器低 8 位字节。

参考程序：

```
MOV   AL, 9AH    ; 计数器 2 工作于方式 5
OUT   53H, AL    ; 写入控制寄存器
MOV   AL, 08     ; 计数器计数初始值 08
OUT   52H, AL    ; 写入计数初始值
```

7. 6 种工作方式的比较

8253 工作在不同的工作方式下，其工作状态是不同的，输出的波形也不同，其中比较灵活的是门控信号的作用，由此组成了 8253 丰富的工作方式和波形，表 8.3 为各种工作方式下 GATE 信号的控制作用及输出状态。

表 8.3　各种工作方式下 GATE 信号的控制作用及输出状态

工作方式	GATE 引脚输入状态所引起的作用			OUT 输出状态
	GATE = 0 或下降沿	上升沿	GATE = 1	
0	禁止计数	设置初始值后，由 $\overline{WR}$ 上升沿开始计数，GATE 上升沿继续计数	允许计数	计数过程输出低电平，计数至 0 时，输出高电平(1 次有效)
1	不影响计数	设置初始值后，GATE 上升沿触发计数或重新计数	不影响计数	输出宽度为 N 个 CLK 的低电平(1 次有效)
2	禁止计数	设置初始值后，由 $\overline{WR}$ 上升沿开始计数，GATE 上升沿重新开始计数	允许计数	输出周期为 N 个 CLK、宽度为 1 个 CLK 的负脉冲(重复波形)
3	禁止计数	设置初始值后，由 $\overline{WR}$ 上升沿开始计数，GATE 上升沿重新开始计数	允许计数	输出周期为 N 个 CLK 方波(重复波形)
4	禁止计数	设置初始值后，由 $\overline{WR}$ 上升沿开始计数，GATE 上升沿继续计数	允许计数	计数至 0 时，输出宽度为 1 个 CLK 的负脉冲(1 次有效)
5	不影响计数	设置初始值后，GATE 上升沿触发计数或重新计数	不影响计数	计数至 0 时，输出宽度为 1 个 CLK 的负脉冲(1 次有效)

(1) 6 种工作方式的基本原则。由表 8.3 可知，8253 工作在 6 种不同的工作方式下，这 6 种工作方式有其共同遵循的原则。

① 控制字写入计数器时，所有的控制逻辑电路立即复位，输出端 OUT 进入初始状态。初始状态对不同的模式来说不一定相同。

② 计数初始值写入计数器之后，要经过一个时钟周期上升沿和一个下降沿，计数执行部件才可以开始进行计数操作，因为第一个下降沿将计数寄存器的内容传送减 1 计数器。

③ 通常，在每个时钟脉冲 CLK 上升沿，采样门控信号 GATE。在不同工作方式下，门控信号触发方式是有具体规定的，即或者是电平触发，或者是边沿触发，在有的模式中，两种触发方式都是允许的。其中方式 0、方式 2、方式 3、方式 4 是电平触发方式，方式 1、方式 2、方式 3、方式 5 是上升沿触发方式。

④ 在时钟脉冲的下降沿，计数器做减 1 计数，0 是计数器所能容纳的最大初始值。二进制相当于 2^{16}，用 BCD 码计数时，相当于 10^4。

(2) 门控信号的控制功能。由表 8.3 可知，可以用门控信号 GATE 的上升沿、低电平或下降沿来控制 8253 进行计数。对于方式 0 和方式 4，当 GATE 为高电平时，允许计数；GATE 为低电平或下降沿时，禁止计数。对于方式 1 和方式 5，只有当门控信号 GATE 产生从低电平到高电平的正跳变时，才允许 8253 从初始值开始计数。但两者对输出电平的影响是有区别的，在方式 1 时，GATE 信号触发 8253 开始计数后，使输出端 OUT 变成低电平，而方式 5 的 GATE 触发信号不影响 OUT 输出端的电平。对于方式 2 和方式 3，GATE 为高电平时允许计数，低电平或下降沿时禁止计数，若 GATE 变为低电平后又产生从低电平到高电平的正跳变时，将会再次触发 8253 从初始值开始计数。

(3) 各种工作方式的比较。各种工作方式有其各自的特点，下面对其进行比较。

① 方式 0 与方式 4 都属于软件触发计数，无自动重新装入计数初始值的能力，除非重新写入初始值。门控信号 GATE 用于开始计数控制，当 GATE=1 时，计数值减 1，当 GATE=0 时，计数停止。两种方式的区别主要在于 OUT 的输出波形。方式 0 的 OUT 端在计数过程中输出低电平，计数结束时变为高电平。方式 4 的 OUT 端在计数过程中输出高电平，而在计数结束时输出 1 个 CLK 脉冲宽度的负脉冲。

② 方式 1 与方式 5 都属于硬件触发计数，计数器写入初始值后并不马上开始计数，只有在门控信号 GATE 的触发下，才使得计数器装入初始值并开始计数。GATE 信号只是上升沿起作用。两种方式的区别主要在于 OUT 的输出波形不同：方式 1 的 OUT 端在计数过程中输出低电平并维持 N 个 CLK 脉冲宽度，计数结束时变为高电平，形成了一个单负脉冲；方式 5 的 OUT 端在计数过程输出高电平，而在计数结束时输出 1 个 CLK 脉冲宽度的负脉冲。

③ 方式 2 与方式 3 的共同点是具有自动重新装入计数初始值的能力，即当计数值减为 0 时，计数器会自动将初始值装入并继续计数。由此可见，方式 2 与方式 3 的输出都是连续波形。两种方式的区别在于：方式 2 每当计数值为 0 时，输出 1 个 CLK 脉冲宽度的负脉冲；方式 3 则输出方波信号(或近似方波)。

由以上分析可知，方式 0、方式 1、方式 4 和方式 5 作计数器用(输出一个电平或脉冲)，而方式 2 和方式 3 可以作定时器用。

8.4　8253 的应用举例

8253 可以用在微型计算机系统中构成各种计数器、定时器电路或脉冲发生器等。使用 8253 时，先要根据实际需要设计硬件电路，然后用输出指令向有关通道写入相应的控制字和计数初始值，对 8253 进行初始化编程，这样 8253 就可以工作了。由于 8253 的 3 个计数通道是完全独立的，因此，可以分别对它们进行硬件设计和软件编程，使 3 个通道工作于相同或不同的工作方式。

8.4.1　8253 的编程

刚接通电源时，诸如 8253 之类的可编程外围接口芯片通常都处于未定义状态，在使用之前，必须用程序将它们初始化为所需的特定模式，这个过程称为初始化编程。初始化编程一般需要以下环节：对某一计数器写入控制字，设定其工作方式，向使用的计数器写入初始值。

1. 初始化编程

对 8253 芯片进行初始化编程时，需按下列步骤进行：

(1) 写入控制字。8253 的控制寄存器和 3 个计数器分别具有独立的编程地址，由控制字的内容确定使用的是哪个计数器以及执行什么操作，所以在对某个计数器设置初始值之前，必须先写入控制字。使用哪个计数通道，要向该通道写入方式控制字，写入的控制字存入通道对应的控制寄存器中，以确定该通道的工作方式、计数器的读写方式以及计数数制。控制字要写入各计数器对应的端口地址。计数器 0 对应 A_1A_0=00 的端口地址，计数器 1 对应 A_1A_0=01 的端口地址，计数器 2 对应 A_1A_0=10 的端口地址。

(2) 写入计数初始值。选定计数通道并且写入控制字后，要向该计数通道写入计数初始值。在设置计数初始值时，要符合控制字的规定，即只写低位字节，还是只写高位字节，还是高、低位字节都写(分两次写，先低字节后高字节)。

依据相应控制字中 D_5D_4 编码向该计数器写入计数值。如果规定只写低 8 位，则写入计数值的低 8 位，高 8 位自动置 0；如果规定只写高 8 位，则写入计数值的高 8 位，低 8 位自动置 0；如果是 16 位计数值，则计数器的计数值分两次写入，先写入计数值的低 8 位，再写入计数值的高 8 位。

2. 8253 的编程命令

8253 的编程命令有两类：一类是写入命令，包括设置控制字、设置计数器的初始值命令和锁存命令；另一类是读出命令，用来读取计数器的当前值。

8253 可用控制命令来读取相应通道的计数值。锁存命令是配合读出命令使用的。由于计数值是 16 位的，而读取的瞬时值要分两次读取，所以在读取计数值之前，要用锁存命令将相应通道的计数值锁存在锁存器中，然后分两次读入，先读低字节，后读高字节。当控制字 D_5D_4=00 时，控制字的作用是将相应通道的计数值锁存，锁存计数值在读取完成之后，自动解锁。

8.4.2　8253 的应用

例 8-7　某系统中 8253 的端口地址为 F8H～FEH，要求通道 1 工作在方式 0，如要读通道 1 的 16 位计数器的值，试编程实现。

解　程序如下：

```
MOV     AL, 40H
```

```
OUT     0FEH, AL        ; 锁存计数值
IN      AL, 0FAH
MOV     CL, AL          ; 低 8 位
IN      AL, 0FAH
MOV     CH, AL          ; 高 8 位
```

例 8-8　某系统中 8253 的端口地址为 2F80H～2F83H，要求通道 1 工作在方式 3，以 BCD 方式计数，计数初始值为 1000，试写出初始化程序。

解　此例中，在写入计数值时，可只写高 8 位，也可写 16 位，以写 16 位为例，则控制字格式为 01110111B＝77H。

程序如下：

```
MOV     AL, 77H
MOV     DX, 2F83H
OUT     DX, AL
MOV     DX, 2F81H
MOV     AL, 0
OUT     DX, AL
MOV     AL, 10H
OUT     DX, AL
```

例 8-9　某系统中 8253 的端口地址为 40H～43H，要求利用其通道 2 对 CLK_2 上的外部输入脉冲进行计数，计满 100 个后向 CPU 发中断请求，试写出相应初始化程序。

解　本例中采用二进制计数，则初始值 100 为 64H，写入时只写低 8 位即可。由于要向 CPU 发中断申请，我们设置通道 2 工作在方式 0，这样计数结束时的正跳变信号可作为中断请求信号。控制字的格式应为 10010000B＝90H。

程序如下：

```
MOV     AL, 90H
OUT     43H, AL
MOV     AL, 64H
OUT     42H, AL
```

例 8-10　某系统中 8253 的端口地址为 80H～83H，CLK_0～CLK_2 频率为 1.193182 MHz 的时钟脉冲，要求：① 计数器 0 工作在方式 1，按 BCD 码计数，计数值为 5080H；② 计数器 1 工作在方式 2，只写低 8 位，二进制计数，计数初始值为 18；③ 计数器 2 用于产生约 750 Hz 的方波信号。试写出相应初始化程序。

解　程序如下：

```
MOV     AL, 33H         ; 计数器 0，双字节，方式 1，二进制计数
OUT     83H, AL
MOV     AL, 80H
OUT     80H, AL         ; 写低字节
MOV     AL, 50H
OUT     80H, AL         ; 写高字节
```

```
MOV    AL, 54H          ；计数器 1，只写低 8 位字节，方式 2，二进制计数
OUT    83H,AL           ；写控制字
MOV    AL,12H
OUT    41H,AL           ；将低字节计数值 18 写入计数器 1
MOV    AL,B6H           ；计数器 2，双字节，方式 3，二进制计数
OUT    83H,AL           ；写入控制寄存器
MOV    AX,1591
OUT    82H,AL           ；写低字节
MOV    AL,AH
OUT    82H,AL           ；写高字节
```

例 8-11　假设定时器/计数器 8253 的通道 0～通道 2 和控制端口地址分别为 FF80H～FF86H，定义通道 0 工作于方式 2，CLK_0=2 MHz，要求 OUT_0 输出为 1kHz 的速率波；定义通道 1 工作于方式 0，其 CLK_1 输入外部计数脉冲，每计满 3000 个向 CPU 发出中断请求。试写出 8253 通道 0 和通道 1 的初始化程序。

解　定时器/计数器 8253 通道 0 工作于方式 2，若按 BCD 码计数，16 位读/写方式，那么其控制字为 00110101B。通道 0 的分频系数为

$$N_0=\frac{2\ \text{MHz}}{1\ \text{kHz}}=\frac{2000\ \text{kHz}}{1\ \text{kHz}}=2000$$

8253 通道 1 工作于方式 0，若按二进制计数，16 位读/写方式，那么其控制字为 01110000B。通道 1 的计数常数为

$$N_1=3000=0\text{BB8H}$$

程序如下：

```
MOV    DX, 0FF86H       ；控制端口
MOV    AL, 00110101B    ；通道 0 工作于方式 2，BCD 码计数，16 位读/写
OUT    DX, AL           ；写入控制寄存器
MOV    DX, 0FF80H       ；通道 0 端口
MOV    AL, 00           ；计数器计数初始值低 8 位
OUT    DX, AL           ；写入计数初始值低 8 位
MOV    AL, 20H          ；计数器计数初始值高 8 位
OUT    DX, AL           ；写入计数初始值高 8 位
MOV    DX, 0FF86H       ；控制端口
MOV    AL, 01110000B    ；通道 1 工作于方式 0，二进制计数，16 位读/写
OUT    DX, AL           ；写入控制寄存器
MOV    DX, 0FF82H       ；通道 1 端口
MOV    AL, 0B8H         ；计数器计数初始值低 8 位
OUT    DX, AL           ；写入计数初始值低 8 位
MOV    AL, 0BH          ；计数器计数初始值高 8 位
OUT    DX, AL           ；写入计数初始值高 8 位
```

例 8-12　在以 8086CPU 为核心的系统中，扩展一片 8253 芯片，要求通道 0 每隔 2 ms 输出一个负脉冲，其工作时钟频率为 2MHz，硬件连接如图 8.17 所示，写出通道初始化程序。

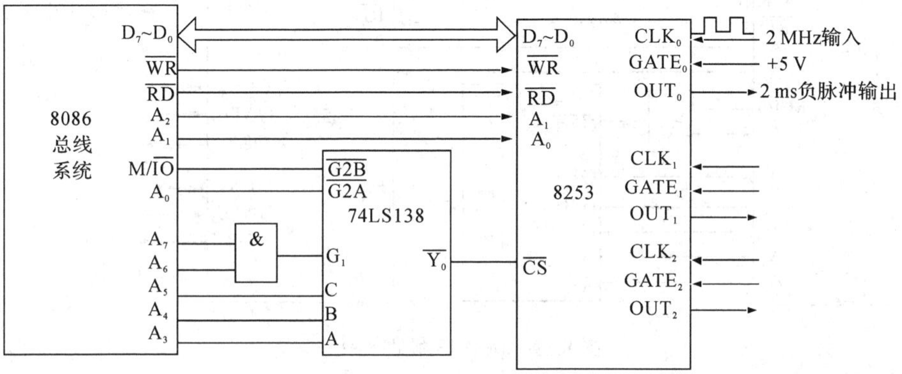

图 8.17　例 8-12 硬件连接图

解　(1) 选择工作方式：题目要求的输出波形如图 8.18 所示，经分析选择方式 2。

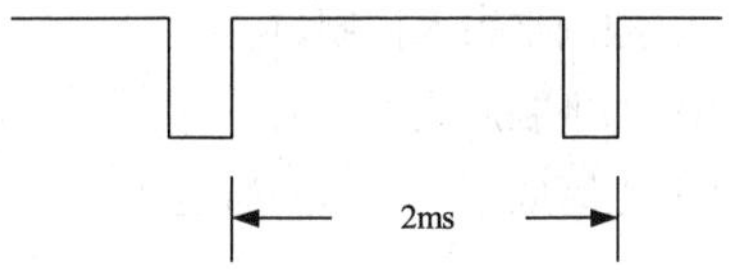

图 8.18　例 8-12 输出波形

(2) 计算计数初始值：设定时时间为 t，通道时钟频率为 f，计数初始值为 N，则

$$N = t \times f$$

代入计算得

$$N = 2\ ms \times 2\ MHz = 2 \times 10^{-3} \times 2 \times 10^{6} = 4 \times 10^{3}$$

(3) 初始化编程：

确定控制字：00110100B——二进制

确定端口地址：通道 0——0C0H；控制端口——0C6H。

初始化程序如下：

```
MOV   AL, 34H        ; 00110100B
OUT   0C6H, AL       ; 控制字写入控制口
MOV   AX, 4000       ; 二进制形式的数据
OUT   0C0H, AL       ; 先写低 8 位，写入通道 0
MOV   AL, AH
OUT   0C0H, AL       ; 后写高 8 位，写入通道 0
```

例 8-13　在以 8086 CPU 为核心的系统中，扩展一片 8253 芯片，要求通道 0 对外部脉冲进行计数，计满 400 个脉冲后向 CPU 发出一个中断请求，端口地址为 80H、82H、84H、86H，完成软硬件设计。

解　(1) 完成硬件设计。如果用译码器的 $\overline{Y_0}$ 作为 8253 的片选，当 A_7 为 1，A_6、A_5、A_4、A_3、A_0 均为 0 且 $M/\overline{IO}$ 为低电平时，译码器工作，依据给出的 8253 的端口地址，可

分析设计出 8253 与 8086CPU 的连接电路如图 8.19 所示。

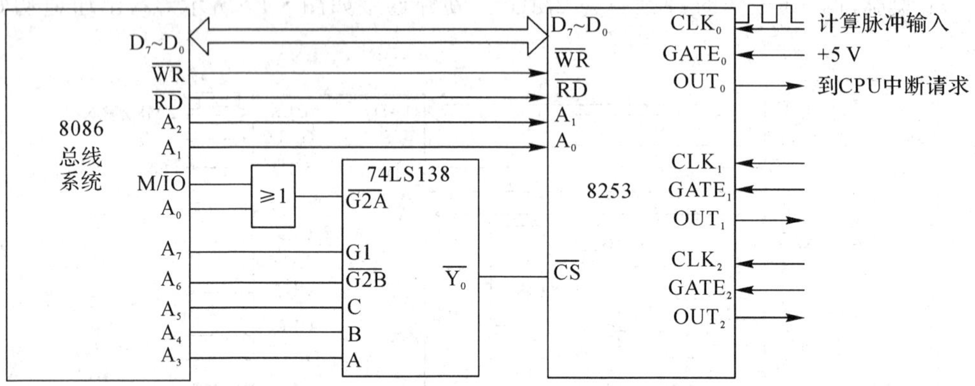

图 8.19　例 8-13 硬件连接图

(2) 选择工作方式：题目要求的输出波形如图 8.20 所示。经分析选择方式 0，计数初始值为 400，确定控制字为 00110000B。初始化程序为：

```
MOV     AL, 30H
OUT     86H, AL          ; 控制字写入控制口
MOV     AX, 400          ; 二进制形式的数据
OUT     80H, AL          ; 先写低 8 位，写入通道 0
MOV     AL, AH
OUT     80H, AL          ; 后写高 8 位，写入通道 0
```

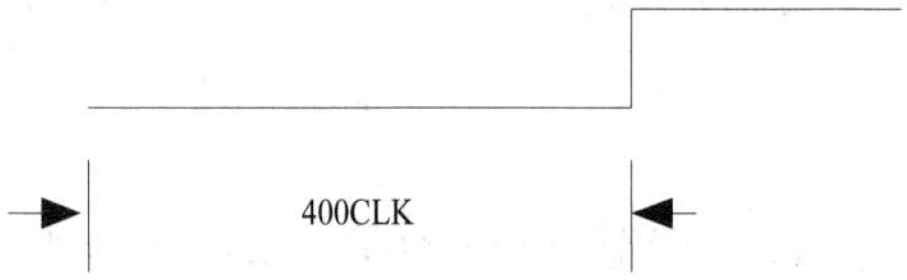

图 8.20　例 8-13 输出波形

例 8-14　CPU 为 8086，用 8253 的 CH_0(通道 0)，每隔 2 ms 输出一个负脉冲，设 CLK 为 2MHz，写出初始化程序。

解　时间常数的计算：已知时钟频率 F 及定时时间 t，求计数初始值 N。

由于

$$N \cdot \frac{1}{F} = t$$

故

$$N = t \cdot F$$

设用方式 2，时间常数：$N = 2\times10^{-3}\times2\times10^{6} = 4\times10^{3}$。

控制字：00110100——二进制。

端口地址：CH0——00H；控制端口——06H。

初始化程序如下：

```
MOV     AL, 34H          ; 00110100B
OUT     06H, AL
```

```
MOV     AX, 4000
OUT     00H, AL          ; 先写低 8 位
MOV     AL, AH
MOV     AL, 02H
OUT     00H, AL          ; 再写高 8 位
```

小　结

本章介绍了定时器/计数器 8253，对于可编程接口芯片 8253，从内部结构和引脚入手，重点介绍了芯片的工作方式、编程控制字及应用实例。Intel 8253 是一种常用的可编程定时器/计数器芯片，其本身具有 3 组完全独立操作的 16 位计数器，可进行二进制或二-十进制(BCD)计数或定时操作。采用二进制时，初始值可在 0000H～FFFFH 之间选择；采用 BCD 码计数时，初始值可在 0000～9999 之间选择。每一组计数器可以使用软件设定内部 6 种特定的工作方式。定时器/计数器 8253 共有 6 种工作方式，方式 0 为计数结束中断方式，方式 1 为可重触发的单稳态触发器，方式 2 为分频器，方式 3 为方波发生器，方式 4 为软件触发的选通信号发生器，方式 5 为硬件触发的选通信号发生器。一旦 8253 设定某种工作方式并设定计数器值后，便能够独立工作，计数完毕自动产生输出信号，完全不需要 CPU 作附加控制。

习　题

8-1　8253 芯片共有几种工作方式？每种方式各有什么特点？

8-2　某系统中 8253 芯片的通道 0～通道 2 和控制端口地址分别为 FFF0H～FFF3H。定义通道 0 工作在方式 2，CLK_0=2 MHz，要求输出 OUT_0 为 1 kHz 的速率波；定义通道 1 工作在方式 CLK_1 输入外部计数事件，每计满 100 个向 CPU 发出中断请求。试写出 8253 通道 0 和通道 1 的初始化程序。

8-3　试编写程序，使 IBM PC 系统板上的发声电路发出频率为 200 Hz～900 Hz 连续变化的报警声。

8-4　已知：PC/XT 微型计算机系统中用作定时及计数的 8253 芯片的通道为 40H，其主频率为 1.19 MHz，对 3 个通道进行初始化设置。(CNT_2 的输出方波频率设为 2kHz)

8-5　设 8253 的通道 2 工作在计数方式，外部事件从 CLK_2 引入，通道 2 每计 500 个脉冲就向 CPU 发出中断请求，CPU 响应这一中断后继续写入计数值，重新开始计数，保持每秒钟向 CPU 发出中断请求。假设条件如下：

① 8253 的通道 2 工作在方式 4；

② 外部计数事件频率为 1 kHz；

③ 中断类型号为 54H；

④ 8253 各端口地址如 8-4 题；

⑤ 用 8212 芯片产生中断类型号(注：8212 为带 8 位输入锁存器和 8 位输出缓冲器的

总线接口电路)。

试编写程序完成以上任务，并画出硬件连接图。

8-6　试说明定时和计数在实际系统中的应用。这两者之间有何联系和差别？

8-7　定时和计数有哪几种实现方法？各有什么特点？

8-8　试说明定时器/计数器芯片 Intel 8253 的内部结构。

8-9　定时器/计数器芯片 Intel 8253 占用几个端口地址？各个端口分别对应什么？

第 9 章　并行与串行通信接口技术

计算机与外设之间通信的基本方式有两种：并行通信和串行通信。在并行通信时，将一个字符或数据的每一位同时传送，每一位都占用一条通信线，另外还需联络线以保证微处理器能与外设协调地工作。采用串行通信时，将一个字符或数据的每一位按时间先后一位一位地传送。本章主要介绍可编程并行接口芯片 8255A 和可编程串行接口芯片 8251A 及其应用。

9.1　可编程并行接口芯片 8255A

8255A 是一种通用的可编程并行 I/O 接口芯片(Programmable Peripheral Interface,PPI)，它是为 Intel 系列微处理器设计的配套电路，也可用于其他微处理器系统中。通过对它进行编程，该芯片可工作于不同的工作方式。在微型计算机系统中，通常不需要附加外部逻辑电路即可直接使用 8255A 为 CPU 与外设之间提供数据通道。

9.1.1　8255A 的内部结构和功能

8255A 的内部结构和外部引脚分别如图 9.1 和图 9.2 所示。

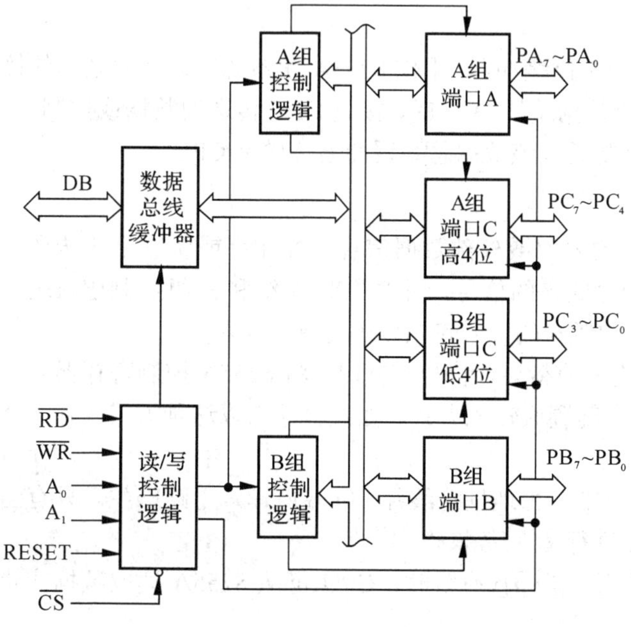

图 9.1　8255A 的内部结构

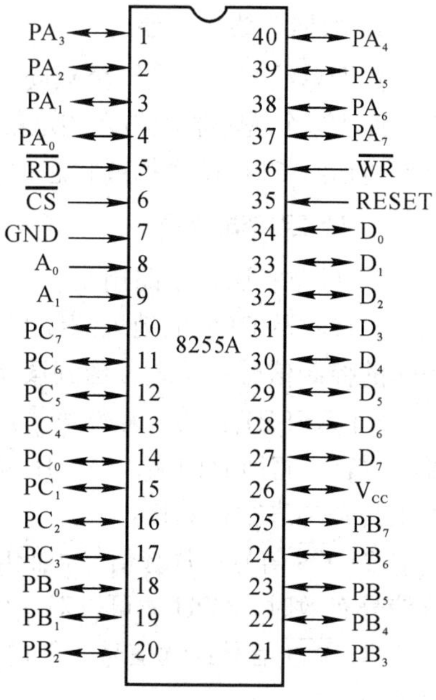

图 9.2　8255A 的引脚

由图 9.1 可见，8255A 由以下几个部分组成：数据端口、A 组和 B 组控制逻辑、数据总线缓冲器和读/写控制逻辑。各组成部分及有关引脚的功能分述如下。

1. 数据端口

8255A 内部包含 3 个 8 位的输入/输出端口 A、B 和 C，通过外部的 24 根输入/输出线与外设交换数据或进行通信联络。A 口、B 口都可以用作一个 8 位的输入端口或 8 位的输出端口，C 口既可以作为一个 8 位的输入/输出端口，又可作为两个 4 位的输入/输出端口(C 口上半部分和 C 口下半部分)使用。当 A 口和 B 口工作于选通输入/输出方式时，C 口的指定位与 A 口和 B 口配合使用，用于控制信号或状态信号。

各端口在结构和功能上有不同的特点：A 口包含一个 8 位的数据输出锁存器/缓冲器，一个 8 位的数据输入锁存器；B 口包含一个 8 位的数据输出锁存器/缓冲器，一个 8 位的数据输入缓冲器；C 口包含一个 8 位的数据输出锁存器/缓冲器，一个 8 位的数据输入缓冲器，C 口也可以分成两个 4 位端口使用，或可以用作 A 口和 B 口选通工作时控制或状态端口，其功能与具体的工作方式有关。C 口的主要特点是可以对其按位进行操作。与 3 个端口相连的 24 根输入/输出引线分别是 PA_7～PA_0、PB_7～PB_0 和 PC_7～PC_0，这些线都与外设相连，具体功能与端口的工作方式有关。

2. A 组和 B 组控制逻辑

A 组和 B 组控制逻辑是两组根据 CPU 编程命令控制 8255A 工作的电路。其内部有控制寄存器，用来接收 CPU 传送的命令字，然后分别决定 A 组和 B 组的工作方式，或对 C 口的每一位执行置位/复位等操作。8255A 的 A 口和 C 口的上半部分(PC_7～PC_4)由 A 组控制逻辑管理，B 口和 C 口的下半部分(PC_3～PC_0)由 B 组控制逻辑管理。这两组控制逻辑都从读/写控制逻辑接收命令信号，从内部数据总线接收控制字，然后向各有关端口发出相应的控制命令。

3. 数据总线缓冲器

数据总线缓冲器是一个双向三态的 8 位缓冲器，用作 8255A 和系统数据总线之间的接口。通过这个缓冲器和与之相连的 8 位数据总线 D_7～D_0，接收 CPU 传送的数据或控制字，外设传送给 CPU 的数据或状态信息也要通过该数据总线缓冲器传送至 CPU。

4. 读/写控制逻辑

读/写控制逻辑电路用来管理所有的内部或外部数据信息、控制字或状态字的传送过程。它接收从 CPU 的地址总线和控制总线来的信号，并产生对 A 组和 B 组控制逻辑进行操作的控制信号。系统传送到读/写控制逻辑的信号包括以下几种：

(1) RESET 信号：复位信号，高电平有效。该信号有效时，将 8255A 控制寄存器内容都清零，并将所有的端口(A、B 和 C)自动置成输入方式。如果希望它以这种方式工作，就不用另外再进行初始化。

(2) $\overline{CS}$ 信号：片选信号，低电平有效，由地址总线经 I/O 端口译码电路产生。只有当该信号有效时，CPU 才可以对 8255A 进行读/写等操作。

(3) $\overline{RD}$ 信号：读信号，低电平有效。当 $\overline{RD}$ 有效时，CPU 可从 8255A 读取数据或状态信息。

(4) $\overline{WR}$ 信号：写信号，低电平有效。当 $\overline{WR}$ 有效时，CPU 可向 8255A 写入数据或控制字。

(5) A_1A_0：端口选择信号。在 8255A 内部有 3 个数据端口(A、B、C)和一个控制字寄存器端口。当 A_1A_0=00 时，选中 A 口；当 A_1A_0=01 时，选中 B 口；当 A_1A_0=10 时，选中 C 口；当 A_1A_0=11 时，选中控制字寄存器端口。

8255A 的 A_1A_0 和 $\overline{RD}$、$\overline{WR}$、$\overline{CS}$ 组合起来实现的各种基本操作如表 9.1 所示。

表 9.1　8255A 的基本操作

$\overline{CS}$	$\overline{RD}$	$\overline{WR}$	A_1	A_0	操　　作
0	0	1	0	0	PA 口→数据总线
0	0	1	0	1	PB 口→数据总线
0	0	1	1	0	PC 口→数据总线
0	1	0	0	0	数据总线→PA 口
0	1	0	0	1	数据总线→PB 口
0	1	0	1	0	数据总线→PC 口
0	1	0	1	1	数据总线→控制字寄存器
1	×	×	×	×	数据总线三态
0	1	1	×	×	
0	0	1	1	1	非法状态

与 8253 一样，当 8255A 用在 8 位数据总线的微处理器系统中时，端口选择信号输入端 A_1A_0 分别与地址总线的 A_1A_0 相连即可；而在 16 位数据总线的系统中，通常将地址总线的 A_2A_1 端连到 8255A 的 A_1A_0 端。若它的数据线 D_7～D_0 接在 CPU 数据总线的低 8 位上，则要用偶地址端口来寻址 8255A；而当 D_7～D_0 接在数据总线的高 8 位上时，则要用奇地址端口来寻址 8255A。

9.1.2　8255A 的工作方式

8255A 有三种工作方式，通过向 8255A 的控制字寄存器写入方式选择字，就可以规定各端口的工作方式。下面具体介绍这三种不同的工作方式。

1. 方式 0

方式 0 称为基本输入/输出方式，它适用于不需要用应答信号的简单输入/输出场合，输出有锁存，输入无锁存。在这种方式下，A 口和 B 口可作为 8 位的端口，C 口的高 4 位和低 4 位可作为两个 4 位的端口，这 4 个端口中的任何一个既可作输入也可作输出，从而构成 16 种不同的输入/输出组态。在实际应用中，C 口的两半部分也可以合在一起构成一个 8 位的端口。这样 8255A 可构成 3 个 8 位的 I/O 端口，或两个 8 位、两个 4 位的 I/O 端口，以适应各种不同的应用场合。

当 8255A 的端口工作于方式 0 时，CPU 只要用输入/输出指令就可以与外设进行数据交换。显然，方式 0 用于无条件传送方式的接口电路十分方便，不需要任何其他用于应答的联络信号。当然，方式 0 的端口也可以工作于查询方式的接口电路，这时需要利用 C 口的某些位作为控制/状态位。

(1) 方式 0 的输入时序如图 9.3 所示。

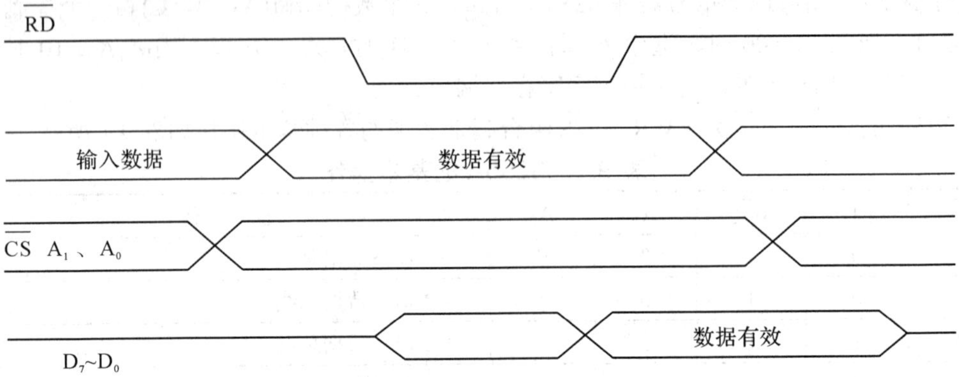

图 9.3　8255A 方式 0 的输入时序

从输入时序图可以看到，方式 0 对各信号的要求如下：

① 地址信号要领先于$\overline{RD}$信号到达，8255A 在$\overline{RD}$信号有效以后，最长经过 250 ns 的时间，就可以使数据在数据总线上得到稳定。

② 在一般的微处理器系统中都配备了地址锁存器，以保证 CPU 对先发出的地址能够锁存，并且可以满足地址信号先于$\overline{RD}$信号到达，对于从读信号有效到数据稳定的时间，应由输入设备给予满足。

(2) 方式 0 的输出时序如图 9.4 所示。从输出时序图可以看到，为了将数据可靠地输出到 8255A，对各信号的要求如下：

① 地址信号必须在写信号之前有效，同时要求在信号有效(也就是为低电平时)期间内，地址信号不能发生变化，要保证一直有效，直到撤销(变高电平后)，地址信号才允许发生变化。

② 数据必须在写信号之前出现在数据总线上。

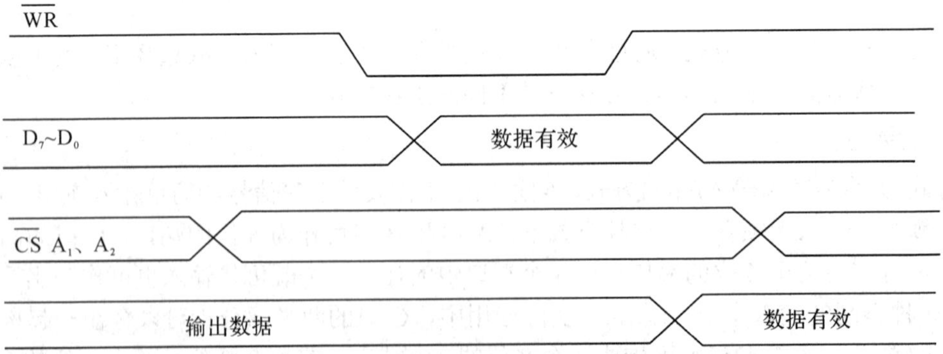

图 9.4　8255A 方式 0 的输出时序

2. 方式 1

方式 1 也称为选通输入/输出方式。在这种方式下，A 口和 B 口作为数据口，均可工作于输入或输出方式，但数据的输入/输出要在 C 口的控制和状态信号配合下完成。每个数据端口需要 C 口的 3 条引脚作为控制和状态信号端。

(1) 选通输入方式。A 口和 B 口工作于选通输入方式，它们的控制和状态信号如图 9.5 所示。当 A 口工作于选通输入方式时，C 口的 PC_4、PC_5 与 PC_3 作为 A 口的控制和状态线；当 B 口工作于选通输入方式时，C 口的 PC_2、PC_1 和 PC_0 作为 B 口的控制和状态线。C 口余下的两位 PC_6 和 PC_7 可用于输入或输出。

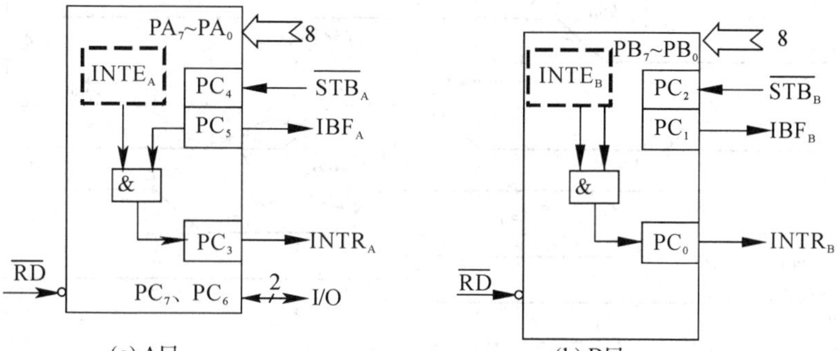

图 9.5　选通输入方式的控制和状态信号

各控制和状态信号的意义分述如下：

① $\overline{STB}$ 信号：选通信号，低电平有效，由外设提供输入。当其有效时，8255A 将外设通过数据线 PA_7～PA_0(A 口)或 PB_7～PB_0(B 口)输入的数据传送到输入缓冲器中。A 口的选通信号 $\overline{STB_A}$ 从 PC_4 引入，B 口的选通信号 $\overline{STB_B}$ 由 PC_2 引入。

② IBF 信号：输入缓冲器满信号，高电平有效。这是 8255A 送给外设的状态信号，当它有效时，表示输入设备传送来的数据已传送到 8255A 的输入缓冲器中，即缓冲器已满，8255 A 不能再接收其他数据。IBF 由 $\overline{STB}$ 信号置位，而由读信号的后沿(也就是上升沿)将其复位，复位后表示输入缓冲器已空，又允许外设将一个新的数据传送到 8255A。A 口的输入缓冲器满信号 IBF_A 从 PC_5 输出，B 口的输入缓冲器满信号 IBF_B 从 PC_1 输出。

③ INTE 信号：中断允许信号。这是一个控制 8255A 是否能向 CPU 发中断请求的信号，它没有外部引出脚。在 A 组和 B 组的控制电路中，分别设有中断请求触发器 $INTE_A$ 和 $INTE_B$，只有用软件才能使这两个触发器置 1 或清零。其中 $INTE_A$ 由置位/复位控制字中的 PC_4 位控制，$INTE_B$ 由 PC_2 位控制。当对 8255A 写入置位/复位控制字使 PC_4 位置 1 时，$INTE_A$ 被置 1，表示允许 A 口中断；若使 PC_4 位清零，则禁止 A 口发中断请求，也就是使 A 口处于中断屏蔽状态。同样，可以通过编程 PC_2 位来控制 $INTE_B$，允许或禁止 B 口中断。

④ INTR 信号：中断请求信号。这是 8255A 向 CPU 发出的中断请求信号，高电平有效。只有当 $\overline{STB}$、IBF 和 INTE 三者均为高电平时，INTR 才能被置为高电平。也就是说，在选通信号结束时，已将输入设备提供的一个数据传送到输入缓冲器中，输入缓冲器满信号 IBF 已变成高电平，并且中断是允许的情况下，8255A 才能向 CPU 发出中断请求信号 INTR。CPU 响应中断后，可用 IN 指令读取数据，读信号 $\overline{RD}$ 的下降沿将 INTR 复位为低电平。INTR 通常和 8259A 的一个中断请求输入端 IR 相连，通过 8259A 的输出端 INT 向 CPU 发中断请求。A 口的中断请求信号 $INTR_A$ 由 PC_3 输出，B 口的中断请求信号 $INTR_B$

由 PC_0 输出。

方式 1 选通输入时序如图 9.6 所示。根据时序图来分析这种方式的工作过程如下：

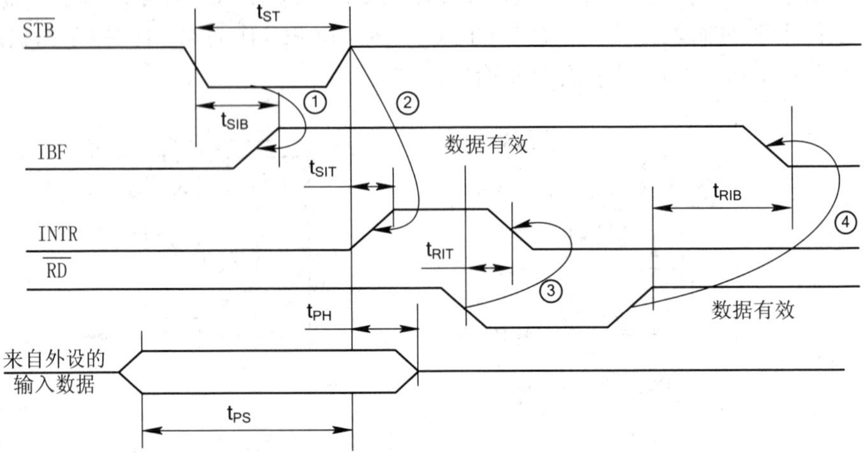

图 9.6　方式 1 选通输入时序

① 当外设把一个数据传送到端口数据线 PA_7～PA_0(对于 A 口)或 PB_7～PB_0(对于 B 口)后，就向 8255A 发出负脉冲选通信号 $\overline{STB}$，外设的输入数据被锁存到 8255A 的输入锁存器中。

② 选通信号发出后，经 t_{SIB} 时间，IBF 有效，它作为对输入设备的回答信号，用于通知外设输入缓冲器已满，不要再传送新的数据。

③ 选通信号结束后，经 t_{SIT} 时间，若 $\overline{STB}$、IBF 和 INTE 三者同时为高电平，则 INTR 有效。该信号可向 CPU 发出中断请求，CPU 响应中断后，通过执行中断服务程序中的 IN 指令，使读信号 $\overline{RD}$ 有效(低电平)。

④ 读信号有效后，经过 t_{RIT} 时间，使 INTR 变成低电平，清除中断。

⑤ 读信号结束后，数据已读入累加器，经 t_{RIB} 时间，IBF 变成低电平，表示缓冲器已空，一次数据输入的过程结束，通知外设可以再传送一个新的数据。

(2) 选通输出方式。A 口和 B 口工作于选通输出方式，其控制和状态信号如图 9.7 所示。

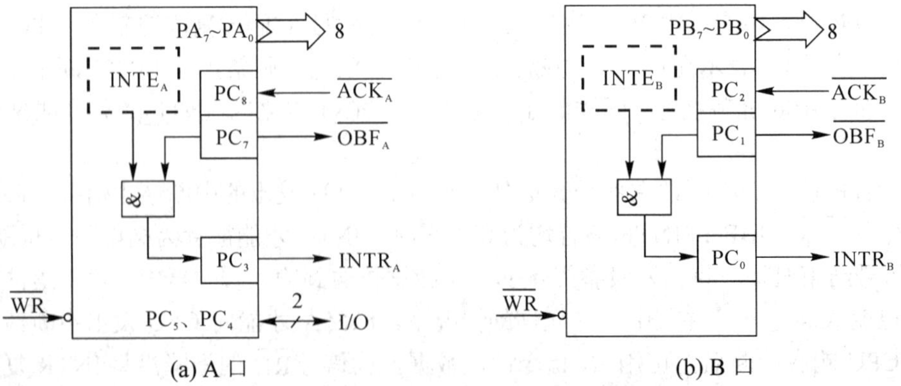

图 9.7　选通输出方式的控制和状态信号

在选通输出方式下，A 口和 B 口都作为输出口，C 口的 PC_3、PC_6 和 PC_7 作为 A 口的控制和状态信号，PC_0、PC_1 和 PC_2 作为 B 口的控制和状态信号，C 口余下的两位 PC_4 和 PC_5 可用于输入或输出。这时，各控制和状态信号的意义如下：

① $\overline{OBF}$ 信号：输出缓冲器满信号，低电平有效。当其为低电平时，表示 CPU 已将数据写到 8255A 的指定输出端口，即数据已被输出锁存器锁存，并出现在端口数据线 PA_7～PA_0 和 PB_7～PB_0 上，此时通知外设将数据取走。实际上，它是由 8255A 传送给外设的选通信号。$\overline{OBF}$ 由输出命令 $\overline{WR}$ 的上升沿置为低电平，而外设回答信号 $\overline{ACK}$ 将其恢复成高电平。PC_7 被指定作为 A 口的输出缓冲器满信号 $\overline{OBF_A}$，PC_1 作为 B 口的缓冲器满信号 $\overline{OBF_B}$。

② $\overline{ACK}$ 信号：外设的回答信号，低电平有效，由外设传送给 8255A。当其为低电平时，表示 CPU 输出到 8255A 的 A 口或 B 口的数据已被外设接收。PC_6 被指定作为 A 口的回答信号 $\overline{ACK_A}$，PC_2 作为 B 口的回答信号 $\overline{ACK_B}$。

③ INTE 信号：中断允许信号。其功能与 A 口、B 口均工作于选通输入方式时的 INTE 信号相同。当 INTE 为 1 时，端口处于中断允许状态；当 INTE 为 0 时，端口处于中断屏蔽状态。A 口的中断允许信号 $INTE_A$ 由 PC_6 控制，B 口的中断允许信号 $INTE_B$ 则由 PC_2 控制，它们均由置位/复位控制字将其置为 1 或清零，以决定中断被允许的还是被屏蔽。

④ INTR 信号：中断请求信号，高电平有效。在中断被允许的情况下，当输出设备已收到 CPU 输出数据之后，该信号变成高电平，可用于向 CPU 提出中断请求，要求 CPU 再输出一个数据给外设。只有当 $\overline{ACK}$、$\overline{OBF}$ 和 INTE 都为 1 时，才能使 INTR 置 1。写信号将 $\overline{WR}$ 复位为低电平。INTR 通常与 8259A 某一个中断输入引脚 IR 相连，通过 8259A 向 CPU 发出中断请求。PC_3 被指定作为 A 口的中断请求信号线 $INTR_A$，PC_0 作为 B 口的中断请求信号线 $INTR_B$。

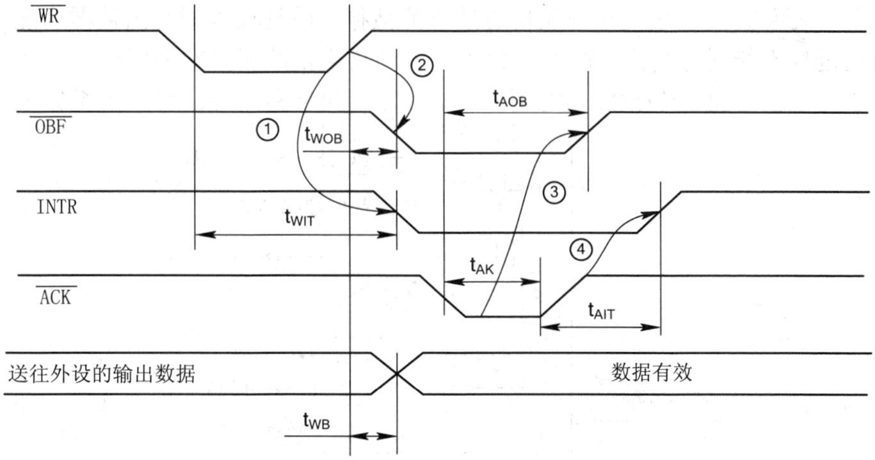

图 9.8　方式 1 选通输出时序

方式 1 选通输出时序如图 9.8 所示。输出设备在中断方式下与 CPU 交换数据的过程如下。

① 在 8255A 的输出缓冲器空且中断是开放的情况下，可向 CPU 发出中断请求。CPU 响应中断后，转入中断服务程序，用 OUT 指令将 CPU 中的数据输出到 8255A 的输出缓冲器中，这时 $\overline{WR}$ 信号变成低电平。

② 经 t_{WIT} 时间后清除中断请求信号 INTR。

③ $\overline{WR}$ 信号的后沿使 $\overline{OBF}$ 有效，通知外设从 8255A 输出缓冲器中取走数据。

④ 外设收到这个数据后，发回应答信号入 $\overline{ACK}$。

⑤ $\overline{ACK}$ 有效之后，再经 t_{AOB} 时间，$\overline{OBF}$ 无效，表示缓冲器已空。

⑥ $\overline{ACK}$ 回到高电平后，经 t_{AIT} 时间，INTR 变成高电平，向 CPU 发出中断请求，要求 CPU 传送新的数据。数据传送的过程又将按上面的顺序重复进行。

(3) 选通输入/输出方式组合。8255A 工作于方式 1 时，还允许对 A 口和 B 口分别进行定义，一个端口为输入口，另一个端口为输出口。如果将 A 口定义为方式 1 输入口，而将 B 口定义为方式 1 输出口，在这种情况下，C 口的 PC_0～PC_5 作为控制和状态线，C 口余下的两位 PC_6 和 PC_7，可用于数据输入/输出。当控制字 D_3=1 时，PC_6 和 PC_7 用于输入；D_3=0 时，PC_6 和 PC_7 用于输出。

当 A 口定义为方式 1 输出口、B 口为方式 1 输入口时，PC_6、PC_7 和 PC_0～PC_3 作为控制和状态信号，PC_4 和 PC_5 用于输入或输出。当控制字 D_3=1 时，PC_4 和 PC_5 用于输入；当 D_3=0 时，PC_4 和 PC_5 用于输出。由此可见，在选通输入/输出方式下，C 口的低 4 位总是用于控制和状态信号，而高 4 位总有两位仍可用于输入或输出。

对于选通方式 1，还允许将 A 口或 B 口中的一个端口定义为方式 0，另一个端口定义为方式 1。这种组态所需控制信号较少，情况也比较简单，读者可自行分析。

3. 方式 2

方式 2 称为双向选通输入/输出方式。只有 A 口可工作于该方式。在这种方式下，CPU 与外设交换数据时，可在单一 8 位端口数据线 PA_7～PA_0 上进行，既可通过 A 口将数据传送到外设，又可从 A 口接收从外设传送过来的数据，而且输入和输出数据均能锁存，但输入和输出过程不能同时进行。在主机和软盘驱动器交换数据时即采用这种方式。A 口工作于方式 2 时，C 口的 5 位(PC_3～PC_7)作为 A 口控制和状态信号，对应关系如图 9.9 所示。

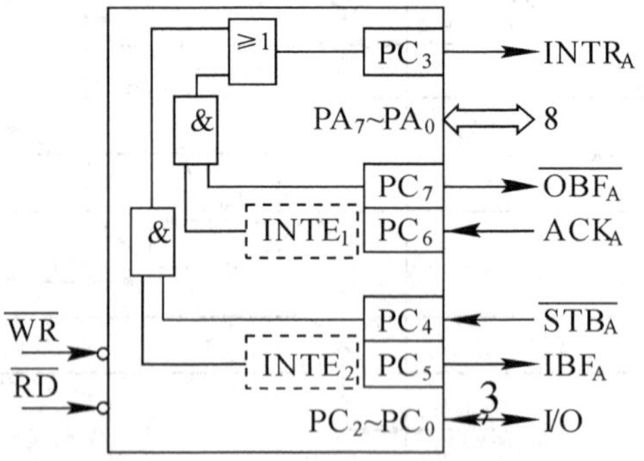

图 9.9　方式 2 的控制和状态信号

各控制和状态信号的意义与方式 1 相似。其中，$\overline{OBF_A}$ 和 $\overline{ACK_A}$ 为输出操作时的联络控制信号，$\overline{STB_A}$ 和 IBF_A 为输入操作时的联络控制信号，而 INTRA 在输入或输出时均用作联络控制信号，这些信号的含义与方式 1 相同。采用方式 2 时，A 口的输出或输入中断允许信号必须用软件方法进行设置，设置方法与方式 1 相同。$INTE_1$ 由 PC_6 位控制置位/复位，$INTE_2$ 由 PC_4 位控制置位/复位。

方式 2 的时序如图 9.10 所示，在理解该时序图时，可以将方式 2 看作是方式 1 输出和方式 1 输入的结合。

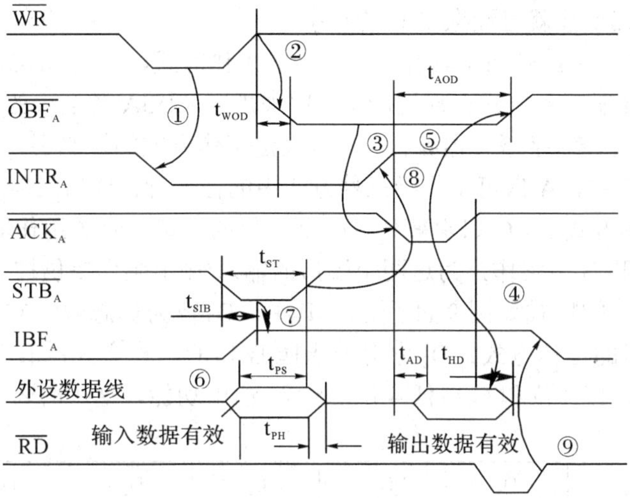

图 9.10　方式 2 的时序

图 9.10 中画了一个数据输出和一个数据输入过程的时序，实际上，当 A 口工作在方式 2 时，输入过程和输出过程的顺序是任意的。对于输出过程，当 CPU 响应中断，用输出指令向 8255A 的 A 口写入一个数据时，写信号 $\overline{WR}$ 有效。它一方面使中断请求信号 $INTR_A$ 变为低电平，撤销中断请求；另一方面，$\overline{WR}$ 的后沿经 t_{WOD} 时间，使输出缓冲器满信号 $\overline{OBF_A}$ 变成低电平，$\overline{OBF_A}$ 被传送至外设。外设收到这个信号后，发回答信号 $\overline{ACK_A}$，它开启 8255A 的输出锁存器，使输出数据出现在 PA_7～PA_0 线上，$\overline{ACK_A}$ 信号还使输出缓冲器满信号 $\overline{OBF_A}$ 变为无效，从而可以开始下一个数据传送过程。对于输入过程，当外设将数据传送至 8255A 时，选通信号 $\overline{STB_A}$ 也同时到来，将外部的输入数据锁存到 8255A 的输入锁存器中，从而使输入缓冲器满信号 IBF_A 成为高电平。当选通信号结束时，使中断请求信号变成高电平。当 CPU 响应中断执行 IN 指令时，$\overline{RD}$ 信号有效，将数据读入累加器，随后 IBF_A 变成低电平，输入过程结束。

当 A 口工作于方式 2 时，B 口可工作于方式 0 或方式 1，而且既可以是输入端也可以是输出端。如果 B 口工作于方式 0，不需要联络控制信号，C 口余下的 3 位 PC_2～PC_0 仍可用于输入或输出；如果 B 口工作于方式 1，PC_2～PC_0 作 B 口的联络信号，这时 C 口的 8 位数据都配合 A 口和 B 口工作。当 B 口为输出端时，PC_1 为 $\overline{OBF_B}$，PC_2 为 $\overline{ACK_B}$，PC_0 为 $INTR_B$；当 B 口为输入端时，PC_2 为 $\overline{STB_B}$，PC_1 为 IBF_B，PC_0 为 $INTR_B$。

9.1.3　8255A 的控制字及状态字

8255A 有两类控制字。一类控制字用于定义各端口的工作方式，称为方式选择控制字；另一类控制字用于对 C 口的任一位进行置位或复位操作，称为置位/复位控制字。对 8255A 进行编程时，这两类控制字都被写入控制字寄存器中，但方式选择控制字的 D_7 位总是 1，而置位/复位控制字的 D_7 位总是 0。8255A 正是利用这一位来区分这两类写入同一端口的不同功能的控制字的，D_7 位也称为这两类控制字的标志位。

状态字反映了 C 口各位的当前状态。当它工作于方式 1 和方式 2 时，C 口产生或接收与外设间的联络信号，这时，读取 C 口的内容可使编程人员测试或检查外设的状态，用输入指令对 C 口进行读操作就可读取 C 口的状态。

(1) 方式选择控制字。8255A 具有三种基本的工作方式，在对 8255A 进行初始化编程时，应向控制字寄存器写入方式选择控制字，用来规定 8255A 各端口的工作方式。通过用输出指令对 8255A 的控制字寄存器编程，写入设定工作方式的控制字，可以让 3 个端口以不同的方式工作。其中，A 口可工作于三种方式中的任一种；B 口只能工作于方式 0 和方式 1，而不能工作于方式 2；C 口常被分成两个 4 位的端口，除了用作输入/输出端口外，还能用来配合 A 口和 B 口工作，为这两个端口的输入/输出操作提供控制或状态信号。

方式选择控制字的格式如图 9.11 所示。其中，D_7 位为标志位，它必须等于 1；D_6、D_5 位用于选择 A 口的工作方式；D_2 位用于选择 B 口的工作方式；其余 4 位分别用于选择 A 口、B 口、C 口高 4 位和 C 口低 4 位的输入/输出功能，置 1 时表示输入，清零时表示输出。

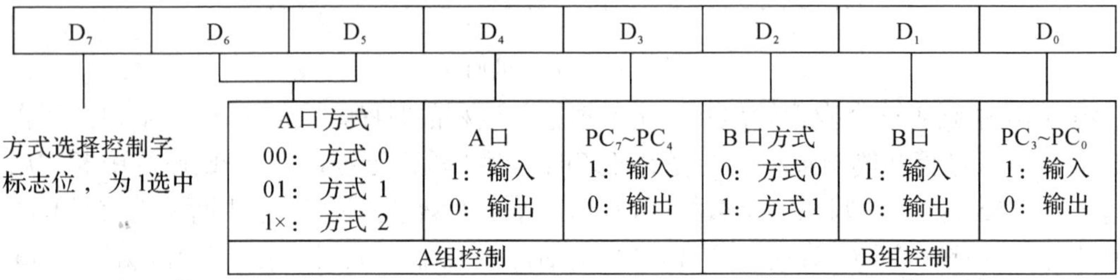

图 9.11　方式选择控制字的格式

例如，某 8086 系统中 8255A 的端口地址分别为 300H、302H、304H、306H，若要求各端口的工作状态如下：A 口工作于方式 0 输出；B 口工作于方式 0 输入；C 口的高 4 位工作于方式 0 输入；C 口的低 4 位工作于方式 0 输出。依据要求，可知控制口地址为 93H，工作方式选择控制字为 1000 1010B，即 8AH，则初始化程序如下：

```
MOV     AL, 8AH
MOV     DX, 306H
OUT     DX, AL
```

(2) 置位/复位控制字。C 口的引脚常用于控制或应答信号，通过对 8255A 的控制口写入置位/复位控制字，可使 C 口的任意一个引脚的输出单独置 1 或置 0，或者为应答式数据传送发出中断请求信号。在基于控制的应用中，经常希望在某一位上产生一个 TTL 电平的控制信号，利用 C 口的这个特点，只需要用简单的程序就能形成这样的信号，从而简化了编程。置位/复位控制字的格式如图 9.12 所示。

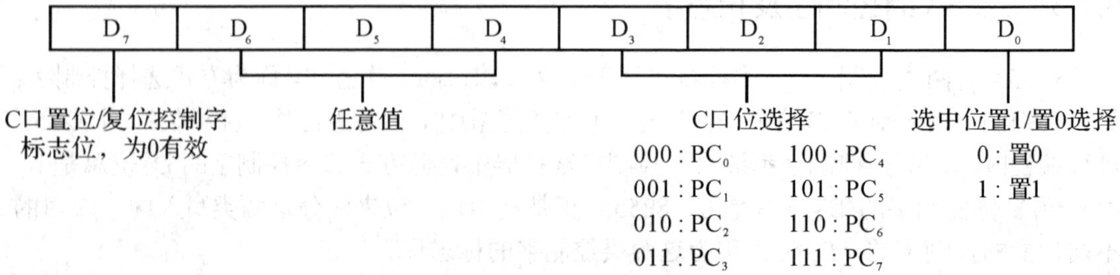

图 9.12　置位/复位控制字的格式

D_7 位为置位/复位控制字标志位，它必须等于 0；D_3～D_1 位用于选择对 C 口中的某一位进行操作；D_0 位指出对选中位是置 1 还是清零。当 D_0=1 时，使选中位置 1；当 D_0=0 时，使选中位清零。例如，设一片 8255A 的端口地址为 80H～83H，PC_4 平时为低电平，要求从 PC_4 的引脚输出一个正脉冲。可以用程序先将 PC_4 置 1，输出一个高电平，再将 PC_4 清零，输出一个低电平，结果是 PC_4 引脚上输出一个正脉冲。实现该功能的程序如下：

```
MOV    AL, 00001001B
OUT    83H, AL            ; 置 PC4 为高电平
MOV    AL, 00001000B
OUT    83H, AL            ; 置 PC4 为低电平
```

(3) 状态字。当 8255A 工作于方式 0 时，C 口各位用于输入/输出。当它工作于方式 1 和方式 2 时，C 口产生或接收与外设间的联络信号，这时，读取 C 口的内容可使编程人员测试或检查外设的状态，用输入指令对 C 口进行读操作即可读取 C 口的状态。根据 A 口、B 口工作方式的不同，C 口的状态字格式如图 9.13 所示，其中，D_7～D_3 位为 A 组状态字，D_2～D_0 位为 B 组状态字。

	D_7	D_6	D_5	D_4	D_3	D_2	D_1	D_0
方式1输入	I/O	I/O	IBF_A	$INTE_A$	$INTR_A$	$INTE_B$	IBF_B	$INTR_B$
方式1输出	OBF_A	$INTE_A$	I/O	I/O	$INTR_A$	$INTE_B$	OBF_B	$INTR_B$
方式1双向	OBF_A	$INTE_1$	OBF_A	$INTE_2$	$INTR_A$	×	×	×

图 9.13　C 口状态字格式

9.2　8255A 的应用举例

9.2.1　键盘接口

1. 独立式键盘接口

在微型计算机系统中，键盘是一种最常用的外设，它由多个开关组合而成。可以用来制造键盘的按键开关有许多种，最常用的有机械式、薄膜式、电容式和霍尔效应式等 4 种。机械式开关较便宜，但压键时会产生触点抖动，即在触点可靠接通前会通断多次，而且长期使用后可靠性会降低。

对于具有少量按键的系统，多采用相互独立的接口方法。最简单的键盘电路图如图 9.14 所示，其中 PB 口每个键对应 I/O 端口的一位。当没有键闭合时，各位均处于高电平；当有一个键被按下时，就使对应位接地而成为低电平，而其他位仍为高电平。这样，CPU 只要检测到某一位为 0，便可判别出对应键已被按下。

例 9-1　某 8086 应用系统以 8255A 作为接口，采集一组开关 S_7～S_0 的状态，然后通过一组发光二极管 LED_7～LED_0 显示开关状态（S_i 闭合，则对应 de LED_i 亮；S_i 断开，则对

应的 LED_i 灭),电路连接如图 9.14 所示，已知 8255A 的 A、B 两组均工作在方式 0，写出相应程序。

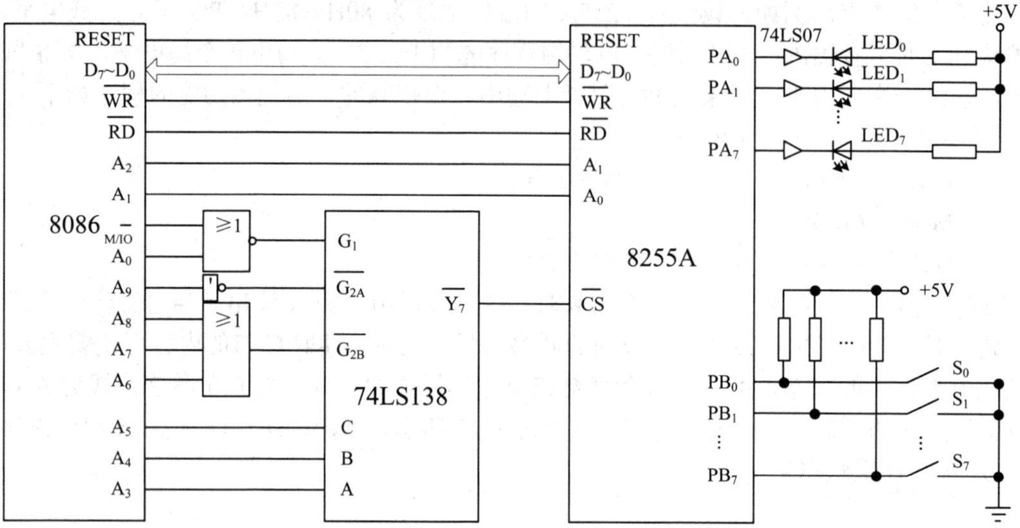

图 9.14　开关控制发光二极管的电路图

解　由图 9.14 可见，8255A 的 $\overline{RD}$、$\overline{WR}$ 和 RESET 引脚分别与 CPU 的相应输出端相连。8255A 的数据线 D_7～D_0 与 8086 的低 8 位数据总线 D_7～D_0 相连，从第 8 章的讨论可知，这时 8255A 的 4 个端口地址都应为偶地址，A_0 必须等于 0，用地址线的 A_2、A_1 来选择片内的 4 个端口。图中，地址线 A_0 与 $M/\overline{IO}$ 接或非门的输入端，而或非门的输出端接译码器的 G_1，A_9 接非门后与 $\overline{G_{2A}}$ 相连，A_8、A_7、A_6 接或门的输入端，或门输出与 $\overline{G_{2B}}$ 相连。当 $A_9A_8A_7A_6A_0=10000$，$A_5A_4A_3=111$ 时，$Y_7=0$，选中 8255A。这样，4 个端口地址分别为 23BH、23AH、23CH 和 23EH，对应于 8255A 的 A 口、B 口、C 口和控制字寄存器。

编程时先要确定方式选择控制字。由于 PA 口工作于方式 0 输出，B 口为方式 0 输入，PC 口未用，控制字中与 PC 口对应的位可以被置为 0，这样，写入控制端口 23EH 的控制字为 10000010B。完成初始化后，即可将 PB 口的开关状态读入寄存器 AL。若开关合上，则 AL 中的相应位为 0，若断开则为 1。当将 AL 中的内容从 B 口输出时，对应于 0 位上的 LED 亮，表示对应的开关是合上的；否则 LED 熄灭，指示开关断开。具体程序如下：

```
          MOV   DX, 23EH         ; 控制字寄存器
          MOV   AL, 10000010B    ; 控制字
          OUT   DX, AL           ; 写入控制字
TEST_IT:  MOV   DX, 23AH         ; 指向 PB 口
          IN    AL, DX           ; 从 PB 口读入开关状态
          MOV   DX, 23BH         ; 指向 PA 口
          OUT   DX, AL           ; PA 口控制 LED，指示开关状态
          JMP   TEST_IT          ; 循环检测
```

2. 矩阵式键盘接口

非编码式键盘，即按键被排成行和列形式的矩阵键盘。如果有一 M×N 个键的键盘，若采用简单键盘设计方法，则需要 M×N 位端口，而采用矩阵式结构，则只要 M+N 位端口。例如，64 个按键的键盘，只需要 8 根行线和 8 根列线，用两个 8 位 I/O 端口即可。对于矩阵式键盘，在计算机运行过程中，必须用软件循环扫描键盘，识别被按下的按键，产生相应的键值，消除键抖动(Debance)，这个过程称为键盘扫描。

设 16 个键分别为十六进制数字 0～9 和 A～F，键盘接口电路如图 9.15 所示。

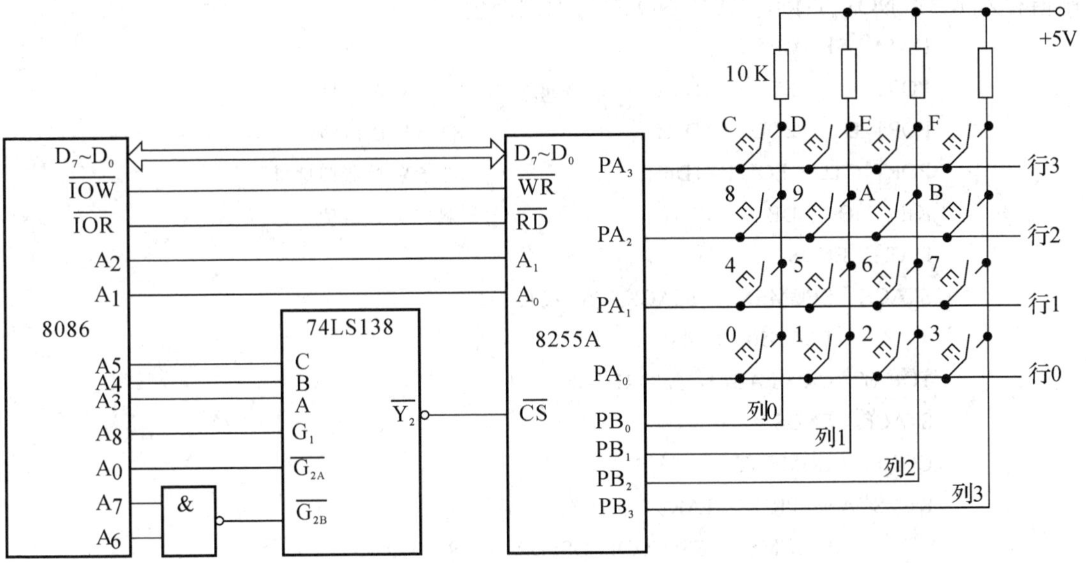

图 9.15　矩阵式键盘接口电路

从图 9.15 中可以看到 4×4 的矩阵键盘，矩阵的 4 根行线(行 0～行 3)接到输出端口 A 的 PA_0～PA_3，用程序能改变这 4 根行线上的电平。4 根列线(列 0～列 3)连到输入端口 B 的 PB_0～PB_3，每列通过 10kΩ 上拉电阻连接到 5V，以确保没有按钮闭合时该行被拉为高电平。当按下某一个键时，该键所连接的行线和列线接通。

为了提高效率，首先快速检查整个键盘是否有键被按下，然后再确定按下的是哪一个键。为此，先通过输出端口在所有行线上输出全 0 信号，然后检查输入端口的列线是否全为 1。若全为 1，则表示无键被按下；若不全为 1，则表示有键被按下。

其次，用行扫描法确定闭合键的具体位置。行扫描法识别闭合键的原理是先通过行端口输出数据，使第 0 行接低电平，其余行为高电平；然后从列端口读入列线状态，检查是否有列线为低电平。如果有某根列线变为低电平，则表示第 0 行和此列线相交的位置上的键被按下；如果没有任何一根列线为低电平，则说明第 0 行上没有键被按下。接着，向下一行端口输出数据，使该行为低电平，检测列线，如此往下逐行扫描，直到最后一行。在扫描过程中，当发现某一行有键闭合时，用此时从行端口输出的值和从列端口读入的值合成键号，根据键号再判断是哪个键被按下。

用行扫描法确定闭合键的位置方法：首先向 PA_3～PA_0 上输出 1110，然后读入 PB_3～PB_0，判断是否全为 1。若全为 1，则表示第 0 行无键被按下；若不全为 1，则表示第 0 行有键被按下。闭合键的位置处于第 0 行和 PB 不为 1 的列线相交之处。如果第 0 行无键被按下，就扫描第 1 行，用同样的方法判断第 1 行是否有键被按下，这样逐行扫描下去，直到找到闭合键为止。如果矩阵键盘的键值按图 9.15 形式排列，则键值=行号×4+列号。

当检测到有键被按下后，必须消除键抖动(Debance)。消除键抖动的常用方法是在检测到有键被按下后，延长一定时间(通常为 10 ms～20 ms)，再检查该键是否仍被按下。若是，才认定该键确实被按下了，而不是干扰。

由图 9.15 可知，8255A 的端口地址为 1D0H、1D2H、1D4H、1D6H。下面是键盘检测、去抖动、键值编码和确定键名的汇编语言程序。程序运行结束后，若有键被按下，则返回键值存入 KEY_NO；否则，KEY_NO 中为无效键值。

```
DATA   SEGMENT
PORT_A      EQU    1D0H                   ; 8255A  A 口地址
PORT_B      EQU    1D2H                   ; 8255A  B 口地址
PORT_CTL    EQU    1D6H                   ; 8255A  控制口地址
KEY_NO      DB     0FFH                   ; 赋以无效键值
DATA   ENDS
STACK   SEGMENT   STACK   'STACK'
        DW   50   DUP(0)
TOP_STACK   LABLE   WORD
STACK   ENDS
CODE   SEGMENT
KEYSCAN   PROC   FAR
        ASSUME    CS: CODE, DS: DATA, SS: STACK
START:    MOV     AX, STACK
          MOV     SS, AX
          LEA     SP, TOP_STACK
          MOV     AX, DATA
          MOV     DS, AX
          MOV     DX, PORT_CTL        ; 指向控制口
          MOV     AL, 10000010B       ; 控制字
          OUT     DX, AL              ; 写入控制字
          MOV     DX, PORT_A          ; 向 DX 送 A 口地址
          MOV     AL, 00H
          OUT     DX, AL              ; 使每行输出 0
          MOV     DX, PORT_B          ; 向 DX 送 B 口地址
NOKEY: IN   AL, DX                    ; 读入键盘列状态
AND         AL, 0FH                        ; 只查低 4 列
CMP         AL, 0FH                        ; 列是否全为 1
JE          NOKEY                          ; 是,继续查
MOV         CX, 16EAH                 ; 延时
DELAY: LOOP   DELAY                   ; 延时 20ms
```

```
            IN      AL, DX          ; 后，重读入键盘列状态
            AND     AL, 0FH         ; 只查低 4 位(列值)
            CMP     AL, 0FH         ; 列是否全为 1
            JE      NOKEY           ; 是抖动
            MOV     AL, 0FEH        ; 进行逐行扫描，先使 D0=0
            MOV     BL, AL
NEXT_ROW:   MOV     DX, PORT_A      ; 向 DX 送 A 口地址
            OUT     DX, AL          ; 向一行输出低电平
            MOV     DX, PORT_B      ; 向 DX 送 B 口地址
            IN      AL, DX          ; 读入列状态
            AND     AL, 0FH         ; 只查低 4 列
            CMP     AL, 0FH         ; 是否均为 1
            JNE     ENCODE          ; 否，表示有键被压下，转去编码
            ROL     BL, 1           ; 均为 1，使下行输出 0
            MOV     AL, BL
            JMP     NEXT_ROW        ; 查看下一行
ENCODE:     MOV     DL, 0           ; 行号=0
            MOV     DH, 0           ; 列号=0
LL1:        SHR     BL, 1           ; 统计行号
            JNC     LL2
            INC     DL
            JMP     LL1
LL2:        ROR     AL, 1           ; 统计列号
            JNC     LL3
            INC     DH
            JMP     LL2
LL3:        MOV     AL, DL          ; 行号
            MOV     BL, 4
            MUL     BL              ; 行号 × 4
            ADD     AL, DH          ; 列号 + 行号 × 4
            MOV     BL, AL          ; 暂存键值(列号 + 行号 × 4)
            MOV     DX, PORT_B      ; 向 DX 送 B 口地址
LL4:        IN      AL, DX          ; 读入键盘列状态
            AND     AL, 0FH         ; 只查低 4 列
            CMP     AL, 0FH         ; 列是否全为 1
            JNE     LL4             ; 检测按键是否抬起
            MOV     CX, 16EAH       ; 延时，消抖
DELAY:      LOOP    DELAY           ; 延时 20 ms
            MOV     DX, PORT_B      ; 向 DX 送 B 口地址
```

```
LL5: IN         AL, DX           ; 读入键盘列状态
     AND        AL, 0FH          ; 只查低 4 列
     CMP        AL, 0FH          ; 列是否全为 1
     JNE        LL5              ; 检测按键是否抬起
     MOV        KEY_NO, BL
     RET
     KEYSCAN   ENDP
     CODE   ENDS
            END   START
```

9.2.2　LED 数码管接口

1. LED 数码管的工作原理

LED 数码管由 8 只发光二极管组成，其中 7 只发光二极管排成“8”字形，如图 9.16(a)所示，这 7 只发光二极管顺时针分别称为 a、b、c、d、e、f、g，还有一个小数点 dp。通过 7 个发光段的不同组合，可以显示 0～9 和 A～F 共 16 个字母数字或其他异形字符。LED 数码管有共阳极、共阴极两种结构，如图 9.16(b)、(c)所示，COM 为公共端。为了使 LED 数码管显示不同的字符，要将这些段点亮，即为数码管的各段提供一个字节的二进制代码，称为段码，习惯上以 a 段为段码字节的最低位。LED 数码管显示字符 0～F 的段码如表 9.2 所示。由于发光二极管发光时通过的平均电流为 10 mA～20 mA，所以必须接驱动电路。

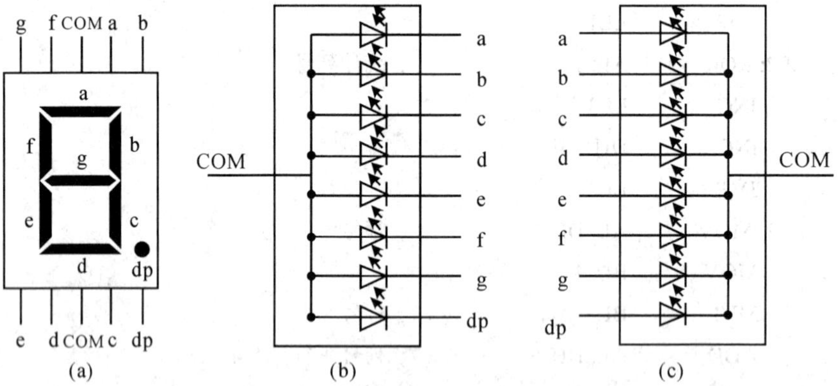

图 9.16　LED 数码管的结构

2. LED 显示接口

为了在 LED 上显示数据，首先必须把显示的数据转换为 LED 的段码，要实现这种转换可以采用两种方法：一是采用专用芯片，即采用专用的带驱动器的 LED 段译码器，比如 CD4511，可以实现对 BCD 码的译码，但不能对大于 9 的二进制数译码。CD4511 有 4 位显示数据输入，7 位显示段输出，3 位控制信号输入。使用时，只要将 CD4511 的输入端与主机系统输出端口的某 4 个数据位相连，而 CD4511 的 7 位的输出直接与 LED 的 a～g 相接，便可实现对 1 位 BCD 码的显示。具体电路如图 9.17 所示。

表 9.2　LED 数码管段码表

显示字符	共阴段码	共阳段码	显示字符	共阴段码	共阳段码
0	3FH	C0H	8	7FH	80H
1	06H	F9H	9	6FH	90H
2	5BH	A4H	A	77H	88H
3	4FH	B0H	B	7CH	83H
4	66H	99H	C	39H	C6H
5	6DH	92H	D	5EH	A1H
6	7DH	82H	E	79H	86H
7	07H	F8H	F	71H	8EH

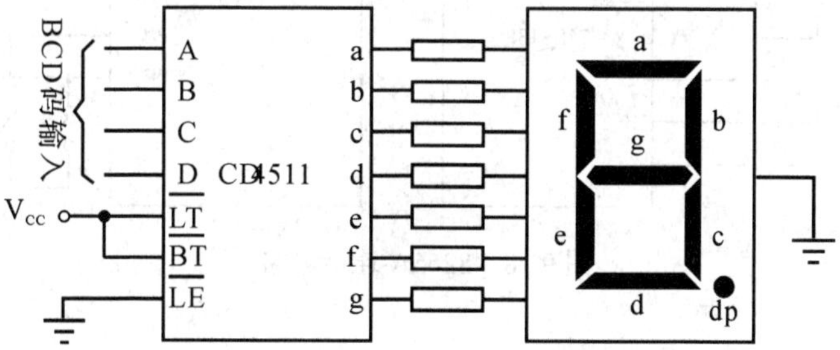

图 9.17　CD4511 与 LED 数码管接线图

另一种常用的办法是软件译码法。在软件设计时，根据硬件在数据段定义 0～F 共 16 个数字(也可以为 0～9 或其他符号)的显示段码表，在程序中利用 XLAT 指令进行软件译码。假设用一位共阳极 LED 来显示数据，显示数字 0 时，a、b、c、d、e、f 段发光，故连接 a、b、c、d、e、f 段的信号应为低电平，而其他段不发光，即为高电平。如果 a、b、c、d、e、f、g 段分别与 D_0～D_6 数据信号线相连，那么数字 0 的显示代码为 11000000B。以此类推，可以得出其他数字或符号的显示代码。假设要显示的数据存放在 BL 的低 4 位中，用下面几条指令即可实现软件译码：

```
DISPCODE    DB   0C0H, 0F9H, 0A4H, 0B0H, 99H, 92H, 82H, 0F8H  ；数码管的段码表
            DB   80H, 90H, 88H, 83H, 0C6H, 0A1H, 86H, 8EH
MOV     AL, BC                ；把要显示的数据(BC 码)送至 AL
AND     AL, 0FH               ；屏蔽无用位
LEA     BX, DISPCODE          ；显示代码表的首地址送 BX
XLAT                          ；查表，相应的显示代码即被存入 AL
```

例 9-2　8255A 的 A 口和 B 口工作在方式 0 下，A 口为输入端，接有 4 个开关，B 口为输出端，接有一个共阳极的七段数码管，连接电路如图 9.18 所示。编写一个程序，要求发光二极管显示开关所拨通的数字。

解　由图 9.18 可见，8255A 的 4 个端口地址都应为偶地址，A_0 必须等于 0，用地址线的 A_2、A_1 来选择片内的 4 个端口。图中，A_7 与 G_1 相连，A0 与 $\overline{G_{2A}}$ 相连，地址线 A_6 与 M/$\overline{IO}$

接或门的输入端，而或门输出端接译码器的$\overline{G_{2B}}$。当 $A_7A_6A_0=100$，$A_5A_4A_3=101$ 时，$Y_5=0$，选中 8255A。这样，4 个端口地址分别为 A0H、A2H、A4H 和 A6H，对应于 8255A 的 A 口、B 口、C 口和控制字寄存器。

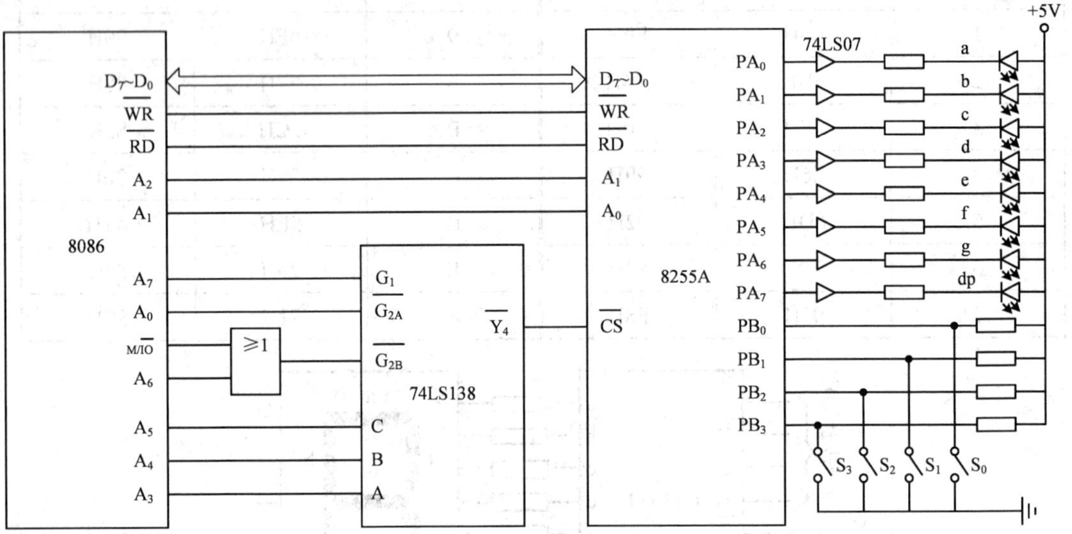

图 9.18　8255A 连接电路

程序如下：

```
        DATA   SEGMENT                          ；定义段码表
        TABLE  DB     DB   0C0H, 0F9H, 0A4H, 0B0H, 99H, 92H, 82H, 0F8H
                      DB   80H, 90H, 88H, 83H, 0C6H, 0A1H, 86H, 8EH
        DATA   ENDS
        CODE   SEGMENT                          ；定义代码段
        ASSUME   DS: DATA, CS: CODE
START:  MOV    AX, DATA
        MOV    DS, AX
        MOV    AL, 82H                          ；设置 8255A 方式字
        OUT    0A6H, AL                         ；方式字送控制口
NEXT:   IN     AL, 0A2H                         ；取开关状态信息
        AND  AL, 0FH                            ；屏蔽高 4 位
        MOV  BX, OFFSET   TABLE                 ；取段码首地址
        XLAT                                    ；查表得到段码
        OUT    0A0H, AL
        MOV    CX, 0800H
DELAY:  LOOP   DELAY                            ；循环延时
        JMP    NEXT
        CODE   ENDS
        END   START
```

3. 多位 LED 显示

多位 LED 显示有静态显示与动态显示两种方式。静态显示方式是指当显示器显示某一字符时，发光二极管的位选始终被选中。在这种显示方式下，每一个 LED 数码管显示器都需要一个 8 位的输出口进行控制，故其不足之处是占用硬件资源较多，每个 LED 数码管需要独占 8 根输出线。随着显示器位数的增加，需要的 I/O 口线也将增加。动态显示方式是指一位一位地轮流点亮每位显示器(称为扫描)，即每个 LED 数码管的位选被轮流选中，多个 LED 数码管共用一组段选，段选数据仅对位选选中的 LED 数码管有效。对于每一位显示器来说，每隔一段时间点亮一次。显示器的亮度既与导通电流有关，也与点亮时间和间隔时间的比例有关。通过调整电流和时间参数，可以既保证亮度又保证显示时间。若显示器的位数不大于 8 位，则显示器的公共端只需一个 8 位 I/O 口进行动态扫描(称为扫描口)，控制每位显示器所显示的字形也需一个 8 位端口(称为段码输出)。

在动态显示方式中，各 LED 数码管轮流工作，为了防止产生闪烁现象，每个 LED 数码管刷新频率必须大于 25 Hz，即相邻两次点亮的时间间隔要小于 40 ms。实验表明：为了保证一定的亮度，在驱动电流为 30 mA 的情况下，每位显示时间不能小于 1 ms。图 9.19 是 8 位共阴极 LED 动态显示的接口电路示意图，8255A 的 A 口作为数据口，经同相驱动器 74LS07 接每个显示器的各个段，B 口作为扫描口，经反相驱动器 74LS06 接显示器的公共端。

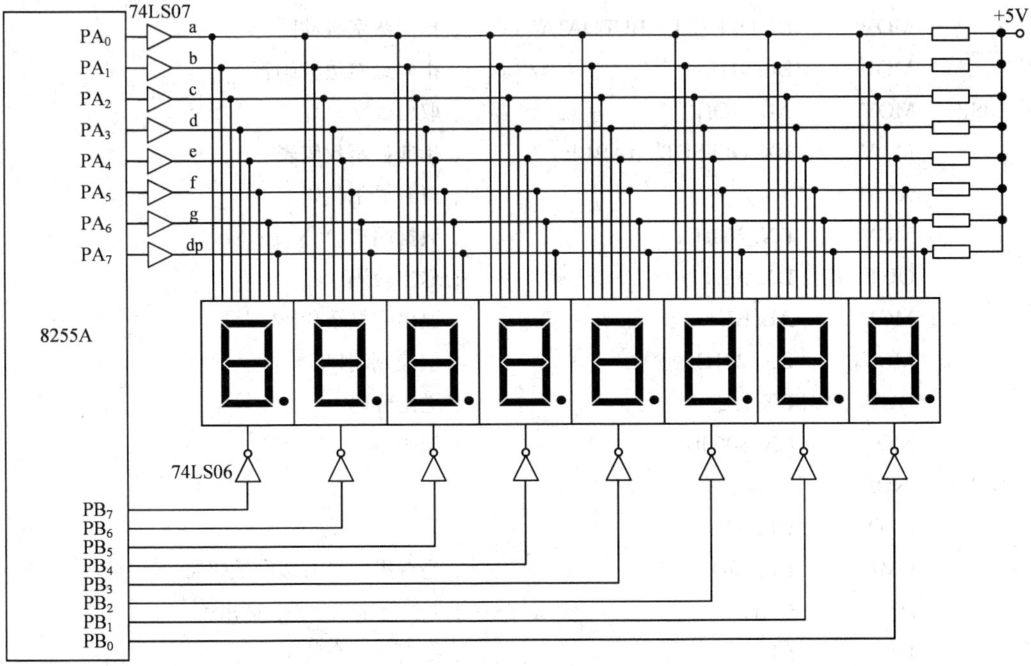

图 9.19　8 位 LED 动态显示和 8255A 的连接图

由图 9.19 可知，只要 8255A 的 B 口扫描输出总是只有 1 位为高电平，即 8 位显示器中仅有 1 位公共阴极为低电平，其他位为高电平，则 8255A 的 A 口输出段码值就可以显示该字符。设计时可以开辟一个 8 字节的 BUFDATA 缓冲区，依次存放要显示的数字。还需要建立一个显示代码表 TABLE，依次存放 0～9 对应的七段显示代码。假设要显示 12345678，8255A 的端口地址为 200～203H，8 位 LED 数码管从自右到左显示的子程序如下：

```
        DATA   SEGMENT
        TABLE    DB   3FH, 06H, 5BH, 4FH, 66H          ; 显示代码表
                   DB   6DH, 7DH, 07H, 7FH,6FH
        BUFDATA  DB   8, 7, 6, 5, 4, 3, 2, 1           ; 数字缓冲区
        DATA   ENDS
        STACK   SEGMENT   STACK   'STACK'
        SPAE   DB   100   DUP(?)
        TOP   EQU   LENGTH   SPAE
        STACK   END
        CODE   SEGMENT
        ASSUME   CS: CODE, DS: DATA, SS: STACK
        MAIN     PROC   FAR
START:  MOV       AX, DATA
        MOV       DS, AX
        MOV       AX, STACK
        MOV       SS, AX
        MOV       SP, TOP
        MOV       DI, OFFSET   BUFDATA         ; 指向数字缓冲区
        MOV       BL, 01H                      ; 指向最右边数码管
DISP:   MOV       AL,  [DI]                    ; 取出数字
        MOV       BX, OFFSET   TABLE           ; 指向显示代码表
        XLAT                                   ; 得到显示代码
        MOV       DX, 200H                     ; 数据端口
        OUT       DX, AL                       ; 送出段码
        MOV       AL, BL                       ; 取出位显示代码
        MOV       DX, 201H                     ; 位控制端口
        OUT       DX, AL                       ; 送出位码
        MOV       CX, 8000H                    ; 延时
DELAY:  NOP
        LOOP      DELAY
        CMP       BL, 80H                      ; 是否指向最右边的数码管
        JE        QUIT                         ; 是, 已显示一遍, 退出
        INC       DI                           ; 指向下一个数字
        ROL       BL,1                         ; 指向下一个数码管
        JMP       DISP                         ; 显示下一位
  QUIT: RET                                    ; 8 位数码管都显示一遍, 返回
        MAIN      ENDP
        CODE   ENDS
        END   START
```

9.2.3　并行打印机接口

1. 用方式 0 与打印机接口

目前打印机一般采用并行接口 Centronics 标准，其主要信号与传送时序如图 9.20 所示。

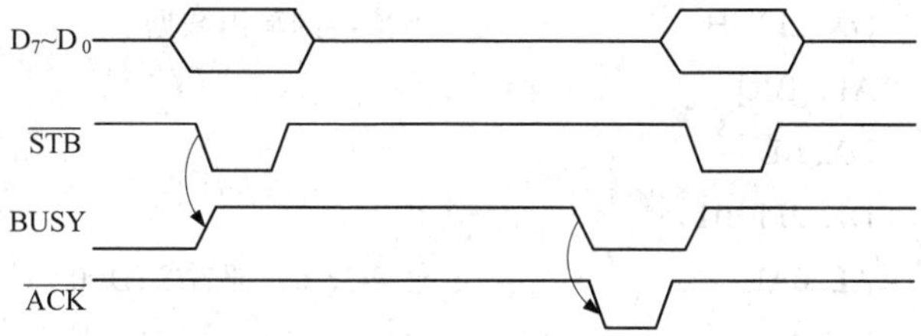

图 9.20　并行打印机时序图

打印机接收主机传送数据的过程：当主机准备好输出需要打印的一个数据时，通过 8255A 把数据传送至打印机接口的数据引脚 D_7～D_0，同时发送一个数据选通信号 $\overline{STB}$ 给打印机。打印机收到该信号后，把数据锁存到内部缓冲区，同时在 BUSY 信号线上发出忙信号。待打印机处理好输入数据时，打印机撤销忙信号，同时向主机发送一个响应信号 $\overline{ACK}$。主机根据信号 BUSY 或信号 $\overline{ACK}$ 决定是否输出下一个数据。采用查询方式输出数据，用 8255A 作为打印机接口电路如图 9.21 所示。

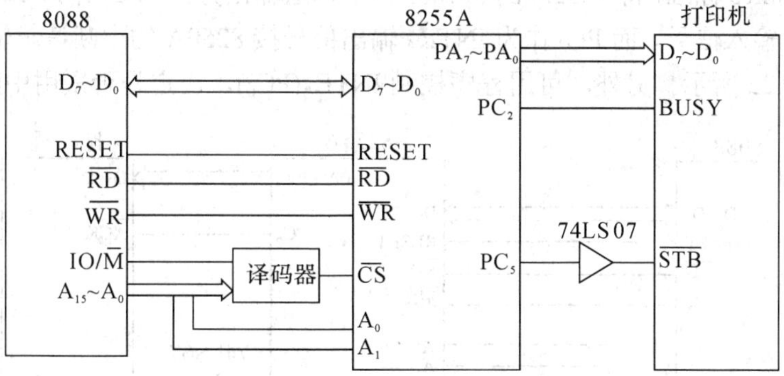

图 9.21　方式 0 的打印机接口电路

A 口设置为方式 0，输出打印数据；B 口没有使用；C 口的 PC_5 产生负脉冲选通信号 $\overline{STB}$，故 PC_7～PC_4 为输出方式，PC_2 连接打印机的 BUSY 信号查询其状态，故 PC_3～PC_0 为输入方式。假设 8255A 的 A、B、C 口的 I/O 地址为 2FF8H、2FF9H 和 2FFAH，控制端口地址为 2FFBH，则打印 BUFFER 缓冲区中 100 个字符的程序如下：

```
MOV     DX, 2FFBH
MOV     AL, 81H                 ; A 口方式 0 输出，C 口上半部输出，下半部输入
OUT     DX, AL                  ; 输出工作方式字
MOV     AL, 0BH                 ; 使 PC5=1，即置 STB=1
OUT     DX, AL
MOV     BX, OFFSET  BUFFER      ; 打印字节数送 CX
```

```
        MOV     CX, 100         ; 取缓冲区首址送 BX
PTEST:  MOV     DX, 2FFAH
        IN      AL, DX          ; 查询 PC2
        AND     AL, 04H         ; BUSY=0?
        JNZ     PTEST           ; 忙，则等待，D2=1 表示忙
        MOV     DX, 2FF8H       ; 不忙，则输出数据
        MOV     AL, [BX]
        OUT     DX, AL
        MOV     DX, 2FFBH
        MOV     AL, 0AH         ; 使 PC5=0，即置 STB=0
        OUT     DX, AL
        NOP                     ; 适当延时，产生一定宽度的低电平
        NOP
        MOV     AL, 0BH         ; 使 PC5=1，即置 STB=1
        OUT     DX, AL
        INC     BX
        LOOP    PTEST
```

2. 用方式 1 与打印机接口

根据 Centronics 标准，将 8255A 的 A 口工作于选通输出方式，PC_7 作为 $\overline{OBF_A}$ 输出信号，PC_6 作为 $\overline{ACK_A}$ 输入信号，而 PC_3 作为 $INTR_A$ 输出信号接 8259A 的中断请求输入端 IR_4，电路原理图如图 9.22 所示。另外，可用程序控制 $INTE_A(PC_6)$，决定是否采用中断方式。

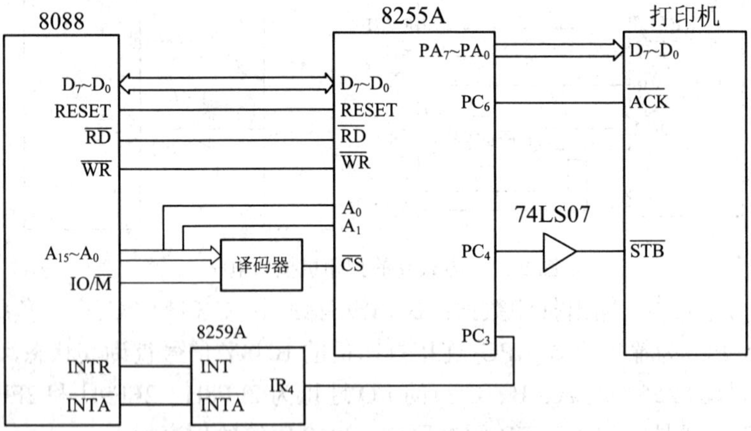

图 9.22　方式 1 的打印机接口电路

假设 8255A 的 A、B、C 口的 I/O 地址为 2FF8H、2FF9H 和 2FFAH，控制端口的地址为 2FFBH。设 8259A 的 IR_4 的中断类型号为 8CH，中断向量为 2000H:680H。以下为采用选通方式输出缓冲区 BUFFER 中的打印字符的子程序，输出的字节数为 100。

```
MAIN:   CLI                     ; 关中断
        MOV     AX, 2680H       ; 设置中断向量
        MOV     [0230H], AX
```

```
        MOV     AX, 2000H
        MOV     [0232H], AX
        MOV     DX, 2FFBH               ; 设定 A 口为选通输出方式
        MOV     AL, 0A0H
        OUT     DX, AL
        MOV     AL, 0CH                 ; 使 INTEA(PC6)为 1,允许中断
        OUT     DX, AL
        MOV     BX, OFFSET  BUFFER      ; 取缓冲区首址送 BX
        MOV     AL, [BX]                ; 取第一个数据
        MOV     DX, 2FF8H
        OUT     DX, AL                  ; 从 A 口输出
        MOV     AL, 08H                 ; 产生 STB 信号
        MOV     DX, 2FFBH
        OUT     DX, AL
        INC     AL
        OUT     DX, AL
        MOV     CX, 99                  ; 打印字节数送 CX
NEXT:   STI                             ; 开中断
        HLT
        INC     BX                      ; 修改地址指针指向下一个数据
        LOOP    NEXT
        HLT
```

中断服务子程序如下：

```
PRINT:  MOV     AL, [BX]                ; 取一个数据
        MOV     DX, 2FF8H
        OUT     DX, AL                  ; 从 A 口输出
        MOV     AL, 08H                 ; 产生 STB 信号
        MOV     DX, 2FFBH
        OUT     DX, AL
        INC     AL
        OUT     DX, AL
        IRET
```

9.3 串行通信

串行通信是微型计算机和外设交换信息的方式之一。所谓串行通信，是将并行数据转换成串行数据，用一根信号线一位一位地按顺序进行数据传送的通信。与并行通信相比，串行通信具有传输线数目少、成本低等优点，适合远距离传送；其缺点是速度慢，若并行

传送 n 位数据需时间 T，则串行传送的时间最少为 nT。在实际传送中，是通过一对导线传送信息的。在传送中每一位数据都占据一个固定的时间长度。

1. 数据传送的方式

串行通信时，数据在两个站(或设备)A 与 B 之间传送，按传送方向可分成单工、半双工和全双工三种不同的方式，如图 9.23 所示。

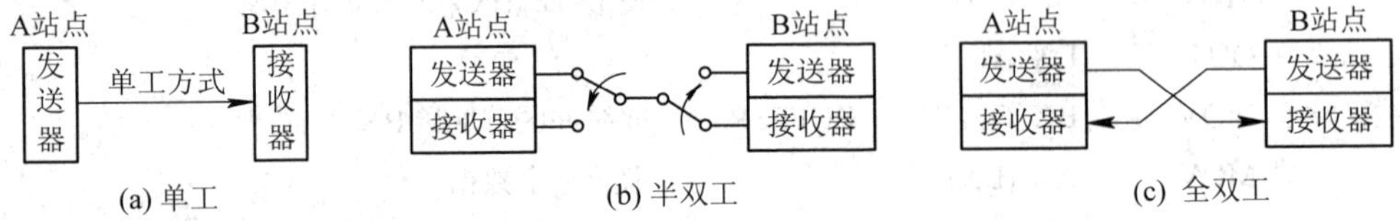

图 9.23　串行通信工作方式

(1) 单工(Simplex)方式。在单工方式中，数据线仅能在一个方向上传送数据，两个站(或设备)之间进行通信时，一边只能发送数据，另一边只能接收数据，如图 9.23(a)所示。现在把这种通信方式称为单向通信。

(2) 半双工(Half Duplex)方式。在半双工方式中，数据可在两个站(或设备)之间向任意一个方向传送，但两个站(或设备)之间只有一根传输线，故同一时间内只能在一个方向上传送数据，不能同时收发，如图 9.23(b)所示。无线电对讲机就是半双工传送的一个例子，一个人在讲话的时候，另一个人只能听着，因为一端在发送信息时，接收端的电路是断开的。

(3) 全双工(Full Duplex)方式。如果在一个数据通信系统中，对数据的两个传送方向采用不同的通路，这样的系统就可以工作在全双工方式，如图 9.23(c)所示。采用全双工的系统可以同时发送和接收数据，电话系统就是全双工传送数据的一个例子。计算机的主机和显示终端(它由带键盘的 CRT 显示器构成)进行通信时，通常也采用全双工方式。一方面，键盘上敲入的字符可以传送到主机内存，另一方面主机内存的信息可以传送到显示终端。在键盘上敲入一个字符后，并不立即显示出来，而是等计算机收到该字符后，再回送给终端，由终端将该字符显示出来。这样，对主机而言，前一个字符的回送过程和后一个字符的输入过程是同时进行的，并通过不同的线路进行传送，即系统工作于全双工方式。

2. 异步通信与同步通信

为了保证通信的顺利进行，通信双方必须约定并遵守基本通信规程，即通信协议。串行通信有两种基本工作方式：异步通信和同步通信。

(1) 异步通信。异步通信是指通信双方没有共同的时间基准，通常以字符为单位一位一位地进行传送，其通信协议是起止式异步通信协议。

异步通信的帧格式由起始位、数据位、奇偶校验位和停止位组成，其传送的字符帧格式如图 9.24 所示。起始位用于表示字符的开始，当有数据要发送时，数据信号线变成低电平，并持续一位的时间。起始位之后，接着传送数据位，按照最低有效位 D_0 在前、高位在后的顺序进行传送。采用不同的编码方案，待发送的数据位可以由 5 位、6 位、7 位或 8 位构成。当字符用 ASCII 码表示时，数据位占 7 位(D_0～D_6)。在数据位的后面有一个可选的奇偶校验位，加上这一位后，可使字符中 1 的位数为奇数(进行奇校验时)或偶数(进行偶校验时)，系统中也可以不用奇偶校验位。最后传送的是高电平的停止位，用于指示字符的结束。停止位可以是 1 位，也可以是 1.5 位或 2 位。如果传送完一个字符后立即传送下一个字符，那么后一个字符的起始位就紧跟在前一个字符的停止位之后，否则停止位后就进入空闲状态。空闲状态是指不发送数据时，数据信号线总是呈现高电平。

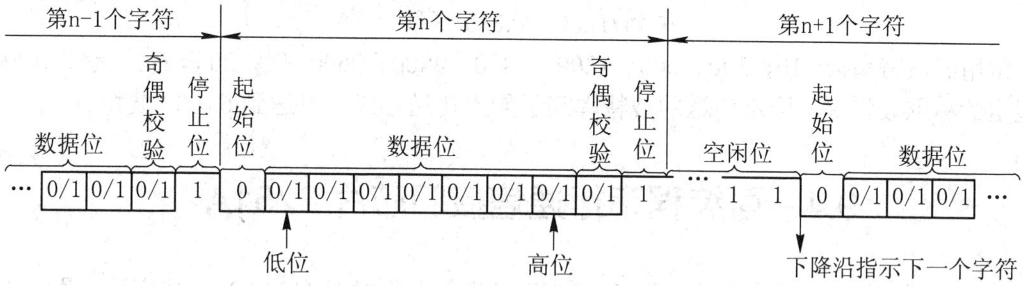

图 9.24　异步通信字符帧格式

因此，当用异步方式发送一个 7 位的 ASCII 字符时，实际需发送 10 位、10.5 位或 11 位信息。如果用 10 位来发送，就意味着发送过程中将会浪费 30%的传送时间。为了提高串行数据传送的速率，可以采用同步传送方式。

采用异步通信方式的优点是控制简单，不需收发双方时钟频率保持完全一致，可以有偏差，纠错方便；其缺点是一旦传送出错，则需要重发，导致传送效率低，信息冗余大。

(2) 同步通信。同步通信速度远高于异步通信。同步通信要求用精确的同步时钟来控制发送端和接收端之间的同步，所以同步通信对硬件要求比较高。同步通信把许多字符组成一个信息组，每帧的开始用同步字符来指示。同步通信的信息组格式如图 9.25 所示。为了表示数据传送的开始，发送方先发送一个或两个特殊字符，该字符称为同步字符。当发送方和接收方达到同步后，就可以一个字符接一个字符地发送一大块数据，而不再需要用起始位和停止位了，这样明显地提高了数据的传送速率。采用同步方式传送数据时，在发送过程中，收发双方还必须用同一个时钟进行协调，以确定串行传送中每一位的位置。接收数据时，接收方可利用同步字符将内部时钟与发送方保持同步，然后将同步字符后面的数据逐位移入，并转换成并行格式，供 CPU 读取，直至收到结束符为止。

同步字符	同步字符	数据1	数据2	…	数据n	校验字符 CRC1	校验字符 CRC2	同步字符

图 9.25　同步串行通信信息组格式

同步通信中需要注意的是：传送的数据都是成批连续的，两个字符之间不允许有空格，在没有字符要传送时要填上空字符，以此来保证数据传送的准确性。

采用同步通信协议的优点是传送效率高，传送速度快，适合要求快速、连续地传送大量数据的场合，但其技术比异步通信协议复杂，硬件开销大、成本高。因此，在一般应用中，采用异步通信的比较多。

3. 串行传送速率

在串行通信中，常用波特率(Baud Rate)来表示数据传送的速率。在计算机中，每秒钟内所传送数据的位数称为波特率，单位为波特(Bd)，实际上它是传送每一位信息所用时间的倒数。如果一个串行字符由 1 个起始位、7 个数据位、1 个奇偶校验位和 1 个停止位等

10 个数位构成，每秒钟传送 120 个字符，则数据传送的波特率为

10 位/字符 × 120 字符/秒 = 1200 位/秒 = 1200 波特

传送每位信息所占用的时间为

1 秒/1200 = 0.833 毫秒

常用的波特率为 110、300、600、1200、2400、4800、9600 和 19200 波特，它是国际上规定的标准波特率。同步传送的波特率高于异步传送方式，可达到 64000 波特。

9.4 可编程串行通信接口芯片 8251A

8251A 是 Intel 公司生产的一种通用同步/异步数据收发器(USART)，被广泛应用于以 Intel 8080、8085、8088、8086 和 8048 等为 CPU 的微型计算机中。它作为可编程通信接口器件，能工作于全双工方式，也可工作于同步方式和异步方式。8251A 工作于同步方式时，通过编程可选择每个字符的数据位数为 5～8 位，数据传送的波特率为 0～64 000 波特，还可选择内同步或外同步字符。8251A 工作于异步方式时，通过编程可选择每个字符的数据位数也是 5～8 位、波特率系数(时钟速率与传送速率之比)可以分别为 1、16 和 64，停止位位数为 1 位、1.5 位或 2 位，能检查假启动位，并能自动产生、检测和处理中止符等。异步传送的波特率为 0～19 200 波特。

9.4.1 8251A 的内部结构和外部引脚

8251A 的内部结构方框图如图 9.26 所示。

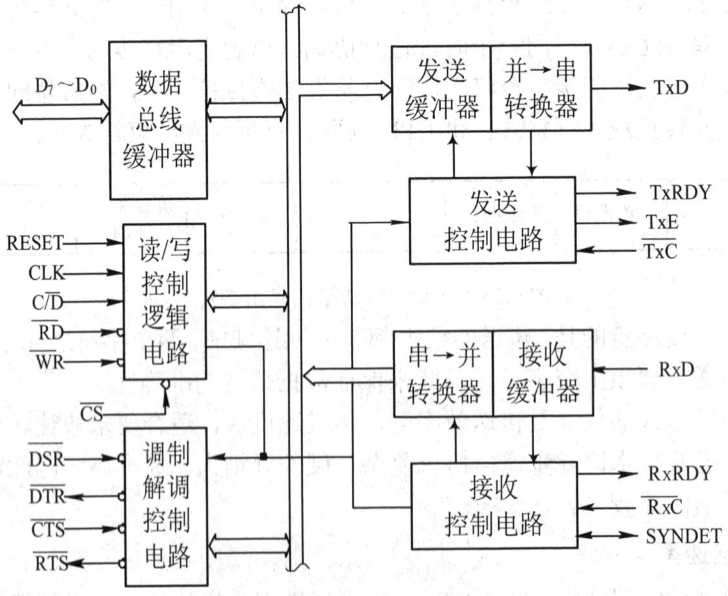

图 9.26　8251A 的内部结构方框图

8251A 内部由数据总线缓冲器、接收缓冲器、接收控制电路、发送缓冲器、发送控制电路、读/写控制逻辑电路和调制解调控制电路等组成，内部总线实现各部件相互间的通信。

8251A 外部引脚如图 9.27 所示。

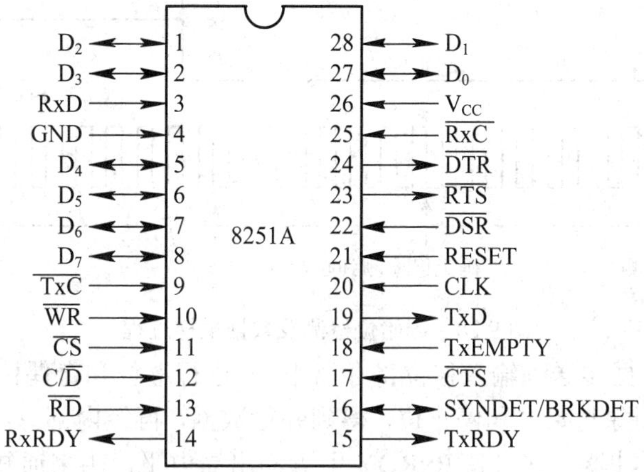

图 9.27　8251A 的外部引脚图

8251A 内部各部件及外部各有关引脚的功能分述如下：

1. 数据总线缓冲器

数据总线缓冲器作为 8251A 与系统数据总线之间的接口，内部包含 3 个三态双向 8 位缓冲器，它们是状态缓冲器、接收数据缓冲器和发送数据/命令缓冲器。前两个缓冲器分别用于存放 8251A 的状态信息和它所接收的数据，CPU 可用 IN 指令从这两个缓冲器中分别读取状态信息和数据。发送数据/命令缓冲器用来存放 CPU 用 OUT 指令向 8251A 写入的数据或命令(控制)字。

8251A 发与数据总线缓冲器有关的引脚有 D_7～D_0 数据线，它们与系统的数据总线相连，除用来在 8251A 和 CPU 间传送数据外，还传送 CPU 对 8251A 的编程命令和 8251A 发送至 CPU 的状态信息。

2. 接收缓冲器和接收控制电路

接收缓冲器由接收移位寄存器、串/并变换电路和同步字符寄存器等构成，在时钟脉冲的控制下，它逐个接收从 RxD 引脚上输入的串行数据，并将它们传送至移位寄存器，待接收到一个字符数据后，通过串/并变换电路，将移位寄存器中的数据变成并行数据，再通过内部总线传送到接收数据缓冲器中。接收数据的速率取决于传送到接收时钟端 $\overline{RxC}$ 的时钟频率。

在异步方式下，接收时钟 $\overline{RxC}$ 的频率可以是波特率的 1 倍、16 倍或 64 倍，或者说波特率系数为 1、16 或 64。使用比波特率高的时钟频率，能使接收移位寄存器在信号的中间同步，而不是在信号起始边沿同步，这样将减少信号噪声在信号起始处引起读数错误的可能。当 CPU 发出允许接收数据的命令时，接收缓冲器一直监视着数据接收引脚 RxD 上的信号电平。无信号时，RxD 为高电平，一旦检测到 RxD 为低电平，就启动接收控制电路中的内部计数器，对时钟频率进行计数。若接收时钟频率为波特率的 16 倍，则计数器计到半个数位传送时间也就是计到 8 时，如检测到 RxD 引脚上仍是低电平，就确认收到了一个有效的起始位，而不是干扰信号。在这之后，8251A 每隔一个数位传送时间，也就是 16 个时钟周期，就对 RxD 进行一次采样，8251A 对数据的采样过程如图 9.28 所示。

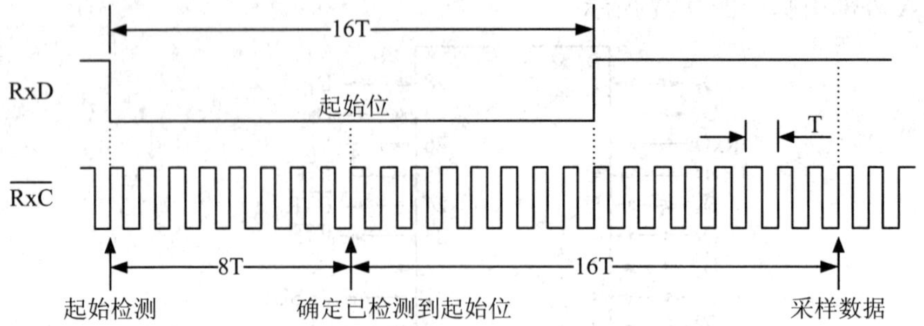

图 9.28　起始位检测及数据采样过程

先将采集到的数据传送到输入移位寄存器中，并进行移位和奇偶校验(如果设置了奇偶校验)等操作，然后删除起始位和停止位，得到并行数据，再经内部总线传送到数据总线缓冲器中的接收数据缓冲器。这时使 RxRDY 引脚输出高电平，用来通知 CPU，8251A 已从外部接收一个字符，等待传送到 CPU。当 RxRDY 引脚上产生高电平时，芯片内部状态寄存器中的 RxRDY 位也被置成高电平。同步传送方式又分内同步和外同步两种情形。

8251A 工作于内同步方式时，CPU 发出允许接收和进入搜索命令后，就一直监测 RxD 引脚，将接收到的每一位数据传送至移位寄存器，并与同步字符寄存器的内容进行比较。若两者不相同，则继续接收数据和进行移位比较等操作；若两者相同，则将 SYNDET 引脚置为高电平，表示已实现同步过程。如果对 8251A 编程采用双同步字符方式工作，则需搜索到两个同步字符后，才认为已实现同步。

8251A 若采用外同步方式工作，则由外部电路来检测同步字符。外部电路检测到同步字符后，就从同步输入端 SYNDET 输入一个高电平，通知 8251A，当前已检测到同步字符，8251A 就会立即脱离对同步字符的搜索过程。只要 SYNDET 上高电平能维持一个 $\overline{RxC}$ 时钟周期，8251 便认为已达到同步。实现同步之后，接收缓冲器才能接收同步数据。首先，接收缓冲器利用时钟信号对 RxD 线进行采样，然后把采得的数据传送至移位寄存器中，每当接收到的数据位数达到一个字符所规定的数位时，接收缓冲器就将移位寄存器里的内部总线传送到接收数据缓冲器中，同时使 RxD 引脚上输出高电平，表示已收到一个可用字符。与接收端有关的信号如下：

(1) RxD(Receiver Data)信号：接收数据，输入。外部串行数据从 RxD 引脚逐位移入接收移位寄存器中，经串/并变换，变成并行数据后，便进入接收数据缓冲器，等待输入到 CPU。

(2) RxRDY 信号：数据准备好，输出，高电平有效。此信号有效时，表示接收数据缓冲器中已收到一个字符数据，可将其输入到 CPU。当 8251A 与 CPU 之间采用中断方式传送数据时，RxRDY 可作为中断请求信号，由中断服务程序用 IN 指令读入数据；在查询方式时，此信号可作为一个状态信号，当程序查到此信号为高电平时，由 IN 指令读取数据。每当 CPU 从 8251A 的接收数据缓冲器中读取一个字符后，RxRDY 就复位为低电平，等到下次接收到一个新字符后，才又变为有效的高电平。

(3) SYNDET/BRKDET 信号：同步检测/断点检测，输入或输出。8251A 工作于同步方式和异步方式时，该引脚有不同的用处。当 8251A 工作于同步方式时，它用于同步检测，系统复位时，此引脚变成低电平。对于内同步方式，它为输出信号。如 8251A 检测到同步字符(在双同步字符情况下，需检测到第二个同步字符)后，SYNDET 输出高电平，表明输入 8251A 已达到同步状态。CPU 执行一次读状态操作后，SYNDET 被自动复位。

对于外同步方式，SYNDET 为输入信号，该引脚由低电平变为高电平时，8251A 在下一个 $\overline{\mathrm{RxC}}$ 的上升沿开始接收字符，一旦达到同步，SYNDET 端的高电平可以去除。对 8251A 编程为外同步检测时，内同步检测是被禁止的。

当 8251A 工作于异步方式时，BRKDET 是输出信号，该引脚为断点检测端。每当 8251A 从 RxD 端连续收到两个由全 0 数位组成的字符(包括起始、停止和奇偶校验位)时，该引脚输出高电平，表示当前线路上无数据可读，只有当 RxD 端收到一个 1 信号或 8251A 复位时，BRKDET 才复位，变成低电平。断点检测信号可作为状态位，由 CPU 读出。

(4) $\overline{\mathrm{RxC}}$ 信号：收时钟，由外部输入。$\overline{\mathrm{RxC}}$ 决定 8251A 接收数据的速率，当 8251A 工作于同步方式时，$\overline{\mathrm{RxC}}$ 端输入的时钟频率应等于接收数据的波特率。如 8251A 采用异步工作方式，则它的频率可以是波特率的 1 倍、16 倍或 64 倍。接收时钟应与对方的发送时钟相同。

3. 发送缓冲器和发送控制电路

当 CPU 要向外部发送数据时，先用 OUT 指令把要发送的数据经 8251A 的发送数据缓冲器并行输入并锁存到发送缓冲器中，再由发送缓冲器中的移位寄存器将并行数据转换成串行数据，然后经 TxD 引脚串行发送出去。

在异步传送方式下，发送缓冲器能按程序规定的字符格式，给发送的数据加上起始位、奇偶校验位和停止位，然后从起始位开始，经移位寄存器移位后，逐位将数据从数据输出线 TxD 上发送出去。发送速率取决于 $\overline{\mathrm{TxC}}$ 引脚上接的发送时钟频率，$\overline{\mathrm{TxC}}$ 的频率可以是发送波特率的 1 倍、16 倍或 64 倍。

在同步传送方式下，发送缓冲器在发送数据字符之前，先发送 1 个或 2 个同步字符，然后逐位输出串行数据。在同步发送时，字符之间是不允许存在空隙的，若由于某种原因(如出现更高优先级的中断)迫使 CPU 在发送过程中停止发送字符，则 8251A 将不断自动地插入同步字符，直到 CPU 发送新的字符后，再重新输出数据。同步传送时，数据传输率等于 $\overline{\mathrm{TxC}}$ 的时钟频率。与发送端有关的信号如下：

(1) TxD 信号：发送数据，输出。8251A 把 CPU 发送的并行数据转换成串行格式后，逐位通过 TxD 引脚发送到外部。

(2) TxRDY 信号：发送缓冲器准备好，输出，高电平有效。当允许 8251A 发送数据，而且数据总线缓冲器中的发送数据/命令缓冲器为空时，TxRDY 有效，它表示发送缓冲器已准备好从 CPU 接收一个数据。对于中断传送方式，TxRDY 有效时请求中断，由中断服务程序用 OUT 指令从 CPU 输出一个数据到 8251A。在查询方式下，TxRDY 可作为状态信号，当 CPU 检测到该信号有效时，才向 8251A 输出一个数据。当 CPU 向 8251A 输出一个并行数据后，TxRDY 被置为低电平。

(3) TxE 信号：发送缓冲器空，输出，高电平有效。当发送缓冲器空信号有效时，表示 8251A 发送缓冲器中的并行到串行转换器空，即已完成一次发送操作，缓冲器中已无数据可向外部发送。在异步传送方式下，通过 TxD 引脚向外部输出空闲位；在同步传送方式下，由于不允许在字符间留有空隙，所以就通过 TxD 引脚向外部输出同步字符。当 8251A 从 CPU 接收到一个数据后，TxE 变成低电平。

(4) $\overline{TxC}$ 信号：发送控制电路时钟，输入。$\overline{TxC}$ 确定 8251A 的发送速率。在同步方式下，$\overline{TxC}$ 端输入的时钟频率应等于发送数据的波特率；在异步方式下，可由软件定义发送时钟频率是波特率的 1 倍、16 倍或 64 倍。

4. 读/写控制逻辑电路

读/写控制电路用来接收 CPU 的控制信号和控制命令字，决定 8251A 的工作状态，并向 8251A 内部其余功能部件发送逻辑相应的控制信号。从 CPU 发送到读/写控制逻辑电路的控制信号如下：

(1) RESET 信号：复位信号，输入，高电平有效。RESET 信号有效时，8251A 进入空闲(Idle)状态，等待对芯片进行初始化编程。在用指令对 8251A 写入复位命令字后，也能使它进入空闲状态。

(2) CLK 信号：时钟，输入。时钟信号用来产生 8251A 内部定时信号。在同步方式下，CLK 的频率必须比 $\overline{TxC}$ 和 $\overline{RxC}$ 大 30 倍；在异步方式下，CLK 频率应比 $\overline{TxC}$ 和 $\overline{RxC}$ 大 4.5 倍。8251A 的时钟频率规定在 0.74 MHz～3.1 MHz 的范围内。

(3) $\overline{WR}$ 信号：写信号，低电平有效。当 $\overline{WR}$ 为低电平时，表示 CPU 正在把数据或控制字写入 8251A。

(4) $\overline{RD}$ 信号：读信号，低电平有效。当 $\overline{RD}$ 为低电平时，表示 CPU 正从 8251A 读出数据或状态信息。

(5) $\overline{CS}$ 信号：片选信号，低电平有效。当 $\overline{CS}$ 为低电平时，8251A 芯片被选中，可以对它进行读/写操作。当 $\overline{CS}$ 为高电平时，数据总线处于浮空状态，不能对该芯片进行读/写操作。$\overline{CS}$ 由地址译码电路产生。

(6) $C/\overline{D}$ 信号：控制/数据信号，输入。当 $C/\overline{D}=1$ 时，表示当前通过数据总线传送的是控制信息或状态字；当 $C/\overline{D}=0$ 时，表示传送的是数据信息。$C/\overline{D}$、$\overline{RD}$、$\overline{WR}$ 和 $\overline{CS}$ 这几个信号组合起来形成的读/写操作如表 9.3 所示。

表 9.3　8251A 的读/写操作信号组合

$\overline{CS}$	$\overline{RD}$	$\overline{WR}$	$C/\overline{D}$	操　作
0	0	1	0	CPU 从 8251A 读数据
0	1	0	0	CPU 向 8251A 写数据
0	0	1	1	CPU 读取 8251A 的状态字
0	1	0	1	CPU 向 8251A 写入控制字
0	1	1	×	8251A 数据总线三态
1	×	×	×	8251A 数据总线三态

由表 9.3 可知，对 8251A 读/写数据时，$C/\overline{D}=0$，选择数据端口；向 8251A 写入控制字或从 8251A 读取状态字时，$C/\overline{D}=1$，使用控制端口。

5. 调制解调器控制电路

当终端和远程计算机或计算机与远程中央处理机之间进行通信时，可用 8251A 作为远距离通信接口芯片，经与调制解调器相连，可用标准电话线传送数据。8251A 用 4 根信号线 $\overline{DTR}$、$\overline{DSR}$、$\overline{RTS}$ 和 $\overline{CTS}$ 来实现与 MODEM 之间的通信联络，联络方式分为同步方式和异步方式两种。在异步方式下，$\overline{RxC}$ 和 $\overline{TxC}$ 信号的频率可以是波特率的 1 倍、16 倍或 64 倍，它们由波特率产生器提供，也可由时钟信号 CLK 经 8253 分频后形成。

通常，将 MODEM 和其他用于远距离发送串行数据的设备称为数据通信设备 DEC，用于收发数据的终端和计算机称为数据终端设备 DTE。8251A 与 MODEM 接口的 4 根信号线的信号功能分述如下：

(1) $\overline{DTR}$ 信号：数据终端准备好，输出，低电平有效。当终端电源接通，做好接收数据的准备工作后，就可向 MODEM 发出有效的 $\overline{DTR}$ 信号，告诉 MODEM 数据终端已准备好。它可用软件定义，只要使控制字中的 $\overline{DTR}$ 位置 1，就能使 $\overline{DTR}$ 引脚上产生有效的低电平。

(2) $\overline{DSR}$ 信号：数据装置准备好，输入，低电平有效。$\overline{DSR}$ 有效时，表示 MODEM 已准备好数据，实际上它是对 $\overline{DTR}$ 的回答信号，CPU 可用 IN 指令读取 8251A 状态寄存器中 DSR 位的内容，来检测 $\overline{DSR}$ 的状态，当 DSR = 1 时，表示 $\overline{DSR}$ 引脚上产生了有效的低电平。

(3) $\overline{RTS}$ 信号：请求发送信号，输出，低电平有效。$\overline{RTS}$ 有效时，表示计算机或终端已准备好数据，需要发送，该信号向 MODEM 发出请求发送信号。它可用软件定义，使命令字中的 $\overline{RTS}$ 位置 1，则 $\overline{RTS}$ 引脚上将产生有效的低电平信号。

(4) $\overline{CTS}$ 信号：清除发送信号，输入，低电平有效。在 MODEM 收到 $\overline{RTS}$ 命令，完全做好了发送串行数据的准备之后，就向终端回送 $\overline{CTS}$ 低电平信号。这时，如果控制字中 TxEN 位置 1，则表示 8251A 的发送缓冲器中已收到 CPU 的一个数据，发送器就可以发送串行数据。所以实际上 $\overline{CTS}$ 是对 $\overline{RTS}$ 的回答信号。当终端发送完所有字符后，使 $\overline{CTS}$ 信号变成高电平，发送过程结束。要是在数据的发送过程中清除 $\overline{CTS}$，也就是使 $\overline{CTS}$ 无效或者使 TxEN = 0，那么发送器将正在发送的字符发送完后就停止继续发送。

在实际使用时，上述 4 个控制信号也可以被赋予不同的物理意义，用于调制解调器以外的功能。

6. 8251A 与 CPU 及外设的连接

假设用 8251A 构成的串行接口与 CRT 显示器或鼠标器等外设相连，并工作于异步方式，这时，就不需要用到上述那些控制 MODEM 的信号。图 9.29 是 8251A 与 8086CPU 及某个具有串行接口的外设的连线示意图。

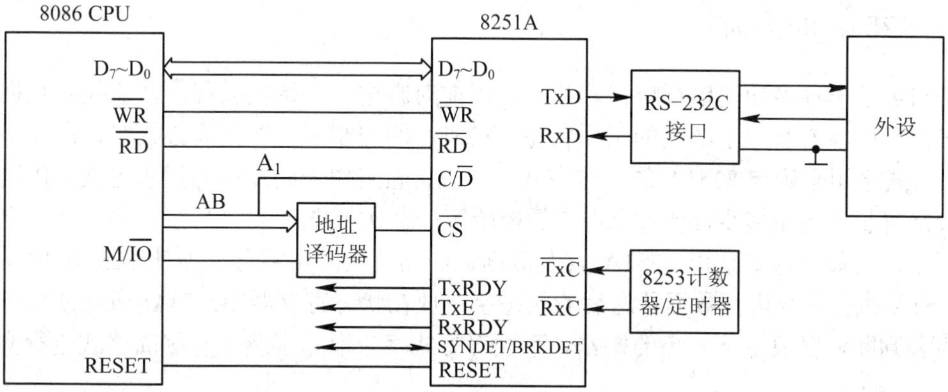

图 9.29　8251A 与 8086 CPU 及外设的连线示意图

从图中可以看到，8251A 的信号可分成两组，一组是 8251A 与 CPU 之间的接口信号，另一组是它与外设之间的接口信号。

(1) 8251A 与 CPU 之间的连线。如图 9.29 所示，8251A 的$\overline{RD}$、$\overline{WR}$和 RESET 信号可直接与 CPU 的相应引脚相连。而 8251A 的数据线 D_7～D_0 与 CPU 的低 8 位数据总线 D_7～D_0 相连，$C/\overline{D}$ 与系统地址总线 A_1 相连。地址总线的其余位经译码后产生片选信号，与 8251A 的$\overline{CS}$相连。TxRDY、TxE、RxRDY 和 BRKDET 都是 8251A 的输出信号，它们是 CPU 与 8251A 之间的收发联络信号。在查询方式时，它们被用作状态信号；在中断方式时，TxRDY 和 RxRDY 可作为向 CPU 请求发送或接收数据的中断请求信号。

(2) 8251A 与外设之间的连线。在这组引线中，RxD 接收外设发送的串行数据，TxD 向外设发送串行数据。为了符合 RS-232C 串行接口标准对信号电平的要求，在接口电路中有专门的电平变换电路。当发送数据时，将 TTL 电平的 TxD 信号转换为 RS-232C 电平；当接收数据时，则把 RS-232C 电平的 RxD 信号转换为 8251A 能接收的 TTL 电平。发送时钟输入端 $\overline{TxC}$ 和接收时钟输入端 $\overline{RxC}$ 连在一起，由波特率产生器为它们提供所需要的时钟脉冲信号。

(3) 端口地址译码电路。8251A 是具有 8 位数据总线的接口芯片，当 $C/\overline{D}=1$ 时，选中控制口，传送控制信号和状态信号；当 $C/\overline{D}=0$ 时，选中数据口，传送数据信息。如果 8251A 与 8 位数据总线的微型计算机相连，通常只将 $C/\overline{D}$ 与最低位地址线 A_0 相连，高位地址线用于端口地址译码，产生片选信号。这样，当 $A_0=0$ 时，选中数据口；当 $A_0=1$ 时，选中控制口。例如：数据口为 F0H，控制口为 F1H。

如果 8251A 与 16 位数据总线的 CPU(如 8086)相连，则它既可以与数据总线的高 8 位相连，也可与低 8 位相连，但是必须遵守以下约定：低 8 位数据总线总是与偶地址单元或端口相连，而高 8 位数据总线总是与奇地址单元或端口相连。若要使 8 位接口芯片仅与低 8 位数据总线相连，同时又要能区分 8251A 的控制口和数据口，就要使地址总线的最低位 A_0 参加 I/O 端口译码，只有当 $A_0=0$ 时，才选中 8251A 芯片。这样可保证 CPU 对 8251A 进行读/写操作时，8251A 的端口地址必为偶地址，符合低 8 位数据总线总是与偶地址端口相连的约定。此外，将地址总线的次低位 A_1 与 8251 的 $C/\overline{D}$ 端相连，用于选择 8251A 的控制口或数据口，当 $A_1=0$ 时，选中数据口，当 $A_1=1$ 时，选中控制口。

9.4.2　8251A 的控制字

8251A 是一种多功能串行接口芯片，使用前对它进行初始化编程，才能收发数据，使用中可以利用状态字来了解它的工作状态。8251A 的控制字可以分为方式字、命令字和状态字。方式字用来确定 8251A 的工作方式，如规定它工作于同步还是异步方式，传送的波特率及字符长度各是多少，是否允许奇偶校验等。命令字控制 8251A 按方式字所规定的方式进行工作，如允许或禁止 8251A 收发数据，启动搜索同步字符，迫使 8251A 内部复位等。8251A 执行命令进行数据传送后的状态字存放在状态寄存器中，CPU 通过读状态字进行分析和判断，以决定下一步的操作。下面对方式字、命令字及状态字的格式进行介绍。

1. 方式字

8251A 的方式字格式如图 9.30 所示。方式字的最低两位(D_1D_0)用来定义 8251A 的工作方式，当它们不全为 0 时，8251A 工作于异步方式。异步方式字格式如图 9.30(a)所示。

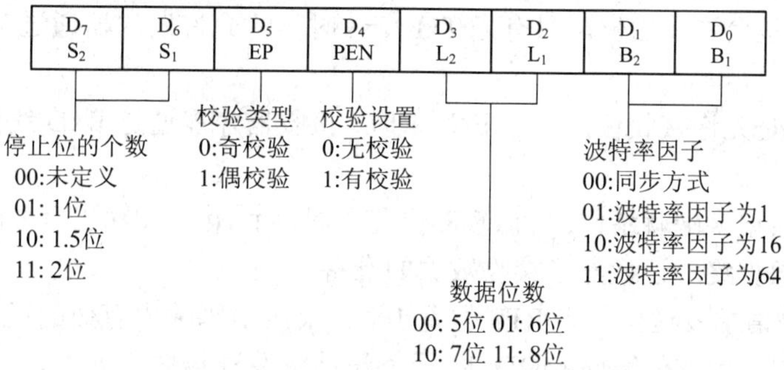

(a)异步方式

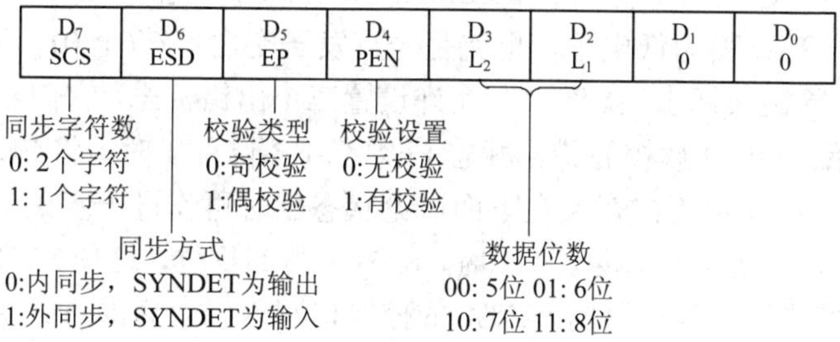

(b)同步方式

图 9.30　8251A 的方式字格式

B_2B_1 的三种不同取值用来确定波特率系数，也就是 $\overline{TxC}$ 信号与波特率之间的系数，它们之间有如下关系：

$$收发时钟频率 = 收发波特率 \times 波特率系数$$

若收发时钟频率为 19 200，波特率系数为 16，则收发波特率为 19 200/16=1200。

L_2L_1 位用来定义数据字符的长度，可以是 5 位、6 位、7 位或 8 位。PEN 和 EP 位决定是否有校验位及是奇校验还是偶校验。S_2S_1 位用于决定停止位的个数。

当方式字的最低两位 D_1D_0=00 时，8251A 工作于同步方式，同步方式字的格式如图 9.30(b)所示。ESD 位为外同步检测位，当 ESD = 1 时，8251A 工作于外同步方式，SYNDET 为输入；当 ESD=0 时，工作于内同步方式，SYNDET 为输出。SCS 位为单字符同步位，当 SCS=1 时，8251A 使用单同步字符；当 SCS=0 时，采用双同步字符。L_2L_1 及 EP、PEN 位的意义与异步方式字相同。

2. 命令字

8251A 的命令字格式如图 9.31 所示。

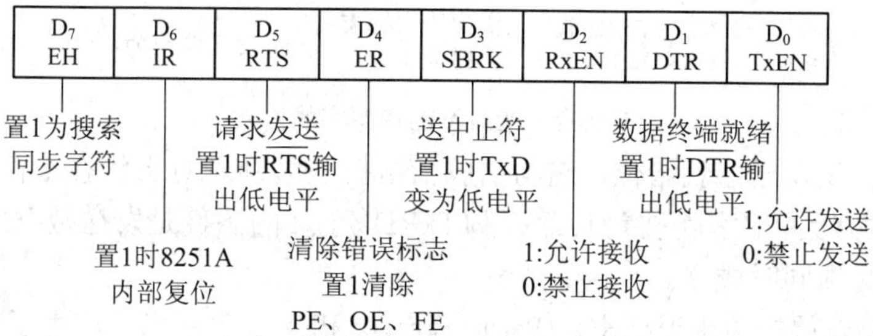

图 9.31　8251A 的命令字格式

(1) TxEN 位是允许发送位。只有当 TxEN=1 时，才允许发送器通过 TxD 引脚向外发送数据。

(2) RxEN 位是允许接收位。当 RxEN=1 时，接收器才能通过 RxD 线接收从外部发送过来的串行数据。

(3) DTR 是数据终端就绪位。当 DTR 位置 1 时，$\overline{DTR}$引脚输出有效的低电平，用以通知 MODEM，数据终端已做好了接收数据的准备。

(4) RTS 位是请求发送位，当 RTS 位置 1 时，$\overline{RTS}$引脚输出有效的低电平，表示计算机已准备好了数据，用该信号向 MODEM 或外设请求发送数据。

(5) SBRK 位是发送空白字符位(Send Break Character)。正常工作时，SBRK 位应保持为 0，当它为 1 时，TxD 变为低电平，也就是一直发送空白字符(全 0)。

(6) ER 位是清除错误标志位。8251A 允许设置三个出错标志，它们是奇偶校验错误标志 PE、溢出错误标志 OE 和帧校验错误标志 FE。当 ER 位置 1 时，将 PE、OE 和 FE 三个标志位同时清零。这三个标志的意义在下面讨论状态字时再作进一步说明。

(7) IR 位为内部复位信号。该位置 1 时，8251A 内部复位，这使 8251A 回到接收方式字的状态。在这种状态下，只有再向 8251A 的控制口写入一个新的方式字，重新对芯片进行初始化编程后，8251A 才能正常工作。

(8) EH 位为外部搜索方式位，它只对内同步方式有效。该位置 1 时，8251A 会从 RxD 引脚输入的信息流中搜索特定的同步字符。若找到同步字符(双同步时要搜索到两个同步字符)，则使 SYNDET/BRKDET 引脚输出高电平。

3. 状态字

在数据通信系统中，常常要了解 8251A 的工作状态，如检查传送中是否产生了错误，TxRDY 是否有效等，以便控制 CPU 与 8251A 之间的数据交换。8251A 内部设有状态寄存器，CPU 可随时用 IN 指令读取状态寄存器的内容，在 CPU 读状态时，8251A 将自动禁止改变状态。状态字的格式如图 9.32 所示。其中 RxRDY、TxEMP、SYNDET/BRKDET 位的意义与同名引脚的功能完全相同，其余如下所述。

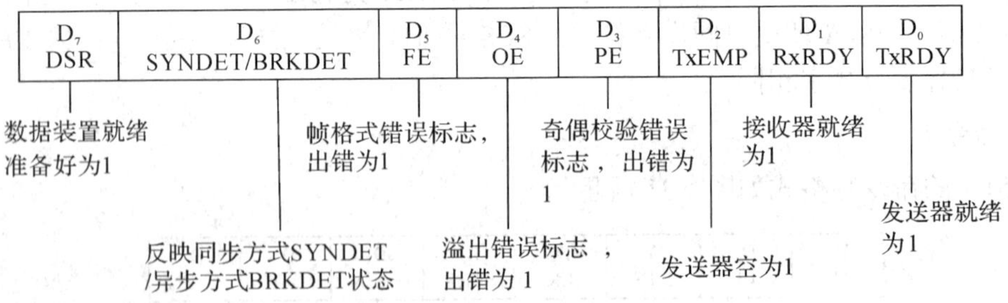

图 9.32　8251A 的状态字的格式

(1) TxRDY 是发送器就绪位，它与引脚信号有些区别。对于状态寄存器中的 TxRDY 位，只要发送数据缓冲器空就被置 1；而引脚 TxRDY 置 1 的条件是发送数据缓冲器空、$\overline{CTS}$ = 0 和 TxEN = 1 必须同时成立。

(2) PE 位是奇偶校验错误标志位(Parity Error)。PE = 1 表示当前产生了奇偶校验错误，它并不中止 8251A 的工作。

(3) OE 位是溢出(丢失)错误标志位(Overrun Error)。若 CPU 还未将输入缓冲器中的前一个字符取走，新的字符又被送入缓冲器，则 OE 标志位置 1，表示产生了溢出错误。该标志位不禁止 8251A 工作，但发生溢出时，前一个字已经丢失。

(4) FE 为帧错误标志(Frame Error)位，只用于异步方式。一帧数据必须以起始位开始，停止位结束，中间是字符位和奇偶校验位(若允许校验的话)。若任一个字符的结束处没有检测到有效的停止位，则 FE 标志置 1。该标志不禁止 8251A 工作。

当向 8251A 输出命令字并使 ER 位置 1 时，则 PE、OE 和 FE 这三个标志被复位。

(5) DSR 位是数据装置就绪位。当 DSR = 1 时，表示调制解调器已准备好发送数据，这时输入引脚 $\overline{DSR}$ 产生有效的低电平。

9.4.3　8251A 编程举例

1. 8251A 的初始化编程流程图

当系统上电后，首先可用硬件电路使 8251A 复位，或通过软件编程使它复位，然后就可对 8251A 进行初始化编程。对 8251A 进行初始化编程的流程如图 9.33 所示。

由图可见，系统复位后首先应将方式字写入控制口，用来确定 8251A 的工作方式。若将 8251A 置成同步工作方式，则在方式字后，需往控制口写入 1 个或 2 个同步字符，同步字符的个数由方式字的有关位决定。在同步字符之后，往控制口写入命令字。若置为异步工作方式，则在输出方式字后，紧跟着就往控制口写入命令字。

写入命令字后 8251A 就处于规定的工作状态，可以准备发送或接收数据了。

在传送数据的过程中，若需要改变传送方式，则必须写入使 8251A 内部复位的命令字，然后再重新写入新的方式字和命令字。8251A 在工作过程中，允许用 IN 指令读取 8251A 的状态字，用于了解 8251A 的当前工作状态，以便控制 CPU 与 8251A 之间的数据交换。

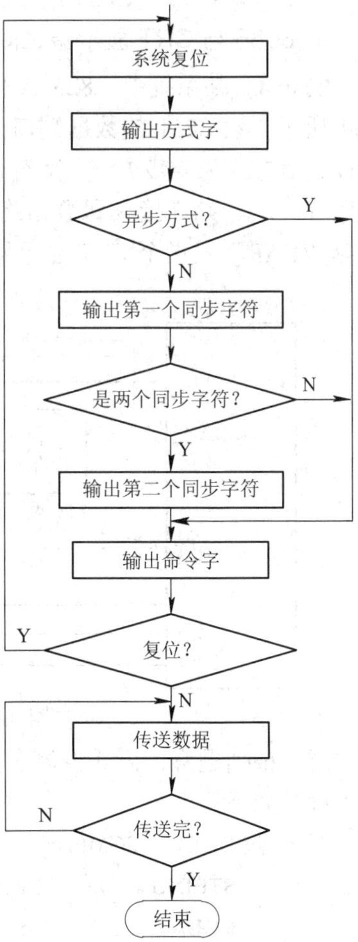

图 9.33　8251A 初始化流程图

2. 异步方式初始化程序

8251A 是通过写入顺序来区分方式字和命令字的，先写入的是方式字，在方式字后写入控制口的是命令字。设 8251A 工作于异步方式，波特率因子为 64，采用偶校验，7 位数据位，1 位奇偶校验位，1 位停止位，数据口地址为 300H，控制口地址为 301H。通过查询 8251A 的状态字，当接收准备就绪时，从 8251A 的数据口读入数据，否则等待。

初始化程序：

```
MOV   DX, 301H          ; 8251A 控制口地址
MOV   AL, 01111011B     ; 方式控制字
```

```
        OUT   DX, AL                 ; 送方式控制字
        MOV   AL, 00010101B          ; 命令控制字
        OUT   DX, AL                 ; 送命令控制字
WAIT:   IN    AL, DX                 ; 读入状态字
        AND   AL, 02H                ; 检查 RXRDY 是否为 1
        JZ    WAIT                   ; RXRDY=1，接收未准备就绪，等待
        MOV   DX, 300H; 8251A        ; 数据口地址
        IN    AL, DX                 ; 读入数据
        ⋮
```

3. 8086 与 CRT 显示器之间通信举例

例 9-3　某系统中，8251A 作为 8086 CPU 与 CRT 显示器之间的接口芯片，电路如图 9.34 所示。设 8251 的数据端口为 300H，方式字、命令字和状态字的端口地址为 302H。假设通信方式为异步方式，字符长度为 8 位，停止位为 1 位，用奇校验，波特率因子为 16；设允许发送、允许接收和数据终端准备好；并用查询方式将显示缓冲区的字符“HAPPY NEW YEAR”发送至 CRT 显示器，试完成该异步通信程序。

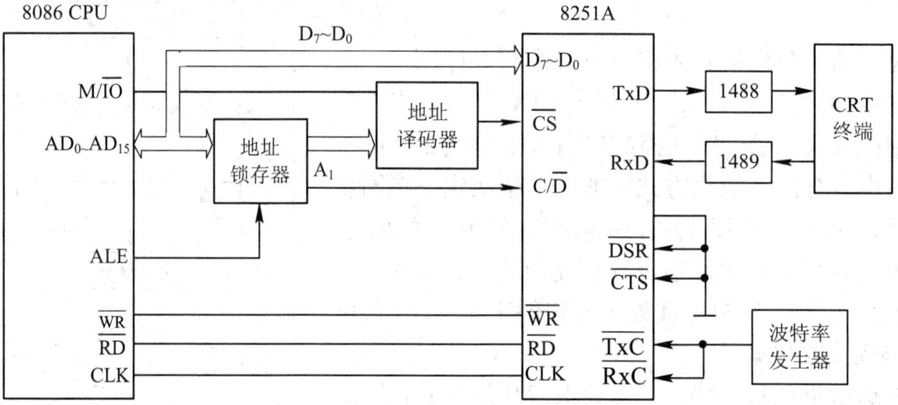

图 9.34　8086 与 CRT 显示器接口电路

解　根据题意，方式控制字为 5EH(01011110B)，命令控制字为 33H(00130011B)。程序如下：

```
        DATA   SEGMENT
        STRING    DB    'Happy New Year'
        COUNT     EQU   $-STRING
        DATA   ENDS
        CODE   SEGMENT
        ASSUME    DS: DATA, CS: CODE
START:  MOV       AX, DATA
        MOV       DS, AX
        MOV       DX, 302H                ; 控制口地址
        MOV       AL, 01011110B           ; 方式控制字
```

```
        OUT     DX, AL              ; 送方式控制字
        MOV     AL, 00110011B       ; 命令控制字
        OUT     DX, AL              ; 送命令控制字
        MOV     BX, OFFSET  STRING  ; 字符串偏移地址
        MOV     CX, COUNT           ; 发送字符个数
CWAIT:  MOV     DX, 302H            ; 控制口地址
        IN      AL, DX              ; 读状态字
        TEST    AL, 01H             ; 检测 TxRDY 是否为 1
        JZ      WAIT                ; 如果不是，则等待
        MOV     DX, 300H            ; 数据口地址
        MOV     AL, [BX]            ; 从数据缓冲区读要发送的字符
        OUT     DX, AL              ; 发送字符
        INC     BX                  ; 数据缓冲区地址加 1
        DEC     CX
        JNZ     CWAIT               ; 若字符未送完，则循环发送
        ⋮
        CODE    ENDS
    END     START
```

小　　结

本章介绍了并行接口芯片 8255A 的内部结构和功能、控制字及状态字等，并详细介绍了 8255A 的三种工作方式及其接口信号。在 8255A 的方式 1 中，可以通过端口 C 查询外设关键信号的工作状态，实现 CPU 的查询控制；在 8255A 的方式 1 和方式 2 中，端口 C 的特定位作为 A 组、B 组的联络信号，可以实现 8255A 与 CPU 间的查询或中断的控制方式。通过示例介绍了 8255A 与 8086/8088 系统总线的连接方法，初始化编程方法、输入/输出过程的一般编程方法，同时介绍了 8255A 在键盘、LED 显示、打印机控制方面的实现方法。本章还介绍了串行通信的基本知识和串行通信接口芯片 8251A 的内部结构、外部引脚、功能及控制字。通过示例介绍了 8251A 与 8086/8088 系统总线的连接方法、初始化编程方法，同时通过例子说明了 8086 与 CRT 显示器之间的通信控制方法。通过本章的学习，学生可以掌握 8255A、8251A 的硬件设计方法和软件编程方法，以便在实际系统中灵活使用 8255A、8251A。

习　　题

9-1　串行通信与并行通信的主要区别是什么？各有什么优缺点？

9-2　在串行通信中，什么叫单工、半双工、全双工工作方式？

9-3　什么叫同步工作方式？什么叫异步工作方式？哪种工作方式的效率更高？为

什么？

9-4　用图表示异步串行通信数据的位格式，标出起始位、停止位和奇偶校验位，在数字位上标出数字各位发送的顺序。

9-5　什么叫波特率？什么叫波特率因子？常用的波特率有哪些？

9-6　若某一终端以 9600 波特的速率发送异步串行数据，发送 1 位需要多少时间？假设 1 个字符包含 7 个数据位、1 个奇偶校验位、1 个停止位，发送 1 个字符需要多少时间？

9-7　8255A 的 3 个端口在功能上各有什么不同的特点？8255A 内部的 A 组和 B 组控制部件各管理哪些端口？

9-8　8255A 有哪几种工作方式？各用于什么场合？A 口、B 口和 C 口分别可以工作于哪几种工作方式？

9-9　8255A 的方式选择字和置位/复位字都写入什么端口？用什么方式区分它们？

9-10　设某 8086 系统要求 8255A 的 A 口地址为 280H，B 口地址为 282H，C 口地址为 284H，控制字寄存器的端口地址为为 286H，使 A 口工作在方式 0 输出，B 口工作在方式 1 输入，C 口高 4 位输入、低 4 位输出。试设计 8255A 与 8086 系统的接口电路，并编写 8255A 的初始化程序。

9-11　8255A 的端口地址为 200H～203H，8253 的端口地址为 284～287H。

(1) 若 A 口接 8 个开关 S_7～S_0，B 口接 8 个指示灯 LED_7～LED_0，当开关合上时相应的指示灯点亮，断开时灯灭，要求每隔 1 秒检测一次开关状态，并在开关上显示出来，试画出硬件连线图，编写实现这种功能的程序。

(2) 若将接在 A 口上的开关去掉，要求接在 B 口上的指示灯轮流熄灭，每只灯熄灭 1 秒，请编程实现这种功能。

9-12　设 8255A 的端口地址为 300H～303H，A 口接 4 个开关 S_3～S_0，B 口接一个七段 LED 显示器，用来显示 4 个开关所拨通的十六进制数字 0～F，开关都合上时，显示 0，都断开时显示 F，每隔 2 秒检测一次，试画出硬件连线图，并编写实现这种功能的程序。

9-13　若 8251A 以 9600 波特的速率发送数据，波特率因子为 16，发送时钟 TxC 频率为多少？

9-14　8251A 的 SYNDET/BRKDET 引脚有哪些功能？

9-15　在一个以 8086 为 CPU 的系统中，若 8251A 的数据端口地址为 84H，控制端口和状态端口的地址为 86H，试画出地址译码电路、数据总线和控制总线的连线图。假设 8251A 工作于内同步方式，2 个同步字符，同步字符为 35H，采用偶校验，7 个数据位，试对 8251A 进行初始化编程。

9-16　若 8251A 的端口地址为 FF0H、FF2H，要求 8251A 工作于异步工作方式，波特率因子为 16，有 7 个数据位、1 个奇校验位、1 个停止位，试对 8251A 进行初始化编程。

第 10 章　模/数和数/模转换

在检测和控制系统中，许多被检测对象是模拟量，不能直接用计算机处理，而必须先利用模/数转换器把模拟量转化为离散的数字信号，再输入计算机进行识别和处理，经计算机加工处理以后输出的控制命令，需利用数/模转换器把数字信号还原成模拟量。在控制系统中，若采集的信息有多种或控制的对象有多个，为了节省硬件，需用一个数/模和模/数转换器实现多个回路的参数采集或控制，就必须使用多路模拟开关。对于变化较快的模拟信号，为了使输入模/数转换器的模拟量在整个转换过程中保持不变，而转换结束后，又能跟随模拟量的变化而变化，则需要使用采样保持电路。

10.1　概　　述

目前，随着数字技术和自动化技术的飞速发展，计算机已广泛应用于自动控制和测量等领域。在工业生产过程中，实际控制系统需要进行加工和处理的信号可以分为模拟信号和数字信号两种类型。通常传感器所检测的信号如温度、压力、流量、速度、湿度等物理量都是随着时间连续变化的模拟信号，而现在广泛使用的微型计算机内部进行信号的输入、存储、传输、加工与输出的都是采用二进制表示的数字量。为了能用计算机对模拟信号进行采集、加工和处理，就需要把采集到的模拟信号转换成数字信号输入计算机，同样要通过经计算机处理后的数字信号对外部设备实现控制，则必须将数字信号转换成模拟信号。

计算机控制系统的实现过程如图 10.1 所示，其中，模拟式测量仪表(如传感器)测量生产或实验过程中的相关参数，即采样；模拟式执行部件实现对生产或实验过程的控制，可以采用开关量控制，也可以采用模拟量控制。

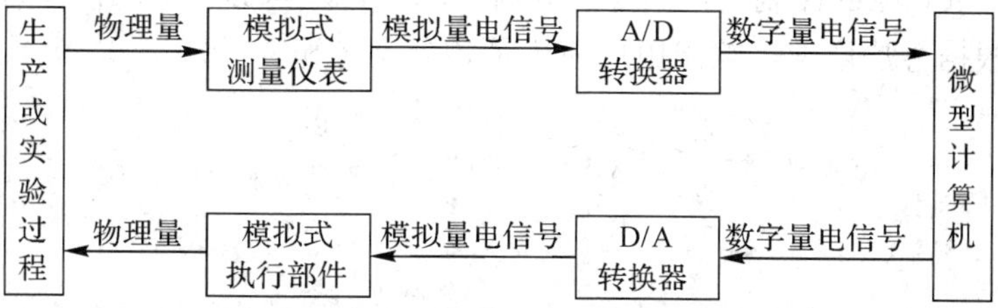

图 10.1　计算机控制系统的实现过程

在计算机系统中，完成模拟信号转换成数字信号的过程称作模/数转换，简称 A/D 转换。完成 A/D 转换的装置称作 A/D 转换器(Analog to Digital Converter，ADC 或 A/D 转换器)；同理，完成数字信号转换成模拟信号的过程称作数/模转换，简称 D/A 转换。完成 D/A 转换的装置称作 D/A 转换器(Digital to Analog Converter，DAC 或 D/A 转换器)。由于 A/D 转换器的工作原理应用了 D/A 转换器中的部分工作原理，因此下面先介绍 D/A 转换器。

10.2　D/A 转换器

10.2.1　D/A 转换器的工作原理

D/A 转换器芯片通常由模拟开关、电阻网络以及缓冲电路(运算放大器等)组成，其框图如图 10.2 所示。电阻网络是 D/A 转换器的核心部件，主要分为加权电阻网络和 T 形电阻网络两种结构形式。

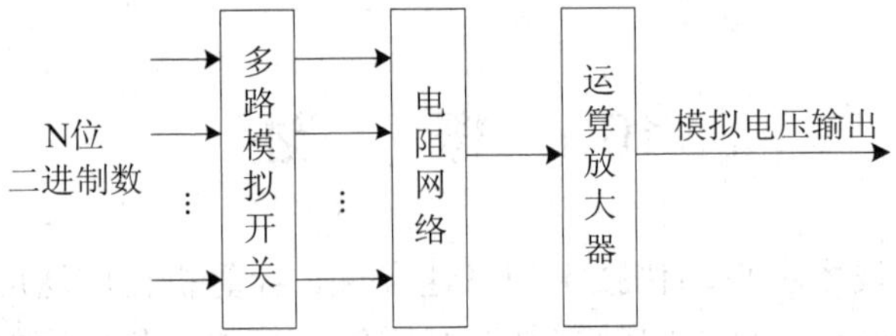

图 10.2　D/A 转换器框图

D/A 转换的基本原理是利用电阻网络，将 N 位二进制数逐位转换成模拟量并求和，从而实现将数字量转化为模拟量。

1. 加权电阻网络 D/A 转换器

加权电阻网络 D/A 转换器的原理如图 10.3 所示，对于理想运算放大器而言，在其他支路断开时，任意一支开关控制电路在输出端对应的电压为

$$V_o = -V_{REF} \times R_F \times \frac{D_i}{R_i}$$

式中：D_i 是数字量对应的控制位，当 $D_i = 0$ 时，S_i 打开，当 $D_i = 1$ 时，S_i 闭合。若输入端有 N 个支路，根据叠加原理，输出电压应该是各分支之和。

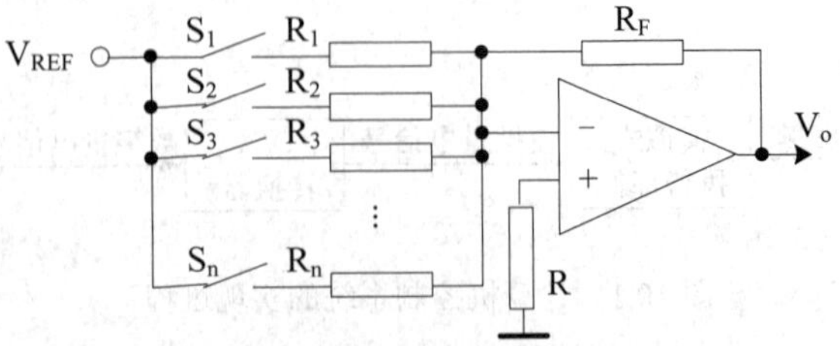

图 10.3　加权电阻网络 D/A 转换器原理图

假定在制造 D/A 转换器时，使 $R_F=R$，$R_1=2R$，$R_2=4R$，$R_3=8R$，…，$R_n=2^nR$，即每一个电阻的加权为 2^i，则输出电压可以表示为

$$V_o = -V_{REF} \times (2^{-1}D_1 + 2^{-2}D_2 + 2^{-3}D_3 + \cdots + 2^{-n}D_n)$$

以 8 位转换器为例，当 D=000000000B 时，开关都断开，$V_o=0$；当 D=11111111B 时，开关都闭合，$V_o=-(255/256)\times V_{REF}$。

D/A 转换器的转换精度与基准电压 V_{REF} 和加权电阻的精度以及字量的位数 n 有关。显然，位数越多，加权电阻的精度越高，转换精度就越高，但同时所需要的加权电阻种类就越多。由于在集成电路中制造大量的高精度、高阻值的电阻比较困难，所以，通常使用 T 形电阻网络来代替加权电阻网络。

2. T 形电阻网络 D/A 转换器

T 形电阻网络 D/A 转换器的原理如图 10.4 所示，它只有 R 和 2R 两种电阻，用集成工艺生产较容易，精度也容易保证，因此应用较广泛。图中的 S_i 同样由输入的数字量对应的控制位 D_i 控制，但是 $D_i=0$ 时，S_i 接地；只有当 $D_i=1$ 时，S_i 才接通运放输入端。其工作原理与加权电阻网络一样，输出电压为

$$V_o = -V_{REF} \times \frac{B}{2^n}$$

式中，B 表示待转换的十进制数字量。

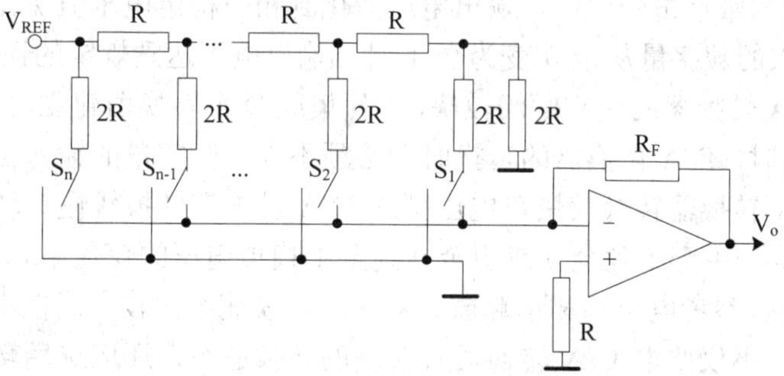

图 10.4　T 形电阻网络 D/A 转换器原理图

D/A 转换器的输出形式有电压和电流两大类。电压输出型的 D/A 转换器的输出电压满量程接近于 V_{REF}，相当于一个电压源，内阻较小，可带动较大的负载；而电流型的 D/A 转换器相当于一个电流源，内阻较大，与之匹配的负载电阻不能太大。

10.2.2　D/A 转换器的主要性能指标

D/A 转换器的主要性能指标有分辨率、转换精度、建立时间、温度系数、非线性误差等，它们都是衡量 D/A 转换器性能的重要参数。

1. 分辨率

分辨率是指 D/A 转换器对数字输入量变化的敏感程度，它是 D/A 转换器所能分辨的最小的输入量，通常用数字量的位数来表示，如 8 位、12 位等。假设输入信号的满量程电压为 V_{FS}，那么分辨率为 N 位的 D/A 转换器，它可以分辨的最小电压量是 $V_{FS}/(2^N-1)$。例

如，对于 8 位的 D/A 转换器，其分辨率为 $1/(2^8-1)=1/255$。若其满量程电压 V_{FS} 为 +5 V，则 8 位的 D/A 转换器可分辨的最小电压为 $5/(2^8-1)=1.96\,mV$，这表明低于此值对应的数字量，转换器将不能分辨，这个值又称为最低有效位 LSB。由此可见，位数越多，分辨率越高。通常在工程中，直接用 D/A 转换器能转换的二进制位数表示分辨率，如 8 位、10 位、12 位、14 位、16 位 D/A 转换器。

2. 转换精度

转换精度反映了 D/A 转换器的精确程度。它与 D/A 转换器芯片结构、外部电路配置、电源等因素有关。若误差过大，D/A 转换就会出现错误。转换精度又分为绝对转换精度和相对转换精度。绝对转换精度是以理想状态为参照，即 D/A 转换器的实际输出值与理论值之间的差值，一般应低于 LSB/2。相对转换精度是对实际输出电压接近理想状态程度的描述，是指在满量程已校准的情况下，绝对转换精度相对于满刻度(FS)的百分比，或者用最低有效位的几分之几的形式来表示。如一个 8 位 D/A 转换器，相对转换精度可以用 LSB/2 表示，也可以表示成 0.195%。对于一个相对转换精度为 LSB/2 的 D/A 转换器，其最大相对误差为 $FS/2^{N+1}$。

3. 转换速度

当 D/A 转换器输入的数字量发生变化时，输出的模拟量并不能立即达到所对应的量值，而需要一段时间。通常用建立时间和转换速率两个参数来描述 D/A 转换器的转换速度。建立时间指输入数字量变化时，输出电压变化到相应稳定电压值所需要的时间。一般用 D/A 转换器输入的数字量从全 0 变为全 1 时，输出电压达到规定的误差范围(LSB/2)所需时间来表示。D/A 转换器的建立时间较快，单片集成 D/A 转换器建立时间最短可达 0.1μs 以内。在实际应用时，D/A 转换器的转换时间必须不大于数字量的输入信号发生变化的周期。电流型的 D/A 转换器转换较快，电压型的 D/A 转换器转换较慢。转换速率用大信号工作状态下(输入信号由全 1 到全 0 或由全 0 到全 1)模拟电压的变化率表示。一般集成 D/A 转换器在不包含外接参考电压源和运算放大器时，转换速率比较高。在实际应用中，要实现快速 D/A 转换，不仅要求 D/A 转换器有较高的转换速率，还应选用转换速率较高的集成运算放大器。

4. 温度系数

温度系数是 D/A 转换器受环境温度影响的特征。通常情况下，D/A 转换器各项性能指标是在环境温度为 25℃下测定的，当环境温度发生变化时，会对 D/A 转换精度产生影响。

5. 非线性误差

非线性误差也称为线性度，它是指实际转换特性曲线与理想转换特性曲线之间的最大偏差。一般要求非线性误差的绝对值不大于 LSB/2。非线性误差越小，说明线性度越好，D/A 转换器输出的模拟量与理想值的偏差就越小。

6. 输入数字量和输出模拟量

(1) 输入数字量：多数 D/A 转换器只接收自然二进制编码，少数产品采用双极性二进制编码或 BCD 编码等。输入数据的格式一般都是并行码。输入数据的逻辑电平一般为 TTL 电平，少数产品还可能接收 CMOS 或 PMOS 电平的数字量。

(2) 输出模拟量：多数 D/A 转换器是电流输出型，产品手册上总是给出在规定的参考电压 $V_R(V_{REF})$下，输入为满码时的输出电流表达式。有些器件有一对电流输出引脚 I_{O1} 和 I_{O2}，也记为 I_{out1} 和 I_{out2}。例如，8 位 D/A 转换器 DAC0832 的输出电流为

$$I_{O1}=\frac{V_R}{15k\Omega}\times\frac{输入数字量}{256},\quad I_{O2}=\frac{V_R}{15k\Omega}\times\frac{255-输入数字量}{256}$$

输入为满码时的输出电流为

$$I_{O1}=\frac{V_R}{15k\Omega}\times\frac{255}{256},\quad I_{O2}=0$$

式中，数值 15 kΩ 表示 DAC 内部电阻网络中的电阻阻值。

10.2.3　D/A 转换器芯片与微处理器的接口

1. D/A 转换器与 CPU 接口的基本原理

D/A 转换器的种类繁多，在目前常用的 D/A 芯片中，从数码位数上分，有 8 位、10 位、12 位、16 位等；从输出形式上分，有电流输出和电压输出。从内部结构上分，又可分为含数据输入寄存器和不含数据输入寄存器两类。对内部不含数据输入寄存器的芯片，亦即不具备数据的锁存能力，是不能直接与系统总线连接的。因为对 D/A 转换器来讲，当有数字量输入时，其输出端随之有模拟电流或电压信号建立；而当输入端数字量消失时，输出模拟量也随之消失。另外，为实现对某个对象的控制，要求输出模拟量要能够保持一段时间。在微型计算机系统中，D/A 转换器的输入数据来自 CPU，8086 微处理器在执行输出指令时，数据在数据总线上只能维持两个时钟周期，这使得转换后模拟量的输出保持时间太短，无法满足实际系统的要求。所以，在这类芯片(如 AD7520、AD7521 等)与 CPU 连接时，要在其与 CPU 之间增加数据锁存器(如 74LS273)。而内部已包含数据输入寄存器的 D/A 转换器芯片可直接与系统总线相连，常见的有 DAC0832、AD7524 等。

2. 8 位 D/A 转换器 DAC0832 与 CPU 的接口设计

DAC0832 是 8 位分辨率的 D/A 转换集成芯片，其明显特点是与微型计算机连接简单，转换控制方便，价格低廉等，在微型计算机系统中得到了广泛的应用。由于 D/A 转换芯片的输入是数字量，输出为模拟量，模拟信号很容易受到电源和数字信号的干扰而引起波动。为提高输出的稳定性和减少误差，模拟信号部分必须采用高精度基准电源 V_{REF} 和独立的地线，一般把数字地和模拟地分开。模拟地是模拟信号及基准电源的参考地，其余信号如工作电源地和数据、地址、控制等数字逻辑地的参考地都是数字地。D/A 转换器的输出一般都要接运算放大器，微小信号只有经放大后才能驱动执行机构的部件。DAC0832 的主要技术指标有：分辨率为 8 位，功耗为 20 mW，单电源供电，电源范围为 +5V～+15 V，建立时间为 1 μs，电流型输出。

(1) DAC0832 的内部结构及引脚功能。DAC0832 的内部结构框图如图 10.5 所示，它由 8 位输入寄存器、8 位 DAC 寄存器、8 位 D/A 转换器及转换控制电路构成，D/A 转换器采用 T 形电阻网络。DAC0832 是 20 条引脚的双列直插式芯片，其引脚如图 10.6 所示。各

引脚功能如表 10.1 所示。

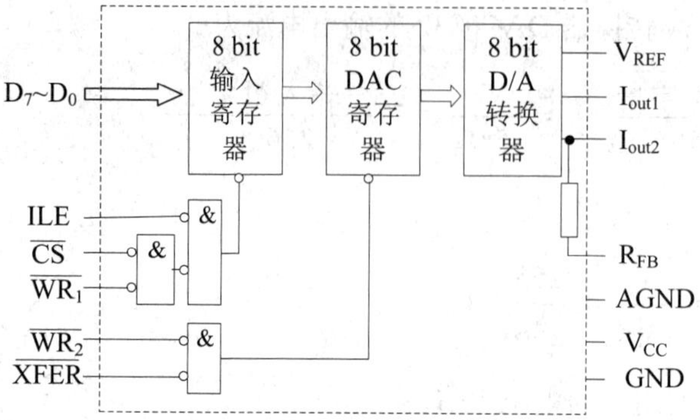

图 10.5　DAC0832 内部结构框图

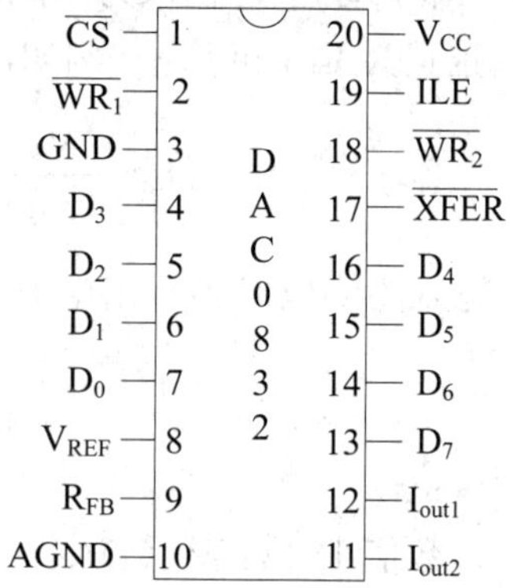

图 10.6　DAC0832 引脚图

表 10.1　DAC0832 引脚功能

引脚名称	功 能 特 点
$D_7 \sim D_0$	8 位数据输入端
$\overline{CS}$	片选信号线，低电平有效
ILE	数据锁存允许信号，高电平有效
$\overline{WR_1}$	输入寄存器的写入控制，低电平有效
$\overline{WR_2}$	DAC 寄存器写入控制，低电平有效
$\overline{XFER}$	传送控制信号，低电平有效
I_{out1}	输出端口 1 模拟电流，当 DAC 寄存器全为 1 时，此电流最大，当 DAC 寄存器全为 0 时，此电流最小
I_{out2}	输出端口 2 模拟电流，在数值上，$I_{out1} + I_{out2}$ = 常数
R_{FB}	内部反馈电阻引出端，接运算放大器的输出端
V_{REF}	基准电压输入端，可在 −10 V～+10 V 之间
V_{CC}	芯片的电源电压，可在 +5 V 或 +15 V 选择
GND	数字信号地
AGND	模拟信号地

(2) DAC0832 的工作方式。DAC0832 内部有两个寄存器，即输入寄存器和 DAC 寄存器，能实现三种工作方式：单缓冲方式、双缓冲方式和直通方式。

① 单缓冲方式。单缓冲工作方式是使输入寄存器或 DAC 寄存器中的任意一个工作在直通状态，另一个由 CPU 控制。通常 $\overline{WR_2}$ 和 $\overline{XFER}$ 连接数字地，使 DAC 寄存器的输出能够跟随输入，即第二级寄存器工作在直通状态，输入寄存器的控制端 ILE 接 +5 V，$\overline{CS}$ 接端口地址译码器输出，$\overline{WR_1}$ 连接系统总线的 $\overline{IOW}$ 信号，电路连接如图 10.7 所示。

由于不需检查 D/A 转换器的状态，因此使用无条件输出方式完成 CPU 向 D/A 转换器进行数据传送。当 CPU 向端口地址发出写命令时，要进行 D/A 转换的数据通过数据总线呈现在 DAC0832 的 D_7～D_0 上，系统 I/O 地址经译码电路产生片选信号，系统总线的 $\overline{IOW}$ 信号为低电平后，数据写入输入寄存器中，因为 DAC 寄存器为直通状态，所以写入输入寄存器的数据立刻进行 D/A 转换。

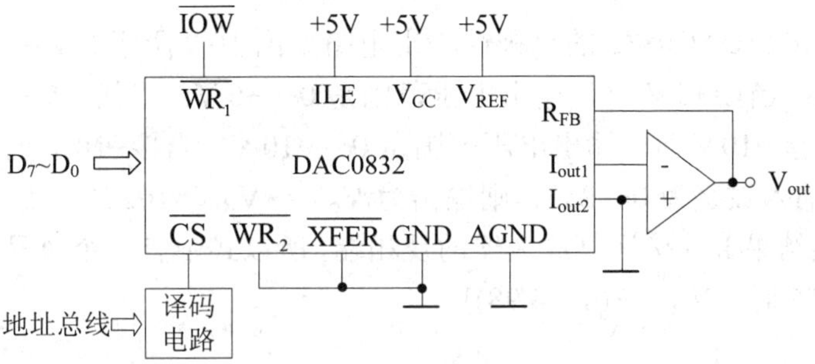

图 10.7 DAC0832 单缓冲方式的电路连接

设需要转换的数据为 DATA，DAC0832 的端口地址为 PORT，工作在单缓冲方式下，完成 D/A 转换的程序如下：

```
MOV   AL，DATA    ; 转换数据送 AL
MOV   DX，PORT    ; 端口地址送 DX
OUT   DX，AL      ; 将数字量送到 D/A 转换器进行转换
```

② 双缓冲方式。双缓冲工作方式是指输入寄存器和 DAC 寄存器分别受到控制，该方式电路连接如图 10.8 所示。在双缓冲方式下，CPU 要对 DAC0832 进行两步写操作，即首先将数据写入输入寄存器，然后将输入寄存器的内容写入 DAC 寄存器。设需要转换的数据为 DATA，输入寄存器的端口地址为 Y1，在双缓冲方式下，完成 D/A 转换程序如下：

```
MOV   AL，DATA    ; 将转换数据送 AL
MOV   DX，Y1      ; 输入寄存器端口地址 Y1 送 DX
OUT   DX，AL      ; 数据送入寄存器
MOV   DX，Y2      ;DAC 寄存器端口地址 Y2 送 DX
OUT   DX，AL      ; 启动 D/A 转换
```

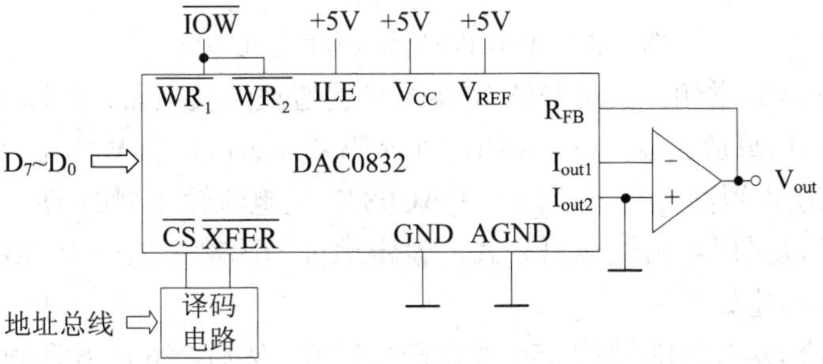

图 10.8 DAC0832 双缓冲方式的电路连接

③ 直通方式。直通工作方式是指两个寄存器的有关控制信号都预先置为有效，两个寄存器都开通。只要数字量发送到数据输入端，就立即进入 D/A 转换器进行转换。此时，$\overline{CS}$、$\overline{WR_1}$、$\overline{WR_2}$、$\overline{XFER}$ 引脚都直接连接数字地，ILE 信号接高电平，这种方式一般应

用较少。

(3) DAC0832 的输出。DAC0832 是电流形式输出，当需要电压形式输出时，必须外接运算放大器。根据输出电压的极性不同，DAC0832 又可分为单极性输出和双极性输出两种输出方式。

① 单极性输出。DAC0832 的单极性输出电路如图 10.9 所示。V_{REF} 可以接±5 V 或±10 V 参考电压：当接+5 V 时，输出电压范围是 0～−5 V；当接 −5 V 时，输出电压范围是 0～+5 V；当接+10 V 时，输出电压范围是 0～−10 V；当接−10 V 时，输出电压范围是 0～+10 V。若输入数字为 0～255，则输出为 $V_{out}=-V_{REF}\times B/256$，式中 B 为输入的十进制数，因为转换结果 I_{out1} 接运算放大器的反相端，所以式中有一个负号。当 $V_{REF}=+5V$，输入数字为 0～255 时，$V_{out}=-(0～4.98)V$。

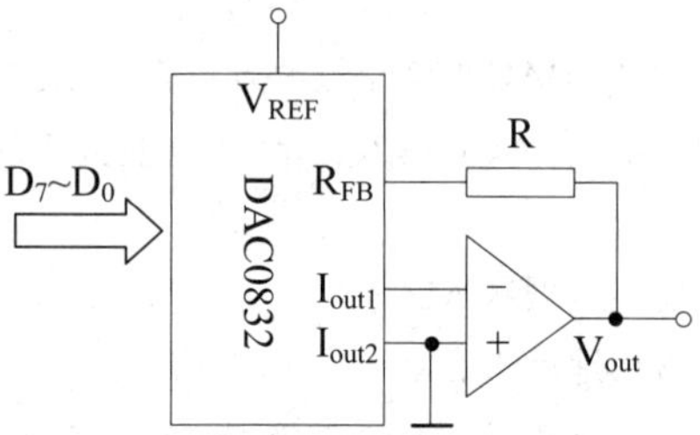

图 10.9　DAC0832 的单极性输出电路

② 双极性输出。在单极性电压输出的基础上，在输出端再加一级运算放大器，就构成了双极性电压输出，DAC0832 的双极性输出电路如图 10.10 所示。

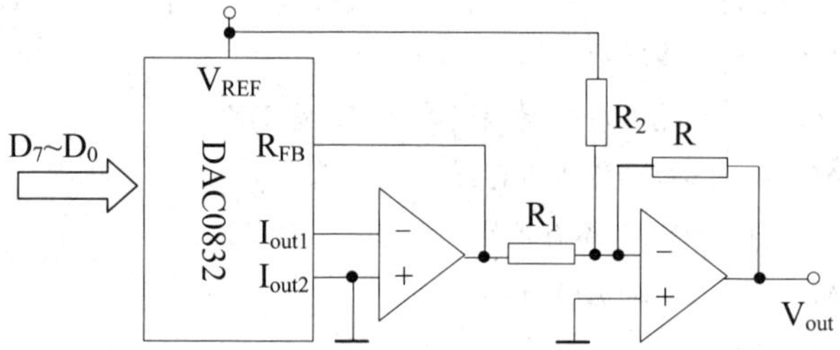

图 10.10　DAC0832 的双极性输出电路

(4) DAC0832 应用举例。采用 D/A 转换器来构造波形发生器，如图 10.11 所示。该电路由 DAC0832、双运算放大器 LM358 和地址译码部件组成，将 $\overline{WR_2}$、$\overline{XFER}$ 信号接地，使 DAC0832 工作在单缓冲方式下。由于 DAC0832 是电流输出型的 D/A 转换器，该电路需要电压输出，所以采用双极性输出方式。设定地址译码输出端口为 360H，该电路可输出三种波形，分别描述如下：

① 矩形波。给 DAC0832 持续 256 次发送数据 0，然后 256 次发送数据 FFH，依次重复处理，DAC0832 就可输出一个矩形波。输出矩形波的程序如下：

```
        MOV DX, 360H        ；设定地址译码输出端口
DD0:    MOV CX, 0FFH
        MOV AL, 00
```

```
DDl:   OUT DX, AL           ; 向 D/A 转换器送数据 0
       LOOP DDl             ; 循环 256 次，形成矩形波的低电平
       MOV CX, 0FFH
       MOV AL, 0FFH
DD2:   OUT DX, AL           ; 向 D/A 转换器送数据 FFH
       LOOP DD2             ; 循环 256 次，形成矩形波的高电平
       JMP DD0              ; 重复上述过程，形成多个矩形波
```

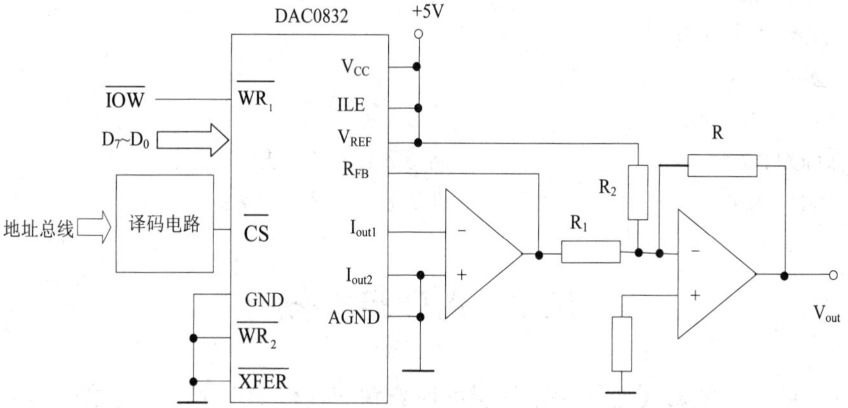

图 10.11　采用 DAC 0832 构造的波形发生器

② 梯形波。给 DAC0832 持续 256 次发送数据 0，然后逐次加 1 直到 255，持续 256 次，接着将 255 逐次减 1，依次重复处理，DAC0832 就可输出一个梯形波。输出梯形波的程序如下：

```
       MOV   DX, 360H       ; 设定地址译码输出端口
       MOV   CX, 0FFH
       MOV   AL, 00
DDl:   OUT   DX, AL         ; 向 D/A 转换器送数据 0
       LOOP  DDl            ; 循环 256 次，形成梯形波的下底
       MOV   CX, 0FFH
DD2:   INC   AL             ; 循环加 1，以形成上升沿
       OUT   DX, AL
       LOOP  DD2
       MOV   CX, 0FFH
DD3:   OUT   DX, AL         ; 输出上底
       LOOP  DD3
       MOV   CX, 0FFH
DD4:   DEC   AL
       OUT   DX, AL         ; 输出下降沿
       LOOP  DD4
       JMP   DDl            ; 重复上述过程，形成多个梯形波
```

③ 三角波。给 DAC0832 持续 256 次发送数据 0，然后逐次加 1 直到 255，接着将 255 逐次减 1 到 0，依次重复，DAC0832 就可输出一个三角波。输出三角波的程序如下：

```
        MOV  DX, 360H          ; 设定地址译码输出端口
DD0:    MOV  CX, 0FFH
        MOV  AL, 00
DD1:    OUT  DX, AL            ; 向 D/A 转换器送数据 0
        INC  AL
        LOOP DD1               ; 循环形成上升斜坡
        MOV  CX, 0FFH
DD2:    DEC  AL
        OUT  DX, AL
        LOOP DD2               ; 循环形成下降斜坡
        JMP  DD0               ; 重复上述过程，形成多个三角波
```

10.3　A/D 转换器

在实际应用中，经常要把传感器从现场检测到的各种物理量，如温度、压力、流量、速度、角度等转换成电信号，经过放大、滤波后送到 A/D 转换器，由 A/D 转换器实现模拟量到数字量的转换，然后送到计算机中。A/D 转换器是将时间上连续的模拟信号(通常是电压信号)转换为 n 位二进制数字信号，以便于计算机进行处理。与 D/A 转换器一样，AD 转换器也是计算机应用系统的重要接口，A/D 转换器常用于数据采集系统。

A/D 转换器输出二进制代码的有效位数通常有 8 位、10 位、12 位、14 位和 16 位等多种；按照转换时间(即进行一次 A/D 转换所需要的时间)可分为超高速(转换时间≤1 ns)、高速(转换时间≤1 μs)、中速(转换时间≤1 ms)、低速(转换时间≤1 s)等几种不同转换速度的芯片。

A/D 从转换原理上可分为两大类：直接 A/D 转换和间接 A/D 转换。直接 A/D 转换是将模拟电压直接转换成数字代码，其中较常用的有逐次逼近式 A/D 转换、计数式 A/D 转换、并行转换式 A/D 转换等。间接 A/D 转换是将模拟电压先变成中间变量，如脉冲周期 T、脉冲频率 f、脉冲宽度 τ 等，再将中间变量变成数字代码。这类中较常用的有单积分式和双积分式 A/D 转换、电压/频率转换式 A/D 转换(即 V/F 转换器)等。上述各种 A/D 转换器各有优缺点。以计数式 A/D 转换最简单，但转换速度很慢。并行转换式 A/D 转换速度最快，但成本最高。逐次逼近式 A/D 转换的转换速度和精度都比较高，且比较简单，价格也不高，所以在计算机应用系统中最常用。积分式特别是双积分式 A/D 转换的转换精度高，抗干扰能力强，但转换速度慢，一般应用在要求精度高但速度不高的场合，例如测量仪表等。电压/频率转换式 A/D 转换在转换线性度、精度、抗干扰能力等方面有独特的优点，且接口简单，占用计算机资源少，缺点是转换速度低，目前在一些输出信号动态范围较大或者传输距离较远的低速过程的模拟输入通道中，应用较广泛。本节主要介绍逐次逼近式 A/D 转换器和双积分式 A/D 转换器的工作原理。

10.3.1　A/D 转换器的工作原理

1. 逐次逼近式 A/D 转换器

逐次逼近式 A/D 转换器的内部结构框图如图 10.12 所示，它主要由逐次逼近寄存器(SAR)、D/A 转换器、电压比较器、控制逻辑和时钟电路等组成。

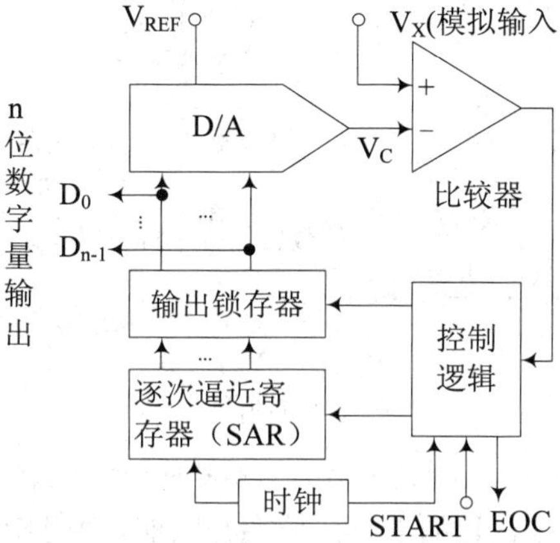

图 10.12　逐次逼近式 A/D 转换器的内部结构框图

逐次逼近式 A/D 转换器的工作原理类似于用天平称重。在转换开始前，先将 SAR 寄存器清零，然后设其最高位为 1(对 8 位来讲，即为 10000000B)，就像天平称重时先放上一个最重的砝码一样，SAR 中的数字量经过 D/A 转换器转换为相应的模拟电压 V_C，并与模拟输入电压 V_X 进行比较，若 $V_X \geq V_C$，则 SAR 寄存器中的最高位保留，否则就将最高位清零(若砝码比物体轻就要保留该砝码，否则就去掉该砝码)。然后，再使次高位置 1，进行相同的操作直到 SAR 寄存器的所有位都被确定。转换过程结束后，SAR 寄存器中的二进制码就是 A/D 转换器的输出。

比如，一个 8 位 A/D 转换器，其输入模拟电压范围是 0～5 V，则输出的对应数字量范围应是 00H～FFH，即共 256 个数字量，单位数字量表示的模拟电压值为 5 V/256≈19.5 mV，现假设输入的模拟电压为 4 V，其转换过程如表 10.2 所示。这样，就将 4 V 的电压模拟量转换为数字量 11001101B(CDH)。

表 10.2　逐次逼近式 8 位 A/D 转换器的转换过程

位序列	比较表达式	结果	二进制值
D_7	$4.000\text{ V} - 2^7 \times 19.5\text{ mV} = +1.504\text{ V}$	>0	1
D_6	$1.504\text{ V} - 2^6 \times 19.5\text{ mV} = +0.256\text{ V}$	>0	1
D_5	$0.256\text{ V} - 2^5 \times 19.5\text{ mV} = -0.368\text{ V}$	<0	0
D_4	$0.256\text{ V} - 2^4 \times 19.5\text{ mV} = -0.056\text{ V}$	<0	0
D_3	$0.256\text{ V} - 2^3 \times 19.5\text{ mV} = +0.100\text{ V}$	>0	1
D_2	$0.100\text{ V} - 2^2 \times 19.5\text{ mV} = +0.022\text{ V}$	>0	1
D_1	$0.022\text{ V} - 2^1 \times 19.5\text{ mV} = -0.017\text{ V}$	<0	0
D_0	$0.022\text{ V} - 2^0 \times 19.5\text{ mV} = +0.0025\text{ V}$	>0	1

2. 双积分式 A/D 转换器

双积分式 A/D 转换器是 V-T 变换型间接 A/D 转换器，首先把输入的模拟电压信号转换成与之成正比的时间宽度信号，然后在这个时间宽度里对固定频率的时钟脉冲计数，计数的结果就是正比于输入模拟电压的数字信号，如图 10.13 所示。

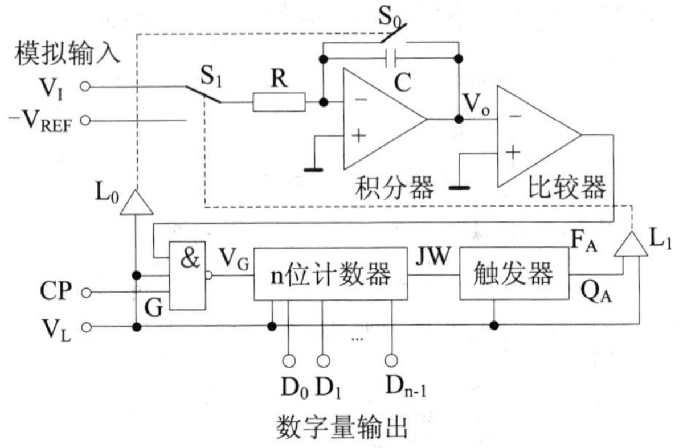

图 10.13　双积分式 A/D 转换器的工作原理图

双积分式 A/D 转换器工作过程如下：在转换开始前，由于转换控制信号 $V_L=0$，因而计数器和触发器 F_A 均被置 0，即 $Q_A=0$，同时开关 S_0 闭合，使积分电容 C 充分放电；当 $V_L=1$ 以后，转换开始，S_0 断开，S_1 接到输入信号 V_I 一侧，积分器对 V_I 进行固定时间 T_1 的积分。积分结束时积分器的输出电压为

$$V_o=\frac{1}{C}\int_0^{T_1}\left(-\frac{V_I}{R}\right)dt=-\frac{T_1}{RC}V_I$$

上式表明，在 T_1 固定时积分器的输出电压 V_o 与输入电压 V_I 成正比。因为积分过程中积分器的输出为负电压，所以比较器输出为高电平，将门 G 打开，计数器对 V_G 端的脉冲计数。当计数器计满 2^n 个脉冲以后，自动返回全 0 状态，同时给 F_A 一个进位信号 JW，使 F_A 置 1，即 $Q_A=1$。于是 S_1 转接到 $-V_{REF}$ 一侧，开始进行反向积分。如果积分器的输出电压上升到 0 时所经过的积分时间为 T_2，则

$$V_o=\frac{1}{C}\int_0^{T_2}\left(\frac{V_{REF}}{R}\right)dt-\frac{T_1}{RC}V_I=0$$

$$\frac{T_2}{RC}V_{REF}=\frac{T_1}{RC}V_I$$

故可得

$$T_2=\frac{T_1}{V_{REF}}V_I$$

可见，反向积分到 $V_o=0$ 的这段时间 T_2 与输入信号 V_I 成正比。令计数器在 T_2 这段时间里对固定频率 $f_c(f_c=1/T_C)$的时钟脉冲 CP 进行计数，则计数结果也一定与 V_I 成正比，即

$$D = \frac{T_2}{T_C} = \frac{T_1}{T_C V_{REF}} V_I$$

式中，D 表示计数结果的数字量。若取 T_1 为 T_C 的整数倍，即 $T_1 = NT_C$，则上式变为

$$D = \frac{N}{V_{REF}} V_I$$

待积分器的输出回到 0 以后，比较器的输出变为低电平，将门 G 封锁，至此转换结束。这时计数器中所存放的数字量就是转换结果。因为 $T_1 = 2^n T_C$，即 $N = 2^n$，故代入上式可得

$$D = \frac{2^n}{V_{REF}} V_I$$

例如，对于 8 位双积分式 A/D 转换器，若 $V_{REF} = +5$ V，要转换的模拟输入电压 $V_I = 4.5$ V，则转换后的数字量 D 为

$$D = \frac{2^n}{V_{REF}} V_I = \frac{2^8}{5\,V} \times 4.5\ \ V \approx 230\,D = 11100110\,B = E6\,H$$

双积分式 A/D 转换器的优点是消除干扰及抗电源噪声能力强，精度高，缺点是转换速度慢。转换时间从几毫秒到几百毫秒不等，一般适用于对温度、压力、流量等缓变参数的检测。

10.3.2　A/D 转换器的主要性能指标

A/D 转换器的主要性能指标有分辨率、转换精度、转换时间、温度系数、量程等。它们都是衡量 A/D 转换器性能的重要参数。

(1) 分辨率：A/D 转换器能够分辨的最小输入信号，一般用 A/D 转换器能够转换成二进制数的位数来表示。A/D 转换器的分辨率一般有 8 位、10 位、12 位、14 位、16 位。例如，8 位 A/D 转换器，单极性输入为 0～5 V，数字量为 0～255，它能分辨的最小输入信号是 5 V/256≈20 mV，分辨率为 8 位。12 位 A/D 转换器，双极性输入为 −5～+5 V，数字量为 0～4095，其能分辨的最小输入信号是 10 V/4096≈2 mV，分辨率为 12 位。

(2) 转换精度：反映了 A/D 转换器实际输出与理想输出的接近程度，通常采用绝对误差和相对误差两种方法来表示。A/D 转换器的位数越多，相对误差和绝对误差就越小。绝对误差等于实际转换结果与理论转换结果之差，通常以数字量的最小有效位的分数值来表示。例如：±LSB/2、±LSB/4 等。相对误差是指整个转换范围内的任一数字量所对应的模拟输入量的实际值与理论值之差，通常用绝对误差与模拟电压满量程的百分比来表示。例如，假设有一个 10 位的 A/D 芯片，其满量程为 10 V，绝对精度为 ±LSB/2。则量化单位为 $10\ V/(2^{10}-1)=9.77$ mV，绝对精度为 9.77 mV/2＝4.88 mV，所以相对精度为 4.88 mV/10 V＝0.048%。

(3) 转换时间：完成一次 A/D 转换所需要的时间，即由发出转换命令信号到转换结束信号开始有效的时间间隔。转换时间反映了 A/D 转换器的转换速度。

(4) 温度系数：A/D 转换器受环境温度影响的程度，一般采用环境温度变化 1 ℃所产生的相对转换误差来表示。

(5) 量程：也称模拟电压输入范围，指 A/D 转换器能够转换的输入模拟电压的变化范围，分单极性和双极性两种类型。例如，单极性常见量程为 0～5V，0～10V，0～20V；双极性量程通常为-5～+5V，-10～+10V 等。

10.3.3　A/D 转换器芯片与微处理器的接口

1. A/D 转换器与 CPU 接口的基本设计方法

A/D 转换器芯片种类很多，典型的 A/D 转换器芯片有 ADC0809、ADC1210、AD574、AD674、AD678 等，一般从以下几个方面考虑 A/D 转换器与 CPU 的接口设计。

1) A/D 转换器的外部连接特性

A/D 转换芯片种类繁多，但从 A/D 转换器的外部连接线来看，一般都具有以下输入/输出线：

(1) 模拟信号输入线：用来输入待转换的模拟量(一般是模拟电压)，有单通道和多通道之分。对于多个模拟通道，A/D 转换芯片提供了选择通道的地址线，一次只能转换一个通道输入的模拟信号。模拟电压输入信号的地线(比如 AGND)与数字地(DGND)一般短接使用。

(2) 数字量输出线：用来输出模拟量转换成的数字量，数字量输出线的根数表示该 A/D 转换芯片的分辨率。如果 A/D 转换芯片没有三态数据输出锁存器，那么需要在 A/D 转换器和 CPU 的数据总线之间增加三态锁存器(比如 8255、74LS244 等)才能连接；反之，则可直接与 CPU 的数据总线连接。如果 A/D 转换器数字量输出线的宽度(比如 12 位)大于 CPU 的数据总线的宽度(比如 8 位)，那么 CPU 要分两次读取 A/D 转换后的数字量(比如先读 12 位的低 8 位，再读高 4 位)，然后把两次读取的数字量组合成一个数字量。

(3) 启动 A/D 转换输入线：分电平启动、脉冲上升沿启动和脉冲下降沿启动三种，只要每给一次有效的启动信号，就进行一次 A/D 转换，转换完毕采集一次数据。如果是电平启动，必须在整个 A/D 转换期间保持有效启动电平不变；否则，不能得到正确的转换结果。

(4) 转换结束输出线：A/D 转换结束后，由转换结束输出线输出有效电平(高电平或者低电平，也就是在转换期间为低电平则转换结束就输出高电平，在转换期间为高电平则转换结束就输出低电平)，表示转换结束，CPU 可读取转换后的数字量。根据实际情况，对转换结束信号的检测和转换后数字量的读取一般可采用查询方式、中断方式和 DMA 方式等。

2) A/D 转换器接口的一般工作过程

(1) 模拟通道寻址。对于多个模拟输入通道的 A/D 转换器，首先需要发送 A/D 通道的地址并锁存，选择这次要转换的模拟通道。对于单通道，则不需要。

(2) 给出启动 A/D 转换信号。因为 A/D 转换何时开始，是由外部来控制的，只有向 A/D 转换器发出启动转换命令后，才能开始 A/D 转换。

(3) 检测 A/D 转换是否结束。当 A/D 转换结束时，A/D 转换器会发出转换结束信号，以便下一步读取转换后的数字量。

(4) 读取转换后的数字量。当检测到转换结束信号有效后，在查询或者中断方式下，CPU 执行读数据命令，把 A/D 转换后的数字量读入内存。如果用 DMA 方式，则可直接把数据读入内存。

2. 8 位 A/D 转换器 ADC0809 与 CPU 的接口设计

ADC0809 是 8 位 8 通道逐次逼近式 A/D 转换器，转换时间为 100 μs，片内有 8 路模拟开关，可以同时连接 8 路模拟量，单极性，量程为 0～5 V。芯片内有三态输出锁存器，可以直接与微型计算机总线相连接。该芯片有较高的性能价格比，适用于对精度和采样速度要求不高的场合或一般的工业控制领域。由于其价格低廉，便于与微型计算机连接，因而应用十分广泛。

ADC0809 主要的技术指标是：8 位分辨率，增益温度系数为 0.02%，功耗为 20 mW，单电源+5 V 供电，转换时间为 100 μs，能对 8 路模拟电压信号进行转换，输出电平与 TTL 电平兼容。

1) ADC0809 的引脚及功能

ADC0809 的外部引脚如图 10.14 所示。它是 28 条引脚的双列直插式芯片。

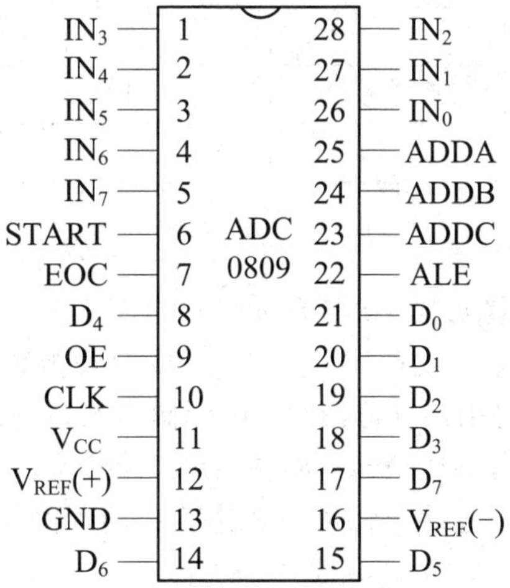

图 10.14　ADC0809 的外部引脚

ADC0809 的引脚功能如下：

(1) D_0～D_7：输出数据线。

(2) IN_0～IN_7：8 路模拟电压输入端，可连接 8 路模拟量输入。

(3) ADDA、ADDB、ADDC：3 条引脚组合起来选择 8 路模拟量输入中的一路输入。ADDC 为最高位，ADDA 为最低位。表 10.3 所示为模拟输入通道的选择情况，比如要选择通道 IN_0，使 ADDC＝0、ADDB＝0、ADDA＝0 即可。

(4) START：启动信号输入端，下降沿有效。在启动信号的下降沿，启动转换。

(5) ALE：模拟通道地址锁存信号，用来锁存 ADDA、ADDB、ADDC 端的地址输入，上升沿有效。

(6) EOC：A/D 转换结束状态信号。当该引脚输出低电平时表示正在转换，输出高电平时表示一次转换已结束。

(7) OE：读允许信号，高电平有效。当 EOC=1 且 OE=1 时，CPU 可将转换后的数字量读入。

(8) CLK：时钟输入端，作为 ADC0809 进行转换的时间基准，可输入频率范围 10 kHz～1.2 MHz，一般可取 500 kHz。

(9) V_{CC} 和 GND：V_{CC} 是电源端，接+5 V；GND 是电源地，也是模拟地和数字地。

(10) $V_{REF}(+)$和 $V_{REF}(-)$：参考电压输入端，一般 $V_{REF}(+)$接+5 V 电源，$V_{REF}(-)$接地。

表 10.3　模拟输入通道的选择

模拟通道	ADDC	ADDB	ADDA
IN_0	0	0	0
IN_1	0	0	1
IN_2	0	1	0
IN_3	0	1	1
IN_4	1	0	0
IN_5	1	0	1
IN_6	1	1	0
IN_7	1	1	1

2) ADC0809 的内部结构

ADC0809 的内部结构框图如图 10.15 所示，它由模拟电压输入选择部分、转换器部分和输出部分组成。模拟电压输入选择部分包括一个 8 路模拟选择开关、地址锁存与译码电路。输入的 3 位通道地址信号由锁存器锁存，经译码电路译码后控制模拟开关选择相应的模拟输入。转换器部分主要包括比较器、8 位 D/A 转换器、逐次逼近数码寄存器以及时序控制逻辑电路等。输出部分包括一个 8 位三态输出锁存器。

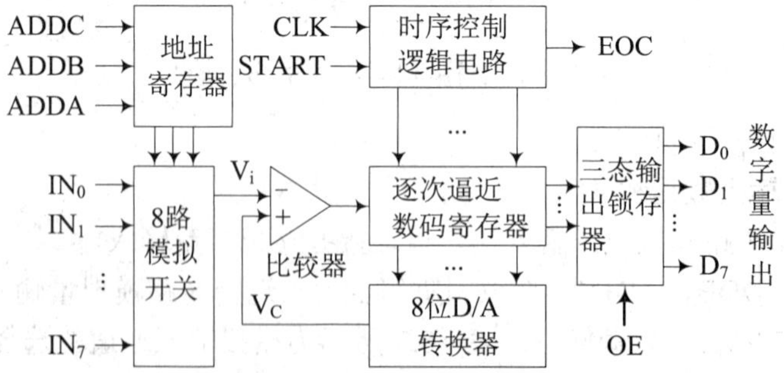

图 10.15　ADC0809 的内部结构框图

3) ADC0809 的工作过程

ADC0809 工作时序如图 10.16 所示，由时序图可以看出 ADC0809 的工作过程如下：

(1) CPU 发出 3 位通道地址信号 ADDC、ADDB、ADDA。

(2) 在通道地址信号有效期间，使 ALE 引脚上产生一个由低到高的电平变化，即脉冲上升沿，它将输入的 3 位通道地址 ADDC、ADDB、ADDA 锁存到内部地址锁存器。ALE 的下降沿不影响地址锁存器原来锁存的数据。

(3) 给 START 引脚加上一个由高到低变化的电平，即脉冲下降沿，启动 A/D 转换。

(4) A/D 转换期间，输出引脚 EOC 呈现低电平，一旦转换结束，EOC 变为高电平。

(5) CPU 在检测到 EOC 变为高电平后，输出一个正脉冲到 OE 端，然后读取转换后的 8 位数字量。

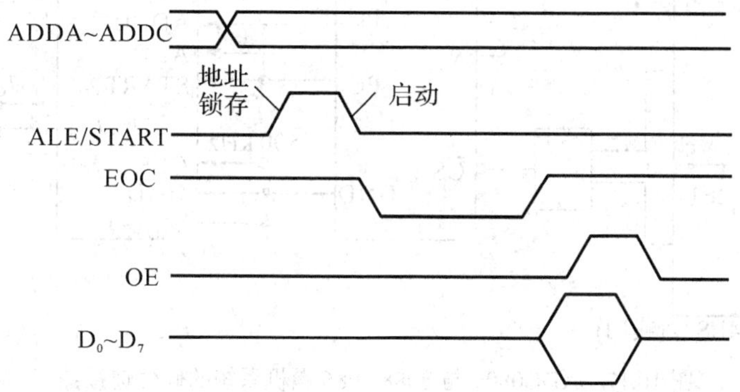

图 10.16　ADC0809 的工作时序

另外，如果只用 0809 的一个模拟输入通道，则 ADDC、ADDB、ADDA 均直接接地(即接低电平)，固定使用通道 0(IN_0)。一般情况下 ALE 和 START 可短接使用，短接后先使该引脚为低电平，当通道地址 ADDC、ADDB、ADDA 信号输出后，CPU 往该引脚发送一个正脉冲，其上升沿锁存地址，下降沿启动转换。根据实际情况 CPU 可选择延时、查询、中断和 DMA 方式读取转换后的数字量，延时方式是在启动 A/D 转换后等待一段时间(大于 A/D 转换时间)，使 OE=1，然后直接读取转换后的数字量；查询方式是在启动 A/D 转换后，当检测到 EOC 变为高电平时，使 OE=1，然后读取转换后的数字量；中断方式是在启动 A/D 转换后，EOC 由低电平变为高电平引起 CPU 的一个外部中断，然后由 CPU 的中断服务子程序来读取转换后的数字量。

4) ADC0809 的应用举例

ADC0809 主要用于数据采集系统中，可以实现对 8 路模拟输入信号的循环数据采集。以图 10.17 为例，编写 8 路模拟量的循环数据采集程序。设采集的 8 位数字量存放到 DATA 为首地址的内存单元中。如图 10.17 所示，8255 的地址为 270H～273H。A、B、C 口均工作在方式 0，A 口 8 位输入，读入转换后的 8 位数字量；B 口输入，用 PB_0 检测转换结束信号 EOC 的状态；C 口输出，PC_2、PC_1、PC_0 分别连接 ADC 0809 的模拟通道地址选择端 ADDC、ADDB、ADDA，PC_7 连接 ADC0809 的地址锁存信号 ALE 和启动转换信号 START，按图 10.16 所示的时序进行工作。ADC0809 的读允许信号 OE 直接接高电平 +5 V，转换完毕即 EOC 由低电平变为高电平后，可直接读取转换后的 8 位数字量。CLK 时钟端输入频率为 500 kHz。实验时，可用一个 20 kΩ 电位器连接在模拟信号输入端，若用万用表测得模拟通道 IN_0 的电压为 4 V，则通过 ADC 0809 采集到的数字量应该为 4 V × 255 / 5V = 204 = CCH。

在 8086 实验板上可运行的数据采集源程序如下：

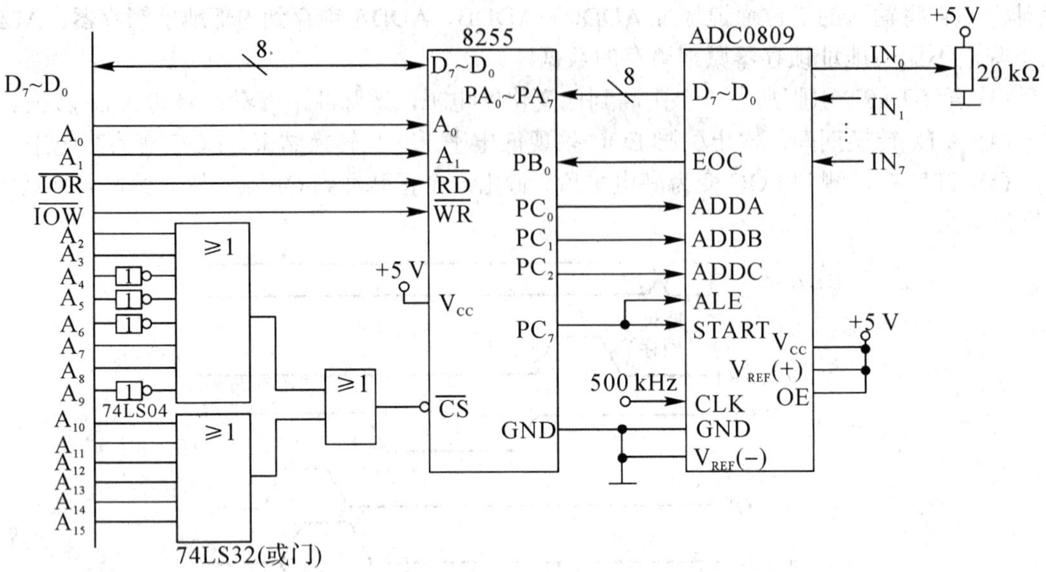

图 10.17　ADC0809 与 8088/8086 微机系统的硬件连接图

```
        DSEG   SEGMENT
        DATA   DB8DUP(?)                  ; 存放采集数据的内存单元
        DSEG   ENDS
        CSEG   SEGMENT
        ASSUME   CS:CSEG, DSEG:DS         ; 伪指令定义代码段和数据段
START:  MOV   AX,DSEG
        MOV   DS, AX                      ; 取段地址给 DS
        MOV   SI, OFFSET DATA             ; 取数据首单元 DATA 的偏移地址给 SI
        MOV   AL, 92H                     ; 初始化 8255，A、B 口方式 0
        MOV   DX, 273H                    ; A 口和 B 口输入，C 口输出
        OUT   DX,AL
        MOV   BL, 0                       ; 模拟量通道号，开始指向第 0 路 IN0
        MOV   CX, 8                       ; 共采集 8 个模拟量通道
AGAIN:  MOV   AL,BL
        MOV   DX, 272H
        OUT   DX, AL                      ; 送模拟量通道地址，使 ALE=START=0
        MOV   AL, 0FH                     ; 8255 的 PC7 位置 1，送 ALE 信号(上升沿)
        MOV   DX, 273H                         ; C 口的按位置位/复位采用 8255 控制口
        OUT   DX, AL
        MOV   AL, 0EH                     ; 8255 的 PC7 位置 0，送 START 信号(下降沿)
        OUT   DX, AL                      ; 启动 ADC0809 的 A/D 转换
        MOV   DX, 271H
WAIT1:  IN   AL, DX                            ; 读 8255 的 B 口
        AND   AL, 01H                     ; 取 PB0，即取 ADC0809 的 EOC 状态
```

```
JZ   WAIT1                  ；如果 EOC=0，转换未结束则等待
MOV  DX, 270H               ；如果 EOC=1，转换结束则从 A 口读数据
IN   AL, DX
MOV  [SI],. AL              ；将转换后的数字量送存储器
INC  SI                     ；存储单元地址加 1
INC  BL                     ；模拟通道地址加 1
LOOP AGAIN                  ；若未采集完则再采集下一路数据
HLT                         ；8 路数据采集完则暂停
CSEG ENDS
END  START
```

上述程序每执行一次可对 ADC0809 的 8 路模拟通道进行数据采集，并依次存放到 DATA 开始的存储单元中。该程序是通过查询 EOC 的状态来判断 A/D 转换是否结束的，中断或者延时的方法请读者自行设计。

小　结

数/模(D/A)转换器和模/数(A/D)转换器是计算机应用系统的重要部件，应用非常广泛。本章首先以权电阻网络 D/A 转换器和 T 形电阻网络 D/A 转换器为例，介绍了 D/A 转换器的工作原理，主要性能指标(包括分辨率、转换精度和转换速率)等；重点介绍了 8 位 D/A 转换器 DAC0832 的内部结构、引脚功能、具体工作过程及其与 8086 微型计算机系统的硬件连接和程序设计。本章以逐次逼近式 A/D 转换器和双积分式 A/D 转换器为例，介绍了 A/D 转换器的工作原理，主要性能指标(包括模拟电压输入范围和分辨率、转换时间和转换精度)，A/D 转换器与 CPU 接口的基本设计方法；重点介绍了 8 位 A/D 转换器芯片 ADC0809 的内部结构、引脚功能、具体工作过程及其与 8086 微型计算机系统的硬件连接和程序设计，同时介绍了多路模拟开关及采样保持电路，以便在计算机测量和控制系统中对多路或多种参数进行采集和控制。

习　题

10-1　D/A 转换器的核心是(　　)。

A. 电阻网络　　B. 输出锁存器　　C. 多路模拟开关　　D. 驱动放大电路

10-2　ADC 的转换精度主要取决于(　　)。

A. LSB　　B. 位数　　C. 转换时间

10-3　(　　)不是 DAC 的主要性能指标。

A. 分辨率　　B. 转换精度　　C. 建立时间　　D. 制造工艺

10-4　(　　)芯片内部不具有采样保持电路。

A. AD674　　B. AD678　　C. AD679　　D. AD574

10-5　什么是 D/A 转换器？描述 D/A 转换器的主要性能指标。

10-6　DAC0832 转换器有哪些特点？其内部结构由哪几部分组成?

10-7　什么是 A/D 转换器？描述 A/D 转换器的主要性能指标。

10-8　ADC0809 转换器有哪些特点？其内部结构由哪几部分组成？

10-9　若 ADC 输入模拟电压信号的最高频率为 100 kHz，采样频率的下限是多少？完成一次 A/D 转换时间的上限是多少?

10-10　如果一个 8 位 D/A 转换器的满量程(对应于数字量 255)为 10 V，分别确定模拟量为 2.0 V 和 8.0 V 所对应的数字量是多少?

10-11　某 12 位 D/A 转换器，输出电压为 0～2.5 V。当输入的数字量为 400H 时，对应的输出电压是多少?

10-12　假设有一个工作在单缓冲方式下的 DAC0832，其输出接运算放大器后能够输出电压信号，端口地址为 0A8CH。

(1) 写出产生矩形波信号的程序段。

(2) 写出产生三角波信号的程序段。

10-13　某工业现场需要测量并显示 2 个油压信号、4 个温度信号和 1 个水流量信号，这 7 个信号分别经过相应的传感器检测和变送器处理后，得到 0～5 V 的电压信号并输入 ADC0809 转换器，用计算机巡回测量这 7 个数据并显示。采用查询方式，试用 8086 汇编语言编写 ADC 0809 采集这 7 个数据的程序，分别存入 7 个字节单元 YY1、YY2、WD1、WD2、WD3、WD4 和 LL 中，再直接调用显示子程序 DISPLAY 显示这 7 个数据。ADC0809 可用的端口地址为 370H～377H。

第11章　总线技术

微型计算机由多个具有独立功能的模块组成，一个模块就是一块电路板。主板上有多个I/O插槽，各种插件板插在插槽中。要使每块插件板或主板能与别的插件通信，同一插件板的各片子之间也能互相传输信息，就需要一种能实现这种通信的公共通路。在微型计算机中，将这种用于各部件之间传输信息的公共通路称为总线(BUS)。

11.1 概　　述

微型计算机系统是由微处理器芯片与各部件和外设组成的，它们之间要相互进行信息或数据的交换，就必须建立信息传输的通路，总线就是连接微型计算机各组成部件的公用数据通路，它由系统中各个部件所共享。连接在总线上的各个部件以分时的方式共享总线，实现数据传输。微型计算机工作的过程，实际上就是数据流通过总线在各个部件之间流动的过程。因此，总线也是微型计算机系统的重要组成部分。采用总线结构便于部件和设备的扩充，尤其是制定了统一的总线标准，更容易使不同设备间实现互连。

11.1.1　总线、总线标准及主要性能指标

1. 总线

总线是一种数据通道，是在部件与部件之间、设备与设备之间传输信息的一组公用信号线。它在主控设备(部件和设备)的控制下，将发送设备(部件和设备)发出的信息准确地传输给某个接收设备(部件和设备)。总线的特点在于其公用性，即它可同时挂接多个部件或设备。如果是某两个部件或设备之间专用的信号连线，就不能称之为总线。所以，总线是连接计算机硬件系统内部多种设备的通信线路。总线的一个很重要的特征是传输媒质由总线上的所有部件所共享，可以将计算机系统内的多种部件连接到总线上。

对于总线上任何一个部件发出的信息，计算机系统内所有连接到总线上的部件都可以接收到；但在进行信息传输时，每一次只能有一个称为主控设备的部件可以利用总线给一个称为从属设备的部件发送信息。通常总线是由多条通信路径或线路组成的，而每一条信号线仅能传输二进制的0或1信号。计算机系统中含有多种总线，计算机系统内各个层次之间的信息传输就是由总线来完成的。

2. 总线标准

总线标准是指芯片之间、插板之间以及系统之间通过总线进行连接和传输信息时，应遵守的一些协议和规范，包括硬件和软件两个方面。例如，总线工作的时钟频率、总线信

号定义、电气规范和实施总线协议的驱动与管理程序等。为使不同供应商的产品间能够互换，给用户更多的选择，总线的技术规范要实现标准化，不同标准的总线必须在以下几个方面作出规定。

(1) 机械结构规范：模块的外形尺寸、总线插头与模板边缘的距离等。

(2) 功能规范：各模板插头引脚的名称及功能，各引脚之间信号相互作用的协议等。

(3) 电气规范：信号工作时的工作电压、高低电平、动态转换时间、负载能力等。

(4) 定时规范：对扩展的存储器和 I /O 设备的读/写操作，规定其总线信号时序，以保证各功能板的兼容性。

各类总线在设计上各有异同，但总的原则是必须解决诸如信号分类、传输应答、同步控制以及资源的共享和分配等问题。总线能否保证模块间的通信通畅是衡量总线性能优劣的重要标准，保证数据能在总线上高速、可靠地传输是系统总线最基本的任务。

3. 总线的主要性能指标

总线的主要性能指标有以下几个。

(1) 总线宽度：数据线的数量，也就是数据线的根数。如按总线宽度分，有 8 位总线、16 位总线、32 位总线、64 位总线等。

(2) 总线定时协议：采用同步定时还是异步定时，取决于传输数据的两个模块(源模块和目的模块)间的约定。

(3) 总线传输率：系统在给定工作方式下所能达到的数据传输率，也就是在给定方式下单位时间内能够传输数据的字节数。

(4) 总线频率：总线工作时每秒钟能传输数据的次数。总线频率越高，传输速度越快。

总线的性能指标除了上面介绍的几种之外，还有一些其他的参数与总线的性能有关，如数据线和地址线是否复用、负载能力、总线控制方式、电源电压、是否可扩展等。

11.1.2　总线的分类和构成

1. 总线的分类

在计算机系统内有多种总线，它们在计算机系统内的各个层次上，为各部件之间的通信提供通路。按所在系统的不同层次、位置，总线可分为以下几类。

(1) 片级总线：也称为元件级总线，是由芯片内部通过引脚引出的总线，用于实现 CPU 主板或其他插件板上的各种芯片间的互连。例如 CPU 与存储器、I/O 接口电路、译码电路间的连线就属于这类总线。

(2) 系统总线：用于微型计算机中各插件板之间的连接，也就是通常所说的微型计算机总线。系统总线对微处理机设计者和微处理机应用系统的用户来说，都是一种很重要的总线。选择具有标准化和开放性总线的计算机系统，通过适当选择各种模块构成符合要求的计算机系统，是当前选择微处理机应用系统的趋势。目前，常用的标准系统总线有 ISA、EISA 以及 PCI 总线等。

(3) 外部总线：也称为通信总线，用于计算机之间、计算机和一部分外设之间的通信。

在计算机与外部信息交换过程中，有两种信息交换方式，一种是并行通信方式，另一种是串行通信方式。并行通信时，数据的各位同时进行传输；而串行通信时，数据与控制信息是一位接一位地进行传输的。在两种信息交换方式中，串行通信虽然传输速度慢一些，但传输距离比并行通信的长，硬件电路也相应简单些。这些通信总线不仅用于微型计算机系统中，还广泛应用于计算机网络、远程检测系统、远程控制系统及各种电子设备中。在微型机系统中，外部总线主要用于主机和打印机、硬盘、光驱以及扫描仪等外设的连接。

对于微计算型机系统来说，常用的外部总线有 IDE(EIDE)总线、SCSI 总线和 USB 总线。IDE(EIDE)总线和 SCSI 总线都是并行外部总线，IDE(EIDE)总线价廉，但速度较慢，SCSI 速度较快，但是价格较高。两者均用于主机和硬盘子系统的连接，前者普遍用于微型计算机系统中，后者主要用于高性能计算机、小型机、服务器和工作站中。USB 是当前通用的串行总线，广泛应用于微型计算机系统中。

2. 总线的构成

随着微型计算机的进一步发展，总线已经有多种类型，但是不管何种类型，都无一例外地包含三个部分，即数据总线、地址总线和控制总线。

(1) 数据总线：在计算机系统各部件之间传输数据的路径。数据总线用来传输数据，其位数亦称为总线的宽度。通常，数据总线是由 8 根、16 根或 32 根数据线组成的，这些数据线的根数就称为数据总线的宽度，它反映的是一次数据传输的位数，由此可以看出，数据总线的宽度是表现系统总体性能的最关键的因素之一。比如 ISA 总线的数据宽度为 16 位，PCI 总线的数据宽度为 32 位，也就是说，ISA 总线一次可以传输 16 位数据，PCI 总线一次可以传输 32 位数据。

(2) 地址总线：用来规定数据总线上的数据出于何处和被送往何处。地址总线传输存储器或外设端口地址。无论是存储器还是外设，所有数据按地址存取，因此，在存取数据时，必须先传输地址。若 CPU 欲从存储器读取一个信息，不论这个信息是 8 位、16 位、32 位或 64 位，均是先将欲读取信息的地址放到地址总线上，然后才可以从地址总线指定的存储单元那里取出所需信息。其中地址总线的位数也称为地址宽度，它反映的是 CPU 的寻址范围。比如 ISA 总线的地址宽度为 20 位，寻址范围为 $2^{20}=1$ MB；PCI 总线的地址宽度为 32 位，寻址范围为 $2^{32}=4$ GB。

(3) 控制总线：用来对数据总线、地址总线的访问及其使用情况实施控制，即用来传输各类控制信号。

由于微型计算机中的所有部件均要使用数据总线和地址总线，因此用控制总线对它们实施控制是必要的。说到底，控制信号的作用就是在微型计算机系统各个部件之间发送操作命令和定时信息。操作命令规定了要执行的具体操作，而定时信息则规定了数据信息和地址信息的有效性。在不同的总线结构中，控制总线往往有较大的差异，比如种类不同，有效信号的定义可能不同，但是基本信号必不可少，如地址有效信号、读命令、写命令、中断请求/响应信号、总线请求/响应信号等。

11.1.3　总线的数据传输及总线结构的优点

总线的数据传输过程可划分为以下几个阶段。

(1) 申请占用总线。需要使用总线的总线主设备(如 CPU、DMA 控制器等)向总线仲裁机构提出占用总线的请求，经总线仲裁机构判定，若满足响应条件，则发出响应信号，并将下一个总线传输周期的总线控制权授予申请者。

(2) 寻址。获得总线控制权的总线主设备，通过地址总线发出本次要访问的存储器和 I/O 端口的地址，经地址译码选中被访问的模块并开始启动数据转换。

(3) 传输数据。总线主设备称为主模块，被访问的设备称为从模块。主模块和从模块之间的操作是由主模块控制的，两个从模块之间通过数据总线进行数据传输。

(4) 结束。主、从模块的信息均从总线上撤除，让出总线，以便其他主模块使用。

微型计算机是通过总线结构来连接各个功能部件的，各个部件面向总线系统时，只要符合总线标准，部件就可以加入系统中。因此，采用总线结构具有以下诸多优点：① 开放性和通用性好；② 支持模块化设计；③ 便于系统的扩充；④ 便于系统的更新。

11.2　IBM PC 总线

IBM PC/XT 的主板上有 8 个 62 芯的 I/O 扩展槽，连接扩展槽的是 IBM PC 总线，总共有 62 根引线，主要用于系统功能的扩充，它可以进行存储器扩充和各种外设适配器的扩充，例如打印机适配器、显示器适配器、网络适配器、语音系统适配器等。

扩充插槽有 62 条引脚，62 芯总线中包括 8 位双向数据总线、20 位地址线、6 级中断请求信号线、3 组 DMA 通道控制线、存储器和 I/O 读写线、动态 RAM 刷新控制线和时钟信号线等，此外，还有 4 根电源线和占有 3 个插脚的地线，由此送出四组电源：+12 V、5 V、−5 V、−12 V。IBM 对插槽上的信号名称、性质、方向、时序、引脚排列等都有明确规定，这种规定称为 IBM PC 总线。IBM PC 总线的 62 条引脚的具体分配见表 11.1。

表 11.1　IBM PC 总线的 62 条引脚的具体分配

元件面			焊接面		
引脚号	信号名	说　明	引脚号	信号名	说　明
A_1	$\overline{\text{IO CH CK}}$	输入，I/O 通道奇偶校验信号	B_1	GND	地
A_2	D_7	数据信号，双向	B_2	RESET DRV	复位
A_3	D_6	—	B_3	+5 V	电源 +5 V
A_4	D_5	—	B_4	IRQ_2	中断请求 2，输入
A_5	D_4	—	B_5	−5 V	电源 −5 V
A_6	D_3	—	B_6	DRQ_2	DMA 通道 2 请求，输入
A_7	D_2	—	B_7	−12 V	电源 −12 V
A_8	D_1	—	B_8	$\overline{\text{CARD SLCTD}}$	插件板选中信号
A_9	D_0	—	B_9	+12 V	电源 +12 V
A_{10}	I/O CH RDY	输入，I/O 准备好信号	B_{10}	GND	地
A_{11}	AEN	输出，地址允许信号	B_{11}	$\overline{\text{MEMW}}$	存储器写命令，输出

续表

元 件 面			焊 接 面		
引脚号	信号名	说 明	引脚号	信号名	说 明
A_{12}	A_{19}	地址信号，双向	B_{12}	$\overline{MEMR}$	存储器读命令，输出
A_{13}	A_{18}	—	B_{13}	$\overline{IOW}$	I/O 写命令，双向
A_{14}	A_{17}	—	B_{14}	$\overline{IOR}$	I/O 读命令，双向
A_{15}	A_{16}	—	B_{15}	$\overline{DACK_3}$	DMA 通道 3 响应信号，输出
A_{16}	A_{15}	—	B_{16}	DRQ_3	DMA 通道 3 请求信号，输入
A_{17}	A_{14}	—	B_{17}	$\overline{DACK_1}$	DMA 通道 1 响应信号，输出
A_{18}	A_{13}	—	B_{18}	DRQ1	DMA 通道 1 请求信号，输入
A_{19}	A_{12}	—	B_{19}	$\overline{DACK_0}$	DMA 通道 0 响应信号，输出
A_{20}	A_{11}	—	B_{20}	CLK	系统时钟，输出
A_{21}	A_{10}	—	B_{21}	IRQ_7	中断请求，输入
A_{22}	A_9	—	B_{22}	IRQ_6	—
A_{23}	A_8	—	B_{23}	IRQ_5	—
A_{24}	A_7	—	B_{24}	IRQ_4	—
A_{25}	A_6	—	B_{25}	IRQ_3	—
A_{26}	A_5	—	B_{26}	$\overline{DACK_2}$	DMA 通道 2 响应信号，输出
A_{27}	A_4	—	B_{27}	T/C	计数结束信号，输出
A_{28}	A_3	—	B_{28}	ALE	地址锁存允许信号，输出
A_{29}	A_2	—	B_{29}	+5 V	电源 +5 V
A_{30}	A_1	—	B_{30}	OSC	晶体振荡信号，输出
A_{31}	A_0	—	B_{31}	GND	地

11.3 ISA 和 EISA 总线

11.3.1 ISA 总线

ISA(Industry Standard Architecture，工业标准体系结构)总线是 IBM 公司为 PC/AT 计算机制定的总线标准，为 16 位体系结构，又称为 PC/AT 总线。为保证与 PC 总线兼容，ISA 总线的插座在原来 62 引脚的 PC/XT 插座基础上，又增加了一个 36 引脚的插座。

1. ISA 总线的主要特点

ISA 总线是 8 位/16 位数据传输总线的工业标准。最早是 IBM PC 为方便系统扩充而提供的开放式系统总线插槽，这些插槽就是输入/输出通道(I/O 通道)，也就是系统总线的延伸，是将系统总线进行重新驱动后连接至扩展槽上。I/O 通道上各个信号的电气性能及信号引脚在插线板上的位置都经过了规范化，具有统一的定义，用户可以方便地通过扩展槽完成接口卡与系统的连接。8 位 ISA 扩展 I/O 插槽由 62 条引脚组成，用于 8 位插卡；8 位/16 位的扩展插槽除了具有一个 8 位 62 线的连接器外，还有一个附加的 36 线连接器，这种扩展 I/O 插槽既可支持 8 位插卡，也可支持 16 位插卡。

2. 引脚分配

IBM PC 数据宽度为 8 位的 ISA 总线由 62 根信号线组成，通常称为 PC 总线或者 XT 总线。扩展槽使用 62 芯双面插槽，引脚分别为 A_1～A_{31} 和 B_1～B_{31}，A 面是元件面，B 面是焊接面，引脚信号的定义见表 11.2。

表 11.2　ISA 总线引脚信号的定义(1)

元件面			焊接面		
引脚号	信号名	说　明	引脚号	信号名	说　明
A_1	$\overline{\text{IO CH CK}}$	输入，I/O 通道奇偶校验信号	B_1	GND	地
A_2	SD_7	数据信号，双向	B_2	RESET DRV	复位
A_3	SD_6	—	B_3	+5 V	电源 +5 V
A_4	SD_5	—	B_4	IRQ_9	中断请求，输入
A_5	SD_4	—	B_5	−5 V	电源 −5 V
A_6	SD_3	—	B_6	DRQ_2	DMA 通道 2 请求，输入
A_7	SD_2	—	B_7	−12 V	电源 −12 V
A_8	SD_1	—	B_8	$\overline{\text{OWS}}$	零等待状态信号，输入
A_9	SD_0	—	B_9	+12 V	电源 +12 V
A_{10}	I/O CH RDY	输入，I/O 准备好信号	B_{10}	GND	地
A_{11}	AEN	输出，地址允许信号	B_{11}	$\overline{\text{SMEMW}}$	存储器写命令，输出
A_{12}	SA_{19}	地址信号，双向	B_{12}	$\overline{\text{SMEMR}}$	存储器读命令，输出
A_{13}	SA_{18}	—	B_{13}	$\overline{\text{IOW}}$	I/O 写命令，双向
A_{14}	SA_{17}	—	B_{14}	$\overline{\text{IOR}}$	I/O 读命令，双向
A_{15}	SA_{16}	—	B_{15}	$\overline{\text{DACK}_3}$	DMA 通道 3 响应信号，输出
A_{16}	SA_{15}	—	B_{16}	DRQ_3	DMA 通道 3 请求信号，输入
A_{17}	SA_{14}	—	B_{17}	$\overline{\text{DACK}_1}$	DMA 通道 1 响应信号，输出
A_{18}	SA_{13}	—	B_{18}	DRQ_1	DMA 通道 1 请求信号，输入
A_{19}	SA_{12}	—	B_{19}	$\overline{\text{REFRESH}}$	刷新信号，双向
A_{20}	SA_{11}	—	B_{20}	CLK	系统时钟，输出
A_{21}	SA_{10}	—	B_{21}	IRQ_7	中断请求，输入
A_{22}	SA_9	—	B_{22}	IRQ_6	—

续表

元 件 面			焊 接 面		
引脚号	信号名	说　明	引脚号	信号名	说　明
A_{23}	SA_8	—	B_{23}	IRQ_5	—
A_{24}	SA_7	—	B_{24}	IRQ_4	—
A_{25}	SA_6	—	B_{25}	IRQ_3	—
A_{26}	SA_5	—	B_{26}	$\overline{DACK_2}$	DMA 通道 2 响应信号，输出
A_{27}	SA_4	—	B_{27}	T/C	计数结束信号，输出
A_{28}	SA_3	—	B_{28}	BALE	地址锁存允许信号，输出
A_{29}	SA_2	—	B_{29}	+5 V	电源 +5 V
A_{30}	SA_1	—	B_{30}	OSC	晶体振荡信号，输出
A_{31}	SA_0	—	B_{31}	GND	地

16 位 ISA 总线是在 PC/AT 上推出的，在 PC 总线的基础上增加了 36 根信号线，通常称为 AT 总线，对应 36 芯双面插槽，其中 C 面是元件面，对应排列为 C_1～C_{18}，D 面是焊接面，对应排列为 D_1～D_{18}，引脚信号的定义如表 11.3 所示。

表 11.3　ISA 总线引脚信号的定义(2)

元 件 面			焊 接 面		
引脚名	信号名	说　明	引脚名	信号名	说　明
C_1	$\overline{SBHE}$	总线高字节允许信号，双向	D_1	$\overline{MEM\ CS_{16}}$	存储器 16 位芯片选择信号，输入
C_2	LA_{23}	—	D_2	$\overline{I/O\ CS_{16}}$	I/O 16 位芯片选择信号，输入
C_3	LA_{22}	—	D_3	IRQ_{10}	中断请求，输入
C_4	LA_{21}	—	D_4	IRQ_{11}	—
C_5	LA_{20}	—	D_5	IRQ_{12}	—
C_6	LA_{19}	—	D_6	IRQ_{15}	—
C_7	LA_{18}	—	D_7	IRQ_{14}	—
C_8	LA_{17}	—	D_8	$\overline{DACK_0}$	DMA 通道 0 响应信号，输出
C_9	$\overline{MEMR}$	存储器读，双向	D_9	DRQ_0	DMA 通道 0 请求信号，输入
C_{10}	$\overline{MEMW}$	存储器写，双向	D_{10}	$\overline{DACK_5}$	DMA 通道 5 响应信号，输出
C_{11}	SD_8	数据总线高字节，双向	D_{11}	DRQ_5	DMA 通道 5 请求信号，输入
C_{12}	SD_9	—	D_{12}	$\overline{DACK_6}$	DMA 通道 6 响应信号，输出

续表

元件面			焊接面		
引脚名	信号名	说　明	引脚名	信号名	说　明
C_{13}	SD_{10}	—	D_{13}	DRQ_6	DMA 通道 6 请求信号，输入
C_{14}	SD_{11}	—	D_{14}	$\overline{DACK_7}$	DMA 通道 7 响应信号，输出
C_{15}	SD_{12}	—	D_{15}	DRQ_7	DMA 通道 7 请求信号，输入
C_{16}	SD_{13}	—	D_{16}	+5 V	电源 +5 V
C_{17}	SD_{14}	—	D_{17}	$\overline{MASTER}$	主控信号，输入
C_{18}	SD_{15}	—	D_{18}	GND	地

11.3.2 EISA 总线

EISA(Extended Industry Standard Architecture，扩展工业标准结构)是 EISA 集团为配合 32 位 CPU 而设计的总线扩展标准。在 ISA 的基础上，它将数据总线宽度从 16 位变为 32 位，地址总线由 24 位变为 32 位，并具有高速同步传输功能。EISA 总线保留了 ISA 总线原有的全部信号线，在 AT 总线上工作的适配器卡仍可以在 EISA 总线上工作，但 EISA 总线并不只是 ISA 总线简单意义上的扩展。

EISA 总线不仅仅在数据总线和地址总线的宽度上扩展到 32 位，而且每个扩展槽均有各自的 DMA 请求线，可按约定的级别占用 DMA；EISA 还提供中断共享，允许用户配置多个设备共享一个中断；EISA 解决了总线 I/O 的控制能力，尤其着重解决了硬盘子系统的多用户访问速度和数据的快速传递问题，因此是一种适合于多用户系统的总线。

在一个 EISA 系统中，总线主控器最多可以是 15 个。总线主控器是一种典型的智能器件，实质上是一种连在系统上的微处理器，具有不用 CPU 干预便可独立控制总线的能力。总线主控器在系统中用于处理特定任务，典型的专用总线主控器执行诸如图像和网络的控制这类高性能任务，也可作为通用处理器，其作用类似于 CPU，目的是使整个系统的工作可以分开进行。

因为 EISA 总线的性能限制了 Pentium 等处理器性能的发挥，现在这种总线已经在 PC 中被更先进的 PCI 总线所代替。

11.4 PCI 总线

PCI 总线是一种即插即用的总线标准。Intel 公司联合 IBM 、Compaq、AST、HP 等 100 多家大型计算机公司成立了 PCI 集团(Peripheral Component Interconnect Special Interest Group，PCISIG)并推出了一种新的总线，即 PCI(Peripheral Component Interconnect)总线。PCI 总线是一种不依附于某个具体处理器的局部总线，它得到了广泛的应用。PCI 总线最大允许 64 位并行数据传输，采用地址/数据总线复用方式，最高总线时钟 66 MHz。PCI 总线通过桥接技术保持与传统总线如 ISA、EISA、VESA、MCA 等标准的兼容性，使得高性能的 PCI 总线与已经大量使用的传统总线技术并存。PCI 总线高性能的数据传输能力，使 PC 对高速外设的支持能力得到了极大的提高。当前，PCI 总线已成为微型计算机系统中广泛采用的主流局部总线。

11.4.1　PCI 总线的特点及信号定义

PCI 总线有 32 位和 64 位两种，32 位 PCI 有 120 条引脚，64 位 PCI 有 184 条引脚，目前常用的是 32 位 PCI。PCI 总线有如下特点：① 高传输率；② 高效率；③ 即插即用功能；④ 独立于 CPU；⑤ 兼容性强。

PCI 总线包括数据线、地址线、接口控制线、仲裁及系统线等。PCI 接口对单个设备至少需要 47 根信号线，对主控设备至少需要 49 根信号线。图 11.1 为 PCI 总线的定义与分类。

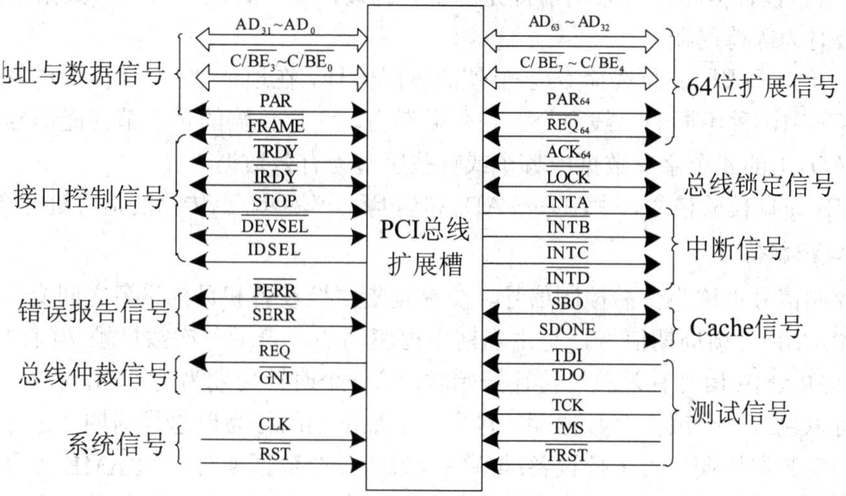

图 11.1　PCI 总线的定义与分类

在 PCI 总线中，主控是指取得了总线控制权的总线上的设备，也称为主设备或主控设备。只有取得总线管理控制能力的设备才能成为总线的主控，且总线上任一时刻只能有一个主控在工作。总线上具有主控能力的 PCI 设备若想使用总线，必须向 PCI 总线提出总线请求，经响应允许后才能占用总线而成为主控。同时，目标是在 PCI 总线上被主控选中而进行通信的设备，也称为从设备或目标设备。目标响应主控发出的信息，被寻址后依总线命令状态从总线上获得或输出接口信息，达到与主控之间的信息传输。

PCI 总线信号指 PCI 设备与 PCI 总线接口的信号。PCI 总线标准的完整信号线共有 100 根，但是，一般的 PCI 接口只需不到 50 根的信号线。通常将 PCI 总线的全部信号线分为必备信号线和可选信号线两大类，必备信号线是 32 位 PCI 接口所必不可少的，通过这些信号线可以实现完整的 PCI 接口功能，例如数据传输、接口控制、总线仲裁等。对于目标，必备的信号线为 47 根；对于主控，从设备的信号线为 49 根。可选的信号线在为高性能 PCI 接口进行功能与性能方面的扩展时使用，例如：64 位地址/数据、中断信号、66 MHz 主频等信号线。PCI 总线定义如图 11.1 所示，各信号功能如下。

1) 系统信号

(1) CLK：总线时钟输入(IN)信号，其大小决定 PCI 总线的工作频率，其频率范围为 0～33 MHz 或 0～66 MHz，除 $\overline{RST}$ 、$\overline{INTA}$ ～ $\overline{INTD}$ 信号外，所有 PCI 时序参数都根据时钟信号的上升沿来确定，都在 CLK 的上升沿同步。

(2) $\overline{RST}$：复位输入(IN)信号，复位 PCI 总线上的接口设备，使 PCI 的专用寄存器和定时器的相关信号恢复到初始状态。

2) 地址与数据信号

(1) AD_{31}～AD_0：地址/数据多路复用信号，它们是一组 32 位的地址/数据复用双向(输入/输出)三态(T/S)信号。AD_{31}～AD_0 传输 32 位地址时，是在 $\overline{FRAME}$ 有效后的第一个时钟周期(即地址期)传输的；传输 32 位数据时，是在 $\overline{IRDY}$ 、$\overline{TRDY}$ 同时有效时(即数据期)传输的。一个 PCI 总线的传输中包含一个地址期和一个或多个数据期。写数据稳定有效的前提是 $\overline{IRDY}$ 有效，读数据稳定有效的前提是 $\overline{TRDY}$ 有效，在时钟的上升沿对数据进行锁存，二者均无效时为等待周期。

(2) $C/\overline{BE_3} \sim C/\overline{BE_0}$：总线命令/字节使能复用信号。在地址期内，4 根线传输的是总线命令，可表示 16 种不同的总线命令；在数据期内，它们传输的是字节使能信号，用来选通 AD_{31}～AD_0 上的 4 个字节数据中哪个或哪些字节为有效数据。

(3) PAR：奇偶校验信号，对 AD_{31}～AD_0 和 $C/\overline{BE_3} \sim C/\overline{BE_0}$ 上传输的信号进行奇偶校验。

3) 接口控制信号

接口控制信号也称为交易控制信号。交易是指主控设备和目标设备之间交换数据。

(1) $\overline{FRAME}$：帧周期信号，是由当前主控驱动的，表示一次数据帧访问的开始和持续时间。当 $\overline{FRAME}$ 信号有效总线传输开始时，第一个时钟周期为地址期，随后为数据期。一个交易可以包含一个或多个数据期，包含一个数据期的称为单总线周期，包含多个数据期的称为突发数据周期。当主控设备准备完成最后一个数据期时，$\overline{FRAME}$ 变为无效。

(2) $\overline{IRDY}$：主控设备准备好信号。该信号有效，表示发起本次数据传输的主控设备已经准备好，否则为等待周期。在读周期，该信号有效表明主控设备已经做好接收来自当前寻址的目标设备数据的准备；在写周期，该信号有效表明数据在 AD_{31}～AD_0 上稳定有效供目标设备接收。

(3) $\overline{TRDY}$：目标设备准备好信号。该信号有效，表示目标设备已经做好完成当前数据传输的准备工作，可以进行相应的数据传输了。该信号要与 $\overline{IRDY}$ 信号同时有效，才能完整地传输数据。在读周期，该信号有效表明目标设备已经将有效数据提交至 AD_{31}～AD_0；在写周期，该信号有效表明目标设备已经做好接收数据的准备。$\overline{IRDY}$ 与 $\overline{TRDY}$ 中有一个无效时，都为等待周期。

(4) $\overline{STOP}$：停止数据传输信号。该信号有效，表明目标设备要求主控设备终止当前的数据传输。

(5) IDSEL：初始化设备选择信号，为 IN 信号。这是 PCI 对即插即用卡进行配置时的适配卡选择信号，每次只有一个 PCI 槽上的 IDSEL 有效，以选中唯一的一个适配卡。一般采用高地址线实现，系统上电时驱动，以实现对 PCI 接口的自动配置。

(6) $\overline{DEVSEL}$：设备选择信号。此信号是目标设备发出的，表示确认其为当前访问的目标设备。

4) 总线仲裁信号

(1) 每一个 PCI 主控设备都有一对仲裁信号连到 PCI 仲裁器上。

(2) $\overline{REQ}$：总线占用请求信号。该信号有效，表明驱动它的主控设备要求使用总线，当一个主控设备请求使用 PCI 总线时，就要使连到仲裁器上的$\overline{REQ}$信号有效。

(3) $\overline{GNT}$：总线占用允许信号。该信号有效，表明申请占用总线的设备已经获得批准，可以立即使用总线，当仲裁器授权允许请求使用总线的主控设备控制 PCI 总线时，会使连到正在请求的主控设备的$\overline{GNT}$有效。

5) 错误报告信号

PCI 总线上数据传输是否可靠、完整，是通过所有在线设备的错误报告线反映出来的，根据错误报告的状态就可以判断数据传输的正确性。

(1) $\overline{PERR}$：数据奇偶校验错误报告信号。在写数据期间，目标设备检测到奇偶校验错误时，将它的配置状态寄存器的奇偶校验位置 1，并使$\overline{PERR}$有效，这时可以继续交易或者使$\overline{STOP}$有效，从而提前终止交易；在读数据期间，主设备检测到数据奇偶校验错误时，必须将它的配置状态寄存器中的奇偶校验位置 1，并使$\overline{PERR}$有效。

(2) $\overline{SERR}$：系统错误报告信号。该信号报告地址奇偶校验错、专用周期数据奇偶校验错误或其他严重错误。$\overline{SERR}$报告错误的作用类似于非屏蔽中断，所以，在不希望因某些运行错误而引起非屏蔽中断造成停机的状态下，常以$\overline{SERR}$来代替非屏蔽中断报告错误，以便系统转入相关的错误处理过程。

6) 64 位扩展信号

PCI 规范详细定义了基于 32 位结构的 64 位扩展信号，扩展系统支持一个 64 位主控设备和一个 64 位目标设备之间的数据交换，每个数据期传输 8 字节数据。

(1) AD_{63}～AD_{32}：高 32 位地址/数据多路复用信号。它与 AD_{31}～AD_0 结合，可将数据总线的宽度扩展至 64 位。在进行 64 位数据传输时，在地址期，这些引脚传输高 32 位地址；在数据期，这些引脚传输高 32 位数据。

(2) $C/\overline{BE}_7$～$C/\overline{BE}_4$：高位总线命令/字节使能复用信号。在数据期，这 4 条引脚传输对应高 32 位数据的字节允许信号；在地址期，只有进行 64 位寻址时，才使用这些信号，这 4 条引脚传输 CPU 等总线主控设备向目标设备发送的命令的高 4 位，为命令扩展提供支持。

(3) PAR_{64}：高位双字奇偶校验信号，是对 AD_{63}～AD_{32} 和 $C/\overline{BE_7}$～$C/\overline{BE_4}$ 上传输的信号进行奇偶校验得到的校验码。

(4) $\overline{REQ}_{64}$：64 位传输请求信号，是主控设备请求进行 64 位数据传输的信号。

(5) $\overline{ACK}_{64}$：64 位传输应答信号。$\overline{ACK}_{64}$是对$\overline{REQ}_{64}$的应答信号，表示目标设备将采用 64 位传输方式。

7) 测试信号

通过这一组信号，在相应软件支持下可对设备进行测试。

(1) TCK：测试时钟信号，为所测试的设备提供时钟信号。

(2) TDI：测试数据输入信号，与 TCK 一起，通过串行移位操作，将数据和指令移入测试访问端口。

(3) TDO：测试数据输出信号，与 TCK 一起，通过串行移位操作，从测试访问端口输出数据和命令。

(4) TMS：测试模式选择信号，通过选择某种方式，用于控制设备的状态。

(5) $\overline{\text{TRST}}$：测试复位信号，对访问端口控制器进行初始化。

8) 中断信号

PCI 局部总线中共有 4 根中断线，分别为$\overline{\text{INTA}}$、$\overline{\text{INTB}}$、$\overline{\text{INTC}}$和$\overline{\text{INTD}}$。单功能的 PCI 设备必须用$\overline{\text{INTA}}$作为中断请求，多功能的 PCI 设备必须依次连接$\overline{\text{INTA}}$～$\overline{\text{INTD}}$作为中断请求，最多可以有 4 条中断请求线。

9) Cache 信号

$\overline{\text{SBO}}$和 SDONE 信号是为了支持 PCI 系统中的主存储器和 Cache 配合工作的。

(1) $\overline{\text{SBO}}$：测试返回信号，反映测试的结果。此信号有效，表示命中了一个已修改的 Cache 行，从而支持 Cache 的通写或回写操作。

(2) SDONE：测试完成信号。该信号有效，表示当前对 Cache 的测试周期已完成。

11.4.2　PCI 总线协议

总线协议是指在总线上传输信号时事先约定的数据结构。PCI 总线上每次数据传输都是由一个地址期和一个或多个数据期所组成的，可以进行单数据传输和突发数据传输。

1. PCI 总线的传输控制

PCI 总线上所有数据传输基本上都是由以下 3 根信号线控制的。

(1) $\overline{\text{FRAME}}$：指明一次传输的起始和结束，由主控设备驱动。$\overline{\text{FRAME}}$有效后即开始地址期，此时，PCI 传输地址信息和总线命令。此后为一个或多个数据期，用来传输数据。当连续传输多个数据后，主控设备撤销此信号时，表示下面进行的是最后一个数据期。

(2) $\overline{\text{IRDY}}$：由主控设备驱动，若该信号无效，会插入等待期，此时的等待是主控设备要求的。

(3) $\overline{\text{TRDY}}$：由目标设备驱动，若该信号无效，会插入等待期，此时的等待是目标设备要求的。

2. PCI 总线传输遵循的原则

(1) PCI 的数据传输过程是由主控设备发$\overline{\text{FRAME}}$信号启动的，选中的目标设备用$\overline{\text{DEVSEL}}$信号来确认。

(2) $\overline{\text{FRAME}}$有效后开始地址期，但要在$\overline{\text{FRAME}}$有效后的下一个时钟周期上升沿，地址才被采样而有效，地址期传输地址信息和命令信息。

(3) 每当$\overline{\text{IRDY}}$和$\overline{\text{TRDY}}$都有效时，下一个时钟上升沿便进行一次数据传输。

(4) $\overline{\text{FRAME}}$与$\overline{\text{IRDY}}$定义总线的忙/闲状态。当其中一个有效时，总线处于“忙”状态；当两个都无效时，总线处于“闲”状态。

3. 总线的驱动与过渡

在数据传输过程中，有关信号往往需要由不同设备驱动。比如，读操作时，在地址期，

AD 线上的信号是由发读命令的主控设备驱动的；在数据期，传输的数据是由目标设备驱动的。在总线驱动过程中，为了避免多个设备同时驱动一个 PCI 总线而产生竞争，在一个设备驱动到另一个设备驱动之间需要设置一个过渡期，此即转换期。

11.4.3 PCI 的数据传输

PCI 总线上的每次数据传输过程都是由一个地址期和一个或多个数据期所组成的。数据传输分为单数据传输和突发数据传输。

1. PCI 总线的单数据传输

1) PCI 总线的单数据读操作

PCI 总线的单数据读操作时序如图 11.2 所示。在时钟 1 处，当 $\overline{\text{FRAME}}$ 有效时，开始地址期。在地址期，AD_{31}～AD_0 传输有效地址，$C/\overline{BE}_3$ ~ $C/\overline{BE}_0$ 传输读操作命令；在时钟 2 的上升沿处，所有目标采样 $\overline{\text{FRAME}}$ 信号、地址和命令，从而完成地址期，此后，主控设备使 $\overline{\text{IRDY}}$ 有效，表示已经做好准备接收数据，同时使 $\overline{\text{FRAME}}$ 无效，表示下面进行的是最后一个数据期；在时钟 3 的上升沿处，$\overline{\text{DEVSEL}}$ 和 $\overline{\text{TRDY}}$ 无效，所以，此前的时钟周期作为转换期，此后，$\overline{\text{DEVSEL}}$ 有效，并使 $\overline{\text{TRDY}}$ 有效，进入数据期；在时钟 4 的上升沿处，$\overline{\text{DEVSEL}}$ 和 $\overline{\text{TRDY}}$ 有效，于是主控设备读取数据，并使 $\overline{\text{IRDY}}$ 无效，目标设备使 $\overline{\text{DEVSEL}}$ 和 $\overline{\text{TRDY}}$ 无效，总线返回空闲状态。

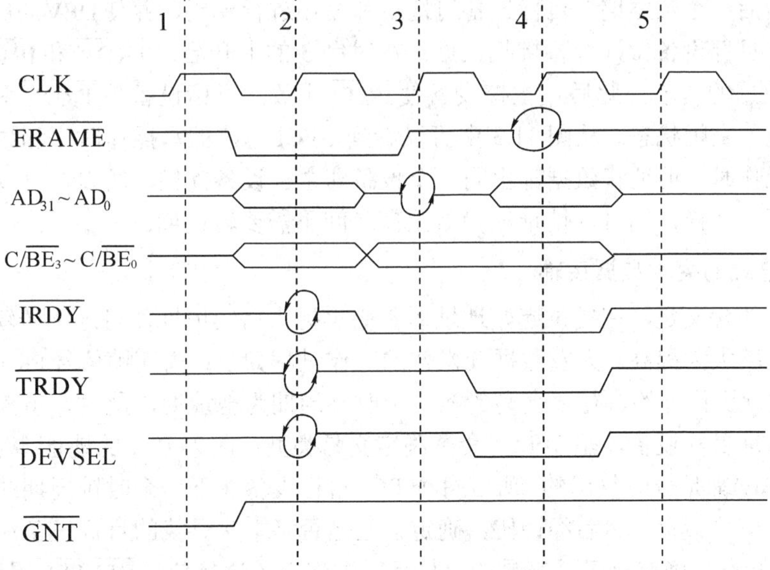

图 11.2 PCI 总线的单数据读操作时序

需要说明的是，在读操作时，地址期和数据期之间需要插入转换期，这是因为读操作时，AD 线上的信号由地址转换为数据，而这两者分别由主控设备和目标设备驱动，所以信号的驱动需要通过转换期进行交接。

2) PCI 总线的单数据写操作

PCI 总线的单数据写操作时序如图 11.3 所示。

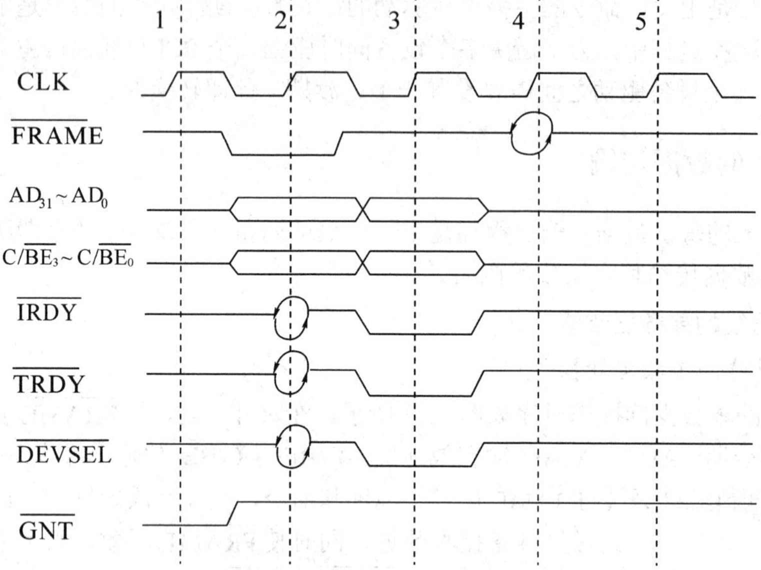

图 11.3　PCI 总线的单数据写操作时序

在时钟 1 处，当主控设备使$\overline{FRAME}$有效时，开始地址期，此时，AD_{31}～AD_0传输地址，$C/\overline{BE_3}\sim C/\overline{BE_0}$传输写操作命令；在时钟 2 处，开始数据期，由主控设备使$\overline{IRDY}$有效，把数据传输到总线，通过$C/\overline{BE_3}\sim C/\overline{BE_0}$传输字节允许信号，同时使$\overline{FRAME}$无效，表示下面进行的是最后一个数据期，目标设备对地址和命令进行译码，并使$\overline{DEVSEL}$和$\overline{TRDY}$有效，表示确认目标设备做好准备接收数据；在时钟 3 的上升沿，$\overline{TRDY}$和$\overline{IRDY}$均有效，于是可实现数据的传输，此后，主控设备使$\overline{IRDY}$无效，目标设备使$\overline{TRDY}$和$\overline{DEVSEL}$均无效，总线进入空闲状态。从图 11.3 中可以看到，PCI 总线的写操作时序和读操作时序类似，只是写操作时，地址和数据都由同一个设备即主控设备提供，所以，可以比较快地实现地址和数据的切换，同时，地址期和数据期之间不需要转换期。

2. PCI 总线的突发数据传输

突发传输的含义是，在提供起始地址后不必再提供后续地址便可连续传输多个数据，从而使传输效率大大提高。突发数据读操作的工作过程如下：周期帧信号$\overline{FRAME}$有效后，PCI 突发数据读操作开始进行，交易的第一个时钟周期为地址期，此时，主控设备通过驱动地址总线寻址目标设备，驱动 PCI 命令确定交易类型；因为 PCI 的地址/数据线(A/D)和命令信号($C/\overline{BE}$)都是分时复用的，所以每个 PCI 目标设备在下一个时钟周期的上升沿将地址信号和命令信号锁存，然后经译码，确定自己是否是本次寻找的目标设备和将要交易的类型；PCI 目标设备确定自己是交易的目标后，则将设备选择信号$\overline{DEVSEL}$置为有效状态，向交易的启动方声明本次交易有效；在主控设备的$\overline{IRDY}$和目标设备的$\overline{TRDY}$都有效的情况下可以连续进行交易，传输多个数据，直到交易结束为止。

小　结

本章首先从总线概念、总线标准及主要性能指标、总线的分类和构成、总线的数据传输以及总线结构的优点等方面对总线进行了阐述，然后详细介绍了微型计算机常用的总线标准，包括 PC 总线、ISA 与 EISA 总线以及 PCI 总线，对每组总线的结构以及引脚进行了介绍，对 PCI 总线协议以及数据传输过程进行了详细说明。

习　题

11-1　什么叫总线？总线的主要性能指标有哪些？

11-2　总线标准指的是什么？它包含哪几个部分？

11-3　按所在系统的不同层次，总线可分为哪几类？按功能的不同，总线又可分为哪几类？

11-4　总线的数据传输过程可划分为哪几个阶段？

11-5　使用总线结构的优点有哪些？

11-6　$\overline{IOR}$、$\overline{IOW}$、$\overline{MEMR}$、$\overline{MEMW}$的信号各自有效时表示什么含义？

11-7　ISA 总线的主要特点是什么？

11-8　PCI 总线的主要特点是什么？

11-9　在 PCI 总线中，什么是主控？什么是目标？

参 考 文 献

[1] 朱定华. 微机原理汇编与接口技术[M]. 3 版. 北京: 清华大学出版社，2017.

[2] 周荷琴，冯焕清. 微型计算机原理与接口技术 [M]. 6 版. 合肥：中国科技大学出版社，2019.

[3] 楼顺天，周佳社, 张伟涛. 微机原理与接口技术[M]. 3 版. 北京：科学出版社，2020.

[4] 王永山，王博. 微型计算机原理与应用[M]. 3 版. 西安：西安电子科技大学出版社，2009.

[5] 尹建华. 微型计算机原理与接口技术[M]. 2 版. 北京：高等教育出版社， 2008.

[6] 吴宁. 微型计算机原理与接口技术[M]. 4 版. 北京：清华大学出版社，2016.

[7] 郭兰英，赵祥模. 微机原理与接口技术[M]. 2 版. 北京：清华大学出版社，2015.

[8] 马春燕. 微机原理与接口技术(基于 32 位机)[M]. 3 版. 北京：电子工业出版社，2018.

[9] 徐建明. 汇编语言程序设计[M]. 北京：电子工业出版社，2005.

[10] 丁辉. 汇编语言程序设计[M]. 3 版. 北京：电子工业出版社，2009.

[11] 邹逢兴. 微机原理与接口技术[M]. 2 版. 北京：清华大学出版社，2015.

[12] 龚尚福. 微机原理与接口技术[M]. 3 版. 西安：西安电子科技大学出版社，2019.

[13] 戴梅萼，史嘉权. 微型计算机技术及应用[M]. 4 版. 北京：清华大学出版社，2008.

[14] 钱晓捷. 16/32 位微机原理、汇编语言及接口技术教程[M]. 修订版. 北京：机械工业出版社，2017.

[15] 阎石. 数字电子技术基础[M]. 6 版. 北京：高等教育出版社，2016.